U0268387

普通高等学校旅游管理教材

餐饮概论

Theory of Food and Beverage

（第2版）

主　编　王天佑
副主编　张一楠　崔　森

清华大学出版社
北京交通大学出版社
·北京·

内容简介

《餐饮概论》是顺应21世纪的知识经济时代对我国旅游业、会展业、饭店业、休闲业和餐饮业管理人员的专业知识需要而编写。全书内容分为三个部分：第一部分为中餐概论，第二部分是西餐概论，第三部分为酒水概论。中餐概论的主要内容包括中餐的起源与发展、中餐菜系及其特点、中餐菜肴与面点制作原理等；西餐概论内容主要包括西餐历史与发展，西餐餐具与酒具，世界著名国家的西餐概况，西餐食品原料、开胃菜、主菜、面包与甜点的制作原理与方法等；酒水概论主要内容涉及酒的起源与发展，酒的种类与特点，发酵酒、蒸馏酒、配制酒、葡萄酒、啤酒、鸡尾酒及不含酒精的饮料的制作原理与销售方法等。

本书适用于高等院校旅游管理、酒店管理、餐饮管理、邮轮管理与工商管理等专业的学生，也可作为酒店和餐饮企业、邮轮与民航服务等管理人员的培训教材。

图书在版编目（CIP）数据

餐饮概论／王天佑主编. —2版. —北京：北京交通大学出版社：清华大学出版社，2016. 12
（普通高等学校旅游管理教材）
ISBN 978-7-5121-3065-4

Ⅰ. ①餐…　Ⅱ. ①王…　Ⅲ. ①烹饪-中国-高等学校-教材　②西式菜肴-烹饪-高等学校-教材　③酒-基本知识-高等学校-教材　④饮料-基本知识-高等学校-教材
Ⅳ. ①TS972. 11

中国版本图书馆CIP数据核字（2016）第281883号

餐饮概论
CANYIN GAILUN

策划编辑：吴嫦娥　　责任编辑：赵彩云　　助理编辑：刘　蕊
出版发行：清华大学出版社　　邮编：100084　　电话：010-62776969　　http://www.tup.com.cn
　　　　　北京交通大学出版社　　邮编：100044　　电话：010-51686414　　http://www.bjtup.com.cn
印 刷 者：北京艺堂印刷有限公司
经　　销：全国新华书店
开　　本：185 mm×260 mm　　印张：19.25　　字数：480千字
版　　次：2016年12月第2版　　2016年12月第1次印刷
书　　号：ISBN 978-7-5121-3065-4/TS · 50
印　　数：1～2 000册　　定价：39.00元

本书如有质量问题，请向北京交通大学出版社质监组反映。对您的意见和批评，我们表示欢迎和感谢。
投诉电话：010-51686043，51686008；传真：010-62225406；E-mail：press@bjtu.edu.cn。

前　言

随着我国旅游业、会展业和休闲业的发展，餐饮知识对旅游业管理人员、饭店管理人员和导游人员越来越重要。同时，餐饮产品是旅游业、会展业、饭店业和休闲业经营的一项主要产品，其质量和特色与旅游产品、会展产品、饭店产品及休闲产品的质量紧密相关。此外，餐饮的安全、内涵、文化、知名度和特色对旅游目的地的吸引力及酒店和会展的经营有着直接的影响。21世纪是知识经济时代，知识是旅游业、会展业、酒店业和餐饮业竞争力的基础和核心，是旅游企业的无形资本和竞争力的根本要素。当代，饭店业和餐饮业不仅是劳动密集型企业，也是知识型企业。21世纪，国际饭店业和餐饮业竞争的焦点已由物质资本转向知识资本。旅游企业、饭店业和餐饮业的专业知识及专有技术已成为其核心竞争力的关键因素。同时，现代餐饮产品的生产和销售是基于对消费需求的深入了解，以满足消费者个性化需求为前提的。总结成功的饭店企业和餐饮企业的经验，发现其产品的知识含量高、创意性强并具有个性化，其营养和安全的标准紧跟国际旅游业的发展，紧跟现代商务、旅游和休闲市场的需求。

《餐饮概论》是顺应知识经济时代的要求，根据21世纪我国商贸活动、旅游业、会展业、饭店业、休闲业和餐饮业的发展新趋势及对经营管理人员的知识要求而编写的。本教材具有以介绍知识、培养能力和提高素质为一体的教学内容。同时，为了实施理论知识与管理实践相结合的人才培养模式，培养有创新能力的应用型管理人才，教材内容设计基于增加旅游业、会展业、饭店业与餐饮业管理人员对现代餐饮管理知识的全面了解。全书内容分为三个部分：第一部分为中餐概论，第二部分是西餐概论，第三部分为酒水概论。中餐概论内容主要包括中餐的起源与发展、中餐的特点、中餐菜肴的命名、不同地区的餐饮习惯、中餐菜系及其特点、中餐菜肴与面点的制作原理等。西餐概论中主要内容包括西餐的含义与特点，西餐的历史与发展，西餐餐具与酒具，各国西餐概况，西餐食品原料，开胃菜的分类及其制作方法，主菜的种类及其制作工艺，三明治与汉堡包的种类及其制作方法，汤与少司的种类、功能及其制作方法，面包与甜点的种类及其制作方法。在酒水概论中，内容涉及酒的含义与组成，酒的起源与发展，酒的种类与特点，酒精度及其换算，发酵酒、蒸馏酒、配制酒、葡萄酒、啤酒、鸡尾酒及各种不含酒精的饮料、茶和咖啡等的分类方法、历史与发展、质量与特色等。

本教材坚持从培养国内旅游业、酒店业和餐饮业经营管理人才的需要出发，借鉴与吸收了国际上最新的业务知识，形成面向国际、满足我国旅游业和酒店业经营管理需要的知识。同时，培养学生和管理人员的复合知识和动手能力。本教材强调理论与实践相结合，使学生具有专业的理论深度和广度及完整的知识体系。本教材具有较强的科学性、实用性和超前性。作者有多年教学与实践的管理经验并曾在国外留学。

本教材由王天佑、张一楠、崔淼等编写。其中，王天佑负责框架设计，编写第1、4章，张一楠编写第 2、3、10 章及所有的阅读材料，崔淼编写第 5、6、9 章，郑荣娟编写第 7 章，邓倩倩编写第 8 章，周燕丽编写第 11 章，陈敬敬编写第 12 章。在编写过程中得到了美国弗吉尼亚理工大学科翰教授、高级讲师萨克斯顿先生、北京国际饭店、天津万丽宾馆、天津喜来登饭店和北京钓鱼台大饭店管理人员的支持与帮助，在此表示感谢。不足之处，希望读者指正！

本教材适用于高等院校的旅游管理专业、会展管理专业、酒店管理专业和餐饮管理专业。同时，也可作为以上各专业管理人员的培训教材。

编　者

2016. 10

目　录

第 1 章　中餐概述 ……………………………………………………… (1)
1.1　中餐含义与特点 ………………………………………………… (1)
1.2　中餐起源与发展 ………………………………………………… (6)
1.3　餐饮文化与菜系 ………………………………………………… (8)
本章小结 ……………………………………………………………… (21)
练习题 ………………………………………………………………… (21)
阅读材料　河南菜与洛阳水席 ……………………………………… (22)
第 2 章　中餐菜肴及其生产原理 ………………………………… (24)
2.1　菜肴的加工与切配 ……………………………………………… (24)
2.2　冷菜生产原理 …………………………………………………… (27)
2.3　热菜生产原理 …………………………………………………… (31)
本章小结 ……………………………………………………………… (41)
练习题 ………………………………………………………………… (41)
阅读材料　中国名菜 ………………………………………………… (42)
第 3 章　中餐面点 ………………………………………………… (46)
3.1　中餐面点含义 …………………………………………………… (46)
3.2　中餐面点发展 …………………………………………………… (46)
3.3　中餐面点分类 …………………………………………………… (47)
3.4　中餐面点原料 …………………………………………………… (48)
3.5　中餐面点制作 …………………………………………………… (51)
本章小结 ……………………………………………………………… (55)
练习题 ………………………………………………………………… (55)
阅读材料　著名的中餐面点 ………………………………………… (56)
第 4 章　西餐概述 ………………………………………………… (58)
4.1　西餐介绍 ………………………………………………………… (58)
4.2　西餐发展 ………………………………………………………… (61)
4.3　各国餐饮概况 …………………………………………………… (67)
4.4　西餐食品原料 …………………………………………………… (83)
本章小结 ……………………………………………………………… (89)
练习题 ………………………………………………………………… (90)
阅读材料　西餐用餐礼节 …………………………………………… (91)

第 5 章　开胃菜 ……………………………………………………………………… (95)
5.1　各种开胃菜……………………………………………………………………… (95)
5.2　沙拉 ……………………………………………………………………………… (102)
5.3　沙拉酱 …………………………………………………………………………… (110)
5.4　三明治 …………………………………………………………………………… (113)
本章小结……………………………………………………………………………… (117)
练习题………………………………………………………………………………… (117)
阅读材料　西餐厅的烹饪与切配表演……………………………………………… (118)
第 6 章　主菜……………………………………………………………………… (122)
6.1　畜肉类主菜 ……………………………………………………………………… (122)
6.2　家禽类主菜 ……………………………………………………………………… (127)
6.3　水产品类主菜 …………………………………………………………………… (131)
6.4　淀粉与鸡蛋类主菜 ……………………………………………………………… (137)
6.5　蔬菜生产原理 …………………………………………………………………… (142)
本章小结……………………………………………………………………………… (146)
练习题………………………………………………………………………………… (146)
阅读材料　著名餐饮鉴赏家和烹调大师…………………………………………… (147)
第 7 章　汤和少司………………………………………………………………… (150)
7.1　原汤 ……………………………………………………………………………… (150)
7.2　汤 ………………………………………………………………………………… (153)
7.3　少司 ……………………………………………………………………………… (158)
本章小结……………………………………………………………………………… (165)
练习题………………………………………………………………………………… (166)
阅读材料　西餐菜单的分类………………………………………………………… (166)
第 8 章　面包与甜点……………………………………………………………… (170)
8.1　面包 ……………………………………………………………………………… (170)
8.2　蛋糕、派、油酥面点和布丁 …………………………………………………… (179)
8.3　茶点、冰点和水果甜点 ………………………………………………………… (185)
本章小结……………………………………………………………………………… (188)
练习题………………………………………………………………………………… (189)
阅读材料　西厨房的规划与布局…………………………………………………… (190)
第 9 章　酒水概述………………………………………………………………… (195)
9.1　酒 ………………………………………………………………………………… (195)
9.2　非酒精饮料 ……………………………………………………………………… (200)
9.3　茶 ………………………………………………………………………………… (202)

9.4　咖啡与可可 ……………………………………………………………………………（204）
9.5　其他饮料 ………………………………………………………………………………（209）
本章小结……………………………………………………………………………………（212）
练习题………………………………………………………………………………………（212）
阅读材料　饮酒礼仪………………………………………………………………………（213）
第10章　发酵酒 …………………………………………………………………………（215）
10.1　葡萄酒概述…………………………………………………………………………（215）
10.2　葡萄酒生产国………………………………………………………………………（220）
10.3　葡萄酒分类与命名…………………………………………………………………（239）
10.4　啤酒…………………………………………………………………………………（242）
本章小结……………………………………………………………………………………（249）
练习题………………………………………………………………………………………（250）
阅读材料　葡萄酒销售与服务……………………………………………………………（251）
第11章　蒸馏酒 …………………………………………………………………………（252）
11.1　蒸馏酒概述…………………………………………………………………………（252）
11.2　白兰地酒……………………………………………………………………………（253）
11.3　威士忌酒……………………………………………………………………………（257）
11.4　其他烈性酒…………………………………………………………………………（260）
本章小结……………………………………………………………………………………（266）
练习题………………………………………………………………………………………（267）
阅读材料　烈性酒的饮用习俗……………………………………………………………（268）
第12章　配制酒 …………………………………………………………………………（270）
12.1　配制酒概述…………………………………………………………………………（270）
12.2　开胃酒………………………………………………………………………………（272）
12.3　甜点酒………………………………………………………………………………（277）
12.4　利口酒………………………………………………………………………………（282）
12.5　鸡尾酒………………………………………………………………………………（285）
本章小结……………………………………………………………………………………（292）
练习题………………………………………………………………………………………（293）
阅读材料　配制酒的销售与服务…………………………………………………………（293）
参考文献……………………………………………………………………………………（295）

第1章 中餐概述

本章导读

中餐有着悠久的历史，是中国文化的重要组成部分，已成为当代旅游和休闲产品之一。通过本章的学习，读者可了解中餐的发展，中餐的特点、中餐菜肴命名，掌握中餐各著名菜系的历史、文化和各自特点。

1.1 中餐含义与特点

1.1.1 中餐含义

中餐是中国菜和中国面点的总称，是世界华人习惯食用的菜肴和点心。中餐由开胃菜、主菜和面点构成。

1.1.2 中餐特点

现代中餐经过长期的发展，融会了我国各民族和各地区的食品原料、饮食文化和制作工艺，形成了中餐的总体特色。这些特色表现在食品原料方面、制作工艺方面和外观造型等方面。

1. 精选食品原料

在我国广阔的国土和水域内中蕴藏着丰富的食品原料。它们包括各种畜肉、禽肉、水产品、谷类、蔬菜、水果和菌类等。这些动植物食品为中餐在食品原料选择方面提供了广阔的范围。例如，鱼翅、海参、鱼肚等是具有代表性的中餐食品原料。不仅如此，中餐在选择食品原料时，讲究原料的产地、季节、部位和成熟度等以制作特色化的优质菜肴和点心。同时，中餐讲究食品原料的合理搭配，重视菜肴的营养和食疗效用，遵循食品的保健作用。

图 1-1　锅贴鱼

2. 讲究制作工艺

中国菜肴的造型艺术世界闻名，许多中国菜不仅是美味佳肴，还是顾客观赏的艺术品。其原因是，中餐生产讲究刀工艺术和产品造型（见图 1-1）。许多食品原料被切成块、片、段、丝、粒、末、茸及各种花形。同时，中餐菜肴讲究烹调方法、火候控制、调味技术和制作程序。因此，现代的中餐具有百菜百味的盛誉。

3. 关注外观设计

中国菜肴讲究产品外观和盛装的餐具。例如，浙江的特色菜——叫花鸡，使用荷叶包装；福建的特色菜——佛跳墙装在钵中。一些中餐菜肴和汤的容器使用个性化的餐具，甚至一些餐具是专门为某些菜肴设计和制作的。

1.1.3　中餐菜肴命名

中餐菜肴命名是根据一定的原则或习俗，反映菜肴的原料、生产工艺、菜肴外观和造型等特色。在中餐服务中，顾客对菜肴的选择常依据菜肴的名称。因此，菜肴名称是销售菜肴的重要媒介。根据消费心理学，菜肴名称是引起顾客消费心理的有效手段，引起顾客的兴趣和联想，增加食欲。从而，令顾客产生购买欲望。

1. 以食品原料名称为核心的命名方法

以主要食品原料名称为基础，加入配料或调料名称或加入菜肴形状、质地、颜色及相关人名或地名等方法命名。举例如下。

① 主料加配料、调料或制作方法。如虾仁锅巴、芥末鸭掌、清蒸鲥鱼。

② 主料加风味、形状或颜色。如鱼香茄子、松鼠黄鱼、碧绿带子。

③ 主料加质地、器皿或炊具。如鳝糊、什锦海鲜盅、三鲜火锅。

④ 主料加人名、地名或药材。如东坡肉、东安子鸡、陈皮牛肉。

⑤ 主料加配料，再加制作方法或形状。如萝卜煎鸡脯、八宝葫芦鸭。

⑥ 主料加配料，再加风味或形状。如菠萝香酥肉、椒盐鳝鱼卷。

⑦ 主料加调料，再加制作方法或风味。如豉汁炒牛肉、糖醋脆皮鱼。

⑧ 主料加制作方法，再加形状或颜色。如油爆鱿鱼卷、五彩炒鱼丝。

⑨ 主料加制作方法，再加风味或盛器。如五香卤牛肉、汽锅蒸鲜鱼。

⑩ 主料加制作方法，再加地名或形状。如北京烤鸭、香叶炸鸡翅。

⑪ 主料药材加盛器。如田七汽锅鸡。

2. 寓意命名法

这种方法常以造型艺术、特色生产工艺、良好的祝福词语或历史传说等为基础命名。例如，孔雀开屏、熊猫戏竹、四喜丸子、全家福、佛跳墙等。

1.1.4 中餐餐具

1. 中餐餐具概述

中餐餐具是指食用中餐时使用的各种饭碗、餐盘、酒杯、水杯及筷子等。在我国古代，餐具称为食具。随着时代的发展与进步，人们对用餐与宴会的需求不断变化。传统中餐餐具无论从功能、形式，还是在材质与工艺方面都基本上被现代中餐餐具所取代。研究表明，一套功能齐全、形式美观且工艺考究的中餐餐具不仅能调节人们的进餐心情，还可增加人们的食欲。同时，中餐餐具有显示餐厅文化和风格及菜肴风味的功能。此外，餐具还是中餐厅营销和服务不可缺少的工具，因为餐具对美化餐厅和方便服务都有一定的作用。

2. 中餐餐具种类

由于中餐的菜肴种类繁多，所以中餐餐具的种类也是比较复杂的。按制作的原材料分类，主要包括各种陶器餐具、漆器餐具、瓷器餐具、玻璃餐具、木制餐具和银器餐具（金属餐具）等。按餐具的功能分类，主要包括餐具、酒具、茶具和水具4大类。其中，餐具主要包括菜盘、汤盘、骨盘、饭碗、汤碗、汤匙和筷子等。酒具主要包括烈性酒杯、白葡萄酒杯和红葡萄酒杯。茶具和水具主要包括茶壶、茶杯、果汁杯和水杯等。

3. 中餐餐具发展

（1）中餐餐具的起源

根据考古资料，我国中餐餐具起源于新石器时代。那时的中餐餐具属于我国早期的原始陶器餐具范畴。例如，河南省裴李岗遗址出土的三足陶钵和筒形罐等。在河北省徐水县南庄头遗址发现的古陶器餐具碎片，经专家鉴定为约7 000年前的文物。在山东省淄博市临淄区后李文化遗址中挖掘出的陶器餐具有壶、盆、钵、碗、杯和盘等，距今约有7 500年。

我国仰韶文化约有6 000年的历史，这一时期的陶器餐具的材质可分为红陶、灰陶和黑陶。陶器餐具的主要原料是黏土，有时掺有少量的砂粒。在仰韶时代，细泥彩陶餐具具有独特的造型，表面呈红色，磨光并有美丽的图案，反映了当时陶器餐具制作工艺的水平。那时，陶器餐具种类主要有钵、盆、碗、壶、瓶和罐等，其造型优美，表面显示绚丽多彩的图案和花纹。这些花纹包括人面形纹、鱼纹、鹿纹、蛙纹与鸟纹等（见图1-2）。在新石器时代的许多遗址中还发现了以兽骨为材料的匕形和勺形的餐匙。

图1-2 仰韶文化的陶缽

（2）夏商周与秦汉时期

夏、商、周三代的陶器餐具发展较快，其材质大致可分为灰陶、白陶、印纹陶、红陶和原始陶等，其中最多的是灰陶。一些餐具表面有绳纹或篮纹及各种彩绘图案等，还有一些在胎体中使用拍、印、刻、堆和划等手法。同时，在这一时期，瓷器餐具也开始流行。实际上，这一时期的瓷器餐具是以瓷土为原料，经约1 200 ℃的高温烧制而成。研究表明，最早的原始瓷器餐具出现在商代中期。郑州商代遗址和盘龙城遗址的商代中期墓葬中，均有出土原始瓷器餐具。至西周时期，原始瓷器餐具更加普遍。在北京琉璃河、河南洛阳、陕西长安

图 1-3　古酒具——青铜貘尊

和宝鸡、甘肃灵台、安徽屯溪、江苏句容等地出土文物中均有发现。在屯溪和句容等地的西周墓中出土的原始瓷器餐具就包含簋、尊（见图 1-3）、罐、盘、钵、碗、豆（高脚盘）和箸（筷子）等。四川阆中的一座宋代窖藏中出土了 244 支箸，其制作材料包括竹子、金或银等。目前，黑龙江省博物馆保存着自商代至今历代各种材质和式样的箸约有 500 件。商、周时期的瓷器餐具，其釉色以青绿色为主并带有少量豆绿色釉和黄绿色釉。其中，大部分餐具在上釉前，其瓷胎上刻有精美的格纹和弦纹等。此外，这一时期，中原地区已出现以青铜为原料制作的餐具和酒具。当时以铜为原料的餐匙，其形状特点是柄部宽大且扁平，勺部为尖叶形，柄部刻有花纹。当时的餐具和酒具有各种不同的造型，包括簋和尊等。根据记载，簋（guǐ）是古代盛食物的器具，常以铜为原材料，外形有圆形和方形，有 2 耳或 4 耳，用于盛装煮熟的饭食，器身多饰有兽面纹（见图 1-4）。尊是盛装酒水的器皿，多以铜为原材料。例如，貘尊是西周手工艺人根据当时的动物外型创作出来的一种铜酒具，器内中空，背部开有一方形口，上面有盖子。貘是一种动物，目前主要生活在亚洲的马来西亚。这种动物外形像犀牛，体形比犀牛小，鼻端无角。2002 年我国考古工作者在贵州发现了约 7 000 年前的貘化石。因此，中国古代曾生存过貘。在商、周，宴会成为国家的重要礼仪，因此，在这一时期，青铜宴会餐具的造型紧跟餐饮礼仪需要，种类不断翻新，包括鼎、鬲、簋、盨、簠、敦、豆、铺、盂、盆、匕和勺等；而酒具包括爵、角、觯、杯、尊、壶等。至汉代，由于餐饮原料、种类和工艺等的发展，中餐餐具的品种更加齐全，功能更加细化且成套餐具不断地出现，杯、盘、碗、盏、盅、勺、匙、箸、壶和钵等餐具有了不同的尺寸和功能。当然，餐具的制作材料也不断地扩展，有陶、木、青铜、银、玉和竹等多种原材料。根据《殷周青铜器通论》的表述，这一时期青铜餐具可分为食具和酒具，而酒具根据用途可分为煮酒具、盛酒具、饮酒具和贮酒的用具。汉代是我国古代漆器餐具发展的一个重要时期，漆器餐具因其耐用、轻便和美观等特点，受到人们青睐。例如，漆制的耳杯、盘、盆、碗、勺和筷子等都很普及。汉代银制的餐具主要用于高级别的宴会。

图 1-4　盛装食物的铜簋

（3）魏晋南北朝时期

两晋时期，江南陶器餐具发展迅速。当时，所制餐具注重品质，加工精细。东晋时，饮茶成为王室和高官的时尚。这一时期，茶具开始兴起。同时，瓷器餐具发展迅速，取代了大量的陶器餐具。这一时期，箸（见图 1-5）被广泛使用，制作材料有骨头和象牙，并且箸的表面还装饰着简单的纹饰。隋代细长柄的舌形勺匕出现了。汉代青瓷碗盘逐渐普及并在普通百姓中取代了以前的粗陶和竹木餐具。这时，箸的使用已非常普遍。

(4) 隋唐五代时期

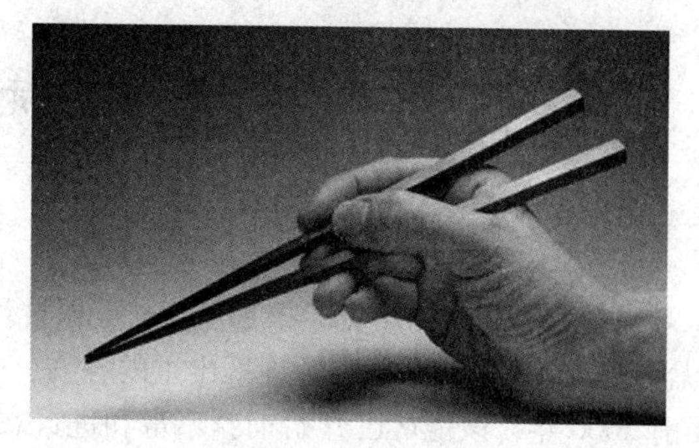
图1-5 箸(筷子)

隋唐五代时期，由于瓷器工艺技术的不断发展，加之铜用于制作货币等原因，餐具多以陶瓷为原料，瓷器餐具快速发展，出现了以浙江越窑为代表的青瓷餐具和以河北邢窑为代表的白瓷餐具。由于白瓷餐具更符合人们用餐的需要，因此白瓷餐具及以白瓷为基础的彩绘瓷餐具成为当时的主流。其品种主要包括碗、盘、碟、盆、槅、洗、钵、杯、耳杯、盏托、酒樽、酒壶、酒盏和酒杯等。同时，由于饮茶之风的盛行而促进了瓷器茶具的发展，出现了茶盏、茶托和茶匙等茶具。

高足盘成为隋代典型的餐具，碗作为日常生活用具，被大量生产和使用。以金或银为原料的餐具已经开始使用并在工艺方面运用了钣金、烧铸、焊接、切削和抛光等，造型精美。例如，在长安隋代李静训墓、西安何家村和江苏丁卯桥出土的餐具中，就包括银盘。在西安沙坡村出土的餐具中包括银碗和银杯。唐代还出现了一些玻璃茶具，包括茶碗、茶托及玻璃杯等。隋唐时代的玻璃餐具，数量逐渐增加，但种类不多，人们多用玻璃杯做酒具。

(5) 宋明清时期

宋代由于经济和文化的不断发展和繁荣，餐具制造更加精细，外观更加精美，制造餐具的窑厂也不断发展和扩大。当时，南北各地都有著名的制瓷窑场。从而，使得宋代瓷器餐具在工艺、造型、釉色和装饰等方面都达到了中国瓷器餐具的较高水平。随着经济的发现，金银餐具受到宋人的喜爱，包括盘、盆、碗、盏、杯、钵、壶、托、盅、碟和筷子等。不过，这些餐具多以银为原材料。此外，玻璃餐具在宋代也不断发展，市场出现了玻璃杯和玻璃碗等。明、清两代，餐具不仅种类繁多，而且制作精良。这时虽以瓷器为主，但金银餐具、漆器餐具、玻璃餐具等也深得人们的喜爱。漆器餐具在工艺方面取得了较大的发展，无论在质地或色泽，还是在油彩描绘等方面都取得了较大的成就。根据研究，彩绘瓷茶具在明代和清代有了很大的发展，在制作技术上日臻成熟，质量近乎完美。

4. 现代中餐餐具

随着社会的发展和进步，人们在生活和餐饮需求方面不断呈现个性化，因此人们对餐具的需求已不仅停留在材料、功能和样式等方面。人们普遍认为，餐具不仅是进餐的工具，更是饮食的包装或外衣。当今，常用的餐具主要包括碗、筷子、盘、碟、勺、匙等，而酒具和水具包括各种专用的酒杯与水杯。这些餐具、酒具、水具的功能、形状、材质和样式等各式各样(见图1-6)。

图1-6 现代中餐餐具

1.2 中餐起源与发展

1.2.1 中餐起源

中餐有着悠久的历史。根据考证，我国古代人在1万年前已开始使用陶制餐具和调味品（盐、酒和酱）。从黄河中游地区出土的谷物、工具和家畜骨头等显示，公元前6000年至公元前5600年，该地区已开始饲养家畜和进行农耕。根据浙江省余姚市河姆渡遗址的考古发现，公元前5000年至公元前3400年该地区已经种植水稻，采集并栽培菱、枣、桃和薏米并饲养家畜。从西安市的半坡遗址、山西省芮城县王村遗址、河南省洛阳王湾遗址等发现，公元前5000年至公元前3000年黄河中游地区已使用石斧、石锄和石铲等农具，种植粟、芥菜和白菜等蔬菜。从浙江省嘉兴市马家浜遗址发现，公元前4300年至公元前3200年该地区已种植水稻，饲养水牛。从浙江省杭州市良渚遗址发现，公元前3100年至公元前2200年该地区已种植水稻，并采集和种植花生、胡麻、蚕豆、菱、瓜、桃和枣等农作物。

1.2.2 先秦时期中餐的发展

我国自夏代以后进入青铜器时代，生产力有了很大的发展。根据记载和考古资料发现，当时的青铜厨具主要包括鼎、鬲、镬和釜等。铜鼎是古代的铜锅，长方形或圆形，可用于煮、炖和炸等烹调方法。例如，在安阳殷墟出土的方鼎重达875千克，带耳高达1.33米。铜鬲为圆形煮锅，鬲下部有三足（见图1-7）。铜镬相当于今天的烹调锅，其形状与现在广东菜使用的铁锅很相似。铜釜也是一种烹调锅，圆形，主要用于煮和炖等方法。

图1-7 铜鬲

这一时期，农业、畜牧业、狩猎和渔业都有了很大的发展，为中餐的发展提供了丰富的动物和植物食品原料。根据商代的甲骨文和《诗经》中的记载，当时人们已种植谷物。包括禾、粟、麦、稻和粱等。人们在烹调中普遍使用蔬菜。包括韭、芹和笋等。畜肉和禽肉原料包括猪、牛、羊、马和鸡等。同时，普遍使用多种河鱼为原料。不仅如此，人们在烹调中已经普遍使用动物的油脂、盐、蜂蜜、葱、花椒和桂皮等作为调味品。那时，人们重视食品原料的初加工，讲究切配技术。从而，加速了中餐烹调方法的创新。当时人们已经掌握了多种烹调方法，包括煮、煎、炸、烤、炙、蒸、煨、焖和烧。根据吕不韦等撰写的《吕氏春秋·本味》（约公元前292年—约公元前235年）记载，“调和之事，必以甘、酸、苦、辛、咸”。其含义是，菜肴味道的调和，一定要注意咸、酸、苦、辣、甜的合理配合。由于烹调技法的提高，先秦时代中餐筵席的菜肴道数和品种已初具规模。

从陕西省宝鸡市的茹家庄西周墓的考古中发现，公元前1046年至公元前771年，人们已将煤作为能源用于食品的烹调。根据考古，夏朝的宫廷已有专管膳食的职务（庖正），建立了膳食管理组织并有明确的分工，初步建立了一些有关宴会的管理制度和用餐制度。

1.2.3 秦汉魏晋南北朝时期中餐的发展

中餐发展的第二阶段是秦汉魏晋南北朝时期。从公元前221年秦王嬴政统一六国，至公元589年隋朝统一南北，共810年，这一时期是我国封建社会的早期，农业、手工业、商业有很大的发展，外交事务日益频繁。张骞通西域后，引进新的蔬菜品种，包括茄子、大蒜、西瓜、扁豆和刀豆等。这一时期，豆制品，包括豆腐干、腐竹和豆腐乳等在中餐中得到广泛应用。与此同时，各种水果和植物油也开始用于烹调，中餐菜肴的制作根据专业技术进行分工。从江陵凤凰山167号墓出土物品中发现了装有菜籽油的瓦罐，显示汉代已使用植物油进行烹调。东汉后期，发酵法用于制饼，面团发酵技术也日趋成熟。约公元534年，北魏贾思勰撰写的《齐民要术》记载了酱黄瓜、豉酱和咸蛋等腌渍食品并叙述了古菜谱、古代烹调方法和调味品。《齐民要术》“作饼酵法”不仅介绍了酸浆的制作方法，还介绍了夏、冬两季用料的不同比例。这一时期，铁鼎和铁釜广泛用于烹调，烹调灶已经与现在农村使用的土灶很相似。在食器中，以竹子、木头或铜为原料的箸（筷子）、漆器和陶器普遍得到使用。秦汉以后，木制的餐饮器具逐渐取代青铜制品，在餐饮器具中占据了一定的地位。根据《齐民要术》记载，在南北朝时期，由于农作物的发展，食品原料非常丰富。小麦、水稻和其他谷类、蔬菜和鱼类的种类明显增多，葱、姜、蒜、酒、醋和各种调味酱普遍作为调味品。当时，中餐烹调讲究菜肴的火候与调味，出现了菜肴的不同风味：中原风味、荆楚风味、淮扬风味、巴蜀风味和吴地风味等。此外，有关饮食文化和中餐烹饪的专著也不断地出现，如《食经》等。

1.2.4 隋唐时期中餐的发展

中餐发展的第三阶段是隋唐五代辽宋金元时期。从公元589年隋朝统一南北至1368年元朝灭亡，共779年。这一时期是中餐发展史上的黄金时期。隋唐时期，从西域和南洋引进了新蔬菜品种的种子，包括菠菜、莴苣、胡萝卜、丝瓜和菜豆等。这一时期，由于食品原料和烹调器具的发展，中餐烹调工艺有了很大的进步，并走向精细化，特别是热菜的工艺快速发展。当时，中餐冷菜的制作技术也发展很快，出现了雕刻冷拼，冷菜工艺不断创新。此外，在原料的选择、设备的使用、原料的初加工等方面不断完善，开始强调菜肴的色、香、味、形。唐代，中餐菜肴风味不断发展，不少餐馆推出了“胡食”“北食”“南食”“川味”“素食”等菜系。当时的北食指我国河南、山东及黄河流域菜系，南食指江苏和浙江等长江流域菜系，川味指巴蜀和云贵等地区菜系，素食指寺院菜系。南宋时期，大量人才的南流，将北方的科学、文化和技术带到了南方，也推动了江南餐饮业的发展。根据记载，宋代的餐饮市场相当繁荣，各类餐馆开始细分，有酒店、酒楼、茶馆、馒头铺、酪店、饼店等。宋代的酒楼为了招徕顾客，开始讲究店堂的设施和物品的陈设，门面结成彩棚或用彩画装饰并实施细致和周到的餐饮服务。根据记载，顾客到酒楼入座后，先端上一杯茶，安排服务员为顾客服务等（见图1-8）。公元713年至公元741年，唐代的《本草拾

图1-8 宋代的酒楼

遗》中记载了湖南菜“东安子鸡”的烹调方法。1080年至1084年期间，由沈括编著的《梦溪笔谈》记载了当时将芝麻油用于中餐烹调。

1.2.5 明清时期中餐的发展

明清时期，从1368年明朝建立至1911年辛亥革命为止，共543年。这一时期，中餐的食品原料充裕，烹调方法继承周、秦、汉、唐和宋朝的优秀工艺特点，融入满人的餐饮特色，宴会形式多种多样，呈现出不同的主题宴会。这一时期，中餐烹饪理论硕果累累，出现了著名的烹饪评论家——李渔和袁枚。明代宋诩著的《宋氏养生部》对中餐1 300个菜品进行了论述并结合了养生学。1531年玉米传到我国的广西地区，距离哥伦布发现美洲不到40年。1590年玉米传入山东，此后山东逐渐开始大量栽培。根据记载，明代出现了中餐的五大菜系：扬州菜系、苏州菜系、浙江菜系、福建菜系和广东菜系。根据《宋氏养生部》和《明宫史》记载，当时的中餐非常注重刀工技术和配菜技巧。随着农业和手工业的发展，城市商贸的繁荣，中餐不论在烹调工艺方面，还是在烹调方法方面都得到了长足的发展，菜肴的品种和质量不断提高。1792年由清代著名学者袁枚编著的《随园食单》，共计5万字，对中餐烹调原理和各种菜点进行了评述，其中收集了我国各地风味菜肴案例326个，书中还对菜肴的选料、加工、切配、烹调及菜肴的色、香、味、形、器及餐饮服务程序作了非常详细的论述。这一时期，由满菜和汉菜组成的满汉全席，是中国历史上最著名的筵席之一，也是清代最高级的国宴。菜单中，满菜多以面点为主，汉菜融合了我国南方与北方著名的特色菜肴，满汉全席包括菜肴108道，南菜54道、北菜54道，其中点心44道。

1.3 餐饮文化与菜系

1.3.1 餐饮文化与菜系概述

1. 餐饮与餐饮文化

餐饮或饮食是人类生活最基本的需要，对人们而言最为平常。然而，餐饮及其长期发展过程中所形成的餐饮文化对人类社会却有着非常重要的意义。根据《史记·郦生陆贾列传》记载，“王者以民人为天，而民人以食为天”。可见餐饮及其文化的重要意义。餐饮文化是指人们在日常生活中的餐饮行为和习惯，主要包括食物本身的属性、制作过程及用餐器具、环境、礼仪和风俗等。中国被誉为世界“烹饪王国”。显然，餐饮文化在中国文化中具有重要的地位。中国餐饮文化以其悠久的历史、广泛的地域、卓越的烹调技艺、丰富的菜式等蕴藏着丰富的文化内涵。根据研究，当今餐饮是旅游活动的物质基础之一，而餐饮文化是吸引游客的重要资源。餐饮文化涉及方方面面。包括食品原料的开发和利用、餐具的运用和创新、菜肴的生产和服务及酒店业和餐饮业的经营与管理等。

中餐文化资源可以从历史与时代、地域与经济、民族与宗教、工艺与制作、菜肴与餐具等多角度进行开发与研究。我国各地都有各自不同的餐饮文化，这些餐饮文化是中华各民族人民在长期的生产和生活中，在食源利用中，在餐具研制中，在餐饮产品、开发和服务中创造和积累的物质财富和精神财富。

2. 菜系与烹饪

菜系是指在一定区域内的独特物产、气候、经济发展、历史文化、饮食习俗和烹饪技术等，经长期发展而自成体系并具有鲜明的地方特色且被社会公认的菜肴体系、特点及其制作技术的总和。中国是一个历史悠久、地大物博、人口众多且多民族的国家。历史上，不同地区形成了自己不同的传统食物、食俗和烹调技艺，形成了中国餐饮文化的区域性和菜系。菜系是中国餐饮文化区域特征的具体体现，其形成和发展是不同地区餐饮文化发展的过程。我国幅员辽阔，各地自然条件、人们生活习惯、经济与文化发展状况各不相同，其烹调技艺、菜肴配制和菜肴风味等方面逐渐形成了不同的地方特色。根据研究，距今3 000余年的殷周时代，我国的祖先已发明了酱油、醋和各式调味品，并可以利用酱类创造各种烹调方法。春秋战国时期《吕氏春秋》一书中，提到了火候的应用并将火候分为旺火、温火和小火。同时，强调菜肴的味道。包括酸、辣、咸、苦和甜味应调和得当。

唐代，经济文化的繁荣为中餐文化和菜系的发展奠定了初步的基础，从而促进了我国餐饮文化和菜系的发展。清代初期各地区的著名菜肴逐渐形成了我国的四大菜系：山东菜系、江苏菜系、广东菜系和四川菜系。随着经济与文化的进一步发展，一些地方菜的原料及制作工艺不断得到发展而变得特色明显且被人们普遍认可而自成菜系。这样，到了清代末期，四大著名菜系发展为八大著名菜系：浙江菜系、福建菜系、湖南菜系、安徽菜系、广东菜系、四川菜系、山东菜系和江苏菜系。

我国烹饪技术发展具有悠久的历史，至今已形成了一门艺术与科学，支撑着菜系的发展而且有着丰富的文化内涵。根据文献，人类的餐饮文明在世界各地都经历了从生食、熟食到烹饪三个阶段。中餐烹饪的发展大致可以总结为诞生期、萌芽期、形成期、发展期、繁荣期五个过程。纵观人类餐饮文化的发展，烹饪不仅与许多社会科学、自然科学等有着密切的联系，而且它作为一种特有的社会文化现象，对人类的生存和发展起着重要的促进作用。因此，烹饪是科学、是艺术、是宝贵的文化和财富。

3. 餐饮文化与旅游

近年来，随着国际旅游业的发展，单一的观光游览已不能满足旅游者不断变化的需求。一般而言，人们在欣赏自然和人文景观的同时，希望加深对各种文化的认识和理解，与当地人民进行交流或者沟通。因此，餐饮文化旅游已成为目前国际上开发的一个热点。目前，各国学者正在不断探讨和研究餐饮文化资源的开发和利用。至目前各国学者已达成一致的观点，那就是餐饮产品已成为现代旅游和休闲的吸引物。我国餐饮文化或称为中餐文化源远流长，博大精深，而研究如何弘扬中餐文化，开发我国各地的餐饮文化资源，促进我国餐饮文化旅游线路的开发无疑具有重要的理论意义和现实意义。所谓餐饮文化旅游是指将餐饮文化与旅游和休闲活动相结合，以品尝各地传统和经典的餐饮并了解各地的相关文化为主要目标，以游览所在地的自然景观与人文景观为辅助内容的特色旅游活动。这种旅游产品不是简单的餐饮旅游活动，而是一种高层次的餐饮文化旅游活动。它是以餐饮历史和文化为背景，品尝传统和经典的菜肴和饮品，欣赏传统的餐饮制作工艺、厨具、餐具和相关的用餐环境，从而得到饮食文化旅游产品的享受和体验。

1.3.2 广东餐饮文化与菜系

1. 广东省地理概况

广东省简称广东或粤，也称作岭南地区或南粤，位于南海之滨，与香港、澳门、广西、湖南、江西及福建接壤，与海南隔海相望。广东省省会是广州。广东省属于东亚季风区，从北向南分别为中亚热带、南亚热带和热带气候，是中国光、热和水资源最丰富的地区之一。广东海域广阔，海岸线蜿蜒，沿海大小港口星罗棋布，其海产品养殖业比较发达，海洋资源丰富。广东是岭南文化的重要传承地，在语言、风俗、生活习俗和历史文化等方面都有着独特的风格。根据考古，约1.2万年前，岭南出现了早期的古人——马坝人。春秋战国时代，岭南与闽、吴、越和楚国关系紧密，交往频繁。公元前214年岭南地区统一后建成南海郡。

2. 广东人饮食习俗

广东人饮食习俗与我国各地，特别是南方诸省相似，无论是广东省的平原、沿海还是山区，每日三餐以大米为主。近年来，面食的消费不断增长，甚至食用西餐。因此，广东人的餐饮习俗具有地域性和兼容性。广东人有食用早茶或早点的习惯。其中，早点包括虾饺、烧麦、叉烧包、糯米鸡、凤爪、肠粉、蒸排骨、猪肚、牛百叶、鱼丸和牛肉丸及各种蔬菜与水果等。早餐中的茶水有红茶、普洱茶和铁观音。在早茶中，人们还喜爱食用各种米粥。此外，广东的粽子很出名，特别是肇庆的粽子最著名，其馅心有多种，包括八宝、莲蓉、豆沙、鸡肉、烧鸭、咸肉、咸蛋和香菇等。在中秋节时，广东各地十分热闹，各茶楼或餐厅及饼店从农历八月初一起就生产和出售中秋月饼，一直忙至农历八月十五。

3. 广东菜发展和特点

广东菜，简称粤菜，有悠久的历史。早在远古时期，岭南古越族就与中原楚地有着密切的交往。随着历史变迁和朝代更替，汉越两族日渐融合。同时，由于中原文化的南移，中原饮食制作在技艺、炊具、食具和食品原料等方面不断地渗透影响等原因，为粤菜的形成打下了牢固的基础。根据研究，粤菜起源于汉代，后来发展为中餐的八大著名菜系之一。唐代以后，岭南地区为南汉所管辖。当时，中原的贤士不断南下，使粤菜受到中原餐饮文化的影响。至宋朝，广州的名菜和佳肴已琳琅满目。明末清初，屈大均在其所著的《广东新语》中总结出，“天下食货，粤东尽有之。”简而言之，广东菜系是以本地的餐饮文化为基础，吸收其他菜系和西餐的烹饪技术，形成独特的广东菜系的特点和风味。这样，广东菜系主要由广州菜、潮州菜和东江菜组成。其特点是选料精细，品种较多，菜式和技艺善于变化，是中餐菜系中富于开拓和创新的菜系。广东菜的特点是讲究鲜、嫩、爽、滑。其菜肴制作以煎、炸、烩、炖和煸炒等方法见长，菜肴色彩鲜艳。著名的广东菜有红烧鱼翅、东江盐焗鸡和梅菜扣肉等，著名的面点和小吃有干蒸烧卖、糯米鸡、马蹄糕、叉烧包、蟹黄包及肠粉和炒河粉等。

在广东菜系中，潮州菜的风格独特。潮州菜是指广东东南沿海及与福建相邻地区的菜肴，是以潮州和汕头地区为代表的风味菜。该地区包括潮州、汕头、潮阳、饶平、普宁、惠来、海丰和陆丰等。这些县市或地区自古属于“潮州府”，所以其菜肴的总称为潮州菜。潮州菜远在唐代中期就吸取了江苏、扬州和四川等各地菜肴的特色。至明清，厨师们通过不断探索和总结，开发出了具有本地区特色的菜肴。一些学者和企业家认为，潮州菜具有非常独特的风味，在中餐菜系中可自成菜系。潮州菜品种繁多，其中海鲜菜、甜菜和汤羹菜最著名。潮州菜的主要特点是选料多样，讲究菜肴的鲜嫩、爽滑并保持菜肴的原汁原味。同时，潮州菜讲究刀工，口味偏重。菜肴味道常带有香、浓、鲜、甜、酸等。该地方菜的调味品包括沙茶酱、豆酱、梅膏酱、金橘酱、甜酱油和鱼露等。潮州菜的制作工艺擅长焖、炖、烧、焗、炸和卤等。潮州的小吃约有230个品种。传统的潮州菜有牛肉炒芥蓝、清汤蟹丸、金瓜芋泥和清甜莲子等。

广州简称“穗”，也称作羊城，位于广东珠江三角洲北部，濒临南海，是中国南方最大的城市。广州从秦汉至明清时代均作为外贸的重要港口。唐宋时期，广州已发展为世界著名的东方港口。明清时期，广州更是开放的口岸。以上的各种因素，促进了广州菜的发展。

广州菜的特点是清而不淡，鲜而不俗，选料精细，品种多样。其生产工艺灵活并不断创新，讲究烹调火候、芡汁和少司（调味汁）。著名的广州菜有脆皮乳鸽、明炉烤乳猪、冬瓜盅、蚝油牛肉（见图1-9）等。此外，广州菜还注重协调菜肴的色、香、味、形，并通过刀工、烹调、火候、调味和拼摆等配合，实现菜肴与艺术的融合。例如，冬瓜盅就是一道讲究造型，注重色泽和味道的菜肴。

图1-9 蚝油牛肉

东江菜称为客家菜，是指广东东部的东江流域地区的风味菜，其特点是选用家禽、家畜和豆制品作为菜肴的原料，菜肴中突出主料的特色，以酥烂香浓和乡土风味而著称。此外，菜肴造型古朴。东江菜还讲究菜肴的原汁原味，注重烹调中的火候。东江菜擅长炖、煮、烤和煲等制作工艺，尤以砂锅菜的制作见长。著名的广东菜东江盐焗鸡、东江酿豆腐、梅菜扣肉的发源地均为东江。根据研究，东江盐焗鸡是东江的传统名菜，源于东江惠阳盐场，距今有300余年历史。当时人们经常使用盐来储存煮熟的鸡，目的是使鸡肉保持新鲜且能储存一段时间。目前，这一菜肴的制作工艺仍采用300年前的传统制作方法以使菜肴达到皮脆、肉香和味浓的效果。

1.3.3 山东餐饮文化与菜系

1. 山东省地理概况

山东是山东省的简称，山东省也称作“鲁”，省会是济南。山东省在先秦时期隶属齐国、鲁国，故而别名齐鲁。山东地处华东沿海、黄河下游、是华东地区的最北端地区，分别与河北、河南、安徽、江苏四省接壤。其中部地势较高，泰山是全境最高点；东部为山东半岛，北隔渤海海峡与辽东半岛相对，东隔黄海与朝鲜半岛相望，东南临黄海。山东省的气候属暖温带季风气候。该地区降水集中，春秋短暂，冬夏较长。年平均气温11～14 ℃。山东是全国粮食作物的主要产区之一，有“粮棉油仓库”之称及“水果之乡”的称号。其中小麦产量居全国首位，玉米、谷子和大豆等种植普遍，畜牧业发达。山东海洋资源得天独厚，近海海域占渤海和黄海总面积的37%，主要经济鱼类有40余种。以上条件为山东菜系提供了丰富的原材料。山东具有悠久的历史和文化。根据研究，其境内的沂源猿人距今约有50万年，是最早的山东人。山东是儒家文化的发源地，著名的儒家思想创始人——孔子和孟子及墨家思想的创始人——墨子均出生于山东。

2. 山东人饮食习俗

山东人的饮食习俗基本属于北方类型。沿海和海岛渔区、山区、平原、湖区，城市和乡镇，因其独特的自然环境和不同的物产，其餐饮文化也各具特色。因而，不同地区呈现不同的餐饮习俗。总体而言，山东人1日3餐：早饭、午饭和晚饭。早饭常食用油条、烧饼、花卷、豆浆、豆腐脑和各种小菜等，饮食口味偏咸。在日常的生活中，人们喜爱汤面、馒头、包子、发面饼和锅饼等。其中，泰安地区人们夏季喜爱麻酱面、豆腐、粉皮、绿豆芽和各种腌制的小菜，冬季爱好汤面。在青岛、烟台和蓬莱等临海地区，人们喜爱海产品，特别是鱼肉馅饺子。

3. 山东菜发展和特点

山东菜系简称鲁菜，历史悠久，发源于春秋战国时期的齐国和鲁国，形成于秦汉，是中餐的四大著名菜系之一和八大著名菜系之一。山东菜有“北方代表菜”的称号，其组成主要来自济南菜和胶东菜。济南菜包括济南、德州、泰安等地区的菜肴；胶东菜包括福山、青岛和烟台一带的菜肴。在秦汉时期，胶东半岛的烹饪原料已达到丰富的水平。当时齐鲁厨师所用的食品原料已相当广泛。同时，这一时期厨房工作人员都有各自的分工。从原料的选择、初加工到蒸煮或烧烤等都有基本的工作流程。在胶东半岛南端的前汉代墓葬出土的画像上，绘画着一幅精细的“庖厨图”。贾思勰所著的《齐民要术》中记载着南北朝时期山东的烹调技术已得到了长足发展。该著作中仅食品加工的文章，就有 26 篇，详细地总结了菜肴的加工技术。包括酿、煎、烧、烤、煮、蒸、腌和炖等方法。在菜肴调味方面，还介绍了盐、豉、汁、醋、酱、酒、蜜和椒等调味品。著作中，贾思勰还特别介绍了“炙豚”（烤乳猪）、蜜煎烧鱼等菜肴的制作方法。此外，贾思勰还介绍了我国烹饪史上较早的高汤制作程序。唐朝临淄地区的段成式在《酉阳杂俎》中记载了当年鲁菜的烹调已经达到“善均五味”的水平。宋人所撰的《同话录》中记载了山东厨师在泰山庙会上的刀工表演实况。明清期间山东厨师不仅主导了北京的御膳房，还将山东风味菜带到了京津。山东菜的特点是清淡、原汁原味。著名的山东菜有葱烧海参、盐爆肚丝、酱爆肉丁、锅烧肘子（见图 1-10）、油爆双脆和拔丝山药等。

图 1-10　锅烧肘子

济南是山东省的省会城市，是一座具有悠久历史的古城。根据考古，早在 8 000 年前的新石器时代早期，济南地区就已有了人类活动的踪迹。目前，这一时期的遗址已经发现约 7 处。其中，仅济南章丘就有 4 处。根据研究，济南较早成为山东地区的政治中心，因此，其餐饮随着地区的经济与政治发展而发展，体现出规范、庄重和多种类的特点。同时，济南菜受官府菜的影响，其菜肴制作细腻，讲究刀工、火候和调味，对菜肴的色、香、味、形都有具体的标准。清朝乾隆时期的袁枚在其《随园食单》中描述，“滚油炮炒，加作料起锅，以极脆为佳，此北人法也。”简而言之，济南菜继承了鲁菜的特点，善用葱、姜、蒜调味。同时，济南菜以清、鲜、脆和嫩等特点而著称，烹调方法擅长爆、烧、炒和炸等。传统的济南菜以汤的特色和质量而驰名，清汤色清而鲜，白汤色白而醇。

根据记载，胶东各地区作为胶东菜的发源地，其烹饪技术约有 700 年的历史且代代相传。白石村文化遗址和邱家庄文化遗址的出土文物表明，当地的先民们除了以采集植物作为食物外，还以捕捞海贝等为食，开创了胶东菜以海鲜为主要烹饪原料的先河。秦汉时期，由于胶东等地的冶炼业、制盐业和纺织业发达，胶东地区成了旅游胜地和通商港口。从而，为胶东餐饮业的发展奠定了一定基础。总结胶东菜的特点，其一是以烹制海鲜为特长，其二是烹饪技术起源于福山。总之，胶东菜的特点是口味以鲜为主，选料严谨，刀法细腻，花色多样。其代表菜肴有扒通天鱼翅、清汤燕窝、扒原汁鲍鱼、红烧海螺和白扒鱿鱼等。

1.3.4 四川餐饮文化与菜系

1. 四川省地理概况

四川是四川省的简称，常称为“川”或“蜀”，省会是成都。四川位于长江上游，面积近57万平方千米，有53个民族，自古被称为“天府之国”，中部为四川盆地和成都平原，西部为川西高原。东部是天然的动植物园，山上森林茂密，植物种类繁多。四川西部为高原大陆性气候，东部盆地为亚热带季风气候，温暖湿润，春早、夏长、冬暖。根据调查，四川盛产粮食、蔬菜和淡水水产品。其生产的粮食以大米为主，其次是小麦、玉米、荞麦和豆类等。水果以柑橘为代表，还有甘蔗、荔枝和雪梨等。该地区养殖的家畜有猪、牛、羊。蔬菜品种丰富，调味品种类齐全，仅辣椒就有干红辣椒、鲜红辣椒、鲜青辣椒、泡鱼辣椒、辣椒油、辣椒豆瓣等。

2. 四川人饮食习俗

总体而言，川西人以面食为主，而川东地区人们喜爱大米。近年来，面食在川东地区的销售量越来越多。四川人一般喜爱鲜、咸、麻、辣和浓味的菜肴。泡菜是四川人餐桌上离不开的小菜。由于泡菜具有清淡爽口、开胃、鲜脆及久食不厌等特点，所以四川人有自家泡制的传统。四川人还喜爱制作腊肉、腊肠和盐水鸭蛋。此外，夏天吃火锅是四川人饮食的一大特点。由于川北盛产核桃，当地居民喜爱桃馍。所谓桃馍就是将核桃仁磨碎并粘在面饼上，烤熟后食用。新春佳节，四川人喜爱年糕。正月十五四川人食用汤圆，这种习惯象征着生活的甜美和幸福。中秋节有吃月饼的习惯，因月饼形如圆月，表示合家欢聚。根据研究，四川人还有食用春饼的记载。

3. 四川菜发展和特点

四川菜系，简称川菜，历史悠久，发源于古代的巴国和蜀国并由成都菜和重庆菜发展而成。在2 000年前的汉晋时期，川菜已初具规模。隋唐时期，川菜有了较大的发展。一直以来，川菜的烹调工艺不断发扬并成为著名的菜系。明代末，辣椒从南美洲传入我国后，使川菜原已形成的“尚滋味”“好辛香”的传统得到进一步的发展。晚清川菜逐步形成以清鲜醇浓为基础，以善用麻辣调味而著称的风味菜系。总体而言，四川菜的特点是注重菜肴的调味，以麻辣味道而著称，用料广泛，选料认真，切配精细，突出菜肴的麻辣香鲜味道。四川菜的味道大致可分为干烧、鱼香、怪味、椒麻、红油、姜汁、糖醋、荔枝和蒜泥等。人们认为，川菜具有“一菜一格，百菜百味”的特点。在制作方法上，川菜擅长炒、滑、熘、爆、煸、炸、煮、煨、焖、炖、卷、煎、炝、烩、腌、卤、熏和拌等方法。其制作特点是，善于对原料的搭配，可根据原料用不同的烹调方法制作菜肴。著名的四川菜有樟茶鸭子、水煮牛肉、宫保鸡丁、夫妻肺片（见图1-11）、回锅肉、麻婆豆腐和干烧鱼翅等。

图1-11 夫妻肺片

成都已有2 300多年的历史，属亚热带湿润季风气候，四季分明，物产丰富。秦汉时期，成都经济和文化都比较发达，从而促进了成都菜的发展。由于成都地处川西平原，位于天府之国的中心。这样，优越的自然条件为成都的餐饮提供了丰富的原料，悠久的餐饮文化为成都的餐饮提供了独特的制作工艺。成都人常食用大米，因此大米制作的食品在成都小吃中占有相当重要的地位，厨师精于制作各种米食小吃。

成都的汤面以味和汤等为特色，汤中可加入花生仁、大头菜、酥黄豆等，别具一番风味。成都的特色小吃有100余种。其原料不仅包括米面杂粮，还包括水果、蔬菜、肉类和薯类，制作方法多样。例如，玻璃烧麦、发糕、粉蒸牛肉、酿藕、层层酥、三鲜酥饺、韭菜盒子、夫妻肺片、担担面和赖汤圆等。

重庆是我国的4大直辖市之一，是中国著名的历史文化名城。重庆古称江州，以后又称为巴郡和楚州等。公元581年隋文帝改楚州为渝州。因此，重庆简称“渝”。重庆夏季酷暑湿热，秋季温暖湿润，冬季阴冷潮寒，无论何时何季重庆都显得湿度较大。在这种前提下，重庆人为驱除湿热，在长期的饮食中，逐渐认识到花椒和辣椒有驱除湿热的功效。因此，重庆人在烹调菜肴时，喜爱用花椒和辣椒作调味品。久之，麻辣成为重庆菜肴的主要味道之一。综上所述，重庆菜常称为渝菜，具有麻辣酸香的特点，尤以麻辣味道为主。传统的重庆菜有鱼香肉丝、回锅肉、重庆火锅、水煮鱼和酸菜鱼等。根据记载，光绪十九年（1893年），钟少白在重庆开发了著名的小吃——钟水饺并挂出了“荔枝巷钟水饺”的招牌。清代咸丰末年，位于北郊万福桥旁的饭店开发的著名菜肴——麻婆豆腐，至今受到顾客的青睐。这道菜的特点是以牛肉、辣椒、花椒、豆豉和蒜苗等为菜肴的配料，使豆腐具有麻、辣、香和鲜的综合味道。

1.3.5 江苏餐饮文化与菜系

1. 江苏省地理概况

江苏省，简称“江苏”或“苏”，省会为南京。江苏省地处我国东部沿海地区中部，长江和淮河下游，东临黄海，北接山东，西连安徽，是长江三角洲地区的重要组成部分。该地区气候温和，雨量适中，四季气候分明，地形以平原为主。江苏有众多平原，包括苏北平原、黄淮平原、江淮平原、滨海平原和长江三角洲平原。此外，境内有太湖、洪泽湖、高邮湖、骆马湖、白马湖及大运河等。江苏省是著名的“鱼米之乡”，农业生产条件得天独厚，农作物、林木、畜禽种类繁多，省内粮食、棉花和油料等农作物遍布各地。江苏省历史悠久，是中国吴文化的发祥地。早在数十万年前，南京已经是人类聚居地。根据研究，6 000年前，南京和太湖地区出现了原始村落。3 000年前，江苏青铜器的冶炼和锻造达到了较高的技术水平。近年来，在淮安青莲岗、南京北阴阳营、昆山绰墩、常州圩墩村和徐州邳州市大墩子等地先后出土新石器时代的文物和生产用具。这些出土文物表明，距今6 000余年前，江苏已有原始村落并开始了原始农业生产和利用陶器进行烹饪等。元代无锡人倪瓒所著的《云林堂饮食制度集》反映了当时无锡的饮食风格及一些特色菜肴。

2. 江苏人饮食习俗

江苏人喜爱米饭、米粥和各种面点。霉干菜是江苏人喜爱的配菜之一。例如，霉干菜烧猪肉，味道鲜美。苏南地区偏爱粳米，并以鱼类和新鲜蔬菜为日常菜肴，在烹饪技术方面趋于精细，菜肴口味清淡，讲究菜肴的原色原味。苏北人喜爱稻米、面粉和杂粮。菜肴随季节而变化，喜吃水产品和新鲜蔬菜。此外，苏北的小吃很多，有黄桥烧饼、淮饺、千层油糕、翡翠烧卖、藕粉圆子、文楼面包等。徐州地区饮食习惯接近山东，喜爱馒头、饺子和煎饼等。扬州地区传统上，有吃早茶和下午茶的习俗，立春时吃春卷或春饼等。南京人喜爱大米，面食。在南京人的早点中，不仅包括烧饼、包子，甚至包括油条。

3. 江苏菜发展和特点

江苏菜系，简称苏菜，由南京、扬州、苏州、淮阴和无锡等地的地方菜组成，有着悠久的历史和独特的制作工艺，是长江中下游地区的著名菜系，曾与鲁菜、川菜、粤菜并称为中国的四大菜系。唐宋时期，江苏菜发展迅速。那时，不少江苏的海鲜类菜肴和醉糟类菜肴被列为贡品并得到了“东南佳味”的美誉。江苏菜的特点是制作精细，口味适中，配色和谐，装饰典雅。其工艺擅长炖、焖、煨、蒸、烧和炒等。江苏菜的代表菜肴有松鼠鲑鱼、蟹粉狮子头、清蒸鲥鱼、水晶肴蹄、大煮干丝、金陵盐水鸭、碧螺虾仁和叫花鸡等。

南京菜是指以南京为核心的地方风味菜，南京是历史古都，其菜肴的发展有着悠久的历史。如今，南京是江苏的政治、经济、商务中心及旅游目的地。因此，不论是受历史的发展影响，还是基于现代旅游业的需求，南京菜在制作工艺及产品特色方面都很考究。南京菜的特点是，口味适中，菜式细巧，以制作禽类和蔬菜类菜肴闻名。1 400 年以前，金陵的盐水鸭和金陵烤鸭已成为当地的名菜。现代的南京菜肴更符合国际会展和商务宴会需求，符合旅游者的需求。

扬州菜有悠久的历史，可上溯至先秦和南北朝，发源于先秦，隋唐时期发展迅速。扬州菜是在扬州菜、淮阴菜和淮安菜的基础上发展起来的。它的兴起和隋朝大运河的修建有很大的关系。根据研究，隋炀帝曾三下江都，促进了扬州菜的发展。虽然扬州菜和淮安菜发展在不同的区域，但是两地文化习俗相近，大运河的修建推动了两地漕运、河务和盐运的互动和发展。同时，该地区食品原料丰富。扬州菜的特点是清淡适口，主料突出，刀工精细，菜肴味道醇厚。

苏州菜包括苏州、太湖和阳澄湖等地区的风味菜肴。苏州历史悠久。根据文献，其正式建城于公元前 514 年。夏商时期，太湖流域的渔业已十分发达。西周成王时，吴地出产的鱼已成为向皇室进献的贡品，而吴地的鱼菜已美名传天下，至今仍影响着太湖地区人们的食俗。北魏时期，吴地的腌鸭蛋和酱黄瓜在民间普遍食用。五代末北宋初，苏州地区制作的鱼菜——玲珑牡丹鲜，以鱼片染色成牡丹形蒸制而成，反映了当时苏州菜已达到的水平。苏州菜的特点是口味趋甜，讲究菜肴的颜色，以制作河鲜、湖蟹和蔬菜而著称。著名的苏州菜肴有母油船鸭（见图 1-12）、雪花蟹斗和碧螺虾仁等。

1.3.6 浙江餐饮文化与菜系

1. 浙江省地理概况

浙江省的简称为“浙”，省会为杭州，其地处中国东南沿海长江三角洲南部，东临东海，南接福建，西与安徽和江西相连，北与上海和江苏接壤。其境内最大的河流为钱塘江。浙江属于亚热带季风气候，季风显著，四季分明，年气温适中，光照较

图 1-12 母油船鸭

多，雨量丰沛，空气湿润。根据研究，浙江是中国古代文明的发祥地之一。早在5万年前的旧石器时代，就有原始人类活动，境内有距今7 000年的河姆渡文化和距今5 000年的良渚文化。该地区在春秋时期为越地，战国时期属于楚境，汉朝属于扬州，三国时期属于吴，清代成为浙江省。浙江盛产海产品，包括黄鱼、带鱼、石斑鱼、龙虾、鲜蛤、大虾和海蟹等。同时，浙江还是典型的鱼米之乡。

2. 浙江人饮食习俗

浙江人的餐饮习俗，基本上以大米为主，辅以玉米和番薯。其不同的地区饮食习俗有所区别。一般而言，浙江人的饮食习惯为一日三餐。但是，部分地区有一日四餐的习惯。通常，浙江人的口味比较清淡。温州、宁波和台州地区的人们喜欢食用海鲜。该地区在烹制蔬菜时常使用较多的调味品增加菜肴的鲜味。浙江西部地区的人们喜欢咸辣的菜肴而杭州人喜欢清淡且带有甜味的菜肴。

3. 浙江菜发展和特点

浙江菜简称浙菜，是中餐的八大著名菜系之一，由杭州菜、宁波菜、绍兴菜和温州菜组成。该菜系发展有着悠久的历史，自南宋迁都临安后，其餐饮业不断发展。浙江菜重视调味，其烹调理念是，凡烹调必用调味品以去腥味或以增加鲜味。袁枚（1716—1797年）在《随园食单》中介绍多个著名的南菜。其中，浙江菜就达40余个。根据研究，浙江菜的烹调技法丰富多彩，以炒、炸、烩、熘、蒸和烧见长并重视菜肴的火候和主配料的搭配。由于浙江食品原料丰富，在菜肴配制时，主要原料常配上四季鲜笋、火腿、冬菇、蘑菇和绿叶菜等。著名的浙江菜有东坡肉、龙井虾仁、炸响铃、西湖醋鱼、宋嫂鱼羹、荷叶粉蒸肉、杭州酱鸭和金华火腿等。此外，风味小吃也是浙江菜系不可缺少的组成部分。其中，杭州糯米藕又名蜜汁糯米藕，很有特色，以其香甜、清脆和桂花香气而享有美誉；嘉兴粽子可追溯至明代，著名的五芳斋粽子始于1921年。

杭州菜常称为杭帮菜，擅长煮、炖、焖和煨等制作方法，以制作海鲜、河鲜、竹笋、雪菜和火腿菜肴而著名。杭州菜突出菜肴的原汁原味，制作精细，富有乡土气息。著名的菜肴有东坡肉。根据记载，这一菜肴为苏东坡所创。该菜肴的特点是色泽红亮，味醇汁浓，酥而不碎，油而不腻。该地区传统菜叫花鸡源于清代，原名为荷叶包鸡。这一菜肴配以香菇、竹笋和火腿，裹以鲜荷叶和湿黄泥，经低温烤制，肉质鲜嫩，味道鲜美。著名的龙井虾仁以鲜龙井茶叶为配料，使菜肴显现龙井茶的清香味道。著名的宋嫂鱼羹始于宋代，由于菜肴中配以竹笋、火腿、胡椒和香醋，使菜肴清香甘芳而别有风味。

宁波有着漫长的海岸线，濒临舟山渔场，海产资源十分丰富，是鱼米之乡。根据记载，宁波菜有着悠久的历史。从河姆渡文化遗址出土的籼稻、菱角、酸枣和釜与陶器，表明当时人们已经有了简单的烹调。早在《史记》中就有“楚越之地，饭稻羹鱼”的记载。南朝时期，以虞悰为代表的学者研究了浙东的饮食文化。其中，《食珍录》就是浙江最早的一本关于饮食的著作。宁波菜是具有明显特色的一个地方菜系，其制作特点是原料以海鲜居多，菜肴以嫩、软和滑为特色并注重菜肴的原汁原味。这种地方菜的烹调常以蒸、烤和炖等方法见长。菜肴味道具有鲜咸合一的特点。著名的宁波菜有雪菜大汤黄鱼（见图1-13）、苔菜拖黄鱼、木鱼大烤、锅烧鳗鱼、溜黄青蟹和宁波烧鹅等。

绍兴有2 500多年建城史，是首批国家历史文化名城，也是著名的水乡和鱼米之乡。绍兴菜以鱼虾河鲜、鸡鸭家禽和新鲜蔬菜为主要原料，讲究菜肴的原汤原汁。其菜肴制作特点是轻油忌辣，汁味浓重。在烹调中常使用一些新鲜的食品原料配以腌制的腊肉等一同烹制。同时，使用绍兴酒作为调味品使菜肴别具风味。

图1-13 雪菜大汤黄鱼

1.3.7 安徽餐饮文化与菜系

1. 安徽省地理概况

安徽省，简称皖，省会为合肥。该省东邻江苏和浙江，西连湖北和河南，南毗江西，北与山东接壤。其地形地貌由淮北平原、江淮丘陵和皖南山区组成。省内的巢湖是中国五大淡水湖之一。安徽的气候属暖温带与亚热带的过渡地区。其气候特点是季风明显、四季分明、春暖多变、夏雨集中、秋高气爽、冬季寒冷。安徽省土地肥沃，物产丰富，其农业有着悠久的历史。近年来，在出土的文物中发现了烧焦的稻谷、炭化的麦粒、古代酒杯及石制和铁制的农具等。根据研究，早在4 000年以前的新石器时代，当地的先民已从事农牧业生产了。同时，在繁昌县人字洞发现约250万年前的人类活动遗址。根据研究，安徽的亳州市在商代曾为成汤之部，寿县在春秋战国时曾为楚国首都。安徽的饮食文化具有悠久的历史。当然，安徽的茶叶种植也有着悠久的历史且知名度较高。例如，黄山毛峰、祁门红茶和太平魁猴等。

2. 安徽人饮食习俗

安徽人普遍喜爱大米，而山居的农民常以小麦和玉米为主要食品，辅以大米。同时，安徽人普遍喜爱蔬菜，包括毛豆、茄子、扁豆、丝瓜、南瓜、荠菜和韭菜等。此外，腌制的猪肉常作为安徽菜的原料之一。例如，咸肉烧春笋为安徽人青睐的菜肴。安徽人喜欢喝绿茶，夏天青睐绿豆汤，有的地方还喜欢吃凉粉等。该地区一般是每日三餐。传统上，早餐喜欢食用大米粥、油条、肉包、糖包、豆沙包和烧麦等。由于不同地区种植的粮食和蔬菜的品种不同，所以就安徽整体而言，人们的饮食习惯和口味也不同。淮北平原，人们喜咸中带辣，汤汁色重并常放一些大蒜和香菜调味，喜爱牛羊肉类菜肴。淮河以南地区是水产品和家畜生产地区，人们多以河鱼、畜肉、鸡鸭鹅肉及禽蛋为主要食品原料。由于安徽山地丘陵较多，居住在山中的人们，经常工作在农林中。因此，他们在日常餐饮中，需要补充更多的盐分。这样，当地一些家庭有制作调味酱和腌制蔬菜的习俗，几乎一年中的任何时候都能吃到腌制的食品。总体而言，安徽菜肴的口味偏重。

3. 安徽菜发展和特点

安徽菜简称徽菜，是中餐的八大著名菜系之一，发源于皖、浙、赣三省交界处。根据研究，安徽菜具有悠久的历史，起源于汉代，以烹制山珍河鲜而著名。明清时，由于徽商在扬州经营业务，从而促进了安徽菜与淮扬菜的交流，使安徽菜趋于成熟并出现了有关安徽菜的著作。安徽菜的主要特点是味道醇厚，制作精细，保持菜肴的原汁原味，有着淳朴的地方风味。安徽菜擅长烧和炖等烹调工艺，特别注重菜肴的火候。其菜肴的特点是芡汁大、油重和色重，常用火腿作为菜肴的配料，用冰糖增加菜肴的味道。所谓色重是指讲究菜肴的色调，油重是指讲究菜肴的味道，重火候是指讲究菜肴的烹饪温度。同时，安徽菜还继承了医食同源的传统。著名的安徽菜有腌咸鳜鱼、清蒸石鸡、松子玉米、徽式酱排、香炸芋脯、八公山

图 1-14　八公山豆腐

豆腐（见图 1-14）和瓤豆腐等。

安徽菜系主要由沿江菜、沿淮菜和皖南菜等地方菜组成。其中，沿江菜是指长江沿岸的合肥、芜湖和安庆等地区的地方菜。沿江菜以制作河鲜、家禽和蔬菜类菜肴见长，生产工艺以清蒸、红烧和烟熏等方法为特色，菜肴味道醇厚。此外，沿江菜还讲究刀功，注重形色，善于以糖调味。其菜肴具有清爽、酥嫩和鲜醇等特点。

沿淮菜由蚌埠、宿县和阜阳等地区的地方菜组成。其菜肴讲究咸中带辣，汤汁味重色浓并常用香菜调味和配色。其工艺擅长烧、炸和熘等方法。蚌埠有悠久的历史。根据研究，在新石器时期，蚌埠已经有人类活动的踪迹。宿县称作宿州，是安徽省的历史文化名城，有着 3 700 余年的历史。宿县饮食资源丰富，其中小麦、玉米和花生的产量居全省第一。其境内的萧县，葡萄种植已有千年历史，为国内 4 大葡萄种植基地之一。境内的亳州自古就有“药都”之称，亳州药膳是沿江菜的组成部分之一。亳州药膳的特点是融药物功效与食品原料的味道于一体，借助炖、焖、煨、蒸、煮、熬和烧等烹调方法，制成健身和美味的菜肴。此外，蚌埠的小吃也是沿淮菜的重要组成部分。沿淮菜的代表菜有奶汁肥王鱼、朱洪武豆腐、香炸琵琶虾和焦炸羊肉等。

皖南菜起源于黄山区域的歙县，即古代的徽州。该地区盛产山珍野味、河鲜和家禽。菜肴的特点是芡大油重，朴素实惠，保持原汁原味。

1.3.8　湖南餐饮文化与菜系

1. 湖南省地理概况

湖南省地处我国中部、长江中游，东临江西，西接重庆、贵州，南毗广东、广西，北与湖北相连，其地势属于云贵高原。因其大部分区域处于洞庭湖以南，因而得名“湖南”。同时，湘江流域贯穿湖南省全境，因此湖南省又简称为“湘”。湖南省的省会是长沙市。湖南省气候温暖，雨量充沛，阳光充足，四季分明，自然条件优越，物产丰富。洞庭湖平原，盛产鱼虾与湘莲，是著名的鱼米之乡。湘东南为丘陵和盆地，该地区的农牧副渔比较发达。湘西多山，盛产笋和蘑菇等。总之，湖南丰富的物产为餐饮产品提供了丰富的原料，该地区的特产有桃源鸡、临武鸭、武冈鹅、湘莲、银鱼、笋和各种山珍等。根据研究，40 万年前湖南就有人类活动的踪迹，1 万年前有种植稻谷的痕迹，在新石器时代以前，湖南先民就开始了定居生活。

2. 湖南人饮食习俗

湖南人的饮食习惯通常为一日三餐，多以大米为食，辅以玉米及薯类，食用面食较少，喜欢辣味食品，甚至苦味食品。由于湖南夏天炎热，湖南人养成了中午喜爱喝汤和晚上喜爱喝粥的习惯。此外，湖南人喜欢根据时段来制作一些腌菜、干菜、泡菜、榨菜和腊肉等。由于地理环境的差别，不同地区的湖南人，其饮食习惯也有差别。

3. 湖南菜发展和特点

湖南菜系简称湘菜，是中餐的八大著名菜系之一。湖南菜历史悠久，讲究菜肴的口味。据考证，早在2 000余年前的西汉时期，长沙地区就以禽和鱼等原料，通过蒸、熬、煮和炙等方法，制作各种菜肴。在《楚辞·招魂》和《楚辞·大招》中记载的“楚国食单”可以说明湘菜文化的博大精深。1974年在长沙马王堆出土的西汉古墓里，发现了迄今最早的一批竹简菜单，其中记录了103种名贵菜品和九大类烹调方法。明清两代是湘菜发展的黄金时代。这一时期，湘菜得到了广泛传播和快速发展。同时，湘菜的独特风格在这一时期初步形成，尤其是辣椒被广泛使用到湘菜烹调中，使湘菜逐渐形成具有酸辣风味的菜系。随着湖南经济的发展及菜肴制作技术的提高，湖南菜系逐步形成了以湘江流域、洞庭湖地区和湘西山区为代表的地方菜系。

湘江流域地区菜简称湘江菜，以长沙、衡阳、湘潭为中心，而长沙是历史悠久的文化古城，是湘江菜发展的核心地区。该地区菜肴的特点是油重色浓，具有酸辣、香鲜和软嫩等特点。湘江菜制作精细并以煨、炖、腊、蒸和炒见长，特别是在煨和炖的工艺上，讲究微火烹调，味透汁浓，汤清如镜。同时，用料广泛，口味多变，品种繁多。湘江菜的腊味制法包括烟熏、卤制和叉烧等方法。著名的湘江菜有腊味合蒸（见图1-15）、东安子鸡、红煨鱼翅、海参盆蒸、走油豆豉扣肉和麻辣子鸡等。

图1-15 腊味合蒸

洞庭湖地区菜简称洞庭湖菜，以岳阳菜为代表。岳阳是具有2 000余年历史的古城，其菜肴的特点与长沙菜很接近。当地代表菜有泡椒鲜鱼、冰糖湘莲、火焙鱼、香辣鱼仔、虾饼、腊野鸭条和洞庭银鱼等。这些特色菜肴的形成首先是源于其悠久的历史。其次，源于洞庭湖丰富的河鲜原料。因此，洞庭湖菜以烹制水产品菜肴见长。当然，洞庭湖菜的组成还包括其地区的各种具有特色的小吃。此外，洞庭湖的春茶著名，产于岳阳县黄沙街，从隋朝开始种植，唐代被广泛饮用，具有悠久的历史。

湘西山区菜肴和湘菜整体有一定的区别，带有传统的地区口味。湘西山区以吉首和怀化等地区风味菜肴为主。该地区的特产主要包括山区散养的鸡鸭鹅、寒菌和冬笋等。其菜肴的口味浓厚鲜香并趋向酸和咸。其中，腊味和辣味综合的菜肴很有特色。

1.3.9 福建餐饮文化与菜系

1. 福建省地理概况

福建省简称闽，位于中国东南沿海，其东北部与浙江省毗邻，西部和西北部与江西省接界，西南与广东省相连，东隔台湾海峡与台湾岛相望。由于福建省境内有一条闽江，因而福建省简称为“闽”，省会是福州。福建的地理特点为“依山傍海”。福建的森林覆盖率达65.95%，居全国第一位，而境内九成的陆地面积为山地或丘陵。福建的海岸线长度居全国第二位，海岸曲折，陆地海岸线长达3 751.5千米。福建靠近北回归线，受季风环流和地形的影响，形成暖热湿润的亚热带海洋性季风气候，热量丰富，雨量充沛，光照充足。同时，福建有丰富的粮食和油料作物，还有果茶、蔬菜、花卉和食用菌等。

2. 福建人饮食习俗

根据考古，在福清东张文化遗址中，发现了粟粒和稻草的痕迹，说明该地区在秦汉前的食物结构中，谷类粮食占有一定的地位。秦汉时期，福建农业有了很大的发展，稻米、鱼、蛤和水果是福建人经常食用的食品。根据《史记·货殖列传》记载，“楚越之地，地广人稀，饭稻羹鱼”。汉代以后，中原汉族陆续迁徙福建，他们带来了中原的农作物及饮食习俗。从而，小麦成为当地的主要食品之一。此外，人们还种植大豆等作物。唐宋以后，随着福建经济和贸易的发展，福建人的饮食不断地丰富。明代中后期，甘薯从海外传入福建，成了福建部分地区的食品之一。当今，福建省粮食以水稻为主，当地人的三餐均以米饭和粥类为主。福建人的饮食清淡，味道偏向甜味和酸味。

3. 福建菜发展和特点

福建菜简称闽菜，起源于闽侯县，由福州、泉州、厦门和漳州等地区的地方菜发展而成。闽菜既是中餐四大著名菜系的成员，又是中餐八大著名菜系之一。福建菜系的主要特点是制作精细，色调美观，味道清鲜。闽菜注重刀功，有“片薄如纸、切丝如发”的美称。实际上，闽菜以海鲜菜肴制作见长，且菜肴的调味多样化，除了葱、姜、蒜、酱油、麻油和胡椒外，还常用沙茶酱、芥末酱、香糟、虾油、虾酱、橘汁和荔枝等作为调味品。其中，香糟是福建菜系具有代表性的调味品。这种调味品的种类有红糟、白糟和醉糟等。此外，福建菜善用糖来调味，通过甜味去腥味。福建菜肴制作还常用醋来增加菜肴的清爽效果。因而，福建菜有甜而不腻，淡而不薄的盛名。根据记载，福建人历来讲究烹调技艺。古代就有煎、炸、炒、蒸和熘等烹调方法。明清以后，闽菜逐渐形成特色。此外，福建的风味小吃也有一定的名气。著名的福建菜有太极明虾、小糟鸡丁、清蒸鱼丸、佛跳墙（见图 1-16）、清汤光肚、干炸蟹盖和菊花鱿鱼球等。其中，佛跳墙是闽菜中很著名的菜肴，至今已有一百余年的历史。相传这道菜始于清同治末年（公元 1874 年）。其食品原料为鸡汤、海参、鱿鱼、鱼翅、干贝、海米、火腿、鸽蛋等约 12 种原料，以绍兴酒、冬笋、冰糖、姜片、大葱等为配料，通过煮沸和低温煨制而成。

图 1-16　佛跳墙

福州菜由福州市及附近县城的菜肴组成，在闽东、闽北和闽中一带广泛流传。福州菜以烹制海鲜菜肴而著称，烹调方法以干炸、爆炒、煨和蒸等方法为主。其中，比较有代表性的菜肴之一是汤菜，菜肴中常用虾油和红糟调味，菜肴清淡，偏于酸甜，汤鲜味美。福州菜主要的特色是清爽、鲜嫩、淡雅，偏于酸甜味。著名的福州菜有煎糟鳗鱼、包馅鱼丸等。此外，福州小吃是福州菜的重要组成部分。其历史和影响与福州菜一样引人注目。例如，福州燕皮、太极芋泥、鱼丸等享有盛誉。根据调查，福州燕皮的制作很精细，选用猪后腿瘦肉，剔去肉筋和骨膜，切成细条，用木槌将其捣成肉泥，逐渐加入薯粉和清水，不断搅拌，不断擀压，制成硬坯。然后，将其放在木板上，擀压成薄片。

泉州历史悠久，至今已有 1 230 余年历史，该城市拥有丰富的历史文化。泉州菜，即闽南菜，菜肴呈现清鲜爽淡等特点，讲究菜肴的调味。其中，辣酱、沙菜酱和芥末酱是闽南菜常用的调味品。泉州菜擅长蒸、炒、炸、烩、烤、卤、煨、炖、煎和烧等方法，擅长制作香辣味的菜肴。例如，炒沙茶牛肉、葱烧蹄筋、永春白鸭汤等。该地区对汤的制作非常严谨，要求汤味新鲜、味纯、常采用炖、煲、煨等方法并低温调制，确保汤汁鲜醇。泉州菜除了注重菜的色香味以外，还讲究菜肴的造型，强调菜肴的自然美与艺术美的巧妙结合。在泉州菜中，药膳是根据千年名刹——南普陀寺的传统寺庙菜发展而成，以米面、豆制品、蔬菜、魔芋和木耳等为原料制成。

厦门菜以烹制海鲜见长，具有鲜淡香烂等特点且略带酸甜辣的独特风味。其烹调方法以炸、熘、焖、炒、炖和蒸为主。此外，厦门小吃也很著名。厦门的特色菜包括酸辣汤、姜丝牛肉、糖醋排骨、鱿鱼豆腐、酒糟黄花鱼、炒麦螺、冬粉鸭等。

漳州菜是闽菜的一个分支。漳州菜除了受到东南亚及客家风味的影响外，因为与潮州相邻，物产相近，因而也在菜肴制作中吸收了潮汕菜肴的一些特点。漳州菜口味清淡，以酸甜为主，注重材料的新鲜，味道的纯正，而且特别讲究菜肴的滋补功效。此外，漳州小吃也很有名气。

本章小结

中餐是中国菜肴和中国面点的总称。中餐起源于1万年以前。中餐文化是中华各民族人民在长期的生产和生活中，在食源利用中，在餐具研制中，在餐饮生产开发中创造和积累的物质财富和精神财富。根据考古，夏朝宫廷已有专管膳食的职务（庖正），建立了膳食管理组织并分工明确，初步建立了宴会制度、进餐制度。西汉张骞通西域后，引进新的蔬菜品种，包括茄子、大蒜、西瓜、扁豆和刀豆等。这一时期，豆制品（包括豆腐干、腐竹和豆腐乳等）在中餐中得到广泛应用。宋代的饮食市场颇为繁荣，各类食店名目繁多，有酒店、酒楼、茶馆、馒头铺、酪店、饼店、羹店等。明清时期，食品原料充裕，宴会形式多种多样，呈现出不同的主题宴会。中餐文化和烹饪理论硕果累累，出现了著名的烹饪评论家——李渔和袁枚。菜系指在一定区域内，因独特的物产、气候、历史文化和饮食习俗等原因，自成体系的烹饪技术及地方特色菜肴的总和。中餐经过长期的发展，其菜系发达，并各具特色。

练习题

一、单项选择题

1. 下列描述正确的是（　　）。

（1）洛阳燕菜是以萝卜为原料，配以海味而成为一道汤菜

（2）洛阳燕菜是以燕窝为原料，配以海味而成为一道汤菜

（3）洛阳燕菜是以萝卜为原料，配以猪肉丝而成为一道汤菜

（4）洛阳燕菜是以萝卜为原料，配以鸡精而成为一道汤菜

2. 四川菜的特点是（　　）。

（1）是著名的中国菜

(2) 口味以麻辣为主

(3) 享有一菜一格、百菜百味的美誉

(4) 菜肴保持原汁原味，菜肴软烂，易于消化

3. (   ) 的酒楼讲究店堂设施和陈设、彩画装饰并实施周到的餐饮服务。

(1) 唐代

(2) 宋代

(3) 元代

(4) 明代

二、判断题

1. 中餐文化资源可以从历史与时代、地域与经济、民族与宗教、工艺与制作、菜肴与餐具等多角度进行开发与研究。(   )

2. 中餐是中国菜的总称，不包括面点。(   )

3. 根据考证，中餐起源于五千年以前。(   )

三、名词解释

菜系　餐饮文化　广东菜　四川菜　江苏菜　浙江菜

四、思考题

1. 简述中餐发展历史。

2. 简述菜系与烹饪之间的关系。

3. 简述中餐菜肴的命名方法。

4. 简述中餐菜系的种类与特点。

5. 简述餐饮文化旅游产品。

阅读材料

河南菜与洛阳水席

河南省位于中国中东部，其大部分区域位于黄河以南，因而称作河南。河南省在历史上长期作为中国的政治、经济和文化中心。全省总面积16.7万平方千米，人口近1亿。著名的黄河流贯全省。这一区域的北、西、南三面有太行山、伏牛山、桐柏山、大别山等四大山脉环绕，中间有盆地，中部和东部为辽阔的平原，区域内有黄河、淮河、卫河和汉水四大水系逶迤而过，土地肥沃，气候温和。因此，物产丰富，为河南菜奠定了坚实的基础。

两千多年前，河南省是中国九州中心的豫州。因此，简称豫，又有中州、中原之称。远在四千多年前的新石器时代晚期，当地的居民就创造了著名的仰韶文化、龙山文化等。这里曾孕育出中国古代的思想家老子、庄子，政治家伊尹、商鞅、李斯，科学家张衡，文学家韩愈等。漫长的历史长河中，先后有20个朝代曾建都或迁都于河南。因此，在中国七大古都中，河南省就占了3个：洛阳、开封和安阳。

河南菜简称豫菜。其发展有悠久的历史，积累了辉煌的饮食文化。自东周到五代，先后有9个朝代在洛阳建都，其中周朝首先制定了中国的饮食制度。北宋建都于开封（汴梁），

使开封成为当时中国最大的商业城市，不但餐饮业繁荣，烹调技术也有了长足的进展。根据史料，当时的豫菜，不论是在色、香、味、形，还是在餐饮器具方面都已经形成了完整的体系。

现代的豫菜，主要是在北宋宫廷菜肴的基础上，吸收了川、扬、京、广等地的制作特点，融会贯通而成的一种中原菜系。烹调方法以南方的炸和北方的爆为主，兼炖、煮、烧、蒸等工艺。其特点是工艺考究，制作精细，色形俱佳，口味适中，火候得当，五味调和，以咸为主，色形典雅，淳朴大方。其中，洛阳是中国历史文化名城和七大古都之一，位于河南的西部，横跨黄河中游两岸，有近五千年的历史，素有“九朝古都”之称。根据考证，曾有夏、东周、东汉、曹魏、西晋、北魏、隋、唐等13个王朝在此建都。洛阳著名的洛阳水席，全席24道菜，即8个冷盘、4个大菜、4个压桌主菜。洛阳人把洛阳水席看成是各种宴席中的上席。它不仅作为商务宴会，还是休闲和旅游不可缺少的餐饮产品。洛阳燕菜（见图1-17），是洛阳水席的第一道大菜，为水席中的上肴，以萝卜为原料，切成细丝，配以海味而成为一道汤菜。其特点是制作精细，口味酸辣，鲜嫩清爽。豫菜著名的代表菜有洛阳燕菜、鲤鱼三吃、鲤鱼焙面、番茄煨鱼、郑州鲜味鸡、道口烧鸡、河南烤鸭等。

图1-17　洛阳燕菜

第2章

中餐菜肴及其生产原理

本章导读

中餐菜肴加工和烹调技术有着悠久的历史。中国菜肴的烹调不仅是一种技术而且带有很高的艺术性。由于制作一道菜肴要经过很多程序。例如，选料、初加工、切配和烹调等，而餐饮产品质量与菜肴生产工艺又有着紧密的联系。因此，学习和了解中国菜肴的生产原理对旅游与休闲产品的推销、对景区与饭店管理都有很多益处。通过本章的学习，读者可了解中餐食品原料加工与切配，掌握冷菜、热菜和面点的制作原理。

2.1　菜肴的加工与切配

食品原料在切配和烹调前进行的加工称为食品原料的初步加工。食品原料的初步加工包括宰杀、剖剥、整理、洗涤、发料、初步热处理等工作。食品原料的初步加工在中餐生产中是基础环节，合理的初步加工可以综合利用食品原料，降低菜肴的食品成本，使食品原料更加符合烹调要求并保持食品原料的卫生和营养成分，增加菜肴的颜色、味道和形状。

2.1.1　蔬菜的初步加工

蔬菜是中餐菜肴常用的食品原料。由于它们的种类及食用部位不同，加工方法也不同。对叶菜类蔬菜加工方法是去掉老根、老叶、黄叶。豆类蔬菜的初步加工是根据具体品种和食用方法剥去豆荚上的筋络或剥去豆荚。花菜需要剥去外叶、根茎和筋络。洗涤蔬菜时，应先洗后切，保持蔬菜的营养素，将经过整理、洗涤的蔬菜沥去水分，放在适当的地方待用。

2.1.2　肉类的初步加工

中餐菜肴使用的猪肉、牛肉、羊肉通常都是宰杀后，经过整理的原料。但是，尚有许多企业购进的猪肉往往是整只或带骨和带皮的原料。这样，需要将它们进行初步加工。首先，去掉它们的皮和骨头。然后，根据肉类各部位的实际用途进行分类、洗涤、沥去水分。最后将加工好的肉块放入盘子，冷冻或冷藏储存。

2.1.3 水产品的初步加工

水产品在切配和烹调前要做许多工作，如宰杀、刮鳞、去鳃、去内脏、洗涤。根据烹调需要，有的水产品还要去骨和去皮等。在加工水产品时，应注意将原料洗干净，清除原料的黏液和血水。在清除鱼内脏时，还应小心，不要将鱼胆刺破。万一苦胆被刺破，可以用一些白酒清洗，然后用水冲净。注意水产品与烹调方法的协调性，如保持鲥鱼的鱼鳞，使其更加鲜美；黄鱼的内脏经常是从其口内掏出来的，保持它的整齐。

2.1.4 禽类的初步加工

禽类的初步加工包括宰杀、去毛、整理、洗涤。目前，饭店和餐饮业使用的禽肉都是经过宰杀和整理好的。但是，中餐讲究禽类的不同开膛方法。在禽类的腹部开一刀，可以保持禽类躯体的完整，适用一般烹调方法；将家禽的背部剖开，适用于扒、蒸等方法。

2.1.5 干货的初步加工

经过脱水制成的植物原料和动物原料称为干货。干货在切配和烹制前，必须经过初步加工处理。这一处理过程称为干货原料的涨发。干货涨发实际上是通过热油泡、水泡、煮、焖、蒸等方法，使原料重新吸收水分并最大限度地恢复原料自然形状和鲜味，去掉杂质和腥味等。由于干货原料种类多，产地不同，干制方法多种多样。因此，涨发干货原料的前提是熟悉原料的产地和性能，掌握原料质地老嫩，认真对待涨发中每一个环节。通常，干货原料的涨发有两种方法：水发和油发。

1. 水发

水发指将干货放在水中浸泡，使其重新吸收水分，重新恢复自然形态的方法。水发又可分为冷水发、热水发和碱水发3种方法。冷水发是对一般质软体小的食品原料使用冷水浸的方法，使其自然吸收水分。例如，发制海带。热水发是对质地坚硬的干货采用煮、焖、蒸的方法。例如，干笋需用热水泡、水煮，然后再用热水泡，循环同样方法，直至使其恢复原状。碱水发是对一些质地坚韧的食品原料先用清水浸泡，然后再用碱水浸泡，使其涨发回软。通常，使用碱水发制时，应注意溶液的浓度，控制发制时间，用冷水漂洗等。例如，对干鱿鱼的发制。

2. 油发

油发是将原料放在温油中加热，使其膨胀松脆，然后用热碱水浸泡，用清水漂洗的方法。油发适于胶质丰富、结缔组织多的干货原料。例如，蹄筋和鱼肚等。油发制原料时，首先应检查原料是否干燥或变质。变质的原料没有意义，潮湿的原料应烘干，控制油量和油温，油量应盖过原料，应使用凉油，逐渐加热，注意用碱水浸泡和认真清洗。

2.1.6 切配技术

食品原料切配技术是制作中餐菜肴的又一重要环节。包括刀工技术和配菜技术。菜肴通过刀工利于菜肴的美化和烹调，利于菜肴的入味和便于顾客食用；而配菜技术与刀工技术有着紧密联系。菜肴通过各种原料的合理配制，不但可以显示出颜色、气味、味道和形状的特点，而且还确定了菜肴的营养。同时，可以有效地控制食品成本。

1. 刀工

刀工是根据中餐烹调的需要，运用不同的刀法，将食品原料加工成一定形状的操作过程。在中餐菜肴生产中，几乎所有的食品原料都要经过刀工处理。食品原料经过刀工处理的目的是为烹制菜肴打下良好入味和形状。由于刀工是烹制的前一道工序，所以中餐厨师们根据各种菜肴的质量标准和烹调需要，将原料物尽其用，整齐划一。同时，借助刀工技巧美化菜肴的形态。

2. 刀法

刀法是中餐切割食品原料的基本方法。随着中餐烹调技术的发展，刀法也不断得到完善和发展。目前，中餐使用的刀法有很多且各地的刀法名称也有差异。归纳起来，刀法可分为下列四种。

① 砍。用于加工带骨的或者质地坚硬的原料。其操作方法是，右手紧握刀柄，对准要砍的部位，用力砍下去。

② 切。适用于无骨的原料。其操作方法是右手持刀，将刀刃对准并接触要切的原料，通过向前、向后或前后方向推拉将原料切断。这种方法可以分为几种不同的技法，直刀切、推刀切、拉刀切、锯刀切和滚刀切。

③ 片。又称劈或批。这种方法也适用无骨原料。它的操作方法是右手持刀，将刀身平放。工作时，刀刃的方向左右移动。这种方法可分为推刀片、拉刀片、斜刀片、反刀片、锯刀片。

④ 锲。是综合运用切和片这两种方法，将原料表面加工成较深而不断的各种花纹。这些花纹经过烹调，曲卷成各种形状。例如，麦穗、菊花、荔枝和蓑衣形状等。

2.1.7 配菜

配菜是根据菜肴的质量要求，把经过刀工处理的原料和配料进行合理的搭配，使它们成为一盘菜肴或一桌菜肴。菜肴的原料、味道、颜色、形状、质地、营养成分的搭配，不仅直接关系到每一道菜肴色、香、味、形，也关系到成桌菜肴的协调性。配菜是确定菜肴质量的因素。当然，菜肴的质量还应包括各种原料的规格及加工和烹调的质量。但是，如果菜肴中原料的数量和其搭配方法不当，无论多么高超的加工和烹调技术，菜肴的质量也不会理想。在中餐菜肴制作中，任何一种原料形态都要靠刀工来确定。在配菜中，厨师们常融合各种原料本身所具有的色、香、味、形，使之相互补充，相互衬托。然后通过加工、热处理形成理想的菜肴。原料的搭配常遵照以下原则。

① 以一种原料为主的菜肴，应突出主料的数量。例如，干煸牛肉丝中的牛肉丝数量应超过其他辅料的数量。以几种原料构成的菜肴，这几种食品原料的数量应相等。例如，烧四宝中的四种原料数量应相等。

② 在原料颜色配合方面常采用顺色搭配法和花色搭配法。顺色搭配法是主料和配料颜色协调，突出菜肴的雅致；而花色搭配法以辅料的颜色衬托主料，从而增加菜肴的美观。

③ 通常菜肴的味道通过加热和调味确定，但是各种食品原料本身都具有自己的味道和气味。有的原料气味浓一些，有的则淡一些。当把几种食品原料配合在一起时，它们之间必

定要互相影响。有些原料放在一起能够产生人们青睐的味道，有的原料配合在一起则相反。因此，以主料味道为主的菜肴，辅料的味道不应超过主料，选用味道清淡的辅料。当某些菜肴的主料味道存在某些缺点时，应选用一些气味浓郁的辅料弥补主料的缺点，使菜肴味道达到完美。

④ 现代中餐生产不仅是高超的技术工作而且还包含着艺术，菜肴既要富有营养，又是人们欣赏的艺术品。因此，原料形状配合也是菜肴生产中的一个重要环节。菜肴的原料形状和大小应当一致，块配块、丝配丝、片配片，讲究菜肴的造型艺术。

⑤ 为了使菜肴的主料、配料的质地符合中餐烹调基本要求和突出菜肴各自的特点，厨师们都尽量将相同质地的食品原料搭配在一起。

⑥ 现代中餐烹调讲究菜肴的营养搭配，注重菜肴的营养功能。

2.2 冷菜生产原理

2.2.1 中餐冷菜概述

中餐冷菜俗称冷盘或冷荤，是中餐的第一道菜肴。通常，它由新鲜的蔬菜和熟制的畜肉和海鲜等拼摆而成。冷菜制作由两部分组成，一部分是制作技术，另一部分是拼摆技巧。

2.2.2 中餐冷菜制作

中餐冷菜的制作方法有10余种，它们是拌、卤、炝、酥、酱、冻、卷、腊、熏、煮、腌等。

1. 拌

拌是将生、熟的食品原料切成丝、条、片、块等形状，浇上调味品，经搅拌而成。这种方法选用的原料可以是生食的瓜果蔬菜，也可以是经过煮烫或其他方法熟制的动物原料。例如，拌黄瓜选用生鲜黄瓜为原料，而拌海蜇中，原料洗净后，还要用热水烫的方法处理。

例2-1 凉拌三丝（Stirring of Three Shredded Cold Foods）

原料：黄瓜丝100克，加工好的绿豆菜100克，胡萝卜丝100克，盐、鸡精、芥末酱、醋、香油等各少许。

制法：① 将胡萝卜丝和绿豆菜用开水烫一下，迅速捞起沥去水分，晾凉待用。

② 将黄瓜丝、胡萝卜丝、绿豆菜加调味品搅拌，即成。

2. 卤

将动物性原料经过加工整理，煮至七成熟后，投入特制的卤水中，用低温将其煮熟和入味的过程。例如，卤鸡、卤鸭等菜肴。卤菜的质量与卤汁有紧密的相关性，卤汁的配制是卤菜的关键。

例2-2 卤汁配制法

原料：开水5 000克，冰糖750克，料酒500克，酱油1 000克，精盐100克，鸡精50克，草果50克，桂皮50克，沙姜50克，丁香25克，花椒和甘草各5克。

制法：① 用布袋，装入草果、桂皮、花椒、甘草、沙姜和丁香等，扎住口，投入开水中。

② 将冰糖、料酒、酱油、精盐和鸡精加入开水中，熬出香味。

3. 炝

炝是将加工成丝、条、片的植物原料放入沸水中稍烫，然后用盐、鸡精、花椒油等调料搅拌而成。炝与拌的方法很相似，这两种方法都是通过沸水稍烫，然后再调味。它们的区别是：拌可以用生蔬菜和水果做原料；而炝一定使用煮烫过的原料。拌菜的调味品多用醋、酱油、芥末酱；而炝菜的原料常用花椒油、盐和鸡精。

例 2-3 虾子炝芹菜（Stir Pouched Celery with Shrimp Roe）

原料：芹菜 250 克，虾子 5 克，玉兰片 50 克，花椒油、盐、鸡精少许。

制法：① 将芹菜去叶、筋，洗净后切成段。

② 将玉兰片切成段。

③ 将虾子放入温油中稍炸片刻。

④ 将芹菜放入沸水中煮烫，沥去水分，晾凉。

⑤ 将芹菜、玉兰片与虾子油、适量的盐、鸡精一起搅拌，即成。

4. 酥

酥是以菜肴成品的口味特点命名的。将鸡蛋、绿叶蔬菜和粉丝及鱼类等原料，经过整理，用急火高温油反复炸成酥脆状态，或不经油炸，直接加汤，慢火长时间烹调，使主料酥烂的过程。用酥制作的菜肴，其特点是骨酥肉烂，香酥适口。

例 2-4 酥小鲫鱼（Braising Small Fish）

原料：活小鲫鱼 1 000 克，麻油 100 克，酱油 125 克，香醋 125 克，白糖 125 克，冰糖 60 克，葱白 500 克，姜片 15 克，五香粉、桂皮、丁香、花椒、八角各少许。

制法：① 将整理好的小鲫鱼洗净，待用。

② 将葱白切成 12 厘米长的段。

③ 将醋、酱油、料酒放在一起，调匀，制成调料水。

④ 沙锅内放一层猪肋骨，再铺一层姜片，撒上桂皮、丁香、豆蔻、花椒、八角等调料。然后，将鱼头朝锅边，鱼尾向着锅心，一个挨一个地码成一个圆圈，撒上五香粉，在中间再横着放一排鱼，也撒上五香粉。另将葱段按照鱼的排列方法摆在鱼上层，将白糖和冰糖放在葱白上面，将调料水浇在葱白上，并加入 250 克水。

⑤ 将水烧开后，用低温炖 3～4 小时，直至鱼骨酥烂为止。

5. 酱

酱的方法与卤很相似，它与卤的不同点是，原料需先用盐或酱油腌，腌的时间不宜太长，几小时即可。

例 2-5 五香酱牛肉（Braising Beef with Herbs）

原料：牛腿肉 2 500 克，盐 20 克，酱油 300 克，大茴香 25 克，白糖 30 克，芹菜 50 克，桂皮 20 克，姜 20 克，熟硝、五香粉各少许。

制法：① 将牛肉切成大方块花刀，撒上熟硝和盐，边撒边揉搓，腌渍一天。

② 将腌过的牛肉用清水洗净，放沸水里烫 5 分钟，切成大方块。

③ 另备锅加清水 2 000 克，放酱油、白糖、芹菜、姜、五香料袋。然后，将水烧开，撇去浮沫，慢煮 30 分钟，取出芹菜后，煮 3～4 小时即可。

6. 冻

冻的方法是在菜肴中加入琼脂或肉皮冻，使菜肴和汤汁冻结在一起的方法。

例 2-6 水晶冻鸡（Congealed Chicken）

原料：肉鸡一只约 1 000 克，猪皮 250 克，胡萝卜 2 片，冬笋 2 片，豆苗 4 棵，水发冬菇 1 片，盐 25 克，葱和姜各 20 克，料酒 10 克，清水 2 000 克，鸡精少许。

制法：① 将鸡煮熟，拆去骨头，取鸡腿、鸡脯和翅膀肉均撕成条，腿肉单放在另一容器中。

② 取大碗一个，将冬菇垫碗底，胡萝卜、冬笋片、豆苗摆在冬菇周围，然后将鸡脯肉整齐地摆在碗内，再将腿肉、膀肉放在脯肉上。

③ 猪皮切成大块，刮净肥肉，加入清水、葱、姜、料酒蒸烂后，拣去肉皮、葱、姜，放入盐和鸡精，过滤后，浇在肉上，晾凉后，放冰箱内，使其冻结，上桌时扣在碗内。

7. 卷

将鸡蛋液中放入适量水淀粉，制成鸡蛋皮，在鸡蛋皮上摊入动物或植物原料制成的馅心，卷成一定形状，通过蒸、炸方法使鸡蛋卷成熟。

例 2-7 三鲜卷（Rolled Three Delicious Foods）

原料：净大虾 300 克，鸡蛋 4 个，海参 50 克，肥膘肉 50 克，韭菜 50 克，淀粉 10 克，清水 10 克，精盐 5 克，鸡精、香油、姜末和烹调酒、葱末各少许。

制法：① 将鸡蛋打在碗内，放入少许精盐、淀粉搅拌均匀，摊成鸡蛋皮待用。

② 将虾肉和肥膘肉制成泥，加入各种调料、海参、韭菜和水调匀，制成馅，待用。

③ 将调好的馅卷在鸡蛋皮内，蒸熟。

8. 腊

腊是将动物性原料腌制后，进行干燥，蒸熟的过程。

例 2-8 腊肉（Dried Preserved Pork）

原料：鲜带皮五花肉 5 000 克，熟火硝 5 克，清水 5 000 克，糖、胡椒粒、香叶、盐、料酒各少许。

制法：① 将肉切成约 30 厘米长，15 厘米宽的条，用竹针在肉上扎些小洞，用盐将肉擦匀，低温腌 24 小时。

② 用盐、糖、熟火硝、胡椒粒、香叶和水配制成溶液，溶液温度应在 12 ℃以下。

③ 将肉条放在溶液内，低温腌泡 3～4 天，洗去杂质，悬挂在熏炉内进行烟熏处理，直至表面呈栗黄色，有光泽为止。

④ 将熏好的肉挂在干燥通风处，晾干待用。

⑤ 食用时，洗净，放在盘内，加少许料酒，蒸熟。

9. 熏

将动物性原料经过初加工、腌制、蒸、煮或炸的过程，放入熏锅中，熏入味的制作方法。以熏制成菜肴，应首先选用质嫩的原料，以保证菜肴的嫩度。另一关键是选用的熏料要合理恰当，熏锅要严密并严格掌握火候。

例 2-9 毛峰熏鲥鱼（Smoked Fish with Maofeng Tea）

原料：鲥鱼一条（约 1 000 克）、毛峰茶叶约 15 克，葱末 15 克，姜末 50 克，精盐 25 克，饭锅巴 150 克，醋 10 克，麻油 15 克。

制法：① 鱼加工后不打鳞，顺鱼的方向片为两半，洗净，沥去水分，用盐、葱和姜末将鱼腌 20 分钟。

② 在熏锅中放入碾碎的锅巴、毛峰茶叶，在铁架上放腌好的鱼，先用高温将锅内烧至出烟时，再用小火熏 8～10 分钟即可。

（注：以上做法为沿江代表菜，选用生熏法。此菜还可通过先将鲥鱼熟制后，再经烟熏的方法制作。）

10. 煮

煮的方法较简单，将原料放在汤锅中煮熟即可。

例 2-10 白斩鸡（Boiled Chicken）

原料：嫩鸡一只 1 500 克，葱、姜各 30 克，花生油 20 克，盐 10 克，鸡精少许。

制法：① 将嫩鸡收拾干净，放入沸水中煮 3 分钟后，改用低温，小火煮熟。

② 将葱、姜洗净，切成末，浇上热花生油、盐、鸡精及少许鸡汤制成调味汁。

③ 将鸡切成块与调味汁一起上桌。

11. 腌

腌是将原料浸入调味的卤汁中，排出原料内部的水分，使原料入味的方法。用盐水浸泡或盐擦抹原料进行腌制称为盐腌，用料酒和盐为主要调料进行腌制，称为醉盐，用香糟和盐为调料进行腌制称为糟腌。

例 2-11 四川泡菜（Preserved Vegetables Sichuan Style）

原料：清水 2 500 克，精盐 125 克，干辣椒 50 克，红糖 50 克，白酒 50 克，姜 50 克，蔬菜 5 000 克。

制法：① 将泡菜坛控去水分，将干辣椒洗净，姜去皮，放入坛内。

② 将各种调料放入坛内，放水。

③ 将蔬菜洗净，晾干，放入坛内，盖上盖子，经 1～2 天腌泡，即可食用。

2.2.3 中餐冷菜的拼摆

冷菜的拼摆是将经过熟制的或可生食的原料，整齐美观地装入盘内的过程。拼摆冷盘时，应注意颜色搭配，将相近的颜色隔开，对不同质地的食品，也要将它们协调好。通常，将整齐的原料摆在冷盘的表面，将碎小的原料作为菜底。除此之外，对于由多种原料拼成的冷盘，应注意动物性原料和植物性原料之间的搭配。不要将带汤汁的食物作为拼盘的原料，防止它们互相影响。应运用多种刀法和拼摆方法，拼摆出多种多样的形状，使拼盘多姿多彩，促进食欲。

1. 冷菜拼摆原则

① 将方块和圆形块状原料并列成行地摆放在盘中。

② 将原料切成丝、片等形状堆在盘中。

③ 将切好的片状原料整齐地叠在盘中。

④ 将切好的片状原料排列成环形。

⑤ 运用刀法，把具有多种色彩的原料加工成不同形状，然后，将它们摆成各种图案。

⑥ 将切好的原料先排在容器内，然后再翻扣入盘内。

2. 冷菜拼摆种类

① 单拼冷盘。每盘中只装一种冷菜，有桥形、方形和圆形等图案。

② 双拼冷盘。将两种冷菜装入一盘内。双拼冷盘应选用两种不同的色彩原料为宜。

③ 三拼冷盘。将3种冷菜装入一盘内。拼摆3种原料或4种原料的冷盘，原料的颜色和质地搭配很重要。

④ 什锦拼冷盘。将多种冷菜放入一个大冷盘内。这种冷盘的拼摆技术要求很高，刀工精巧，外形美观，颜色协调。

⑤ 花色拼冷盘。将经过精细加工的原料，拼摆成艺术形状。这种冷盘多用于高级宴席。特点是艺术性强，色彩鲜艳，生动逼真（见图2-1）。

图2-1 花开凤舞

2.3 热菜生产原理

2.3.1 中餐热菜的概述

中餐热菜指菜肴通过熟制后，立即上桌的菜肴。因此，热菜送至顾客面前，它的温度是非常热的，常在80 ℃以上。

2.3.2 运用火候

火候是中餐烹调常用的术语，它指在烹调时，使用的火力大小和烹调时间的长短。所谓运用火候，是指厨师根据原料性质和菜肴的制作要求，科学地运用不同的温度和烹调时间，制成符合质量要求的菜肴。正确地运用火候可以保护菜肴的营养成分，使菜肴入味。

1. 火力

火力指火焰燃烧的强度。火力的种类及火力的大小很难具体划分。这里仅根据厨师在烹调中总结的经验，将火力分为3类。

① 旺火。火焰高而稳定，呈黄白色，适用于烹制质地脆嫩的原料。通常，厨师运用旺火烹调需要时间短、火力强的菜肴。例如，使用爆和炒的方法制作的油爆鸡丁等。

② 中火。火焰略低而呈红色，适用于在较短的时间内完成嫩、软、脆等特点的菜肴。例如，使用炸、熘或蒸等方法制作的菜肴。

③ 小火。火焰低而小，适用于长时间烹制使原料酥烂的菜肴。例如，使用炖和烧等方法制作的菜肴。

2. 掌握火候

不同菜肴的制作过程需要不同的火力和烹调时间，这是由于各种原料的质地、产地、形状及烹调目的不同而引起的。因此，灵活地运用火候是掌握烹调技术的前提。运用火候的一般原则如下。

① 质地较老、形状较大的食品原料，选用小火、长时间的烹调方法。

② 质地较嫩、形状较小的食品原料，选用旺火、短时间的烹调方法。

③ 需要使原料酥烂的菜肴，选用小火、长时间的烹调方法。

④ 需要使原料脆嫩的菜肴，选用旺火、短时间的烹调方法。

2.3.3 调味原理

调味是利用各种调味品和食品原料的配合，以减少或消除菜肴的异味，增加菜肴鲜味和美味的过程。调味是中餐烹调中的重要环节。

1. 调味的原则

① 根据原料的性质，准确、适量地投放调味品。对鲜嫩的蔬菜、禽类和腥味少的水产品投放的调料应少而精，以保持其本身的鲜味。

② 对动物内脏、牛肉、羊肉及某些腥味浓的水产品，应增加除异味的调味品以减少腥味。

③ 对本身无味的原料。例如，海参和豆腐等应选用增加味道的调料以增加菜肴的味道。

④ 建立菜肴的调味标准。根据标准，精确、适时地投放调料，分清菜肴主味和辅助味。

⑤ 根据顾客的需求投放调味品。中餐菜肴是根据客人需求设计出来的。菜肴的口味常由于地点、时间和人物的不同而变化。例如，正宗的四川麻辣味常受四川人的喜爱。但是，不能广泛地被国内外顾客接受。因此，需要根据不同的地点将正宗的麻辣味进行改造。

2. 调味方法

中餐菜肴经常使用 3 种调味方法。它们是基本调味、正式调味和辅助调味。

① 基本调味是在烹调前，用精盐、酱油、胡椒粉、料酒、鸡蛋、淀粉等不同的调味品把原料上浆，使调味品渗入原料中，消除原料的腥味或确定原料的基本味。这种方法也称为加热前调味。

② 正式调味是在菜肴的烹调中调味，确定菜肴口味。正式调味在菜肴烹制中起着决定菜肴味道的作用。

③ 辅助调味是原料加热后的调味。一些在加热前和加热中进行了调味而没有达到效果的菜肴，一些不适合使用以上两种调味方法的菜肴，都需要实施辅助调味。例如，香酥鸡、软炸大虾，需要在成品上撒椒盐增加它们的口味。又如，炝黄瓜，在加热后投入鸡精、精盐和芝麻油。

2.3.4 上浆与挂糊

上浆与挂糊是某些中餐热菜生产不可缺少的程序，其含义是在刀工处理过的食品原料上，挂上一层黏性的糊浆，使菜肴经过烹调后达到酥脆和软嫩的效果。上浆是在原料上加适量的盐、水淀粉和鸡蛋（蛋清）进行搅拌的过程，浆的浓度很薄。挂糊的方法是用淀粉、鸡蛋、面粉和水调成糊。然后，将原料放在糊内，使糊包住原料。上浆和挂糊都是烹调前一项重要的制作程序，对菜肴的色、香、味、形都有很大的影响。上浆和挂糊可保持原料中的水分和自然鲜味，使菜肴的外部达到鲜嫩或酥脆。同时，这一过程还保持了食品原料的形态和营养成分，使菜肴饱满。例如，在制作滑熘和爆炒的菜肴时，将食品原料上浆后，会避免原料发生断碎、卷缩和干瘪等变形现象。在制作焦熘和软炸的菜肴时，挂糊使原料不直接接触高温的油，达到菜肴外焦里嫩的效果。

1. 浆的种类

浆有3种，盐与水淀粉制成的浆；盐、鸡蛋和水淀粉制成的浆；盐、鸡蛋清和水淀粉制成的浆。它们的用途基本相似。

2. 糊的种类

① 普通糊。以鸡蛋、淀粉、面粉和水制成的糊，适用于焦熘里脊、古老肉等。

② 软炸糊。以鸡蛋、面粉和水制成，适用于软炸的菜肴。例如，软炸鱼条、软炸蔬菜。

③ 高丽糊（蛋白糊）。将鸡蛋清抽打成泡状，放入适量干淀粉，适用于高丽菜肴。例如，高丽豆沙、高丽虾球等。

④ 淀粉糊。以淀粉与适量水制成的糊，适用于糖醋鱼、松鼠鱼等。

⑤ 发粉糊。以发粉、面粉和水制成，适用于油炸的鱼类和蔬菜菜肴。

2.3.5 勾芡

勾芡是一种烹调技巧，所谓芡是淀粉与水的混合物。勾芡是将水粉混合物淋入菜肴中以增加菜肴汤汁的黏性和浓度。不同的烹调方法应使用不同浓度的芡汁。根据芡汁的浓度，芡汁可分为3种类型：厚芡、薄芡和米汤芡。

厚芡是淀粉浓度最高的芡，适用于爆炒等方法制作的菜肴；薄芡是淀粉浓度适中的芡，适用“熘”制作的菜肴；米汤芡的淀粉含量最低，适用于烩菜和锅巴类菜肴。

2.3.6 中餐热菜的烹调方法

中餐热菜包括热开胃菜和热主菜（大菜），其服务上桌的温度应不低于80℃。热菜制作最常用的方法约有20余种，根据中餐热菜的制作特点，可以将它们分为8大类。

1. 炒、爆、熘

炒、爆、熘3种制作方法可作为一大类，它们的共同特点是，使用高温，操作速度快，烹调时间短。

炒是中餐热菜最基本的烹调方法，也是在中餐使用最多的一种方法。炒又可分为煸炒和滑炒，煸炒又可分为生炒与熟炒等方法。生炒的特点是使用生原料，原料本身不上浆、不挂糊，而是直接煸炒成熟。熟炒的特点是烹调煮过食品原料，切成片、丝、丁或条等形状，煸炒入味。例如，炒回锅肉。滑炒的特点是用少量精盐、鸡蛋和淀粉与主料搅拌。然后，将主料放入温油中过油，沥去油，放调味品煸炒成熟。

爆是将质地脆嫩的原料用沸水浸烫，放入热油中过油，或上浆后过油。将调好的芡汁与过油的主料一起煸炒成熟。爆又可分为油爆、芫爆、酱爆和宫爆、葱爆等方法。油爆的特点是芡汁不放酱油，菜肴为白色；芫爆是在油爆的基础上放一些香菜；酱爆的特点是用炒熟的面酱与过了油的主料在一起煸炒入味，菜肴为棕色；宫爆的特点是咸辣鲜味；葱爆的制作方法与以上4种不同，它与煸炒方法很相似，用酱油、料酒、白糖将主料调味后，与大葱一起放煸炒成熟。

熘的方法与爆很相似，熘菜芡汁多，使用的原料体积略大。熘可分为若干种类。例如，焦熘、滑熘和软熘等。

例2-12 （生炒方法）干煸牛肉丝（Fried Shredded Beef with Hot Sauce）

原料：瘦牛肉丝500克，芹菜50克，豆瓣辣酱30克，青蒜25克，干辣椒5克，酱油

10 克，醋 5 克，花生油 125 克，精盐、料酒、鸡精、姜丝、花椒粉、白糖各少许。

制法：① 牛肉切去筋膜，片成 2 毫米厚的薄片，再横着肉纹切成 7 厘米长的细丝。芹菜摘去根、叶和筋，洗净后切成 3 厘米长的段，豆瓣辣酱剁成细泥。

② 炒勺放在旺火上烧热，放花生油，烧到六成熟时，放干辣椒稍炸，放牛肉丝急速煸炒 1 分钟，放入精盐，煸炒 2 分钟。把肉丝炒酥并呈枣红色时，放豆瓣辣酱，颠炒几下。然后，依次放入酱油、白糖、料酒、鸡精，翻炒均匀后再放入芹菜、青蒜和姜丝，约煸炒半分钟（芹菜应熟脆）放醋，颠翻几下，盛入盘中，撒上花椒粉即成。

例 2-13 （熟炒方法）炒回锅肉（Fried Boiled Pork with Hot Sauce）

原料：猪腿肉 250 克、蒜苗 125 克、植物油 15 克、豆瓣辣酱 10 克、四川豆豉 5 克，酱油、料酒各少许。

制法：① 猪腿肉洗净，煮至七八成熟，肉皮发软时，捞出稍晾，切成 3 毫米厚、7 厘米长、3 厘米宽肥瘦相连的薄片；蒜苗切成 3 厘米长的段，豆瓣辣酱、豆豉均剁成泥。

② 炒锅内放入植物油烧到冒青烟时，将肉片倒入，炒至肉片卷起，再将豆瓣辣酱、豆豉泥、酱油、料酒调和后倒入。接着放蒜苗，同炒约 2 分钟即成。

例 2-14 （清炒方法）清炒虾仁（Fried Shrimp Meat）

原料：鲜虾 1 000 克、鸡蛋清 1 只，料酒 10 克，精盐 5 克，干淀粉 20 克，麻油 10 克，植物油 750 克（使用 75 克）。

制法：① 将虾去皮剥成虾仁，洗净漂清，沥去水，放入碗中，加精盐、鸡蛋清搅拌，再加淀粉拌匀。

② 炒锅放旺火上烧热，放入植物油，至四成热时放入虾仁，用铁勺轻轻将虾仁搅起，待虾仁成乳白色时，沥去油，再放旺火上，加料酒、麻油，颠翻几下，起锅盛入盘中即成。

例 2-15 油爆双脆（Fried Duck's Gizzard And Pig's Belly with White Sauce）

原料：鸭肫 125 克，猪肚尖 125 克，蒜泥 7 克，葱花 7 克，料酒 12 克，盐、鸡精少许，麻油 10 克，湿淀粉 25 克，植物油 500 克（约使用 50 克）。

制法：① 先将肚尖洗净，剥去内皮，在外皮一面锲十字刀纹（每隔 3 毫米锲 1 刀，锲到原料的 3/4 深），再改成边长 3 厘米大小的方块；将鸭肫去皮，也同样用直刀法锲菊花形花刀纹，再改切成块（一般的鸭肫每只可切 4 块）。

② 炒锅里放植物油 500 克。用旺火烧热，将肫块、肚块置于漏勺里，放入开水锅烫一下，见肚块卷缩开花，立即捞出沥干水，入沸油里爆炒，将肫、肚倒入漏勺沥去油。随即将小碗里的调味汁（用蒜泥、葱花、料酒、盐、鸡精、麻油、白汤、湿淀粉调成）倒入锅里搅拌均匀即成。

例 2-16 芫爆里脊（Fried Sliced Pork with Parsley）

原料：猪里脊肉 250 克，香菜 100 克，葱丝 10 克，姜丝 10 克，鸡蛋清 25 克，醋 5 克，料酒 10 克，鸡精、精盐少许，湿淀粉 25 克，胡椒粉 25 克，植物油 750 克。

制法：① 里脊肉去掉油脂和筋膜，斜刀片成 3 厘米长、3 厘米宽的薄片，放在冷水中泡半小时，泡去肉中的血水，使肉片呈白色，挤去水分，加料酒、鸡精、鸡蛋清、湿淀粉，拌匀浆好。

② 香菜择洗干净，切成 3 厘米长的段，与葱丝、料酒、味精、精盐、姜丝、醋、胡椒

粉放在一起，调成汁。

③ 炒勺内放植物油，在旺火上烧到四成热时，放浆好的里脊片，立即拨散，当里脊片舒展浮起后，放漏勺内，沥去油。

④ 炒锅内放入麻油，烧到八成热，倒进香菜等调料汁，稍加煸炒后，放里脊片，迅速用手勺翻炒即成。

例 2-17 酱爆鸡丁（Fried Diced Chicken with Chinese Brown Sauce）

原料：鸡脯肉 150 克，面酱 25 克，鸡蛋清 10 克，白糖 20 克，湿淀粉 20 克，料酒 8 克，麻油 15 克，植物油 500 克（约耗 40 克）。

制法：① 鸡脯肉用凉水泡 1 小时后，去掉脂皮和白筋，切成 8 毫米见方的丁，加入鸡蛋清和湿淀粉拌匀浆好。

② 炒锅内放入 500 克植物油，在微火上烧到四成热时，放入浆好的鸡丁，迅速用筷子拨散，滑到六成熟，倒在漏勺里。

③ 炒锅放在旺火上，放热油和麻油各 15 克，随后放入面酱，炒干酱里的水分，再加入白糖。待糖溶化后，加入料酒，炒成糊状，倒入鸡丁，约炒 5 秒钟即成。

例 2-18 葱爆羊肉（Saute Sliced Mutton with Green Onion）

原料：嫩羊肉 200 克，葱 200 克，醋 5 克，酱油 25 克，料酒 15 克，白糖、精盐少许，植物油 40 克，花椒油 10 克。

制法：① 将羊肉顶刀切成薄片放入少许酱油、料酒、醋腌渍，将葱切成滚刀块。

② 待炒锅中的油非常热时，把肉片、葱一起下锅，放料酒、醋、酱油，用手勺搅拌，颠炒锅，肉一变色，淋花椒油，出锅。

例 2-19 焦熘里脊（Fried Sliced Pork with Brown Sauce）

原料：猪里脊 200 克，笋片 25 克，醋 15 克，料酒 10 克，酱油 20 克，葱丝、姜丝、蒜片少许，面粉 25 克，淀粉 50 克、鸡蛋半个，植物油 500 克（约使用 75 克）。

制法：① 将里脊肉去筋膜，然后切成 3 毫米厚、3 厘米宽、5 厘米长的片，放入碗里，加淀粉、面粉、鸡蛋和清水调成厚糊，抓匀，使糊全部包黏住肉片。

② 炒锅里放植物油 500 克，烧到七成热时，把抓匀的肉片逐片分散，放入热油里炸，用手勺将炒锅里黏住的肉片分开，炸一会儿后，将炒锅放小火上，使肉片内部的水分炸干，再放在旺火上，炸到原料浮在油面、肉片脆硬、呈褐色时，用漏勺捞起。

③ 锅里留 30 克植物油，先放入笋片、葱丝、蒜片少许，倒入调味汁（用姜丝、料酒、酱油、盐、醋、味精、白汤、淀粉调成），用手勺搅拌成熟，然后倒入炸好的肉片，将锅迅速颠几下，出锅装盘。

例 2-20 滑熘里脊（Fried Sliced Pork with White Sauce）

原料：净里脊 150 克，笋片 25 克，水淀粉 30 克，盐 5 克，鸡精少许，料酒 5 克，植物油 500 克（约使用 40 克），葱末少许，蛋清一个，鸡汤或猪肉汤适量。

制法：① 将里脊去筋切片，将笋切片。

② 里脊放碗内，加淀粉 10 克，少许蛋清、盐和水，搅拌均匀。

③ 坐油勺，用热勺温油，将里脊片下勺，分开，用漏勺将油控出。

④ 将过好油的里脊片和笋片放开水中浸一下，捞出。

⑤ 另起炒勺，用葱末炝锅，放料酒和鸡汤，放里脊片和笋片，放鸡精、盐，勾芡。

2. 炸、烹

炸是将原料放入热油中加热成熟。其特点是菜肴无汁。炸可细分为干炸、软炸、纸包炸等。干炸是将原料经调料拌腌，再拍上适量干淀粉，然后放油锅里炸熟，使菜肴干香酥脆。软炸是将原料经过拌腌，包上鸡蛋面粉糊，放在温油中炸至金黄色，然后在菜肴上撒椒盐。纸包炸是将主料切成片，经调料拌腌，用江米纸包好，放入温油中炸熟的过程。

烹是将主料与面粉、鸡蛋、淀粉搅拌，然后放入热油炸，用多种调味品制成芡，将炒熟的芡汁浇在炸熟的主料上。炸和烹，这两种方法同属于一类。因为，所有通过烹制作的菜肴，必须经过炸的过程。

例 2-21 干炸里脊（Deep Fried Pork）

原料：猪里脊肉 200 克，椒盐 5 克，料酒 10 克，酱油 10 克，植物油 500 克（使用 40 克），水淀粉 10 克。

制法：① 将猪里脊肉切成 7 毫米厚、2 厘米宽、4 厘米长的厚片，每片在两面锲上十字花刀。

② 将里脊片放在碗内，加料酒、酱油，再加入淀粉抓匀待用。

③ 坐油勺，用温油将调好的里脊片下勺，将炉灶调至中火，见里脊炸透，捞出。然后，将里脊再下炒锅，用热油过一遍，捞出，控净油，装盘，撒椒盐。

例 2-22 炸凤尾大虾（Deep Fried Prawn）

原料：大虾 500 克，鸡蛋 2 个，面粉 75 克，植物油 600 克，盐、胡椒粉、料酒少许。

制法：① 大虾去头，剥去壳，尾壳留下，由背上部下刀，片成两片，两片尾部相连，每片带尾，摘去黑线，洗净，控净水。

② 鸡蛋打散，放进适量清水和面粉调成糊状。

③ 大虾放入少许料酒、盐、胡椒粉，调匀腌入味。

④ 坐油勺，油烧六成热，改用小火，用手捏住虾尾，蘸上鸡蛋糊，放油内炸，炸上色时，捞出，待全部炸完后，再把油温升高，放入全部的大虾，炸透，呈金黄色时捞起，摆在盘内，撒上椒盐即成。

例 2-23 蚝油纸包鸡（Fried Sliced Chicken Wrapped with Rice Paper）

原料：鸡脯肉 200 克（可分 10 包），江米纸 1 张，蚝油 25 克，料酒 15 克，鸡精、姜、葱少许，酱油 10 克，植物油 500 克（耗用 100 克）。

制法：① 将鸡脯肉切成 5 厘米长，2 毫米厚的薄片，江米纸均匀裁成 17 厘米见方，共 10 张。

② 蚝油、葱、姜、料酒、酱油、鸡精均匀拌和，将鸡脯肉浸渍 2 分钟，去掉姜、葱，再将鸡肉均匀地分包在江米纸内。

③ 将油倒在锅内，烧至五成热；纸包鸡投入油锅，当其浮起时，即用漏勺按入油中，继续炸，炸时应将纸包鸡翻身。炸至油温上升至七成以上，将纸包鸡捞出即成。

例 2-24 炸烹羊肉（Fried Mutton with Sauce）

原料：熟羊肉 300 克，鸡蛋 1 个，水淀粉 20 克，面粉 5 克，料酒 15 克，酱油 30 克，醋 15 克，植物油 500 克（耗 60 克）、葱、姜丝、精盐、蒜片少许，高汤 25 克。

制法：① 将熟羊肉切成 3 厘米长、2 厘米宽、1 厘米厚的长方块。

② 将鸡蛋打在碗内，加水淀粉、面粉、精盐搅匀成糊，把羊肉抓上糊。

③ 将油倒入锅内，烧至七成热，将抓糊的羊肉逐块地放入锅内，炸至金黄色捞出。

④ 锅内留底油，放入葱、姜、蒜，煸炒出香味，倒入羊肉块，再倒入调味汁（料酒、酱油、盐、醋、高汤调成），出锅。

3. 煎、贴、瓤

煎、贴、瓤3种烹调方法基本相同，都是使用温油将菜肴煎熟的过程。煎，是将锅烧热，用凉油涮锅，留少量底油，先煎原料的一面，使其成为金黄色，再煎另一面。煎时，应不停地晃动锅，使原料受热均匀，色泽一致。

贴是将一种主料加工成片状或茸状，调好味，贴在另一种主料上。然后，用油煎熟。这一制作方法较精细。

瓤是将一种主料加工成丝、丁或茸状，调好味，装入另一种主料中，用温油煎熟的过程。

例2-25 水晶虾饼（Fried Shrimp Meat Balls）

原料：虾肉750克，猪肥膘肉150克，南荠100克，鸡蛋3个，植物油100克，料酒、盐、鸡精、白糖、醋、鸡汤、葱、姜、水淀粉各少许。

制法：① 虾肉剔去背上黑沙线，洗净，同猪肥膘肉和在一起，剁成泥状。将南荠拍碎，葱、姜拍碎，泡在料酒与清水制成的汁中，鸡蛋去黄留清。

② 把泡葱、姜的汁倒入虾泥内，用手搅散，加鸡精、水淀粉、鸡蛋清、盐，先调匀再搅拌上劲，加入南荠末，拌匀。

③ 将炒勺烧热，倒入油，用手把虾泥挤成丸子放入锅内，用手勺压扁，用温油煎透。

④ 另起一炒勺，放盐、鸡精、鸡汤、料酒、白糖、醋，然后，放入煎好的丸子，放水淀粉，即成。

例2-26 锅贴鱼片（Fried Sliced Fish with Pork and Vegetables）

原料：鳜鱼肉500克，猪肥膘肉750克，咸雪里蕻叶10张，鸡蛋5个，葱、姜、盐、料酒、味精、胡椒面、醋、白糖、椒盐、植物油、干淀粉各适量。

制法：① 鱼肉洗净，片成7厘米长、4厘米宽的长方形厚片，猪肥膘肉放入汤锅内煮到六成熟捞出，待凉后切成同鱼片大小相等的片。雪里蕻叶洗净放在盘内。鸡蛋去黄留清。

② 把鱼片用料酒、盐、胡椒面、鸡精、白糖、葱、姜拌匀腌一下，然后挑出葱、姜加入两个鸡蛋清、干淀粉搅拌均匀。

③ 把剩下的3个鸡蛋清拌入干淀粉调成鸡蛋清糊。

④ 把肥膘肉顺序排在案子上，抹上蛋清糊，再抹上椒盐，然后把鱼片逐片贴在肥膘上，雪里蕻叶修成长方形盖在鱼片上，再抹上蛋清糊。

⑤ 炒勺烧热，用油滑锅，再放少许油，把鱼片排入锅底（肥膘贴锅，鱼片朝上），火力不宜大，再加入少许食油，边煎边转动炒勺，待把猪肥膘肉煎成金黄色时，鱼片即熟，然后倒出余油。放少许料酒和醋，烹一下，装盘即成。

例2-27 烧瓤苦瓜（Fried Balsam Pear Stuffed with Grated Pork）

原料：苦瓜500克，肥瘦猪肉300克，植物油、葱、姜、盐、料酒、鸡精、鸡蛋、水淀粉、糖、干淀粉、鸡汤各适量。

制法：① 把苦瓜洗净，切去两头，切成23毫米长的节，挖出瓤。猪肉剁成末，葱、姜切成末。

② 猪肉用盐、料酒、鸡精、水淀粉、鸡蛋一个、葱、姜调制成馅心。

③ 在苦瓜筒内沾干淀粉，将肉馅填入苦瓜内（填满），在两头沾上干淀粉，放在盘内。

④ 炒勺烧热，先用油涮一遍，倒出油。再注入油，油热时将苦瓜竖放在炒勺内，用中等火，半煎、半炸，将上下两面煎至黄色，倒在漏勺内。

⑤ 炒勺内倒入250克汤，放料酒、盐、酱油、糖、苦瓜（竖放），烧开撇去浮沫，用小火烧透，起出苦瓜，竖着盛入盘内。

⑥ 汤内加入鸡精，用水淀粉勾芡，浇在苦瓜上即可。

4. 烧、焖、扒、烩

烧是将煎、炸、煮、蒸等处理过的原料，调味，放适量汤汁，经大火至小火等加热过程，使菜肴的汤汁变浓而成熟。烧可细分为红烧、干烧、白烧、葱烧等方法。红烧，是将主料经过炸或煸炒后，放调料和汤汁，烧熟，菜肴为老红色；干烧与红烧方法基本相同，尽量将主料汤汁全部渗入主料中，干烧带有辣味；白烧，是将主料经过蒸或煮等方法处理，放入调料和汤汁（不包括酱油），烧熟，菜肴为白色；葱烧与红烧方法基本相同，配以葱段做辅料。

焖与红烧方法相似，主料经过炸或煸，放入调料和水，盖严锅盖，将主料焖透。

扒是将成熟的原料切成一定的形状，整齐地摆在锅内，放调料和汤汁，然后勾芡，将主料翻面。根据颜色和味道，扒可分为红扒、白扒、奶油扒。

烩是汤和菜混合在一起的一种烹调方法。烩也常使用熟原料，将它们切成丝、丁或片，放调料和汤汁。烩菜的最大特点是汁多。

以上四种烹调方法的共同特点是，烹调时间较长，使用的火力较小，菜肴的汤汁略多。

例 2-28 葱烧海参（Stewed Sea Cucumber with Green Onions）

原料：水发海参500克，大葱100克，精盐、鸡精少许，水淀粉5克，鸡汤100克，白糖15克，酱油10克，料酒10克，植物油150克。

制法：① 水发海参洗净，放入凉水锅中，用旺火烧开，约煮5分钟捞出，控干水分。大葱切成5厘米长的段。

② 炒勺内倒入油，在旺火上烧到八成热时，下入葱段，炸成金黄色，放海参，加入鸡汤、料酒、精盐、酱油、白糖和鸡精，烧3~5分钟，用水淀粉勾芡即成。

例 2-29 干烧鲜鱼（Fried Fish with Hot Sauce）（见图2-2）

图2-2 干烧鲜鱼

原料：鲜鱼一条（1 500克），肥瘦猪肉150克，冬笋50克，水发冬菇5克，泡红椒50克，葱、姜、酱油、白糖、醋、料酒、食盐、鸡精、植物油各适量。

制法：① 在整理好的鱼身两面切成花刀，猪肥瘦肉切成小方丁。冬菇、冬笋、泡红椒切丁，姜切成末，葱切成段。

② 把鱼两面抹上酱油、料酒，炒勺烧热，放入油，把鱼下锅两面煎成浅黄色。

③ 炒勺内放油烧热，把肉丁、冬笋、冬菇、泡红椒放炒勺内，煸炒片刻，放料酒、酱

油、白糖、清水，烧开后将鱼放锅内。先用大火烧开，再用小火焖约20分钟，待汤稍干，鱼已透，加入鸡精、醋，用大火收汁，汁收好后，先把鱼取出，放入长鱼盘内。炒勺继续上火，加入葱段、姜末，淋上香油，用手勺推匀，离火，把汁浇在鱼身上，即成。

例2-30 黄焖栗子鸡（Stewed Chicken with Chestnut）

原料：肉鸡500克，栗子250克，葱段、姜末、食盐、湿淀粉各少许，酱油30克，白糖10克，料酒25克，植物油适量。

制法：① 栗子切成两半，用水煮，捞出，趁热剥去外壳，放入碗中，放笼屉，蒸15分钟，待用。鸡洗净切块。

② 炒勺放在旺火上燃烧，放入少量油，烧热后，先将葱段煸炒出香味，再煸炒鸡块。

③ 煸炒至鸡块外皮紧缩变色，随即放酒，加入姜末、酱油、食盐、白糖及水，盖上锅盖，烧开后，低温焖15分钟左右。

④ 至鸡酥烂时，放栗子一起焖。

⑤ 待鸡和栗子完全酥烂后，改旺火，将汤汁加热，变稠，将鸡块取出，捞出栗子，放入盘内，再将锅里卤汁用少许湿淀粉勾芡，浇在鸡块上即成。

例2-31 红扒鱼翅（Stewed Shark's Fin with Brown Sauce）

原料：发好的鱼翅600克，酱油40克，白糖、鸡精少许，清汤200克，料酒35克，葱油50克，湿淀粉30克，葱、姜各15克。

制法：① 锅内放葱、姜烧开，放入鱼翅过一下，随即捞出。

② 锅内加入清汤、酱油、白糖、鱼翅、料酒在旺火上烧开，再改小火烧煮入味。

③ 汤约为原料的1/3时，用旺火，加入鸡精，用湿淀粉勾芡，加上葱油，将锅晃动几下，将原料整齐地倒入盘内即成。

例2-32 烩生鸡丝（Stewed Shredded Chicken with White Sauce）

原料：鸡脯肉100克，水发玉兰片75克，鸡汤400克，湿淀粉25克，植物油250克，鸡蛋清、料酒、姜汁、精盐、鸡精各少许。

制法：① 鸡脯肉去掉白筋和脂皮，顺着肉纹切成极细的丝，加入鸡蛋清拌匀，再掺入适量淀粉和水调匀、浆好，玉兰片切成细丝。

② 炒勺放在微火上，倒入油，烧到二三成熟时，用筷子将浆好的鸡丝散开，放入热油中，约10秒钟，倒入漏勺，控出油。

③ 把汤勺放在旺火上，放入鸡汤、玉兰片丝、鸡精、精盐、姜汁、料酒，烧开后，撇去浮沫，再用湿淀粉调稀勾芡，待汤烧稠后，放鸡丝，随即倒入汤碗内即成。

5. 烤

烤与其他烹调方法不同，它不用水和油作传热媒介，利用辐射方法制成菜肴。烤分为暗炉烤、明炉烤。暗炉烤，是将原料挂在钩上，放进炉体内，如烤鸡、烤鸭等；明炉烤是用叉子叉好原料，在明火炉上翻烤，如烤乳猪等。

例2-33 菠萝烤鸭（Roasted Duck with Pineapple）

原料：挂炉烤熟的鸭1只，菠萝罐头1瓶，盐、酱油、醋、芥末酱、香油各少许。

制法：① 用芥末酱、酱油（少许）、醋、菠萝水、香油兑成汁。

② 把烤鸭剁成4厘米长，3厘米宽的长方块，放入盘内。菠萝块围在鸭子周围，将兑好的汁浇在鸭子上即成。

6. 炖、煮、蒸

炖、煮、蒸，都是以水为媒介进行传热，它们的烹调时间略长。炖与烧相似，要求菜肴原汁原味。首先，用葱姜或其他调料炝锅，再放汤或水，烧开后放主料，用小火慢慢炖熟。煮是将原料放在较宽裕的水中烧开，然后再用小火煮熟；蒸是将原料放入蒸锅内，用水蒸气将原料蒸熟的过程。

例 2-34 清炖鸡块（Braised Chicken）

原料：净膛肉鸡 1 500 克，笋片 50 克，水发冬菇 25 克，火腿 25 克，料酒 5 克，葱段 15 克，姜片 10 克，精盐 10 克。

制法：① 将鸡洗净，切成块。

② 沙锅内放鸡块、笋片、冬菇、火腿，加水淹没鸡块，再加入料酒、葱段、姜片、精盐，盖上锅盖，旺火煮开，移到中火煮 30 分钟即成。

例 2-35 煮干丝（Boiled Dry Bean Curd with Sea Foods）

原料：白豆腐干 300 克，熟肫肝 2 个，熟火腿丝 30 克，虾仁、笋片、熟鸡丝各 50 克，虾子、豌豆苗、精盐各少许。

制法：① 将豆腐干片成薄片，再切成极细的丝，放入开水锅中焯水，捞起用冷水漂清。

② 炒勺内放油，用旺火烧热，将虾仁倒入滑油后，沥去油，盛入碗中。

③ 炒勺内放油，烧热后放入清汤、鸡丝、肫肝片、笋片、虾子、豆腐干丝；先用旺火将汤烧沸，随即加盐，盖紧锅盖，用温火煮 5 分钟左右，起锅时放入豌豆苗。

④ 在装盘时用虾仁、豌豆苗、火腿丝盖顶。

7. 拔丝、蜜汁

拔丝和蜜汁是两种甜菜的制作方法，拔丝是将原料挂糊（含淀粉高的食品原料不挂糊）用油炸去水分。然后，放入油和白糖为原料制成的汁内，翻炒而成。食用时，能拔出细细的糖丝。蜜汁是通过蒸或煮的方法将主料制熟，然后将主料放入糖、水和蜂蜜及其他辅料制成的汁。

例 2-36 拔丝山药（Fried Chinese Yam with Sugar）

原料：山药 400 克，植物油 500 克，白糖 150 克，麻仁 15 克。

制法：① 山药去皮，切成滚刀片。

② 将炒勺放在炉上，用六七成热的植物油将山药下勺，炸成金黄色，装在漏勺内，控去油。

③ 在原炒勺内放入白糖，糖溶化开，用低温煸炒糖汁，出香味时将山药放入糖汁内，放麻仁，抖勺，视糖汁包住山药时，装盘。

8. 涮锅、什锦锅

涮锅和什锦锅是汤菜的制作方法。涮锅简称涮，是用各类火锅将水或汤烧沸。例如，炭锅、电锅、煤气锅，食者用餐具将食品原料放入汤水煮熟，捞出后，配以调料的一种食用方法。什锦火锅是将若干成熟并切配好的食品原料整齐地码放火锅内，然后灌入调味的汤，烧开食用。

例 2-37 涮羊肉（Boil Mutton In Pot）

原料：羊肉片 750 克，白菜 250 克，水发粉丝 250 克，芝麻酱 100 克，料酒 50 克，酱豆腐一块，咸韭菜花 50 克，酱油、辣椒油、卤虾油、醋、香菜末、葱花各 50 克。

制法：① 将芝麻酱、料酒、酱豆腐、咸韭菜花、酱油、辣椒油、卤虾油、醋、葱花、香菜末等各种调料分别盛在小碗中。食者可根据自己爱好适量调配。

② 汤内还可加入海米、口蘑，以增加鲜味。

③ 火锅里的汤烧开后，先将少量的肉片用筷子夹入汤中抖散，当肉片变成灰白色时，即可夹出，蘸着配好的调料，配以芝麻烧饼和糖蒜一起食用。肉片要随涮随吃，一次不要放入太多原料。肉片涮完后，再放入切好的白菜、细粉丝，作为汤菜食用。

本章小结

中餐菜肴的质量和特点与其加工、切配、生产情况紧密相关。食品原料在切配和烹调前进行的加工称为食品原料的初步加工，简称食品原料初加工。食品原料初加工包括宰杀、剖剥、整理、洗涤、发料、初步热处理等工作。中餐冷菜俗称冷盘或冷荤，是中餐的第一道菜肴。通常，它由新鲜的蔬菜和熟制的菜肴冷却后拼摆而成。中餐热菜包括热开胃菜、热主菜或大菜，其服务上桌的温度应不低于80 ℃。火候是中餐烹调常用的术语，它是指在烹调时，使用的火力大小和烹调时间的长短。调味是利用各种调味品和食品原料的配合，以减少或消除菜肴的异味，增加菜肴鲜味和美味的过程。调味是中餐烹调中的重要环节。

一、多项选择题

1. 上浆和挂糊是热菜常用的生产程序，其含义与特点是（　　）。

（1）上浆是指在原料外部包上一层薄浆。

（2）挂糊是指在原料外部包上一层较浓的糊。

（3）以上两种加工程序都可保持原料中的水分和营养。

（4）以上两种方法可以相互替代。

2. 食品原料在切配前进行的加工称为食品原料初加工。初加工包括（　　）。

（1）整理

（2）洗涤

（3）发料

（4）初步热处理

3. 不同菜肴的制作过程需要不同的火力和烹调时间，这是由于各种原料的质地、性质、产地、形状及烹调目的的不同所引起的，运用火候的一般原则是（　　）。

（1）质地较老、形状较大的食品原料，应当选用大火、短时间的烹调方法

（2）质地较嫩、形状较小的食品原料，应当选用旺火、短时间的烹调方法

（3）需要使原料酥烂的菜肴，应当选用小火、长时间的烹调方法

（4）需要使原料脆嫩的菜肴，应当选用旺火、短时间烹调的方法

二、判断题

1. 洗涤蔬菜时，应先洗后切，保持蔬菜的营养素。（　　）

2. 挂糊是先用淀粉、鸡蛋、面粉和水调成糊。然后，将原料放在糊内，使糊包住原料。(　　)

3. 中餐热菜指菜肴通过制作后，立即服务的菜肴。因此，热菜送至顾客面前，它的温度是非常热的，常在60 ℃以上。(　　)

三、名词解释

火候　油爆　勾芡　质地　红烧

四、思考题

1. 简述酱爆的制作工艺。
2. 简述冷菜的制作方法。
3. 简述菜肴的调味程序及作用。
4. 简述三丝鱼卷的食品原料与制作工艺。
5. 简述芙蓉虾仁的制作工艺。

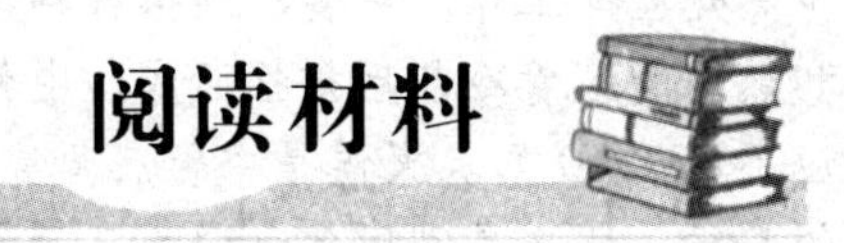

中国名菜

例1　红烧鱼唇（四川名菜）

原料：水发鱼唇1 500克，油鸡1 000克，猪肘子500克，火腿250克，干贝25克，盐、料酒、鸡精、胡椒面、猪油、葱、姜、酱油、鸡油各适量。

制法：① 葱切成长段，姜拍碎，火腿用热水洗净，干贝洗净泥沙，油鸡开膛去五脏洗净，鱼唇切成长约6厘米、宽约3厘米的条形。

② 把鸡、猪肘煮透，捞入凉水内冲洗干净。另用锅注入清水，放鸡、肘、火腿、干贝，烧开撇去沫子，用中等火力熬成汤（1 250克）。

③ 先用水将鱼唇快煮两遍，每一次均用凉水冲洗一下，再用水、葱、姜、料酒过一遍，捞入凉水内冲洗干净。

④ 锅烧热注入猪油，放葱、姜，煸炒出香味，放酱油、汤、料酒、盐、胡椒面，放入鱼唇烧开，撇去沫子。

⑤ 用沙锅垫上竹箅子，将鱼唇、鸡与猪肘汤倒入沙锅内，放在小火上炖烂，去掉葱、姜，取出箅子，将鱼唇倒入锅内，调好味，用大火把汁收浓，淋入少许鸡油即成。

特点：色泽红亮，质地软烂，为宴会大菜。

例2　锅巴鱿鱼（四川名菜）

原料：水发鱿鱼750克，锅巴200克，鲜口蘑50克，豆苗尖或小白菜心50克，玉兰片50克，清汤750克，葱、姜、蒜、泡辣椒、盐、酱油、白糖、胡椒面、醋、鸡精、水淀粉、花生油各适量。

制法：① 鱿鱼切成4厘米宽、7厘米长的块，锅巴掰成不规则的块，口蘑片成薄片，玉兰片切去老根，横着片成坡刀片，用开水过一次，捞在凉水内。葱切成茸，姜切成菱形片，蒜切成片，泡辣椒去籽切成斜角块。

② 鱿鱼用开水泡上，再用葱、姜、蒜、泡辣椒、盐、酱油、醋、糖、胡椒面、鸡精、水淀粉、豆苗、玉兰片、口蘑兑成调味汁。

③ 锅烧热，放750克油，油沸时，放调味汁，用手勺推动，待煮沸时，勾芡，将鱿鱼入锅内，盛入碗内。烧热另一锅，放花生油（使用100克），放锅巴，待浮起色稍黄时，捞在深盘内，浇上500克沸油，锅巴和鱿鱼同时迅速上桌，将鱿鱼和调味汁一起倒在锅巴上，即可。

特点：锅巴酥脆，鱿鱼滑嫩，口味甜酸。

例3　古渝笋鸡（四川名菜）

原料：肉鸡2只，清汤400克，花生油、香油、花椒、料酒、味精、酱油、胡椒面、江米酒、盐、白糖、葱、姜各适量。

制法：① 把鸡脯和鸡腿部分用刀剖开，腿、翅骨轻轻敲断；将葱剖开切成长段，姜拍碎。

② 用盐、酱油、江米酒、料酒、花椒，葱和姜，将鸡腌渍1小时。

③ 烧沸花生油，把鸡投入油锅炸熟捞出；将锅内的油倒出，倾入腌鸡的汁和料放入鸡，加清汤、胡椒面、白糖、香油，用中等火力炖，剩下一半汁时取出鸡，剁成一字条形（长4厘米，宽1.5厘米），整齐地放在盘内（鸡脯朝上）。捞出葱、姜、花椒，剁碎，放入汁内上火，将汁煮浓，浇在鸡肉上即成。

特点：鲜嫩可口，甜咸香麻，为宴会大菜。

例4　三丝鱼卷（淮扬名菜）

原料：鳜鱼肉600克，青椒250克，鲜冬菇50克，熟火腿肉100克，鸡蛋5个，葱、姜、盐、白糖、鸡精、胡椒面、料酒、植物油、干淀粉各适量。

制法：① 鱼肉洗净片成4厘米宽、7厘米长的薄片，青椒去籽洗净，两头修齐，用开水稍烫一下，与火腿、冬菇分别切成粗丝，将葱切成小葱花，姜切成末，鸡蛋去黄留清。

② 鸡蛋清加盐，与干淀粉调成糊。

③ 把鱼片摆在案子上，抹上蛋糊，把青椒、火腿、冬菇三丝整理，均放在每片鱼片上，露出一端，然后卷成鱼卷。

④ 用小碗放料酒、盐、白糖、鸡精、胡椒面、水淀粉、葱花、姜末兑成汁。

⑤ 锅烧热放油，待油烧到四成热，把鱼卷裹上蛋清糊，过油，用手勺轻轻推动，倒入漏勺。锅接着上火，放少许油，把兑好的汁搅匀，倒入锅内，用手勺推匀炒熟。放鱼卷，轻轻颠翻均匀，亮油出锅即可。

例5　油爆青虾（淮扬名菜）

原料：大青虾600克，葱、姜少许，花生油、料酒、酱油、盐、白糖、醋、鸡精、香油各适量。

制法：① 大青虾剪去虾须，用清水洗净，捞出控干水分，放少许盐和料酒拌一下，将葱切成小葱花，姜切成末。

② 用料酒、酱油、白糖、鸡精兑成汁。

③ 将花生油烧八成热，把虾放入，过油炸，待虾浮起时捞出。把油烧沸重炸，倒入漏勺控油，锅接着上火，倒入虾、葱、姜、少许盐，煸炒，把兑好的汁倒入锅内，再加入醋、香油，烹炒均匀即成。

特点：虾肉鲜嫩，味带酸甜，是热开胃菜。

例 6　盐水蹄膀（淮扬名菜）

原料：猪肘子 1 200 克，葱、姜、盐、花椒、小茴香、鸡精、硝水、料酒各适量。

制法：① 肘子剔去骨头，刮净，用水洗，用盐、硝水擦搓均匀，腌 2 小时，用凉水洗，用开水略煮，捞出后洗净。

② 大沙锅内，垫上竹箅子，把肘子放入，加料酒、葱、姜、盐、花椒、茴香、清水，先用大火烧开，再移到小火上炖焖，约 2 小时。

③ 待肘子炖烂后取出，待稍凉，改成 4 厘米长、9 毫米厚的条形，放入扣碗内（保持肘子的原形）。把沙锅内的原汤过滤，撇尽浮油，倒入扣碗内，去掉葱、姜、茴香，上笼蒸热。上桌时，把肘子翻扣在盘内，将过滤的汤汁，加鸡精，调好味，浇在肘子上。

特点：皮白肉红，油而不腻。

例 7　蟹黄狮子头（淮扬名菜）

原料：猪肥瘦肉（肥肉 40%，瘦肉 60%）750 克、淡水蟹肉和蟹黄共 300 克、大白菜或油菜 100 克，葱、姜、盐、料酒、鸡精、胡椒面、鸡汤、水淀粉各适量。

制法：① 把猪肥瘦肉分别切成细丁（瘦肉稍细，肥肉略粗），再合在一起，用刀切成小丁，放入盆内。大白菜取心洗净切成 7 厘米长的条，葱、姜切成末。

② 把切好的肉丁放上葱、姜、料酒、胡椒面、盐、鸡精、蟹肉（蟹黄留下）、水淀粉调匀，分成 5 份，把蟹黄分别放在 5 份肉上，用手蘸着水淀粉把每份肉制成 5 个丸子形状。

③ 锅烧热，加入植物油，油热时下白菜心和少许盐稍煸炒，放沙锅内，放鸡汤，上火烧开。把 5 个丸子，顺序码在白菜心上，另取干净的白菜叶盖在丸子上。用大火，烧开后移到小火上炖焖，约 1.5 小时即成，揭去菜叶，撇去浮油，加入鸡精，调好味道，原沙锅上桌即可。

特点：原汤原味，蟹鲜肉嫩。

例 8　蚝油鲍片（广东名菜）

原料：鲍鱼罐头 2 瓶，老母鸡 1 500 克，蚝油 50 克，盐、白糖、料酒、鸡油、水淀粉、葱、姜各适量。

制法：① 老母鸡先用开水烫透，捞出洗净血沫，放锅内，加 2 500 克清水，煮成 3 000 克毛鸡汤（头道汤）放一边。再加 2 000 克清水继续煮，制成约 1 000 克鸡汤，过滤。

② 鲍鱼撕去毛边，坡刀片成片，一个鲍鱼片成 3～4 片。

③ 锅内放进毛汤，汤开后放鲍鱼，煮 2 分钟捞出（汤留作他用）。锅洗净放火上，再放鸡油及葱和姜煸炒，放鸡汤，烧开后去掉葱和姜，放鲍鱼和调味品（不包括蚝油），煮 2 分钟，放蚝油，勾芡。

特点：汤鲜，味美

例 9　芙蓉虾仁（广东名菜）

原料：大青虾仁 250 克，鸡蛋 250 克，冬菇 25 克，冬笋 25 克，韭黄 25 克，叉烧肉 50 克，鸡精、胡椒面、香油、水淀粉、白糖、鸡汤、料酒、猪油、葱、花生油、玉米粉、蛋清各适量。

制法：① 虾仁洗净控干水分，用半个鸡蛋清、盐、鸡精、胡椒面、玉米粉调匀浆好之后，再少加点花生油拌匀。

② 冬菇、叉烧肉、冬笋切成小片，韭黄切成2厘米长的段，用水洗净。

③ 把鸡蛋打开放碗内，再放韭黄、冬菇、冬笋，加入盐、鸡精、胡椒面、香油，用筷子搅匀。

④ 用盐、鸡精、胡椒面、鸡汤、水淀粉兑成汁。

⑤ 锅烧热，注入植物油，把虾仁过油，倒入漏勺过滤，放入搅拌好的鸡蛋碗里，锅上火，放入150克油，把鸡蛋、虾搅匀倒入锅内，两面煎黄煎透，再把兑好的汁烹入，将锅翻转，两面都挂上汁，盛入盘内即成。

特点：金黄色，味鲜美，清淡可口。

例10 糖醋古老肉（广东名菜）

原料：猪前腿夹心肉500克，胡萝卜50克，黄瓜50克，菠萝（罐头）50克，大葱50克，盐、料酒、白糖、白醋、番茄酱、鸡精、胡椒面、香油、花生油、水淀粉、干淀粉、辣酱油、大蒜各适量。

制法：① 先把猪肉切成2厘米厚的大片，两面切上交错的花刀，再切成2厘米见方的丁。胡萝卜（去皮）与黄瓜切成与肉大小相同的滚刀块，菠萝切成1.5厘米的方块，大葱先从中间剖开，再切成3厘米长的段，蒜（25克）切成末。

② 将肉用料酒、盐、鸡精、胡椒面、香油（少许）拌匀，腌入味，浆上水淀粉，再滚上一层干淀粉，用手制成肉团。

③ 胡萝卜用开水过一遍，用糖、醋泡入味，把番茄酱、辣酱油、盐、白糖、水、白醋、蒜兑成糖醋汁。

④ 锅烧热，注入花生油，油热后把肉团逐个下锅炸透，使之外焦里嫩时捞出，锅内留下750克花生油，把黄瓜、胡萝卜、葱段、菠萝放入稍炒一下，将兑好的汁倒入，然后用水淀粉勾芡，待汁起泡后，放炸瘦的猪肉，浇50克沸油，翻锅后即成。

特点：外脆里香，色美味佳

例11 豉汁炒牛肉（广东名菜）

原料：瘦牛肉（无筋）350克，青椒150克，鸡蛋2个，豆豉、盐、白糖、鸡精、酱油、胡椒面、料酒、水淀粉、花生油、香油、鸡汤、小苏打、姜、蒜各适量。

制法：① 牛肉横丝切成1毫米厚的片，青椒去籽去筋洗净，斜刀片成片。姜、蒜切成末，豆豉洗净剁成末。

② 牛肉片用盐、料酒、鸡蛋、鸡精、胡椒面、水淀粉、小苏打调匀浆好，再加点熟花生油拌匀。

③ 用酱油、盐、鸡精、胡椒面、料酒、水淀粉、香油少许、白糖、鸡汤兑成汁。

④ 花生油烧热（五成热），放牛肉，待牛肉炸透时，放青椒，一块倒入漏勺，控油。

⑤ 锅内留100克热油，放蒜、姜和豆豉，煸炒出香味，放牛肉片和青椒，将兑好的汁搅匀倒入锅内，翻炒后即可。

特点：色红，味鲜，稍有甜味。

第3章

中餐面点

本章导读

中餐面点是以小麦、大米、玉米和豆类为主要原料制成的各种小吃和点心，是中餐的重要组成部分。中餐面点的内容和范围涉及各种宴会、宴请、日常用餐中的甜点、咸点、茶点和各种小吃。通过本章的学习，可了解中餐面点的发展，掌握中餐面点分类、中餐面点的原料、中餐面点制作工艺及著名的中餐面点案例。

3.1 中餐面点含义

中餐面点经历了数千年的发展，各民族和各地区运用各种食品原料，使用不同的制作工艺，形成了世界上著名的中餐面点。

3.2 中餐面点发展

中餐面点的发展有着悠久历史。人们在发掘西安半坡遗址时，发现了装有碳化谷子的陶罐。根据研究，远在五六千年以前的新石器时代，我们的祖先就学会了粮食作物的栽培和种植。因此，为中餐面点的发展奠定了坚实的基础。

3.2.1 秦汉时期

秦汉时期，是我国农业形成时期，也是中餐面点生产与消费结构的确立时期。随着牛耕的出现和铁农具的使用，农业生产力取得了空前的提高，大片草地被开发为耕地，谷物栽培与种植面积不断增加。这一时期五谷的概念已成为对粮食的统称。在《汉书》和《后汉书》中都记载了当朝对人们种植麦子的推广活动。由于发明了用于粉碎谷物的石臼和杵，人们逐渐掌握了磨粉技术。当时种植的麦类包括小麦、大麦、元麦和清麦等，以小麦为主。小麦磨成粉称作麦粉，用麦粉制成的面食，称作饼。由于当时社会生产力的发展，使经济和餐饮需求不断变化和发展，从而促使了面点制作专业化。从秦汉时期的著作《急就篇》中记载的“饼饵麦饭甘豆羹”中发现，当时面点已有多个种类。包括饼饵（扁圆形的面食）、蒸饼（馒头）、胡饼（芝麻蒸饼）等。秦汉时期的馒头生产，说明人们已掌握了面团发酵技术并通过发酵方法制成膨松的面点。发酵技术的应用，对当时面点品种的开发和生产的发展起了推动作用。

3.2.2 唐宋时期

唐朝，由于社会经济的繁荣和对外交流，人们消费水平普遍提高，面点的品种和口味更加丰富多彩。当时，麦子的种植规模不断扩大。根据《旧唐书》记载，南方的稻米每年以百万担数量调往北方。面点生产中不仅使用了水调面团技术，而且广泛地采用发酵面团制作各种面点。在当时的面点中，品种有胡饼、烧饼、蒸饼、槌子和馄饨（《魏晋南北朝隋唐史资料》第11期267页）。唐宋时期，面点原料不仅包括谷物和面粉等主要原料，而且使用乳、蛋和其他调味品。面点熟制方法已经采用了炸、烤、蒸和煮等方法。这一时期，中式面点制作已经专业化，市场上形成了具有一定规模的专业作坊。这些作坊可以生产风味各异的特色面点，生意十分兴隆。当时，还出现了不同形式的中餐厅和酒楼，制作和销售面点。此外，茶肆的出现，使顾客可以边喝茶、边享用点心。元代蒙古族的饮食习惯传入中原，使汉族面点同蒙古族面点互相融合。中式面点的原材料中，增加了牛肉、羊肉、牛奶和奶酪，使元代面点的口味和形式更加丰富。

3.2.3 明清时期

明清时期，特别是清代，社会生产力不断发展，面点品种和制作技术不断升华，各地著名小吃和风味点心有千种之多，出现了佐以面点的宴席。不同地区和不同民族都有其独特风味的小吃和风味点心。例如，北京“都一处”的烧麦、天津“狗不理”包子、西安的“羊肉泡馍”、四川的担担面和赖汤圆、沈阳的老边饺子、山西的刀削面、江苏的过桥面、云南的过桥米线等。

当今，中餐面点汇集了我国各地的中餐和西餐面点文化，集中了各民族面点的特色，其品种和质量持续发展，博得了各国人们的赞誉。

3.3 中餐面点分类

中餐面点的种类繁多，且随着市场的需求变化，丰富的食品原料和生产技术的不断发展，面点的原料、生产技术及品种也不断地变化。面点的分类方法也复杂化。

1. 按原料分类

按原料分类，可分为以麦类、米类等制成的面点。例如，麦类，三鲜炒面；米类，腊八粥；杂粮类，玉米饼。

2. 按面点熟制方法分类

按面点熟制方法分类，可分为蒸、煮、煎、烙、炸、烤等方法制成的面点。

3. 按面点形态分类

按面点形态分类，可分为糕、饼、团、条、块、卷、包、饺和冻等形态的面点。

4. 按口味分类

按口味分类，又可将它们分为甜味面点和咸味面点，例如，豆沙包和麻酱烧饼属于甜味面点；而鸡丝汤面、三鲜锅贴属于咸味面点。此外，中餐面点还包括甜咸味和淡味面点。某些酥点属于甜咸味；而馒头和花卷属于淡味。

5. 按馅心分类

按馅心分类，可分为畜肉类、禽肉类、海鲜类、素菜类、综合馅心类面点。例如，不同馅心的水饺或云吞。

6. 根据地区风味分类

根据地区风味分类，可分为以广州为代表的广式面点、以苏州为代表的苏式面点、以北京为代表的京式面点。

（1）广式面点

广式面点是指珠江三角洲以及我国南部沿海地区所制作的点心，富有南国风味。广东气候炎热，长期形成“饮茶食点”的习惯，广东面点历史悠久，皮质松软和酥松，善于利用瓜果、蔬菜、豆类、杂粮和鱼虾类为原料，馅心选料讲究，保持原料的自然味道，口味分为清淡和浓郁、咸中带甜、甜中带咸等。例如，水晶鲜虾饺，口味鲜嫩。

（2）苏式面点

苏式面点指长江中下游地区的江、浙、沪一带制作的点心，故称苏式面点。其特点讲究色、香、味、形，口味鲜美，讲究用料，口味浓醇，注重工艺，风味独特。苏式面点的坯料以大米和面粉为主，质感软嫩，造型美观，具有皮薄馅大等特点。因此，苏式面点生产工艺严谨。

（3）京式面点

京式面点是指黄河以北地区包括山东、东北、华北等地制作的点心并以北京为代表。京式面点以面粉为主要原料，工艺精湛，特别是清宫仿膳面点，更是广集天下技艺，使品种内容和质量更加丰富精细。

3.4 中餐面点原料

3.4.1 基本原料

根据中餐面点的组成，中餐面点原料可分为坯皮料、馅心料、调味料和辅助料四大类。

1. 坯皮料

坯皮料是指面点基础原料或外皮。面粉是生产面点坯皮最常用的原料之一，面粉可分为普通面粉和精制面粉。精制面粉颜色白、细腻、含微量麸屑，具有优良的面筋性质。普通面粉颜色不如精制面粉的颜色，带有麸皮，粉粒略粗，蛋白质含量高。面粉还分为硬质粉、中质粉和软质粉。硬质粉含面筋量在13%以上，适于制作面条、花卷和油酥面点等。中质粉含面筋量在10%～13%，适于制作一般面点。软质粉含面筋量在10%以下，适于制作点心和蛋糕。大米是中餐面点不可缺少的坯皮原料，它包括粳米、籼米和糯米等，它们可直接制成面点，也可磨粉后作为面点坯皮原料。杂粮是中餐面点的常用原料之一，它包括小米、玉米和豆类。小米可做成粥，磨粉后可做成点心。玉米可做成粥和各种点心。豆类常用来做馅心或点心。例如，绿豆糕等。

2. 馅心料

馅心料是指生产面点的馅心原料。如包子、饺子及甜点的馅心。馅心原料种类繁多，它包括各种畜肉、禽肉、海鲜、蛋类、蔬菜、豆类、水果、蜜饯和冻胶等。冻胶由凝固的猪肉皮汁制成。

3. 调味料

调味料是指为面点调味的原料，调味料的种类与烹调菜肴中的调料基本相同。

4. 辅助料

辅助料是生产面点不可缺少的原料。它包括食用油、糖、盐、乳、鸡蛋和添加剂等，食油、糖、盐、乳和鸡蛋也属于馅心料和调味料。食油可使面点具有层次，糖可以增加酵母菌繁殖需要的养分，促进面团发酵速度，增加面点的味道和营养，使面点表面光滑，质地酥松等。食盐可改变面粉中的面筋的物理性质，增加其强度和弹性，并可调节面团的发酵速度。食盐在面粉中的比例越大，面团的发酵速度越慢。反之，面团发酵速度越快。通常，食盐量不得超过面粉量的3‰；乳品可提高面点的营养价值，它增加了面点的颜色和味道，使面点更加美观和香醇。由于牛奶有良好的乳化性能，当牛奶加入面团后，可保持面团的气体，使面点膨松和柔软。同样，鸡蛋也具有良好的乳化作用，如蛋清的发泡功能可改变面团的组织，使面点体积增大和膨松，增进了面点的味道和美观。添加剂主要包括酵母、发粉、色素和香精等。酵母和发粉可使面团形成多孔组织，从而使面点松软或酥松；色素常指天然色素和无毒化学色素，它们可美化和装饰面点；香精指对人体无害的天然香料或人工合成的香料。常用的香精包括可可、柠檬、香草和菠萝等，香精可提高产品的味道。

3.4.2 面团

许多面点由面团制成。由于面团有不同的种类，制成后的面点风格和特点也不同。常用的面团包括水调面团、膨松面团、油酥面团和其他面团。

1. 水调面团

水调面团指面粉与水搅拌而成的面团，是不发酵的面团。当面粉与30℃以下的水调制成的面团，称之为冷水面团。冷水面团质地硬实、富有弹性、食用爽滑，适用于制作面条、春卷皮和云吞皮等；当面粉与60℃以上的热水调制成面团，称为热水面团。热水面团黏度大、面筋质低，柔软和可塑性高，它适于制作烧麦、春饼及苏式月饼等。当面粉与约50℃水调制成面团时，它既有柔软性又有韧性。

2. 膨松面团

膨松面团是指在面团中加入适量的酵母菌或化学膨松剂，通过化学反应，产生二氧化碳气体的面团，这种面团的组织形状为多孔，面团膨松。其中，酵母发酵法使面团膨松，成本低，发酵时间长。酵母面团发酵的因素多，技术含量高，质量不容易控制。其中酵母数量、发酵温度和时间及面团的水含量等都是影响发酵的原因。发粉发酵法是使用化学膨松剂，使面团发生化学反应，使面团内部产生孔洞。这种方法简便易行，发酵时间快。

3. 油酥面团

油酥面团是用油脂、水和面粉调制成的面团。这种面团通常包括两部分：水油面、干油酥。水油面是用油、水和面粉搅拌而成。干油酥是食油和面粉的混合体。用油酥面团制成的点心统称油酥点心，其特点是外皮膨松，色泽美观，口味酥香。

在油酥面团及其制品中，按酥皮性质，可将酥皮分为软酥和硬酥，软酥有时称为酥皮，而硬酥称为单皮。软酥点心是以水油面为皮，包入干油酥，卷成多层次的油酥坯皮，然后将其加工成型，包上各种馅心制成点心。例如，酥合、酥饺和苏式月饼等都是使用酥皮为坯皮。硬酥是指用面粉、油脂及其他配料一起搅拌成不分层次的油酥面，其特点是制成后的面点外皮酥松。使用硬酥可以制成许多种类的面点，如核桃酥、杏仁酥和广式月饼等。此外，用鸡蛋、面粉、植物油和苏打粉等原料合成的鸡蛋油酥面团也常作为坯料制成各式蛋酥点心。

4. 其他面团

这一类面团包括米粉面团、澄粉面团和豆类面团等。米粉面团是米粉与水合成的面团，是制作米粉类点心的原料。在制作米粉面团前，首先将米制成米粉，米粉有3种制作方法：将米直接磨成粉，淘米后磨粉，将浸透后的米与水一起磨成浆，经过挤压制成粉。澄粉面团是纯淀粉与水调和的面团，其色泽洁白，细腻柔软，为半透明面团。如广东虾饺的坯皮由澄粉面团制成。豆类面团是豆粉与水调制成的面团。例如，绿豆粉香味浓郁、无黏性，是制作糕点的优良原料。

3.4.3 馅心

面点馅心用料广泛，包括植物原料和动物原料，有时动物和植物原料兼有。馅心的味道常有咸味、甜味或甜咸味等。通常馅心与面点的质量与特色有连带关系，馅心不仅丰富面点的口味，而且可增加面点的营养价值。

1. 咸味馅

咸味馅是面点普遍使用的馅心。常用的品种有畜肉馅、鸡肉馅、鱼肉馅、海鲜馅、素菜馅、菜肉馅和什锦馅。制作各种肉馅和海鲜馅时，选料要精细和新鲜并且应注重肉馅的调味，畜肉馅应兼有肥肉和瘦肉。各种肉馅和海鲜馅的调制应根据风味特点和品种需要，切成各种丁、粒或末，加入适量葱末、姜末、调味酒、酱油和芝麻油等调味品，搅拌而成。为了增加畜肉馅的鲜嫩度，厨师们常在馅中搅入适量水或肉汤。制作素馅时，应去掉原料中的异味，将素菜切成粒或末或根据需要切成丝等形状。同时，在馅中加入食油、调味品和配料，如鸡蛋、粉丝或豆腐干及面筋等。在制作蔬菜与畜肉混合的馅心时，应首先调制好肉馅，然后加入适量蔬菜。

2. 甜味馅

甜味馅是中餐面点常用的馅心，主要品种有泥茸馅和蜜饯馅。泥茸馅以植物果实或种子为原料，经过加工，制成泥茸，再用糖和油炒制成馅。例如，豆沙馅以红小豆为原料，煮烂后去皮，加入食用油和白糖，经煸炒而成。枣泥馅应先去核、冷水浸、去皮、蒸烂、制泥、加入适量白糖，煸炒而成。莲茸馅的制法是先去其苦心，蒸烂后与白糖一起炒成茸。蜜饯馅是以蜜饯水果和果仁为原料。常用的蜜饯馅原料有青红丝、瓜条、葡萄干、果脯、瓜子、核桃仁和芝麻等。制作蜜饯馅时，应先将原料切碎，加入适量白糖和食用油，有时加入一些蒸好的面粉以增加其黏度。

3.5 中餐面点制作

3.5.1 面点成形

所谓面点成形是将调制好的面团和坯皮，运用搓、包、卷、捏、抻、切、削、叠、擀、滚粘和镶嵌等方法，制成各种面点形状。其中，搓是将面点搓圆、搓匀的过程；包是将馅心包入坯皮中；卷是将面片卷成筒状，然后制成剂子，再制成面点；捏是将面团捏成各种形状；抻是将面团抻成条形；切是将面团切成条或其他形状；削是将面团加工成片；叠是将面团折叠成各种形状；擀是将面团加工成片；滚粘是通过滚动的方法使馅心粘上外部的米粉，是制作汤圆的方法；镶嵌是在面点中嵌入各种蜜饯，拼摆成图案的过程。

3.5.2 面点熟制

中餐面点可通过蒸、煮、烤、烙、炸和煎等方法熟制，有些面点使用单一烹调方法成熟，有些面点是使用多种方法成熟。中餐面点熟制方法主要包括以下几种。

1. 蒸

将成形的生坯放在蒸箱内蒸熟的过程称为蒸。蒸的方法适用于各种膨松面团、水调面团、米粉面团制成的面点。例如，米饭（见图3-1）、花卷、烧麦、包子（见图3-2）、蒸饺和蛋糕等。通过蒸制成的面点，形态完整，膨松柔软，馅心鲜嫩。

图3-1 荷叶米饭

图3-2 柳叶包子

例3-1 山药桃（Steamed Peach made of Chinese Yam）

原料：山药750克，枣泥100克，绵白糖100克，糯米粉200克，水淀粉15克，糖桂花1克，植物油1 000克（实耗40克），红色素少许。

制法：① 山药洗净，下锅煮熟，去皮捣成泥，放盆内与米粉搅拌揉匀。

② 山药泥作剂子，按成圆皮，放枣泥馅，制成12个桃子，将红色素刷在桃尖的上端，然后放在漏勺中待用。

③ 炒锅放在旺火上，放植物油1 000克，八成热，用热油反复浇于桃上，使之结成软壳

后，将桃子放入盘内，放蒸箱内，旺火蒸10分钟。

④ 将炒锅放在炉上，用旺火，加200克水和100克绵白糖，溶化后，加糖桂花，用水淀粉勾芡，制成糖汁。然后浇在桃上，即成。

例3-2 酥皮莲茸包（Steamed Dumpling with Sweet Lotus Seed Paste）

原料：发酵面团700克，油酥100克，咸鸭蛋黄3个，莲茸馅100克。

制法：① 将咸鸭蛋黄每个切成10块，共切30块。

② 把发酵面团、油酥各分成30份。先将每份发面皮用手按扁，把一份油酥包入，擀成长条形，卷成卷，按平，再卷成短卷，然后竖着按扁，擀成圆形的皮，先放上一块蛋黄，再放入15克左右的莲茸馅，包成圆包子，再用刀在包子顶上轻轻拉上十字刀口（不要拉透皮露出馅），放入笼内蒸熟便成酥皮莲茸包。

例3-3 小笼馒头（40个用料）（Steamed Bun）

原料：精白面粉350克，发酵面225克，食用碱4克，净猪腿肉450克，猪皮冻150克，酱油50克，料酒5克，精盐10克，绵白糖50克，香葱10克，姜丝20克，鸡精2克。

制法：① 将面粉325克放入面盆，用80℃热水140克，合成雪花面，再将发酵面和食用碱水倒入，揉至光滑软韧。

② 将猪腿肉绞碎加酱油、精盐拌和，猪皮冻绞碎掺入肉中，加绵白糖、鸡精、葱、姜末拌和成馅。

③ 将面团揉成长条，揪成大小相等的面坯40个，撒些干面，用擀面杖擀成边薄中厚的圆皮（直径约5厘米），放馅25克，捏成有15～20个折纹的馒头生坯。

④ 取小蒸笼，铺垫，放小馒头，上旺火沸水锅蒸约5分钟。食用时，放香葱和姜丝。

2. 煮

通过水煮方法将面点熟制的过程称为煮。如面条、汤圆、饺子和米粥等都是通过水煮的方法成熟的。水煮方法的关键点是水与被煮面点数量的比例，通常水的数量一定要在被煮物的5倍以上，此外保持高温和沸水。

例3-4 刀削面（Noodles Made by Hand）

原料：面粉2 500克，盐少许，凉水适量。

制法：① 面粉倒入盆内，加少许细盐，放凉水（每500克面粉不超过200克水）和成硬面团。和面时，要反复揉搓，揉出光滑。进行醒面。醒一小时以后才可使用。用时，再揉一次，使面团光滑有力。

② 面团揉好后，用左手的掌心将面托起，右手拿刀削面。刀应接近面团，手腕用力要灵活，眼看着刀，刀对着面，一刀接一刀地削，头一刀削完，第二刀要削在头一刀的刀口上。在削面之前，必须将锅水烧开，往锅里削，煮熟后捞出即成。

③ 食用时，浇拌调味汁。例如，肉丁炸酱、各种海鲜和各种特色的面卤。

例3-5 猪肉韭菜水饺（Boiled Dumplings with Pork and Leek）

原料：低筋面粉500克，冷水200克，猪前腿肉500克，韭菜500克，盐、鸡精、糖、胡椒粉、麻油各适量。

制法：① 将面粉过筛加冷水拌成面团，揉至光滑并有拉力为止。

② 将肉绞碎，加盐搅拌，逐渐加水、鸡精、糖、胡椒粉并搅拌均匀，加麻油，放韭菜，搅拌均匀。

③ 将面团掐成剂子，擀成直径 5 厘米的圆坯皮，放适量馅心，对折捏成木鱼形的饺子生坯。

④ 水烧开，放入生坯，用手勺推动水，旋转饺子以防粘底，待饺子浮起时，加入一些冷水再煮，反复 2～3 次。

例 3-6 鱼片粥（Porridge with Sliced Fish and Herbs）

原料：大米粥约 2 500 克，青鱼肉 600 克，生葱 30 克，薄脆 100 克，盐 10 克，浅色酱油 10 克，香油 5 克，熟花生油 25 克，生姜 30 克，鸡精、胡椒粉少许。

制法：① 把鱼肉直刀切成薄片，加入盐、花生油、鸡精拌匀。葱、姜切成细丝。

② 把鱼片放在粥内煮沸，放胡椒粉、香油，撒上葱丝、姜丝、薄脆，即成鱼片粥。

3. 冻

通过将煮熟的食品原料放入冰箱，冷冻成形的方法制成的面点。例如，西瓜冻、杏仁豆腐、豌豆冻等（见图 3-3）。

图 3-3 豌豆冻

例 3-7 西瓜冻（Congealed Water Melon）

原料：红西瓜瓤 1 000 克，绵白糖 300 克，琼脂 5 克，熟瓜子仁 10 克。

制法：① 琼脂用 50 克沸水化开，再用筛子过滤 2 次。西瓜瓤用洁净纱布包起，将甜汁挤在碗中。

② 将琼脂和西瓜汁同放锅内，加糖 100 克，上火煮沸，然后舀入盘内，待微凉，撒上熟瓜子仁，再放入冰箱冷冻，冻成固体。同时另取一锅放清水 400 克，加糖 200 克上火烧沸，舀入碗内，冷后也放入冰箱，稍冰镇一下。

③ 待西瓜汁制成冻子后，从冰箱取出，改刀排齐，装在碗内，再将冰镇糖水浇在西瓜冻上即成。

例 3-8 杏仁豆腐（Almond Curd In Syrup）

原料：杏仁 25 克，琼脂 500 克，白糖 15 克，罐头菠萝、京糕、桂花各少许。

制法：① 杏仁洗净，用开水冲泡，盖上盖子焖透，去皮捣泥，用纱布包好，将杏仁汁挤出。

② 将琼脂加水蒸化，过滤后倒入杏仁汁中，上火烧开，盛入大碗晾凉，下冰箱镇凉，制成杏仁豆腐。

③ 用开水和白糖制成浓白糖水，晾凉倒入容器中冰凉。

④ 食用时，将糖水盛入碗中，将冻好的杏仁豆腐取出，用刀划成菱形块，轻轻托入糖水碗中，杏仁豆腐即浮起，把京糕和菠萝也切成小菱形块，同桂花一起撒在杏仁豆腐上即成。

4. 烤

通过烤炉的热辐射将面点成熟的方法称为烤。例如，各种月饼和油酥点心等都是使用烤的方法将面点成熟。

例 3-9 莲茸白玉兔（Baked Pastry Stuffed with Sweet Lotus Seed Paste）

原料：水油皮 300 克、油酥 200 克、莲茸馅 300 克。

制法：① 把水油皮、油酥各分成30个剂，把水油皮用手压成扁圆形，放入油酥包成圆球形，再用手压扁，用小面棍擀成薄长方形，由一头卷去成筒形，竖着擀成圆薄片。

② 把莲茸馅分成30份，每张皮上放入一份馅，先包成球形，再把收口处的一端捏长，逐渐变细（约3厘米长），成为一头圆，一头细长的形状，把捏长的一头用手指压扁（约1厘米宽），用刀切开（约2.5厘米长），把切开的扁条向上按贴，作为兔的两耳，再把两耳下面捏成兔嘴形状，在两侧点上两滴红食色作为眼睛，用剪刀在兔尾一端由上往下剪开一小口，捏成兔的尾巴，即成完整的兔形。

③ 放入烤盘内用中火烤熟，保持洁白色泽，即成小白兔。

5. 烙

将面点放在金属盘上，通过金属传热的方法将面点熟制称为烙。例如，春饼、家常饼、荷叶饼和萝卜丝饼等都是通过烙的方法制成。一些中餐面点同时使用烤和烙或先烙、再烤的方法成熟。例如，芝麻烧饼（见图3-4）。

图3-4 芝麻烧饼

例3-10 荷叶饼（Chinese Pancake）

原料：面粉500克，开水225克，花生油60克，细盐少许。

制法：① 将面粉倒入容器中，放开水、花生油，搅拌均匀，晾凉揉成团，搓成长条，下剂，按扁擀成圆薄饼。

② 取圆饼两个，将一个刷上花生油、撒上盐，再把另一个圆饼重叠在上面对齐，捏严、捏紧。

③ 将平锅加热，放上生坯烙制，待圆饼两面都出现均匀的烙印即熟，把两个饼分开，叠成三角形装盘。

例3-11 萝卜丝饼（Pancake Stuffed with Shredded Ham and Radish）

原料：面粉500克，白萝卜300克，花生油300克，熟面粉200克，发酵面100克，猪油100克，熟火腿100克，花椒油、鸡精、香油、葱、姜、盐各适量。

制法：① 在面盆中加水、发酵面、面粉搅拌成发酵面团，揉匀，揉至面团表面光滑。

② 将熟面粉中放入花生油，制成油酥面团。

③ 将白萝卜洗净去皮，切成细丝，放少许细盐，挤去水分，用水冲掉盐味备用。

④ 将火腿、猪油切成小丁，将葱洗净，切成末。将姜洗净，切成末。将以上原料混合在一起，放香油、花椒油、鸡精和盐，搅拌均匀，制成萝卜丝馅。

⑤ 将发酵面团按扁，擀成圆皮包入干油酥面，再按扁，擀成长方形薄片，卷在一起，下剂子，按扁，包上萝卜馅，按成圆饼。

⑥ 饼铛加热，抹少许花生油，把生坯摆入，烙至浅黄色，刷上花生油，翻面，继续烙，两面至金黄色、出现香味时，出锅装盘。

6. 煎和炸

煎和炸是通过食油传热的方法使面点成熟。例如，各种锅贴使用油煎方法；一些油酥点心是通过油炸成熟的。例如，酥盒子和莲蓉香芋球等（见图3-5）。

例3-12 酥合子（Fried Dumpling Stuffed with Sweet Assorted Foods）

原料：面粉500克，植物油750克，白糖250克，桂花50克，青梅，瓜条和葡萄干各50克。

制法：① 先把250克面粉与175克植物油搅拌成油酥面；用250克面粉加入25克植物油，加适量水和成皮面。

② 皮面和酥面分别制成50克重的剂子，按扁，分别用皮面包住油酥面，擀成长片卷起来，再擀成长片卷起来，横着从中间切开，层次朝上擀成小圆饼。

图3-5 莲蓉香芋球

③ 把青梅、瓜条剁碎，与葡萄干、白糖和桂花混合在一起，制成25个馅心备用。

④ 将1个馅心放在1个小圆饼的上面，然后用另1个小圆饼覆盖，把周边捏紧，捏出花边，制成合子。

⑤ 炒锅内放植物油，温热时，将合子生坯放入，低温慢炸，炸至金黄色，捞出。

本章小结

中餐面点的发展有着悠久历史，秦汉时期，是我国农业形成时期，也是中餐面点生产与消费结构的确立时期。唐朝，由于社会经济的繁荣和对外交流，人们消费水平普遍提高，面点的品种和口味更加丰富多彩。当时，麦子的种植不断扩大。根据《旧唐书》记载，南方的稻米每年以百万担数量调往北方。面点生产中不仅使用了水调面团技术，而且广泛地采用发酵面团制作各种面点。在当时的面点中，品种有胡饼、烧饼、蒸饼、槌子和馄饨。明清时期，特别是清代，社会生产力不断发展，面点品种和制作技术不断升华，各地著名小吃和风味点心有千种之多，出现了佐以面点的宴席。根据中餐面点的组成，中餐面点原料可分为坯皮料、馅心料、调味料和辅助料四大类。中餐面点常用的面团包括水调面团、膨松面团、油酥面团和其他面团。面点馅心用料广泛，包括植物原料和动物原料，有时动物和植物原料兼有。馅心的味道常有咸味、甜味或甜咸味等。通常馅心与面点的质量与特色有连带关系，馅心不仅可丰富面点的口味，而且可增加面点的营养价值。中餐面点可通过蒸、煮、烤、烙、炸和煎等方法制作。

练习题

一、多项选择题

1. 中餐面点的内容和范围涉及（　　）。

（1）中餐宴会和宴请面点

（2）日常用餐中的面点

(3) 不包括面点小吃

(4) 各种茶点

2. 根据中餐面点的组成，中餐面点原料可分为（　　）。

(1) 坯皮料

(2) 馅心料

(3) 调味料

(4) 辅助料

3. 由于面团有不同的种类，其产品特点也不同。常用的面团包括（　　）。

(1) 水调面团

(2) 膨松面团

(3) 油酥面团

(4) 其他面团

二、判断题

1. 坯皮料指面点基础原料或外皮。（　　）

2. 咸味馅是面点普遍使用的馅心。（　　）

3. 水调面团指面粉与水搅拌而成的面团，是发酵的面团。（　　）

三、名词解释

膨松面团　油酥面团　广式面点　苏式面点　京式面点

四、思考题

1. 简述中餐面点的发展。

2. 简述中餐面点的分类。

3. 简述中质粉特点。

4. 简述面点成型方法。

5. 简述酥皮莲茸包的制作工艺。

阅读材料

著名的中餐面点

例1　三鲜伊府面

原料：面粉1 000克，鸡蛋500克，鸡脯肉100克，植物油1 500克，虾仁25克，葱、姜丝各10克，盐15克，玉兰片、油菜心各少许，香油15克，鸡精2克。

制法：① 面粉摊开，放鸡蛋，调成稍硬的面团，用湿布盖上，约30分钟。

② 将鸡蛋面团用压面机压成薄片，切成0.7厘米宽的面条备用。

③ 将面条煮至七成熟，捞出控水。

④ 将油温升到八成热，放入面条炸成金黄色备用。

⑤ 炒勺内加油烧热，放葱、姜丝炝锅，放虾仁、玉兰片、鸡肉片和油菜心，煸炒，放鸡汤，用盐调味，放入炸好的面条，焖熟。另用小碗放清汤和调料，一起上桌。

特点：色泽鲜艳，鲜香味美，脆软适中。

例2　三鲜锅贴

原料：面粉500克，猪肉250克，海参150克，海米100克，水发香菇100克，水发干贝80克，花生油50克，香油25克，胡椒粉、酱油、精盐、鸡精、葱、姜各适量。

制法：① 面盆内放入面粉，加开水烫面，烫匀、烫透，晾凉。

② 将猪肉剁碎，放盐、姜、酱油，顺一个方向搅拌，凝固后再将干贝、海米、海参、香菇丁放入肉馅内搅匀，放葱、胡椒粉、精盐、花生油、香油、鸡精，搅拌均匀，制成三鲜馅。

③ 将面团搓条下剂，按扁，用小擀杖擀成小圆皮，包入三鲜馅，中间收拢，两头露馅，制成生坯。

④ 平锅加热，擦干净，把生坯放入稍煎，浇入水，盖上锅盖煎焖，待香味四溢，淋入香油，出锅装盘。

特点：软嫩，咸鲜，香味独特。

例3　麻凉卷

原料：糯米500克，豆沙馅400克，芝麻250克。

制法：① 糯米洗干净，蒸成软的米饭，用一块白布（事前蒸煮消毒）包上糯米饭，在消过毒的面案上揉搓，至不见饭粒为止，解开布（仍用原布盖上以免干皮）晾凉。将芝麻用小火炒黄炒熟，擀成末。

② 案上撒芝麻末，将搓烂的糯米饭粘上芝麻末，搓成直径5.5厘米的长条，压扁成15厘米宽的片。豆沙馅放在一张白纸上（纸上刷一层油）擀成和糯米片同样大小，盖在糯米片上，去掉纸，由两头卷到中间相接，卷的表面上再撒上芝麻末，切成小段即可。

特点：软绵香甜，可作为夏秋点心和宴会面点。

例4　咖喱鸡粒饺

原料：水油皮300克，油酥170克，鸡脯肉150克，葱头100克，冬笋50克，咖喱粉10克，花生油、鸡蛋清、水淀粉、香油、料酒、盐、白糖、鸡精、鸡汤各适量。

制法：① 把鸡脯肉、葱头、冬笋均切成绿豆粒大的小方丁。

② 把切好的鸡肉放入半个鸡蛋清和少许水淀粉调拌均匀浆好。

③ 将花生油烧至五成热，放鸡肉丁滑散滑透，倒入漏勺控油，把锅放火上，注入50克植物油，把咖喱粉下锅略炒一下（火要小），再放葱头和冬笋，炒出香味，放鸡肉、料酒、盐、少许白糖、鸡精、鸡汤，调好味。待汤开，用水淀粉勾芡，淋入少许香油，待凉后使用。

④ 把水油皮和油酥分别分成30份，用水油皮包上油酥，擀卷两次再擀成圆皮，放15克重的馅，包成饺子，锁上花边，放盘内。

⑤ 将花生油烧至五成热，把酥饺放入油内炸制，待酥饺浮上油面，把温度逐渐升高。在炸的过程中，如油热可把锅离火，待酥饺炸熟，呈浅黄色即可。

特点：酥、香，带有咖喱味。

第4章

西餐概述

本章导读

随着我国旅游业发展，西餐需求不断增加，西餐经营管理已成为我国旅游管理的重要内容之一，西餐知识不论在旅游管理还是酒店管理中都有着举足轻重的作用。通过本章的学习，读者可了解西餐基本含义与发展、欧美人饮食习俗、西餐菜系及其特点、西餐食品原料知识、西餐生产原理等。

4.1 西 餐 介 绍

4.1.1 西餐含义

西餐是一个笼统的概念，是我国人民对欧美各国菜肴的总称，常指欧洲、北美和大洋洲各国菜肴。其中世界著名的西餐有法国菜、意大利菜、美国菜、英国菜、俄罗斯菜等。此外，希腊、德国、西班牙、葡萄牙、荷兰、瑞典、丹麦、匈牙利、奥地利、波兰、澳大利亚、新西兰、加拿大等各国菜肴也都有自己的特色。现代西餐是根据法国、意大利、英国和俄罗斯等国菜肴的传统工艺，结合世界各地食品原料及饮食文化，制成富有营养和特色，口味清淡的新派西餐菜肴。

4.1.2 西餐原料特点

西餐原料中的奶制品很多，失去奶制品将使西餐失去特色。西餐中的畜肉以牛肉为主，然后是羊肉和猪肉。西餐常以大块食品为原料，如牛排、鱼排和鸡排等。欧美人用餐时使用刀叉，以便将大块菜肴切成小块后食用。由于欧美人常将蔬菜和海鲜生吃，如生蚝和三文鱼、沙拉和沙拉酱等。因此，西餐原料必须是非常新鲜的。

4.1.3 西餐生产特点

西餐有多种制作工艺，其菜肴品种很丰富。其生产特点是突出菜肴中的主料特点，讲究菜肴造型、颜色、味道和营养。在生产过程中，选料很精细，对食品原料质量和规格有严格的要求。例如，畜肉中的筋和皮一定要剔净，鱼的头尾和皮骨等全部去掉。西餐生产，讲究调味。例如，烹调前的调味，烹调中的调味和烹调后的调味。例如，以扒、烤、煎和炸等方法制成的菜肴，在烹调前多用盐和胡椒粉进行调味；而烩和焖等方法制成的菜肴常在烹调中调味。不仅如此，在许多成熟的菜肴中，烹调后的调味受到人们的青睐。主要表现在少司（热菜调味汁）和各种冷调味汁的制作和使用上。例如，沙拉酱。西餐的调味品种类很多，制成一个菜肴常需要多种调料来完成。西餐生产讲究运用火候。例如，牛排的火候有三四成熟（rare）、半熟（medium）和七八成熟（well-done）；而煮鸡蛋有三分钟（半熟）、五分钟（七至八成熟）和十分钟（全熟）之分。西餐菜肴讲究原料的合理搭配以保持菜肴营养。由于西餐原料的新鲜度对菜肴的质量影响很大。因此，西餐对原料的储存温度、保存时间等要求很严格。

4.1.4 西餐服务特点

现代西餐采用分食制。菜肴以份（一个人的食用量）为单位，每份菜肴装在个人的餐盘中。西餐服务讲究菜肴服务程序、服务方式，菜肴与餐具的搭配。欧美人对菜肴种类和上菜的次数有着不同的习惯。这些习惯来自不同的年龄、不同的地区、不同的餐饮文化、不同的用餐时间和用餐目的等。传统欧美人吃西餐讲究每餐菜肴的道数（course）。人们在正餐中常食用三至四道菜；在隆重的宴会，可能食用四道菜或五道菜。早餐和午餐，人们对菜肴道数不讲究，比较随意。在三道菜肴组成的一餐中，第一道菜肴是开胃菜、第二道菜是主菜、第三道菜是甜点。四道菜的组合常包括一道冷开胃菜和一道热开胃菜（汤），主菜和甜点。现代欧美人，早餐常吃面包（带黄油和果酱），热饮或冷饮，有时加上一些鸡蛋和肉类菜肴。欧美人午餐讲究实惠、实用和节省时间。他们根据自己的需求用餐。一些男士可能食用两道菜或三道菜。包括一道开胃冷菜，一道含有蛋白质和淀粉的主菜，一道甜点或水果。而另一些人只食用一个三明治和冷饮。女士午餐可能仅是一个沙拉。自助餐是当代欧美人喜爱的用餐方式，它灵活方便，可以根据顾客需求取菜，是在公共场所最适合人们用餐的形式。

4.1.5 西餐餐具

1. 西餐餐具概述

西餐餐具指食用西餐使用的各种瓷器、玻璃器皿（酒具）和银器（刀叉）等，也是西餐厅和咖啡厅服务中不可缺少的工具。它反映了餐厅的特色和风格，对美化餐厅和方便服务都具有一定的作用。根据考古证明，人类使用餐具已有几千年的历史。原始时期，古人利用石头做刀具，切割食物；用海边的贝壳和空心的牛角和羊角作为碗和匙。5世纪英国撒克逊人开始利用铜或铁制成锋利的刀子，并镶上木柄，作为武器和用餐的工具（见图4-1）。11世纪英国人使用木制碟子盛装食物。在用餐时，使用两个餐刀分别切割不同的菜肴。当时，

图 4-1 拜占庭时代的餐具

威尼斯总督与希腊公主度曼尼克·赛尔福（Domenico Selvo）结婚后，赛尔福将她原皇宫内使用的餐叉及用餐礼仪带到威尼斯。1364 年至 1380 年，法国查尔斯五世举办宴会时，所有客人的餐盘上都摆上餐刀。1533 年意大利籍的凯瑟琳·德·麦迪希斯女士（Catherine de Médicis）与法国的亨利二世结婚，并将餐叉带到法国。

根据法国历史记载，16 世纪中期，不同地区的欧洲人用餐，有不同的餐具使用习惯和礼仪。德国人喝汤时使用羹匙，意大利人用餐叉食用固体食物。当时，德国人和法国人都使用餐刀切割食品，法国人使用两把至三把餐刀切割不同的菜肴。1611 年英国人汤姆斯·科瑞特（Thomas Coryat）看到意大利人使用叉子用餐。回国后，他将这一习惯带到英国。开始时，受到英国人的嘲笑。然而，不久餐叉在英国得到广泛的使用。17 世纪早期，餐叉在欧洲国家被普遍使用。1630 年，美洲的马萨诸塞（Massachusetts）地方行政长官在当地首先使用餐叉用餐。18 世纪早期，德国人已经使用四齿餐叉，而英国人仍然使用两齿餐叉。18 世纪中期，餐叉的形状已经接近现在的人们使用的餐叉。至 19 世纪，美国人已经普遍使用餐叉。19 世纪中期的英国维多利亚女王时代，餐具制造业开发了各种餐刀、餐叉和羹匙。

2. 西餐餐具种类

（1）瓷器

瓷器是西餐常用的器皿，瓷器可以衬托和反映菜肴和酒水的特色和作用。通常，西餐使用的瓷器餐具都有完整的釉光层，餐盘和菜盘的边缘都有一道服务线。

常用的西餐餐具有：salad bowl（沙拉碗）、butter plate（黄油盘）、toast plate（面包盘）、coffee cup with saucer（带垫盘的咖啡杯）、soup cup with saucer（带垫盘的汤杯）、tea cup with saucer（带垫盘的茶杯）、main course plate（主菜盘，25 厘米直径）、dessert plate（甜点盘，直径 18 厘米）、fish plate（鱼盘，18 厘米长的椭圆形）。

（2）玻璃器皿

西餐使用的玻璃器皿主要指玻璃杯等。此外，也使用少量的玻璃盘。不同的玻璃杯适用于不同特色的酒水。常用的玻璃杯包括啤酒杯、香槟酒杯、各种葡萄酒杯、老式杯、海波杯、白兰地酒杯、利口酒杯和威士忌酒杯等（见图 4-2）。

（3）银器

银器指金属餐具和金属服务用具。西餐常用的金属餐具和服务用具有各种餐刀、餐叉、餐匙（见图 4-3）、热菜盘的盖子、热水壶、糖缸、酒桶和服务用的刀、叉和匙等。各种银器使用完毕必须细心擦洗，精心保养。凡属贵重的餐具，一般都由餐饮后勤管理部门专人负责保管，对银器的管理应分出种类并登记造册。餐厅使用的银器需要每天清点。大型的西餐

图 4-2 各种酒杯

宴会使用的银器数量大，种类多，更需要认真清点。在营业结束时，尤其在倒剩菜时，应防止把小的银器倒进杂物桶里。

常用的银器种类包括：黄油刀（butter knife）、沙拉刀（salad knife）、鱼刀（fish knife）、主菜刀（table knife）、甜点刀（dessert knife）、水果刀（fruit knife）、鸡尾菜叉（cocktail fork）、沙拉叉（salad fork）、鱼叉（fish fork）、主菜叉（table fork）、甜点叉（dessert fork）、汤匙（soup spoon）、甜点匙（dessert spoon）、茶匙（tea spoon）。

图 4-3 餐刀、餐叉和餐匙

4.2 西餐发展

4.2.1 西餐发源地

根据考古，西餐起源于古埃及，大约公元前 5000 年。古埃及人的文明在世界文明发展史中占有重要地位。那时，尼罗河流域土地肥沃，盛产粮食，在尼罗河的沼泽地和支流中蕴藏丰富的鳗鱼、鲻鱼、鲤鱼和鲈鱼等。埃及人在食物制作中已使用洋葱、大蒜、萝卜和石榴等原料。公元前 3500 年，埃及分为上埃及和下埃及两个王国，至公元前 3100 年建立了统一的王朝。埃及由法老统治，法老自以为是地球的上帝，其食物要经精心制作。同时，贵族和牧师们的食物也很讲究。当时，古埃及的高度文明为其发展创造了灿烂的艺术和文化，主要表现在石雕、木雕、泥塑、绘画和餐饮等方面。公元前 2000 年埃及人开始饲养野山羊和羚羊，收集野芹菜、纸莎草和莲藕并且开始了捕鸟和钓鱼活动，逐渐放弃了原始游牧生活。

古埃及根据人们的职业规定社会地位，这种社会阶层好像金字塔一样。在这种阶层中，最底层是士兵、农民和工匠，占古埃及人的大多数。其上层是有文化和有知识的人，包括牧师（当时牧师兼教师）、工程师和医生。他们的上层是高级牧师和贵族，这些人是政府的组织者，法老是社会的最高阶层。古埃及最底层的劳动大众居住在道路狭窄的村庄里，房子由晒干的泥砖和稻草建成。古埃及的上层人物居住较大和舒适的宅院，房内有柱子和较高的房顶和木窗，宅院内有水塘和花园。当时，贵族和高级牧师的餐桌上约有40余种面点和面包供其食用。许多面点和面包使用了牛奶、鸡蛋和蜂蜜为原料。同时，餐桌上出现了大麦粥、鹌鹑、鸽子、鱼类、牛肉、奶酪和无花果等食品和酒。那时，古埃及人已经懂得盐的用途，蔬菜被普遍采用，包括黄瓜、生菜和青葱等。在炎热的夏季，他们用蔬菜制成沙拉并将醋和植物油混合在一起制成调味汁。古埃及人种植无花果、石榴、枣和葡萄，富人可以享用由纯葡萄汁制作的葡萄酒，普通的劳动大众以家禽和鱼为原料制作菜肴。古埃及妇女负责家庭烹调，而宴会制作由男厨师负责。在举办宴会时，厨师们因为手艺高超而常得到夸奖。许多出土的西餐烹调用具都证明了西餐在这一时期有过巨大的发展。古埃及已经使用天然烤箱，掌握油炸、水煮和火烤等烹调工艺。在出土的文物中，发现古埃及的菜单上有烤羊肉、烤牛肉和水果等菜肴。

4.2.2 西餐文明古国

古希腊位于巴尔干半岛南部、爱琴海诸岛及小亚细亚西岸一带，其餐饮文化和烹调技术是其文化和历史的重要组成部分。希腊烹调可追溯至2 500年以前。那时，希腊已进入青铜时代，奶酪、葡萄酒、蜂蜜和橄榄油称为希腊餐饮文化四大要素。通过公元前1627年桑托利尼火山爆发后的发掘物，可以证实奶酪和蜂巢在当时的使用情况。希腊餐饮学者经过调查和研究，认为希腊菜已有四千年历史，已经形成了自己的风格。这个结论通过霍摩尔（Homer）和柏拉图（Plato）描述的雅典奢侈的宴会菜单可以证实。希腊餐饮学者认为，希腊菜是欧洲菜肴的始祖，像希腊文化对地中海地区的影响一样重要。尽管希腊在历史上曾受到了罗马人、土耳其人、威尼斯人、热那亚人和加泰罗尼亚人的统治长达2 000多年，然而希腊菜肴仍然保持自己的风格。许多研究希腊餐饮的学者认为，希腊菜系及其烹调技术的特点主要来自东罗马帝国时代。根据希腊历史学家的考察，公元前350年，古希腊的烹调技术已经达到相当高的水平。随着亚历山大扩张欧洲各国，将希腊哲学和烹饪技术带到世界各国。世界上第一本有关烹饪技术的书籍由希腊的著名美食家——阿奇斯莱特斯（Archestratos）于公元前330年编辑。该书在当时对指导希腊烹饪技术起到了决定性的作用。公元前146年希腊被罗马人占领。公元330年康斯坦丁（Constantine）大帝将首都迁至君士坦丁堡（Constantinople），开创了东罗马帝国——拜占庭（Byzantium）。1453年土耳其人灭了东罗马帝国，建立了奥斯曼土耳其帝国（Ottoman Empire）。随着历史的发展和希腊的政权变革，希腊菜肴和它的独特烹调方法不断地影响着威尼斯人、巴尔干半岛人、土耳其人和斯拉夫人，从而使希腊菜名声大振。

公元后不久，希腊成为欧洲文明的中心。雄厚的经济实力给它带来了丰富的农产品、纺织品、陶器、酒和食用油。此外，希腊还出口谷类、羊毛、马匹和药品。那时奴隶制度仍然普遍存在。但是，他们在厨房都有各自的具体工作。例如，购买粮食、烧饭和服务等。这已经接近了今天厨房与餐厅分工的组织结构。当时，希腊的贵族很讲究食物。希腊人当时的日常菜单已经有了山羊肉、绵羊肉、牛肉、鱼类、奶酪、大麦面包、蜂蜜面包和芝麻面包等。希腊人认为，他们是世界上首先开发酸甜味菜肴的国家。尽管古希腊人当时还不了解大米、糖、玉米、马铃薯、番茄和柠檬。然而，他们制作禽类菜肴时，使用橄榄油、洋葱、薄荷和百里香以增加菜肴的味道，使用筛过的面粉制作面点并且在面点的表面涂抹葡萄液增加甜味。

4.2.3 西餐烹调先驱

古罗马位于欧洲南部，土地肥沃，雨量充沛，河流和湖泊纵横。公元前3000年至公元前1000年，古罗马人发明了发酵技术和制作葡萄酒和啤酒的方法，掌握了利用冰和雪储藏各种食物原料。同时，发酵方法导致发酵面包的产生。公元前31年至公元14年是古罗马拉丁文学全盛时期（Augustan Age），人们的食物根据其职务级别而定。根据马克斯（Marks）的记录，普通市民的食物很简单，通常一日三餐，早餐和午餐比较清淡。根据杜邦德（Dupont）的记载，古罗马士兵一日三餐，食物有面包、粥、奶酪和普通葡萄酒，晚餐有少量的肉类菜肴，有身份的人可得到丰盛的食物。根据希蒙戈德纳夫（Simon Goodenough）的记载，古罗马人的早餐常是面包滴上葡萄酒珠和蜂蜜，有时抹上少许枣酱和橄榄油。午餐通常是面包、水果和奶酪及前一天晚餐的剩菜。正餐是一天中最主要的一餐，在傍晚进行。普通人的菜肴常以橄榄油和蔬菜制作。中等阶层的家庭的正餐通常有三道菜肴：第一道菜肴称为开胃菜并使用调味酱调味，第二道菜肴由畜肉、家禽、野禽或水产品制成并以蔬菜为配菜，第三道菜是水果、干果、蜂蜜点心和葡萄酒。通常吃第三道菜肴前，将餐桌收拾干净，将前两道菜肴的餐具撤掉。当时农民受到人们的尊敬和爱戴，农民们种植粮食、蔬菜和水果，饲养家畜和家禽，所以农民的食物比较丰盛。元老院议员和地主享有丰富的餐饮，早餐和午餐有面包、水果和奶酪，晚餐有开胃菜、畜肉菜肴和甜点。根据纳杜（Nardo）的记录，公元100年，罗马贵族和富人的宴会包括猪肉、野禽肉、羚羊肉、野兔肉、瞪羚肉等，宴会服务由年轻的奴隶负责。奴隶将面包放在银盘中，一手托盘，一手将面包递给参加宴会的人。宴会还经常有文娱节目。包括诗歌朗诵、音乐演奏和舞蹈表演等。

根据古罗马后期的美食者——艾比西亚斯（Apicius）对古罗马宴会菜单的记录：古罗马菜肴使用较多的调味品，菜肴的味道很浓。菜肴常带有流行的少司或调味酱。当时流行的少司有卡莱姆（garum）。这种调味酱由海产品和盐组成，经过发酵并熟制而成。其味道很鲜美，好像我国广东的蚝油味道一样。那时，古罗马宴会最流行的甜点是瓤馅枣，将枣核挖出后，添入干果、水果、葡萄酒和面点渣制成。古罗马人在烹调中经常使用杏仁汁作为调味品和浓稠剂，这种原料直至中世纪和19世纪仍然流行。

公元200年，古罗马的文化和社会高度发达，在诗歌、戏剧、雕刻、绘画和西餐文化和艺术等方面都创造了新的风格。当时罗马的烹调方式汲取了希腊烹调的精华，他们举行的宴会丰富多彩，有较高水平，在制作面点方面世界领先。至今，意大利的比萨饼和面条仍名誉世界。那时，罗马厨师不再是奴隶，而是拥有一定社会地位的人。厨房组织结构随着分工的深入而得到进一步细分，美味佳肴成为罗马人的财富象征。在哈德良皇帝时期，罗马帝国在帕兰丁山建立了厨师学校以发展西餐烹调艺术。

根据富劳伦斯·杜邦德（Florence Dupont）的记载，古罗马人的城市花园，一年四季种植大量日常食用的蔬菜。他们依靠辛勤劳动并为蔬菜施肥，采用一系列方法防止冬天的严寒和夏季的炎热。当时，这些花园里的蔬菜品种有各种青菜、葫芦、黄瓜、生菜和韭葱（leeks），并在不同区域，种植不同的蔬菜。一些地方还种植调味品。包括大蒜、洋葱、水芹（cress）和菊苣（chicory）。一些地方种植小麦，小麦对古罗马人非常重要，他们用小麦制作面包。橄榄是古罗马人的重要植物，橄榄油在当时不仅用于烹调，还可作为照明燃料、香水和润滑剂的原料。当时，葡萄广泛种植，葡萄不仅作为日常的水果，还是葡萄酒的原料，葡萄核还可以制成防腐剂。古罗马畜肉的消费量很少，价格昂贵。古罗马，畜肉只用于神的祭祀品，慢慢地畜肉用于粥类的配菜以增加味道。随着罗马帝国的扩张，粮食的需求不断提高，古罗马开始从埃及进口粮食，从北非进口香料，从西班牙进口家畜，从英国进口牡蛎，从希腊进口蜂蜜，从世界各地进口葡萄酒。

4.2.4 中世纪西餐

5世纪，希腊的调味品和烹调技术受西西里（Sicily）和里迪亚（Lydia）等城市的影响。其烹调技术与古罗马烹调的风格不断地融合。当时，在希腊市场上出现了新品种的蔬菜、粮食、香料和调味品及奶酪和黄油，从而促进了希腊菜肴的开发与创新。例如，当时的创新开胃菜——熏牛肉（Pastrami），曾受到人们的青睐。8世纪，意大利人在烹调时，普遍使用调味品。其中，使用最多的调味品是胡椒和藏红花，其次是香菜、牛至（marjoram）、茴香（fennel）、牛膝草（hyssop）、薄荷、罗勒（basil）、大蒜、洋葱等。同时，意大利人使用未成熟的葡萄加在畜肉和海鲜菜肴中以去掉菜肴的腥味。那时，由于意大利人的食品原料非常丰富。他们可以用不同的烹调方法制作不同风格的菜肴。例如，炖菜。

1066年，诺曼底人进入了英国。由于他们的占领，人们在生活习惯、语言和烹调方法等方面都受到了法国人长期的影响。例如，英语的小牛肉、牛肉和猪肉等词都是从法语演变过来的。同时，用法语书写的烹调书详细地记录了各种食谱，使英国人打破了传统的和单一的烹调方法。1183年，伦敦出现第一家小餐馆，出售以鱼、牛肉、鹿肉、家禽为原料的西餐菜肴。随着烹调水平的提高，菜肴常出现两种以上的味道以达到菜肴味道的协调。此外，开始在面点中使用葡萄干、莓脯和干果，增加菜肴的甜度，增加颜色的协调。12世纪，希腊的食品原料不断丰富，马铃薯、番茄、菠菜、香蕉、咖啡在希腊被广泛地使用。希腊人开发了鱼子酱（caviar）、鲱鱼（herring）菜肴、茄子菜肴等。当时，使用葡萄叶代替传统的无花果叶。在爱琴海（Aegean）和爱比勒斯（Epirus）地区，人们不断地试制新的奶酪品种。在东罗马帝国时代，罗马人创造了布丁和橘子酱等。当时还以葡萄酒为原料，放入茴香、乳香等调味品制成利口酒。在各岛屿，特别是在希俄斯岛（Chios）、莱斯沃斯岛（Lésvos）、利姆诺斯岛（Limnos）和萨摩斯岛（Samos），人们开始种植著名的马斯凯特葡萄。中世纪法国菜肴味道以咸甜味为主。12世纪东欧国家在菜肴烹调中使用较多的香料和调味品，使得菜肴味道很浓。当时他们制作的菜肴原料以畜肉、谷类、蘑菇、水果、干果和蜂蜜为主。

从11世纪中期至15世纪，欧洲人的正餐常为三道菜：第一道菜是带有开胃作用的汤、水果和蔬菜；第二道菜是以牛肉、猪肉、鱼及干果为原料制作的主菜；第三道菜是甜点。当时，在用餐的过程中，人们不断饮用葡萄酒和食用奶酪。在节日和盛大的宴请中，菜肴的道数还会增加。根据杰弗里·乔叟（Geoffrey Chaucer）著的《坎特伯雷故事集》（*The Canterbury Tales*）中的叙述，14世纪晚期英国饭店出现了首次餐饮推销活动。15世纪，由于意大利和法国厨师不断进入东欧各国，以蔬菜为原料的菜肴不断增加。例如，生菜、韭葱（leek）、西芹和卷心菜。1493年探险家哥伦布在西印度群岛发现了菠萝，当地人们将菠萝称为娜娜（nana），其含义是芳香果。

4.2.5 近代西餐发展

16世纪的文艺复兴时期，许多新食品原料引入欧洲。例如，玉米、马铃薯、花生、巧克力、香草、菠萝、菜豆、辣椒和火鸡等。那时，普通欧洲人仍然以黑麦面包、奶酪为主要食品，而中等阶层和富人的餐桌上有各种精制的面包、牛肉、水产品、禽类菜肴及各种甜点。富人开始使用咸盐作调味品。当时，糖和盐都是奢侈品，普通家庭很少使用。16世纪欧洲各国的贸易不断增长。当时，受意大利烹调风格的影响，西餐菜肴的味道普遍偏甜，这种风格一直保持至20世纪初。16世纪末，从美洲进口的蔬菜源源不断进入法国和欧洲其他国家，特别是食品原料在法国发生了翻天覆地的变化，火鸡代替了孔雀。这时，人们从大吃大喝的习惯转向精致而有特色的美食。

17世纪的法国，不论任何菜肴都习惯地放小洋葱（shallot）或青葱（spring onion）调味并使用凤尾鱼和鳟鱼增加菜肴的鲜味。当时，法国菜肴最大的特点是使用黄油作为首选烹调油。1615年奥地利的安妮（Ann）与路易八世的婚礼上，法国人初次认识了巧克力，开始从西印度群岛等地区进口可可，经过努力开发了不同口味、不同种类和形状的巧克力甜点。17世纪，意大利的烹调方法传到法国，烹调技术经历了又一个空前发展阶段。看到法国丰富的农产品，厨师们有了制作新菜肴的尝试，烹调技术广泛地在法国各地传播，一旦制出新式菜肴，厨师便会得到人们的尊敬和爱戴。这一时期，法国在路易十六国王的管理下，制定了一套宴请礼仪。该礼仪规定皇宫所有的宴会都要按照法国宴会仪式进行（à la francaise）。仪式规定，被宴请人应按照宴会计划坐在规定的位置，菜肴分为三次送至客人面前，所有客人的菜肴放在一起，不分餐。第一道菜是汤、烧烤菜肴和其他热菜；第二道菜是冷烧烤菜肴和蔬菜；第三道菜肴是甜点。每一道菜肴中的所有各种菜肴应同时服务到桌。当时，还印制了10万份小册子发至各地。当时，英国伦敦人通常每天食用4餐。菜肴包括各种面包、肉类或海鲜菜肴、水果和甜点。各种餐叉从意大利传播到英国，作为餐具开始普遍使用。当时，厨师们在创新菜肴时，以使用新的食品原料和调味品为自豪并会受到人们的称赞。这一时期，餐厅的功能和布局、餐桌的装饰物、餐具和酒具也在不断地创新。当时的餐具包括开胃菜盘、主菜盘和甜点盘；各种酒具有葡萄酒杯、威士忌酒杯、白兰地酒杯和利口酒杯；热主菜的盖子和船形的少司容器都是当时餐具厂开发和创作的。17世纪末，受法国宴会习俗的流行和影响，英国开始讲究宴会服务的规格和服务方法。通常，根据用餐人的职位和经济情况进行服务细分。17世纪美洲殖民地区域出现了世界规模最大的感恩节宴（Thanksgiving dinner）。1621年在普利茅斯（Plymouth）朝圣地举行。当地人举行的宴会持续了3天。宴会菜单包括各种开胃菜、沙拉、汤、主菜和甜点。

18世纪中期，欧洲流行以烤的方法制作菜肴，烤箱成为厨房的普通炊具。厨师们根据自己的技术和经验决定菜肴的火候和成熟度。1765年，伯郎格（Boulanger）在法国巴黎开设了第一家法国餐厅。这家餐厅在各方面已经和我们现在的西餐厅相似。那年著名厨师波威利尔斯（Beauvilliers）在巴黎也经营了一家西餐厅，并开发了著名的牛肉浓汤（bouillon）。不仅如此，他在餐厅内设计了小型的餐桌，餐桌因铺上了整洁的台布而受到食客们的青睐。当时，还实施了通过菜单点菜的销售方法。在英国，人们开始讲究正餐或宴会的礼仪。在上层社会，每个参加宴会的人，从服装、装饰、用餐至离席等方面都规定了礼仪标准。女士在参加宴会前，需要1个多小时来化妆，男士需要进行自身的整理。通常，男主人带头进入餐厅，然后是年长女士，女主人和其他客人。根据宴会级别和需要，通常为3道菜肴，每道菜包括5～25个菜肴。每一道菜中的各种菜肴一起上桌，不分食。所有客人的菜肴放在同一餐盘，随着女主人开始为客人分汤，宴会正式开始。当时，传统的英式正餐或宴会每上一道菜肴前，换一次台布和餐具，正餐或正式宴请需要持续2个小时。随着女主人起立，离开餐桌宴会结束。18世纪末，英国的下午茶开始流行。

18世纪以后，法国涌现出了许多著名的西餐烹调艺术大师，如安托尼·卡露米和奥古斯特·埃斯考菲尔等。这些著名的烹调大师设计并制作了许多著名的菜肴，有些品种至今都是在扒房（grill room）的菜单上受顾客青睐的品种。18世纪末至19世纪初，在法国大革命的影响下，为贵族烹调的厨师们纷纷走出贵族家庭，自己经营餐厅。19世纪初，英国的中等阶层家庭乐于自己聘请厨师为自家烹调菜肴。当时由于原料需要长时间的运输和储存等原因，英国菜肴质量和特色受到原料新鲜度的限制。1920年随着工业的发展，美国快餐业不断壮大和发展，出现了汽车窗口餐饮服务。在美国东北部城市——费城出现了第一家自助式餐厅。19世纪20年代，希腊食品原料由非洲进口，使希腊食品原料极大丰富。当时希腊菜主要的香料是罗勒、牛至、薄荷、百里香、柠檬汁、柠檬皮和奶酪，再加上本国的传统原料——橄榄油，使希腊菜肴形成了自己的特色和口味。19世纪中期，英国中层阶级的正餐发展成为9道以上的菜肴。他们习惯于丰富的早餐，包括各式水果、鸡蛋、香肠、面点和冷热饮。19世纪70年代，两位法国菜肴的评论家克力斯坦·米勒（Christian Millau）和亨利·高特（Henri Gault）提出了法国菜肴应当不断地创新，号召在保持法国传统菜肴特色的基础上，使用清淡的少司，借鉴国外的烹调方法。

4.2.6 现代西餐形成

20世纪初期，意大利南部的烹调方法首次进入美国。第二次世界大战后，意大利菜肴，尤其是意大利炖牛肉（Osso Bucco）、意大利面条和比萨饼成为美国人青睐的菜肴。随之而来的是意大利食品原料和调味品进入美国。例如，朝鲜蓟、茄子、罐头、意大利蔬菜面条汤（Minestrone）等。由于美国大量进入移民的原因，美国菜肴的种类和味道不断丰富和扩展。此外，美国人经常去邻国——墨西哥享受独特的风味佳肴，从而促进了美国和墨西哥菜系的发展。由于中国移民不断地进入美国，美国各地中国城的中国菜肴不断影响着美国的烹饪风格，最有影响力的是广东菜、四川菜和湖南菜。20世纪70年代至80年代泰国菜和越南菜对美国餐饮市场有很大影响，对于部分美国人饱尝甜、酸、咸、辣的菜肴后，带有椰子味道的菜肴很受他们欢迎。目前南亚风味的菜肴正流传于美国。

西餐传入我国可追溯到13世纪。据说，意大利旅行家马可·波罗到中国旅行，曾将某些西餐菜肴传到中国。1840年鸦片战争以后，一些西方人进入中国，将许多西餐菜肴制作方法带到中国。清朝后期，欧美人在我国天津、北京和上海开设了一些饭店并经营西餐，厨师长由外国人担任。1885年，广州开设了中国第一家西餐厅——太平馆，标志着西餐正式登陆中国。天津起士林餐厅是国内较早的西餐厅之一，在天津老一代人心中有着不可磨灭的印象。该餐厅由德国人威廉·起士林于1901年创建，曾经留下许多历史名人的足迹。此后的一个多世纪中，西餐文化迅速发展成为我国饮食文化的一个重要元素。

至20世纪20年代，西餐只在我国一些沿海城市和著名城市发展，全国各地西餐发展很不平衡。例如，上海的礼查饭店、慧中饭店、红房子法国餐厅，天津的利顺德大饭店、起士林饭店等。改革开放前，我国的国际交往以苏联和东欧为主，我国的西餐只有俄式和其他一些东欧菜肴。20世纪70年代，我国对外交往扩大，中外合资饭店相继在各大城市建立，外国著名的饭店管理集团进入中国后，带来了新的西餐技术、现代化的西餐管理理论，使中国西餐业迅速与国际接轨并且培养了一批技术和管理人员。近几年在北京、上海、广州、深圳和天津等城市相继出现一些西餐厅，经营着带有世界各种文化和口味的西餐，使我国西餐越来越多样化和国际化。随着我国经济的发展，我国西餐的经营规模不断扩大。在天津、北京、上海、广州和深圳等地区的咖啡厅和西餐厅的总数已达数百家，西餐菜肴种类和质量也不断提高。当今，我国的西餐经营的发展已形成一定的模式，例如，以北京为代表的多国菜肴，以天津为代表的英国菜，以上海为代表的法国菜，以哈尔滨为代表的俄罗斯菜。

4.3 各国餐饮概况

4.3.1 法国餐饮概况

法国位于西欧。该国总体气候冬季凉爽，夏季温和，地中海沿岸地区冬季温和，夏季炎热，北部和西北部较干燥和寒冷。法国的北部和西部地区是广阔的平原和起伏的小山，其他地区主要以山脉为主，西南部的比利牛斯山脉和东南部的阿尔卑斯山脉最著名。法国历史文化可以追溯到史前时期，穴居人（caveman）和克鲁马努人（Cro-Magnon）在3 000年以前创造的油画文化。法国的文化是多民族文化的组合。包括凯尔特（Celtic）文化、格列克—罗马（Greco-Roman）文化和日耳曼（Germanic）文化。在历史的每一时期，法国人民都创造了艺术，无论是巴洛克时期的建筑艺术还是印象主义学派都证明了这一点。法国文化史内容丰富，其中包括餐饮和烹饪史。法国的烹调法被世界公认为著名的烹饪方法。中世纪，法国已出现了烹调教科书和烹调学校，为法国的烹调教育奠定了基础。几个世纪以来，法国僧侣们在法国的烹调技术和餐饮文化方面做出了巨大的贡献。他们种植葡萄、苹果，酿造葡萄酒、香槟酒、利口酒，试制各种有特色的奶酪，开创了具有特色的菜肴、少司和烹调方法。这些成果为当今的法国菜风格奠定了基础。在法国，各地区都有各自特色的菜系，这些菜系基于地方的传统餐饮文化，离不开富有创新精神的厨师多年不断的努力。历史学家简·罗伯特·派提（Jean Robert Pitte）在他的著作《法国美食者》中总结，法国餐饮之所以享誉全世界可以追溯到法国的祖先——高卢人。希腊的地理学家斯泰伯（Strabo）和拉丁美洲的旅游学家威罗（Varro）在总结法国美食时说，“古代高卢人的菜肴非常优秀，尤其是他们的烤肉。”近年来，法国菜系不断地创新和精益求精并将以往的古典菜肴与新菜烹调法相互借鉴。他们倡导菜肴的自然、个性、装饰和颜色的配合。

图4-4 传统的法国餐厅

1. 法国人餐饮习俗

餐饮在法国人民生活中占有重要的地位（见图4-4）。传统的法国人将用餐看作是休闲和享受。一餐中的菜肴可以表现艺术，甚至是爱情，用餐的人可以提出表扬或建设性的批评等。法国的正餐或宴请通常需要2～3个小时的用餐时间。包括6道或更多的菜肴：开胃菜、沙拉、主菜、奶酪、甜点和水果；酒水包括果汁、咖啡、开胃酒、餐酒和餐后酒。法国人喜爱与朋友在餐厅一边用餐，一边谈论高兴的事情，特别是谈论有关菜肴的主题。现代法国菜与传统的高卢菜和法国贵族菜比较，更朴实、新鲜并富有创造性和艺术的内涵。经过数代人的努力，法国菜肴和烹调工艺正走向全世界。法国菜肴和烹调方法不仅作为艺术和艺术品受到各国人们的欣赏，而且在法国的经济中起着举足轻重的作用。法国人每天的早餐比较清淡，午餐用餐时间是中午12点至下午2点。法国人喜爱去咖啡厅用餐，不喜爱快餐，正餐通常在晚9点或更晚的时间进行。历史上高卢人将人们日常餐饮看作是政治和社会生活重要的一部分。

2. 法国菜工艺特点

（1）原料特点

法国菜肴多种多样，烹饪技术复杂，菜肴生产需要一定的时间。法国烹饪的基本理论是，了解食品原料、少司和面团，很多著名的法国菜不仅与烹调技术有关，更与原料的产地和质量有关。正像波尔多的葡萄酒受波尔多葡萄质量影响一样，许多菜肴使用的原料常以生产地名命名。例如，佩萨克（Pessac）草莓。随着文艺复兴，世界发现了新大陆，美洲蔬菜源源不断进入法国，淀粉原料代替了豆类食品。目前，法国菜的食品原料很广泛，从各种肉类、牛奶制品、海鲜、蔬菜、水果至稀有珍蘑等应有尽有。

（2）少司特点

法国菜之所以味道著名主要归功于少司的作用。由于法国人很早就在少司中使用了葡萄酒，因此，使少司具有开胃与去腥的作用。17世纪，法国葡萄酒酿造技术不断地发展，使葡萄酒的味道、颜色和口味不断地改进，推动了法国烹饪技术的发展。由于法国盛产葡萄酒和各种烈性酒，因此法国菜肴中普遍使用不同风格的酒作为少司的调味品，厨师根据菜肴的需要选用不同风格的酒进行调味。例如，制作甜菜和点心时用朗姆酒，制作海鲜用白兰地酒或白葡萄酒，制作牛排使用红葡萄酒等。

3. 法国著名的菜系

（1）皇宫菜系（haute cuisine）

由法国豪特烹调法制成。豪特烹调法即皇宫烹调法或称为豪华烹调法。该方法起源于法国国王宴会，受著名的厨师安托尼·卡露米和埃斯考菲尔的影响而形成，其特点是制作精细，味道丰富，造型美观，菜肴道数多。这种方法采用综合烹调方法，非单一的方法。所有的菜肴原料、菜肴类别和制作程序都规定了质量和工艺的程序标准并以法国烹调法（French cuisine）命名。目前，法国的高级饭店和餐厅仍然使用豪特烹调法。

（2）贵族菜系（cuisine bourgeoise）

以法国贵族家庭烹调法制成，相当于中餐的官府菜。贵族菜是法国传统菜，其制作工艺属于地方菜特点。这种制作风格是油重，少司的味重并含有较多的奶油成分，菜肴制作常采用综合烹调技术，比较复杂。

（3）地方风味菜系（cuisine des provinces）

发源于各地的农民菜，适用地方的特色原料，菜肴的味道带有地方特色。例如，北方地区以黄油作为烹调油，少司中放奶油，奶酪作为调味品和浓稠剂。由于诺曼底地区的草原饲养着大批牛群并盛产优质牛奶，因此北方地区的菜肴充满着浓郁的奶制品香味。西北方的布列塔尼地区种植着大片的苹果树，盛产苹果酒和苹果白兰地酒。因此该地区的少司中将苹果酒作为调味品而显示了菜肴的风格。南方菜系使用的调味品多，菜肴味道更加浓厚。东北部菜系受德国的烹调工艺影响，菜肴中常放有德国的泡菜、香肠和啤酒作配料或调味品。

（4）法国新派菜系（nouvelle cuisine）

诞生于20世纪50年代，流行于20世纪70年代，讲究菜肴原料的新鲜度和质地，烹调时间短，少司和调味汁清淡，份额小，讲究菜肴的装饰和造型。现代烹调法的代表厨师有保尔波克斯（Paul Bocuse）、米奇尔格拉德（Michel Guérard）、吉安（Jean）、皮埃尔（Pierre）和阿联凯波尔（Alain Chapel）。这种烹调方法结合了亚洲的烹调特点，对世界餐饮业产生了较深远的影响。

4.3.2 意大利餐饮概况

意大利4 000多万人口居住在城市，是多山的国家，山地占国土面积的70%，30%是高原和平原，三面环海，西海岸居住着利古里亚人（Ligurian）、第勒尼安人（Tyrrhenian）和地中海居民（Mediterranean），东海岸居住着亚得里亚人（Adriatic）。意大利的海岸线约为7 200千米，蜿蜒的地中海海岸怀抱着宽广的田园。在历史上，意大利分为12个自治的行政区域，每一区域都有自己的历史和文化。最早在意大利国土上居住的是希腊人和伊特鲁里亚人（Etruscan）。由于历史的原因，使这一地区成为多民族和多文化的国家。在意大利，到处是古建筑、美景和珍贵的艺术品。这些宝贵的资源与现代意大利人的生活形成对比。

1. 意大利人饮食习俗

意大利人通常一日三餐：早餐、午餐和正餐。早餐很清淡，以浓咖啡为主；午餐包括意大利面条、奶酪、冷肉、沙拉和酒水等；正餐比较丰富，包括开胃酒、清汤、意大利烩饭（Risotto）或意大利面条、主菜、蔬菜或沙拉和甜点等。意大利人喜爱各种开胃小菜（Antipasto）、青豆蓉汤（Crema di Piselli）、奶酪比萨饼（Cheese Pizza）、烩罗马意大利面（Fettuccine Alfredo）、焗肉酱玉米面布丁（Polenta Pasticciata）和米兰牛排（Costoletta Alla Milanese）等。意大利人正餐或正式宴请包括5道菜肴。除了最北方地区，意大利人首选的菜肴是意大利面条和意大利奶酪烩饭。此外，玉米粥也是意大利人最喜爱的食物之一。意大利人正餐的第一道菜常以香肠、烤肉或瓤青椒等为开胃菜，配以烤成金黄色的面包片，上面放少量橄榄油和大蒜末。正餐第二道菜常是意大利面条。第三道菜以畜肉或鱼类为主要原料。第四道菜以蔬菜为原料制成。最后一道菜是水果或奶制品。

2. 意大利烹饪特点

（1）食品原料

公元前800年，希腊人将橄榄油引进意大利，意大利南部的西西里区和普利亚区种植了优质的橄榄树。15世纪，意大利人种植和开发了许多新的食品原料。例如，为比萨饼调味的圣马加诺番茄（San Marzano tomatoes）、塞尼塞柿椒（Senise bell pepper）、威尼托和巴西利卡塔菜豆、菊苣（Chicory）及小南瓜等。马铃薯在现代意大利菜肴中起着举足轻重的作用。20世纪早期，罗马涅地区（Romagna）种植的小洋葱，由于其独特的味道和气味为意大利菜肴增添了特色。历史上，意大利烹饪受到许多民族文化的影响。主要表现在，用于米饭菜肴、玉米粥和意大利面条的辣椒、肉桂、孜然和辛辣的山葵（horseradish）等调味品。意大利菜常以蔬菜、谷类、水果、鱼类、奶酪、家禽和少量畜肉等为主要原料，使用橄榄油和天然香料作调味品。对于现代意大利人而言，畜肉不是他们常使用的菜肴原料，取而代之的是蔬菜、谷物和大豆。橄榄油是意大利人首选的烹调油。当今，意大利菜肴之所以世界著名是因为使用了有特色的原料和调料。例如，朝鲜蓟、凤尾鱼、鲜芦笋和各种优质的奶酪。许多学者认为，意大利菜肴的精华在于烹调中善于使用蔬菜和水果、绿色食品和调味品。意大利是盛产大米的国家，在整个欧洲都很有名气。其中，最著名的大米生产地是皮埃蒙特(Piedmont)。该地区生产的大米质量是欧洲最佳的。意大利所有的农产品均使用天然肥料，调味品来自海盐、自然植物香料、自然矿物调味品和鲜花等。意大利餐厅如图4-5所示。

图4-5　意大利餐厅

(2) 烹调技艺

许多西餐专家认为，意大利烹调技术是西餐烹饪的始祖。意大利菜肴突出主料的原汁原味，烹调方法以炒、煎、炸、红烩、红焖为主。意大利面条和馅饼世界闻名，意大利人在制作面条、云吞和馅饼方面非常考究，他们的面条有各种形状、颜色及味道。面条的颜色来源于鸡蛋、菠菜、番茄、胡萝卜等原料，这样不但美观，还增加了其营养价值。意大利云吞外观精巧，造型美观。意大利菜肴常用的食品原料有各种冷肉、香肠、肉类、牛奶制品、水果和蔬菜等。意大利烹调对菜肴的火候要求很严格，菜肴既要制熟，又要达到最佳成熟度，不能过火。

3. 著名的菜系

(1) 北部菜系

意大利北部地区是意大利最繁荣的地区，是意大利著名的烹调地区。该地区主要包括威尼斯、米兰、皮埃蒙特和伦巴第地区。该地区是水果、火腿、蒜茸酱、辣椒和调味品等著名的生产区。其中，烩米饭大豆（Braised Rice and Peas）、莱蒂希欧生菜沙拉（Radicchio）、菠菜合子（Semolina Dumplings with Spinach）、马斯卡波尼奶酪汤（Mascarpone Cup）、粗面粉盒子（Semolina Dumplings）、熏火腿（Speck）、意大利油酥饼（Strudels）、泡菜(Sauerkraut)、藏红花米饭（Rice with Saffron）、炖辣椒（Braised Peppers）、奶酪鳀鱼酱烩米饭（Bagna Cauda）、玉米菜（Polenta）、米兰牛肉（Costolette alla Milanese）、米兰通心粉(Minestrone alla Milanese)、米兰烩饭（Risotto alla Milanese）、波利安娜地区（Brianza）等都是该地区的著名菜肴。

(2) 东部菜系

意大利的东部地区与斯洛文尼亚接壤，东北部与奥地利接壤，这些地区的菜肴味道和烹调特色受这两个国家影响。东北部的港口城市——的里雅斯特（Trieste）是著名的香肠、辣炖牛肉和海鲜菜肴生产地。该地区的著名城市——威尼斯是个朴素和迷人的地方，菜肴朴素而单纯，像是精心制作的农家菜肴。当地著名的菜有鲜豆大米奶酪浓汤和反映亚得里亚海（Adriatic Sea）风味的海鲜意面（Pasta e Fagioli）。此外，东部地区还是著名的番茄、鸡肝、腌猪肉和调味什锦蔬菜生产地。

(3) 中部菜系

中部地区有由连绵不断的山脉组成的高大柏树区域，其中蜿蜒着无边的橄榄树、整齐的葡萄园和老式的农舍和别墅。该地区的畜肉菜肴以扒、烩和烤的方法而闻名。这些菜肴配以新鲜的蔬菜、意大利面条、鲜蘑菇和块菌，制作方法简单，味道清淡。菜肴的配制以新鲜蔬菜和奶酪为主料，畜肉为配料。其中，托斯卡纳地区是意大利著名的烹调区，菜肴有特色，当地的伊特鲁里亚人的饮食习惯代表着当代意大利菜系的主流。此外，该地区生产的面包别有风味。这一地区生产的大豆及以豆类为原料制成的菜肴很有名气。著名的烩菜豆意大利面（Beans and pasta）、佛罗伦萨蔬菜汤（Florentine vegetable soup）和烤茄子合（Baked Eggplant）是西餐中著名的菜肴。由于这里是著名意大利希安蒂葡萄酒（Chianti Wine）生产地，因此，使用这种葡萄酒为调味品而增加了该地区菜肴的味道和知名度。

(4) 南部菜系

意大利南部地区是美丽的地方，整齐的农田像一块块绿色的地毯铺在大地上。透过空中的水雾，金色的太阳闪闪发光。该地区许多地方属于半热带，到处散发着鲜花和柑橘的香气。南部地区有许多漂亮的城市、美丽的田园景观、历史遗迹和艺术场地等。南部人习惯使用橄榄油、浓味的红色少司和干面条为菜肴的原料。该地区使用多种调味香料，菜肴味道清淡，饮食习惯与北部地区完全不同，习惯使用干面条制作面条菜肴。

几种著名的意大利菜肴如图4-6所示。

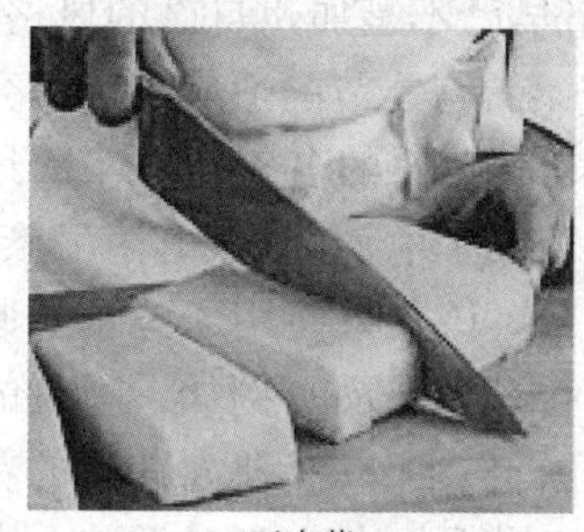

玉米菜

焗意面

奶油煎饼夹

图4-6 著名的意大利菜肴

4.3.3 美国餐饮概况

美国各地的地貌和地形各异，东部有成片的森林，树木茂密，著名的红树林在佛罗里达州。中部是宽广的平原和全国最大的河流——密西西比河，平原西部是著名的洛矶山脉，洛矶山脉以西是沙漠与太平洋接壤的海岸线。除此之外，阿拉斯加地区在北极，夏威夷属于火山岛区。美国大部分地区属于大陆性气候，部分地区属于地中海气候和亚热带气候。美国建国仅有200余年，然而美国文化对世界各国产生了较大的影响，表现在西方古典音乐、流行音乐、爵士音乐和摇滚音乐等方面。纽约市已成为当代国际歌剧和器乐演奏的文化中心。美国是讲究餐饮的国家，餐饮业在美国非常发达，各地都有特色餐饮。由于美国是多民族国家，历史文化受各民族影响。因此还没有任何一种烹调方法能代表美国的烹调风味。美国菜肴有多种风味，其菜肴工艺的变化和创新的速度世界领先。美国菜肴的基本口味清淡，保持了自然特色。

1. 美国餐饮习俗

美国人的饮食由于受当地美洲人的影响，美国式西餐常以玉米、菜豆和南瓜为原料。例如，玉米面面包、菜豆咸饭（Hoppin' John）、玉米糕（Tortilla）、烩菜豆（Pinto Beans）、烤菜豆（Baked Beans）、大豆甜点（Succotash）和南瓜派（Pumpkin Pie）。自从美国南部的非洲血统美国人进入种植园以来，美国南部的菜系受到南部地区烹调风格的影响，许多南部的风味面包、饼干、沙拉和调味品都出自于当时农场工人家属之手。铁路交通发达后，美国人将这种具有特色的烹调方法和菜肴带到美国北部和西部。

美国人的早点各种各样，传统的美国人早点包括面包、黄油和果酱、鸡蛋、咸肉、火腿或香肠、果汁、咖啡和茶等。现代美国人的早点讲究营养和效率，通常吃些冷牛奶、米面锅巴及水果等。美国人的午餐很简单，常吃的品种包括三明治、比萨饼、汤和沙拉。美国人对正餐比较讲究。正餐常包括三道至四道菜肴，有冷开胃菜或沙拉、汤、主菜和甜点，配以面包、黄油和咖啡等。美国菜的生产工艺较多，但是扒（烧烤）是最流行的烹调方法。在美国许多食品都能通过扒的方法制成。例如，番茄、小南瓜、鲜芦笋，各种畜肉、家禽和海鲜等。当今，沙拉和三明治是美国人民喜爱的菜肴。当代美国沙拉选料广泛，别具一格，打破了传统西餐沙拉的陈旧观念。

2. 美国著名的菜系

（1）加州菜系

根据历史记载，加州菜系（California cuisine）的特点与欧洲的菜系很相似。其食品原料来自世界各地，特别是半成品原料较多。应该说，加州烹调风格早已不是加州自己的风格，它正代表着世界烹饪的最高水平。由于讲究原料的新鲜度，讲究菜肴与季节的适应性，讲究菜肴适应人体营养需要，因此加州菜系的名气正在不断地上升。加州盛产新鲜水果、蔬菜和海鲜。该地区有多民族，近年来加州开发和销售健康菜系。该菜系使用新鲜食品原料，使用与其他地方不同的复合型调味品。例如，新鲜的青菜沙拉以鄂梨和柑橘为主要原料，配以亚洲人喜爱的花生酱为调味品；扒鱼排的生产工艺是，鱼肉经过调味，在扒炉烤制，配以中国大白菜和美洲人喜爱的炸面包片。现代加州已成为国际烹调实验室和世界烹饪试验之家。法国和意大利厨师们对加州的菜肴和烹调特色感慨地说："加州的菜肴种类真是太多了。"由于加州物产丰富，烹调方法融合了多种烹调技术和食品原料，因此，加州菜系和烹调特色形成了高雅、优质、营养丰富、清淡和低油脂的特色。加州风味餐厅如图4-7所示。

图4-7 美国加州风味餐厅

（2）中西部菜系

中西部菜系（midwestern cuisine）风味来自当地移民的饮食文化。该地区主要为瑞典人、挪威人、康沃尔人、波兰人和德国人。同时，该地区菜肴原料丰富且种类多，菜肴味道清淡，不放香料。餐饮服务方式以瑞典自助餐式或家庭式为主。当地的特色菜肴有炖牛肉、各式香肠、甜煎饼及奶酪。历史上，由于德国移民的不断增长，这一地区的啤酒和香肠质量和特色领先于其他地区，给美国人留下了深刻的印象。

（3）东北部菜系

美国东北部缅因等六州称为新英格兰地区，该地区具有美国东北地区典型的风味菜系。由于该地区主要居住着英国人后裔，因此菜系主要反映了英国人的饮食习惯。历史上，该地区从英国进口畜肉、蔬菜并与当地的食品原料相结合。例如，玉米、火鸡、蜂蜜、龙虾、贝类及各种越橘（cranberries）等（见图4-8）。此外，当地还盛产海产品。该地区习惯食用烩鸡肉蔬菜（Brunswick Stew）、波士顿烤菜豆（Boston Baked Beans）、新英格兰鲜贝汤（New England Clam Chowder）。同时，该地区的菜系代表波士顿（Boston）、普罗维登斯（Providence）和其他沿岸城市的菜系特点。新英格兰风味最大的特点是广泛应用海鲜、奶制品、菜豆和大米。这种风味还受波多黎各、西班牙和墨西哥的烹调影响。著名的特色菜肴包括印第安布丁（Indian Pudding）、波士顿布朗面包（Boston Brown Bread）和缅因州水煮龙虾（Maine Boiled Lobster）及炸香蕉（Platanos Fritos）等。

图4-8 越橘

（4）南部菜系

美国南部地区菜系（southern cuisine）代表着美国家庭式菜系。其特点是油炸食品多，菜肴带有浓郁的调味酱，每餐都有甜点。此外，该地区还突出非洲裔美国人菜肴的传统特点。美国南部地区的快餐业非常发达。南部人习惯食用猪肉，尤其喜爱弗吉尼亚生产的火腿肉、咸猪肉和培根肉（bacon）。此外，青菜和菜豆常作菜肴配料。南部人的早餐和正餐习惯食用小甜点和饼干。该地区南卡罗来纳州是生产大米的著名地区，那里有着大米烹调文化，也是著名的烩菜豆米饭的发祥地。该菜肴以查尔斯顿大米、菜豆和咸火腿肉为主要原料制成。那里，著名的查尔斯顿蟹肉汤（Charleston Crab Soup）是西餐著名的海鲜汤之一。南卡罗来纳州人喜爱酸甜味的菜肴，菜肴的少司中加入了少量的糖和醋作调味品。该地区南部的居民喜爱烧烤菜，东南部居民喜爱炭火烧烤的猪肉或猪排骨并用青菜、菜豆和玉米饼作配菜。该地区的甜点核桃派（Pecan Pie）、鲜桃考布勒（Peach Cobbler）、香蕉布丁（Banana Pudding）和甜土豆派（Sweet Potato Pie）是具有代表意义的特色菜。

（5）西南菜系

西南地区受美洲本地人、西班牙人和邻国墨西哥人的影响，菜肴种类繁多，习惯食用当地出产的食品原料及墨西哥的香料和调味品。该地区菜系代表传统的美洲菜肴，特别是具有墨西哥的风味。如今，尽管当地是多民族居住，但许多菜肴的原料和烹调方法都接近墨西哥，特别是在菜肴中使用玉米、菜豆和辣椒做原料和调味品。该地区辣椒“chili”、番茄“tomato”等词来源于16世纪的墨西哥阿兹特克民族语言。在与墨西哥接壤的地区还表现出墨西哥和美国混合风味的餐饮特色。该地区菜系偏辣，人们青睐野外烧烤菜肴。此外，该地区还是著名的萨尔萨少司（Salsa）、烤玉米片带奶酪酱（Nachos）、瓤馅玉米饼（Tacos）和瓤馅饼卷（Burritos）之乡。西南地区玉米饼仍然属于当地人喜爱的食品。烩菜豆（Pinto Beans Stewed）是当地人们理想的含有蛋白质的菜肴。瓤馅玉米饼是当地人节日必备的食品。此外，以猪肉和牛肉为原料的菜肴由西班牙人传入后，经口味调整，更适合当地人饮食习惯。综上所述，新墨西哥州的代表菜辣炖猪肉（Carne Adovado）、得克萨斯州的辣炖牛肉（Chili Con Carne）、亚利桑那州南部的什锦菜卷（Enchiladas）都是该地区的特色菜肴（见图4-9）。

（6）新奥尔良菜系

新奥尔良位于美国南部，在密西西比河的河口，受西班牙、法国餐饮文化的影响，其烹调方法有自己的特色，使用美洲的调味品，体现西印度群岛餐饮文化。美国最南部沿海地区是路易斯安那州（Louisiana）和东南部佛罗里达州。该地区的菜系（New Orleans cuisine）特点主要呈现克里奥尔人（Creole）的烹调方法和法国凯江人或卡真人（Cajun）的烹调方法。这两种烹调方法都来源于法国，其中，克里奥尔烹调法源于法国豪特烹调法，而法国凯江烹调法源于法国阿卡迪亚人的烹调方法。阿卡迪亚人口味偏辣，菜肴味道浓郁。菜肴中频繁地使用油面酱（roux）、大米和海鲜。多年来，克里奥尔人融合了西班牙、美洲、加勒比海地区的烹调特色和路易斯安那州当地的食品原料，使菜肴制作更加精细，味道偏辣。此外，凯江烹调法保留了民间的特色，还常以海产品为菜肴原料，使用较少的香料，较多辣酱，采用慢速度“炖”的烹调方法。当地特色菜肴有秋葵浓汤（Gumbos）和什锦米饭（Jambalayas）（见图4-10）。

图4-9 什锦菜卷

图4-10 什锦米饭

4.3.4 英国餐饮概况

英国位于西欧，在北大西洋和北海之间。东部地区和东南部地区以平原为主，其他地区以丘陵和小山为主。英国人口总数近6 100万，享受着丰富的文化生活。其中包括餐饮文化。历史上，许多英国人在文化和艺术方面取得世界的声望。例如，著名的戏剧家、文学家和诗人——乔叟、莎士比亚和狄更斯等。英国有着悠久的历史，许多历史学家将英国称为一个珍品宝库，英国到处是艺术珍品。其中，包括古堡式饭店和餐厅、世界著名的城堡和教堂（见图4-11）。尽管英国菜肴和烹饪稍逊于法国。然而，近年来英国餐饮文化和烹饪文化不断地发展和提高，这种趋势正在对欧洲产生重要影响。许多学者认为，英国菜由多个菜系组成，在历史上受多种餐饮文化影响，尤其是受法国诺曼底人的影响，菜肴用了较多的调味品和植

图4-11 利兹堡

物香料。其中，包括肉桂、藏红花、肉豆蔻、胡椒、姜和糖等。1837—1901年在维多利亚女王时代，传统的油腻菜肴配以进口的调味品，组成了英国的传统风味菜系，一直流传多年。20世纪80年代后，现代的英国菜以新鲜水产品和蔬菜为主要原料制成菜肴。其特点是清淡，选料广泛，使用较少的香料和调味酒，注重营养和卫生，烹调方法以煮、蒸、烤、烩、煎、炸为主。现代英国人把各种调味品放在餐桌上，根据自己的口味在餐桌上调味。例如，盐、胡椒粉、沙拉酱、芥末酱、辣酱油、番茄少司等。此外，以英格兰早餐为代表的英式早餐鲜嫩、清洁、高雅，受到各国顾客的好评。

1. 英国餐饮习俗

英国人习惯每天四餐。早餐在7点至9点之间，午餐在12点至下午1点半之间，下午茶在下午4点至6点，正餐在晚上6点半至8点。周日正餐在中午而不在晚上，晚上吃些清淡的菜肴。周日正餐菜常包括烤牛肉（Roast Beef）、约克郡布丁（Yorkshire Pudding）和两种蔬菜菜肴。英格兰式早餐世界著名，菜肴包括面包、咸猪肉、香肠、煎鸡蛋、蘑菇菜、烤菜豆、咖啡、茶、果汁等。由于英国是工业国家，人们每天工作紧张，因此午餐讲究营养和效率。从1860年至今，英国各餐厅菜肴外卖相当普及。英国人很注重正餐（晚餐）。正餐是英国人日常生活重要的组成部分，他们选择较晚的用餐时间并在用餐时间进行社交活动，增进人们之间的情谊。

2. 英国著名的菜系

（1）英格兰菜系

英格兰位于英国中南部，由多个郡组成。其中，林肯郡（Lincolnshire）、康沃尔郡（Cornwall）和约克郡（Yorkshire）的地方菜都具有英格兰风味（England Cuisine），代表菜肴有香肠、猪肉馅饼（Pork Pies）、英格兰传统蛋糕、贝克维尔塔特（Bakewell Tarts）和埃克勒斯酥饼（Eccles Cakes）。其中，康沃尔郡是世界著名的奶酪生产地。著名的奶酪——斯迪尔敦（Stilton）在这里生产。该地区沿海城市都以海鲜为原料制成各种菜肴。其中，当地特产的白蚝（White Oyster）是著名的水产品。约克市是英格兰历史名城，也是英格兰著名的传统菜系的发祥地。这里有传统的茶社、家庭服务式的餐厅。经过长期的发展，约克市的菜系已将现代清淡的英格兰菜和传统的民族菜与地方特色融合在一起。英格兰西南部德文郡（Devon）的奶油茶享誉世界。所谓奶油茶包括一壶滚烫的英格兰红茶、刚出炉的汉普郡布丁（司康饼）及鲜奶油（黄油）和果酱。从14世纪起，英国西南地区的奶油茶和特色菜肴已经具有名气，其原因可以追溯至当时的贸易。那时，该地区从东方国家进口植物香料并且在茶、菜肴和甜点中使用不同的香料，还从西印度群岛进口具有巧克力和朗姆酒味道的甜点。此外，英格兰的汉普郡（Hampshire）是盛产优质草莓和苹果的地方，这些水果作为菜肴和甜点的原料，也为地区菜肴的特色做出了贡献。该地区东部的巴斯市（Bath）的萨利甜饼（Sally Lunns）在18世纪就已经小有名气，饼中放有当地生产的奶油和香菜籽。

（2）苏格兰菜系

苏格兰位于英国北部。不论它的历史、文化还是各城市中的古建筑都给人们留下了深刻的印象。苏格兰是个美丽的地方，它的湖泊、海滩和高地的美景都使人流连忘返。现代的苏格兰菜系（Scottish cuisine）融合了传统的美食，结合本地区出产的新鲜海鱼、龙虾和鲜贝、蔬菜、水果及牛肉并以高超的烹调技艺制成著名的苏格兰菜系。其中，能够代表苏格兰传统式风味的地方是格拉斯哥市（Glasgow）（见图 4-12）。目前，该地区已被英国人选为第二美食城市，仅次于伦敦。苏格兰是著名食品原料生产地，该地区盛产优质的畜肉、水产品、奶制品等。该地区还盛产各种各样的糖果。近年来，苏格兰菜肴和烹调方法不断地创新和改进。著名的苏格兰传统菜有羊杂碎肠（Haggis）、炖牛肉末土豆（Stovies）和羊肉蔬菜汤（Scots Broth）等。

图 4-12　苏格兰格拉斯哥餐厅

（3）威尔士菜系

威尔士菜系（Welsh cuisine）在英国很具有代表性。该地区的许多饭店和餐厅门前都展示威尔士的风味证章，以证明本企业为正宗威尔士风味。威尔士盛产奶制品，尤其是奶酪，是英国著名的卡尔菲利（Caerphilly）奶酪生产地。该地区高尔半岛（Gower）出产特色的鲜贝，称作鸟蛤（cockle）。以这种鲜贝为原料制成菜肴，味道鲜美。当地传统菜肴多以羊肉、鲑鱼和鳟鱼为原料，菜肴中常使用韭葱增加香味。著名的威尔士面点有紫菜面包（laver bread），其中，放有当地出产的干海藻和燕麦。巴拉水果面包（Bara Brith）、奶酪蔬菜面包卷（Glamorgan Sausages）、羊肉土豆汤（Cawl）及威尔士奶酪酱（Welsh Rarebit）都是很有特色的菜肴和面点。

（4）爱尔兰菜系

爱尔兰民族有悠久的历史。绵延的海岸线为他们带来了丰富的海产品。此外，当地还盛产畜肉、奶制品和蔬菜。传统的爱尔兰菜系（Irish cuisine）以新鲜的海产品、畜肉和蔬菜为主要原料，以煮和炖的方法制作菜肴。在炖煮海鲜时，放入部分海藻，增加菜肴的味道。18 世纪后，爱尔兰的烹调技术不断发展，菜肴中的原料和调味品种类也不断增加。在菜肴制作中，糖作为调味品代替了传统的蜂蜜；人们对茶水更加青睐，从而代替了非用餐时间饮用啤酒的习惯。18 世纪早期出现了著名的苏打面包（Soda Bread）、苹果塔特（Apple Tart）、酵母葡萄干面包（Barm-brack）、马铃薯面包（Boxty）、爱尔兰土豆蔬菜泥（Colcannon）、爱尔兰炖羊肉（Irish Stew）、培根肉土豆（Potatoes and Bacon）、都柏林式炖咸肉土豆（Dublin Coddle）等菜肴。

几种著名的英国菜如图 4-13 所示。

伦敦什锦扒

爱尔兰炖羊肉

威尔士奶酪面包蔬菜卷

图4-13　著名的英国菜

4.3.5　俄罗斯餐饮概况

俄罗斯联邦横跨欧洲东部和亚洲北部，气候与加拿大很相近。其绝大部分土地在北纬50°以北，距海洋性气候较远，是大陆性气候。因此，许多地方长年寒冷。俄罗斯的主要民族为俄罗斯人、鞑靼人（Tartar）、乌克兰人、楚瓦什人（Chuvash）、巴什基尔人（Bashkir）、白俄罗斯人、莫尔多瓦人（Mordvin）、德意志人、乌德穆尔特人（Udmurt）、毛伊人（Mari）、哈萨克人、犹太人、亚美尼亚人（Armenians）、车臣人（Chechens）、雅库特人（Yakut）和奥塞特人（Ossetian）等，因此俄罗斯有着不同的民族文化。俄罗斯有着广阔的森林、众多的湖泊、丰富的水产品等资源。根据资料记载，16世纪意大利人将香肠、通心粉和各式面点带入俄国。17世纪，德国人将德式香肠和水果汤带入俄国。18世纪初期，法国人将少司、奶油汤和法国面点带入俄国。18世纪后期，马铃薯受到俄罗斯人的青睐。

图4-14　木制的小教堂

俄罗斯是一个具有悠久历史文化的国家，全国约有5万个图书馆，其中3.9万个在农村和小城镇，共藏书约10亿余册。共有1 500个博物馆，涉及人文、历史、民俗、艺术、自然科学、技术及其他各领域。俄罗斯建有各式各样的教堂（见图4-14）。俄罗斯官方语言为俄语，其他包括各地方少数民族语言。

当今俄罗斯较流行的艺术品是木雕、油画、艺术陶瓷品、泥塑、装饰盘彩绘、铁艺、骨雕、石雕等。俄罗斯还是著名的西餐大国之一。现代的俄罗斯菜肴不仅指俄罗斯民族菜肴，还包括各民族菜肴和附近各国的菜肴。俄罗斯在多年与西方国家文化交流中，不断融合其他国家和民族的烹饪特点。其中许多菜肴是由法国、意大利、奥地利和匈牙利等国传入，经与本国食品原料和烹调方法的融合形成了独特的俄式菜。著名的俄罗斯菜肴有黑鱼子酱（Caviar）、乌克兰罗宋汤（Ukrainian borsch）、鲜蘑汤（Mushroom soup）、基辅黄油鸡卷（Chicken Kiev）、煎牛肉条酸奶鲜蘑汁（Beef Stroganoff）、俄式炸猪肉丸番茄少司（Russian Croquette Tomato Sauce）、酸菜炖肉（Meat with sauerkraut）、烤苹果鹅（Goose with Apple）、焗鲈鱼（Baked Perch）和煎饼（Pancakes）等（见图4-15）。

图 4-15 煎饼

1. 俄罗斯餐饮习俗

由于俄罗斯地理位置和气候寒冷的原因，俄式菜肴比较油腻、味浓。俄罗斯人习惯于清淡的大陆式早餐，喝汤时常伴随黑面包，喜欢食用黄瓜和番茄制成的沙拉，喜欢食用鱼类菜肴和油酥点心。主菜常以牛肉、猪肉、羊肉、家禽、水产品为原料，以蔬菜、面条和燕麦食品为配菜。俄罗斯人擅长制作面点和小吃，包括各种薄饼（Blini）、肉排（Kulebyaka）、奶酪蛋糕（Cheese Cakes）、香料点心（Spice cakes）等。俄罗斯人喜爱蘑菇菜肴、馅饼、咸猪肉和泡菜。在喜庆的日子，餐桌上受青睐的菜肴是各种炖肉和馅饼。由于俄罗斯尊重传统文化，人们重视每年的各种节日。俄罗斯传统的基督徒每年有 200 多天不食肉类菜肴、奶制品和鸡蛋。这样促使了俄罗斯人喜爱蔬菜、蘑菇、水果和水产品。俄罗斯北部是无边的森林，是蘑菇的盛产地，蘑菇菜肴在俄罗斯种类很多。俄罗斯多个地区靠近海洋，有众多江河湖泊，盛产水产品。因此，俄罗斯水产品菜肴丰富。俄罗斯菜系使用多种植物香料和调味品，多数开胃菜放有较多的调味品，使用多种调味酱以增加开胃作用。包括辣根酱、蒜蓉番茄酱等。

俄罗斯人每日习惯三餐，早餐、午餐和晚餐。俄式早餐比美式早餐更丰富，包括鸡蛋、香肠、冷肉、奶酪、土司片、麦片粥、黄油、咖啡和茶等。午餐称为正餐，是一天最重要的一餐，习惯在下午 2 点进行。包括开胃菜、汤、主菜和甜点。正餐中，开胃菜非常重要，常包括黑鱼子酱、酸黄瓜、熏鱼和各式蔬菜沙拉。下午 5 点是俄罗斯人的下午茶时间，人们常食用小甜点、饼干和水果，饮用咖啡或茶。晚上 7 点或更晚的时间是晚餐。晚餐的菜肴与午餐很接近。通常比午餐简单，只包括开胃菜和主菜。

通常，俄罗斯人的宴请或宴会的第一道菜肴常是开胃汤。俄罗斯最早先的汤称为菜粥，汤中常配有燕麦片。因此，俄式汤具有开胃的特点，讲究原汤的浓度及调味技巧。著名的俄罗斯汤包括酸菜汤、罗宋汤（Borsch）、酸黄瓜汤、冷酸奶蔬菜汤（Okroshka）和什锦汤（Solyanka）。通常，最后一道菜肴是蛋糕、水果或巧克力甜点。

2. 俄罗斯著名的菜系

俄罗斯菜系常使用畜肉、海鲜、鸡蛋、奶酪、酸奶酪、蔬菜和水果等为原料，有多种口味。例如，酸味、甜味、咸味和微辣味等。菜肴注重以酸奶油调味，冷菜的特点是新鲜和生食。例如，生腌鱼、新鲜蔬菜和酸黄瓜等。

（1）白俄罗斯菜系

白俄罗斯菜系（Byelorussian cuisine），广泛使用马铃薯、畜肉、鸡蛋和蘑菇为原料，以马铃薯和蘑菇菜肴为特色。该地区的特色小吃和开胃菜有煎土豆饼（Draniks）（见图 4-16）、土豆粥和土豆沙拉。此外，白俄罗斯人喜爱各式面包、鸡蛋菜肴和各种粥。

图 4-16 煎土豆饼

（2）高加索菜系

高加索菜系（Caucasian cuisine）源于车臣地区

（Chechnya），由于长期受南部的乔治亚（Georgia）、亚美尼亚和阿塞拜疆等国家和地区的烹饪特色影响，经过不断地发展和创新，逐渐形成高加索菜系。该菜系的特点是色调美观，使用较多的调味品、植物香料和干葡萄酒。肉类菜肴常以青菜作配菜并使用石榴、梅脯和干果为装饰品。高加索菜系以野外烧烤菜肴、酸奶油、面点而驰名。

（3）乌克兰菜系

乌克兰菜系（Ukrainian cuisine）有鲜明的特色，许多菜肴以猪肉和红菜为主要原料，以制作酸甜味菜肴而驰名。著名的乌克兰风味菜肴有乌克兰沙拉（Ukraine Salad）、烩奶酪酸奶油面条（Noodles Mixed with Cottage Cheese and Sour Cream）、烩土豆鲜蘑（Potato and Mushroom）、白菜卷瓤什锦米饭（Golubtsi）、馅瓤葡萄叶（Vine Leaves Stuffed with Rice and Meat）、奶酪水果馅饺子（Vareniki）、咸肉酸奶圆子（Galushki）、基辅黄油鸡卷（Chicken Kiev）等。

（4）乌兹别克菜系

乌兹别克菜系（Uzbek cuisine）有悠久的历史，菜肴种类多，也称为中东风味菜肴。该菜系是以乌兹别克民族餐饮为代表的菜肴。乌兹别克民族有着古老的历史和传统的餐饮文化。该菜系的各种菜肴随当地季节变化而变化。夏季充分运用当地的新鲜水果、蔬菜制作菜肴。冬季利用蔬菜干和果脯为菜肴配料。人们喜爱食用羊肉、牛肉和马肉为原料制作菜肴。乌兹别克菜肴味道丰富，常用的调味品有孜然、辣椒、伏牛花（barberry）、胡荽（coriander）和芝麻。著名的传统菜肴——什锦米饭（Uzbek PLov）享誉整个东欧地区。该菜肴不仅是乌兹别克人民喜爱的日常菜肴，更是重要的节日和宴会必不可少的菜肴。什锦米饭以大米为主要原料，配以各种香料和调味品、葡萄干、青豆和温柏果（quince）以增加味道和美感。此外，马肉香肠也很驰名。面包是传统的乌兹别克人的神圣食品，他们以传统的工艺制作面包，将面团贴在烤炉内的炉壁上，用自然的明火将面包表面烤成金黄色。人们携带面包时，将面包放入草篮中，将草篮放在头顶上，以示对面包的尊敬。其中圆饼式面包——囊中放有羊油帮助面团发酵以增加其新鲜度和储存时间。乌兹别克的汤菜别有风味，味道浓郁，常以胡萝卜、白萝卜、洋葱和其他青菜为主要原料，放入适当的调味品和植物香料。著名的风味汤肴有牛肉蔬菜粥（Mastava）、羊肉汤（Shurpa）、烤羊肉串（Shashlyk）和煎羊肉饺（Samsa）等。

（5）西伯利亚菜系

西伯利亚菜系（Siberian cuisine）有悠久的历史。由于西伯利亚地区气候寒冷，因此菜肴油大，味道浓郁，菜肴中常显现较多的黄油。著名的水饺（Pelmeni）享誉东欧各国。该菜肴上桌前撒上少量醋和新磨碎的胡椒。人们在夏季以奶制品和蔬菜为原料制作菜肴，而冬季青睐畜肉与酸菜制成的菜肴。西伯利亚菜肴种类很多，制作精细。著名的菜肴有冷蔬菜汤（Okroshka）和牛奶烩鲜蘑等。

3. 俄罗斯面包

面包是俄罗斯人餐饮的重要组成部分。俄罗斯人食用多种面包，面包的原料为小麦、黑麦、稷子和燕麦等。人们为了获得更多营养，更喜爱食用黑面包。俄罗斯人喜爱使用发酵的方法制成酸面包。俄罗斯人制作面包的方法比较传统，以手工操作，工艺复杂，制作周期长，需要在前一天晚上发酵，转天制作。俄罗斯面包的外形美观，气味芳香，常以胡荽和香草作为面包的装饰品。

4.3.6 其他各国餐饮概况

1. 希腊餐饮概况

希腊共和国位于欧洲东南部的巴尔干半岛南部，人口1 100多万。希腊是欧洲文明的发源地。公元前1050年至公元前31年，古希腊为人类创造了举世瞩目的艺术、建筑、绘画、雕刻和装饰等作品。古希腊的文明不仅影响本土，而且对爱琴海周围的岛屿、土耳其西部地区、意大利南部地区和西西里岛都有着巨大的影响。公元300年，古希腊的文化和艺术影响到埃及和叙利亚并在哲理、文学、诗歌、戏剧、石头庙宇、纪念碑、人的雕像和花瓶等方面对欧洲产生较大影响。虽然希腊的土地面积不大，是个半岛-岛屿国家，但是它的菜肴特色和烹调风格享誉世界，影响着欧洲。希腊菜系有悠久的历史，它的烹调特色受本国的食品原料和土耳其、中东、巴尔干半岛等餐饮文化影响，逐渐形成了自己的菜肴特色。

希腊盛产海鲜、植物香料、橄榄油、葡萄酒和柠檬食品原料等，为希腊菜系的特色打下了良好的基础。人们总结，希腊的特色奶酪——新鲜的菲达（fresh feta）、罗马诺（romano）和卡塞里（kasseri）配以当天生产的新鲜面包是希腊的餐饮特色，也是希腊人民的餐饮享受。在希腊的海滨城市，到处是繁忙的饭店、餐厅和游客（见图4-17）。厨师们整天忙于烧烤、煎炸和烹制各种海鲜菜肴。希腊有4 000余年的烹调史，希腊菜肴种类繁多，烹调方法灵活多样。世界上第一本西餐烹调著作，由希腊人安吉思奎特斯（Archestratos）在公元前330年撰写。希腊菜肴之所以世界著名，其一，归功于它的悠久餐饮文化。其二是优越的地理位置，丰富的食品原料，包括新鲜的海鲜、水果、蔬菜、畜肉和奶制品。其三，希腊是著名的橄榄油和植物香料出产地，厨师们科学地搭配香料和调味品，使希腊菜肴味道丰富、新鲜并有特色而受到世界各国人民的好评。

图4-17 游客在寻找风味餐厅

世界餐饮协会认为，希腊菜以焗、扒、烤和烩等烹调方法见长。人们日常食用的菜肴除了海鲜外，以羊肉、牛肉、猪肉、家禽和蔬菜为主要原料，通过焗或烤的方法制熟。同时，肉类菜肴与各种蔬菜搭配在一起，配以柠檬少司（Avgolemono）或肉桂番茄少司是希腊烹调的特色。希腊盛产调味品。主要包括大蒜、牛至、薄荷、罗勒和莳萝。希腊面点中最著名的品种是核桃酥点（baklava）。

希腊人的早餐很清淡，午餐和晚餐包括汤、奶酪、鸡蛋、青葱和面点。希腊人喜爱下午茶。下午茶包括各式蜂蜜甜点、黄油小点心、希腊浓咖啡等。晚餐（正餐）除了包括各式开胃菜、主菜和甜点外，还包括当地出产的新鲜水果。其中的主要品种有无花果、橘子、苹果和西瓜。希腊人的开胃菜常用黑鱼子、鸡肝、奶酪、热丸子和蔬菜沙拉等。希腊人喜爱与家人或朋友聚会并一起用餐。他们认为，家人或朋友之间的聚餐是一种享受、休闲和乐趣。在希腊繁忙的餐厅用餐可以体会到希腊人的餐饮社交活动。著名的希腊菜有焖虹鳟鱼、蜂蜜酥点、酸奶布丁、烤菠菜与奶酪（Baked Spinach with Three Cheeses）、茄子排（Moussaka）、茄子番茄沙拉（Aubergine Salad）、拌香菜鲜蘑（Mushrooms a la Grecque）、柠檬鸡汤（Greek

Lemon Soup)、葡萄叶瓤米饭（Dolmathakia Me Rizi)、烤肉（Souvlaki)、烩牛肉丸子(Soutzoukakia)、焗茄子牛肉（Roasted Beef with Aubergine)、焗奶酪菠菜（Spanaki Psimeno)、炖什锦蔬菜（Cretan Vegetable Stew)、怪味豆泥酱（Hummus Veg)、烤杏仁点心(Amygthalota)、烤核桃酥（Kourabiedes)、松仁曲奇（Halvas Tou Fourno）等（见图4-18)。

烤肉

蔬菜奶酪沙拉

茄子排

图4-18 希腊著名的菜肴

2. 德国餐饮概况

德国（德意志联邦共和国）位于欧洲中部，北部面临北海、丹麦和波罗的海，东部与波兰和捷克接壤，南部邻奥地利和瑞士，西部与法国、卢森堡、比利时和荷兰连接。城市人口占全国人口的85%，农村人口占15%，主要民族为德意志人、日耳曼人、土耳其人、波兰人、意大利人等，官方语言为德语。德国是有着悠久历史和文化的国家，根据历史学家塔西托（Tacitus）在公元98年的记录，德国各族人民在这块土地已经生活了几千年（见图4-19)。

图4-19 巴伐利亚夜晚

德国菜以传统的巴伐利亚菜系而享誉世界。现代德国菜除了传统的烹调特色外，融合了法国、意大利和土耳其等国家的优秀烹调技艺，根据各地的食品原料特色和饮食习惯而形成了不同的地方菜系。南部菜系以巴伐利亚（Bavaria）和斯瓦比亚地区（Swabia）菜肴特色为代表，也融合了一些瑞士和奥地利烹调的特点；而西部菜受法国东部地区的影响。德国菜不像法国菜那样加工细腻，也不像英国菜那样清淡，以经济实惠而著称。由于德国气候和地理位置的特点及受邻国烹调风格的影响，它的菜肴形成了不同的风格。这种风格表现在具有各国菜肴的特点。德国是畜肉消费国，尤其是猪肉，其次是家禽。家禽包括鸡、鸭、鹅和火鸡等。德国是香肠消费大国，目前整个国家的香肠种类约1 500种。德国盛产蔬菜、粮食、水果及鲑鱼、梭子鱼、鲤鱼、鲈鱼、鲱鱼和三文鱼等水产品。除此之外，德国是世界著名的啤酒和葡萄酒生产国。

德国人每日习惯三餐。早餐和晚餐比较清淡，午餐丰富。早餐食用面包、黄油、咖啡、煮鸡蛋、蜂蜜和麦片粥等。午餐包括肉类菜肴、马铃薯、汤、三明治和沙锅菜（Casserole)。德国人有喝午茶的习惯，午茶的菜肴经常包括香肠和啤酒，正餐时间大约在晚上7点，正餐菜肴包括奶酪、冷肉类的开胃菜、面包、汤和甜点等。德国人的夜餐常包括香肠、奶酪、三明治、甜点和咖啡。德国人喜爱酸甜味的菜肴。水果常用于肉类菜肴的配菜。德国菜肴常用的食品原料有各种畜肉、海鲜、家禽、鸡蛋、奶制品、水果和蔬菜等。一些菜肴以啤酒为调味品使菜肴别有风味。著名的菜肴有蔬菜沙拉（Rohkostsalatteller）、鲜蘑汤（Schwammerlsuppe）（见图 4-20）、柏林式炸猪排（Fried Pork Berlin Style）、烩鱼排（Fischragout）、红酒焗火腿（Schinken in Burgunder Wein）、慕尼黑白香肠（Weisswürste）（见图 4-21）、香肠卷心菜（Kohl and Pinkel）、纽伦堡姜味面包（Gingerbread）、格林少司（Green Sauce）、洋葱咸肉排（Zwiebelkuchen）、德国酸菜（Sauerkraut）、烩黑椒牛肉（Pfefferpotthast）等。

图 4-20 鲜蘑汤

图 4-21 慕尼黑白香肠

3. 西班牙餐饮概况

西班牙位于欧洲的西南部，面积在欧洲排名第四，地貌复杂，多山，三面环海，水产品丰富。根据记载，最早西班牙由腓尼基人、希腊人和迦太基人（Carthaginian）在沿海岸线各地定居，然后罗马人和莫尔人加入，定居的人范围广泛。

西班牙的传统菜和烹调方法受犹太人、莫尔人及地中海各国饮食文化的影响。其中，莫尔人对西班牙的烹调特色和菜肴特点起着关键的作用。历史上，从美洲大陆进口的马铃薯、番茄、香草、巧克力、菜豆、南瓜、辣椒和植物香料对西班牙的菜肴特色和质量也起着很大的推动作用。西班牙生产的优质大蒜在其菜肴制作中占有重要的作用。著名的大蒜菜肴有炒蒜味鲜虾（Gambas al Ajillo）、蒜炒鲜蘑（Champignon al Ajillo）、蔬菜大蒜汤（Sopa Juliana）。西班牙菜肴的少司中常常放有雪利酒（Sherry）以增加菜肴的味道。

西班牙人早餐食用烤面包片、热咖啡或巧克力牛奶。午餐时间约在下午两点多，正餐（晚餐）常在晚上 10 点或更晚些的时间进行。他们的正餐菜肴常包括焖烩的肉类或海鲜、面包和甜点等。著名的西班牙传统菜肴有西班牙炒饭（Paella）、西班牙冷蔬菜汤（Gazpacho Soup）和扒羊排（Lechazo Asado）等。

由于西班牙地理位置和气候原因，各地出产的食品原料不同，使西班牙菜形成多种风味。西北部的加利西亚地区（Galicia）继承凯尔特人（Celtic）的传统餐饮习惯，当地以烹制小牛肉、肉排、鱼排和鲜贝菜肴见长。北部沿海地区的阿斯图里亚斯地区（Asturias）以烹制菜豆、奶酪、炖菜豆猪肉（Fabada）为特色。巴斯克人（Basque）居住区以烹制鱼汤、鳗鱼、鱿鱼和干鳕鱼见长。卡特卢纳地区（Cataluna）以当地盛产的海产品、新鲜的畜肉、家禽为主要原料结合蔬菜和水果创新了现代西班牙菜肴。巴伦西亚（Valencia）是著名的大米生产地，当地的炒饭是西班牙的特色菜肴，在国际上有很高的知名度（见图4-22）。安达卢西亚（Andalucia）位于西班牙南部，气候炎热、干旱。当地生产葡萄和橄榄，著名的西班牙冷蔬菜汤发源于该地区。

图4-22　西班牙炒饭

4.4　西餐食品原料

4.4.1　奶制品

奶制品是西餐不可缺少的食品原料，奶制品包括很多品种。例如，各种牛奶、奶粉、冰淇淋、奶油、黄油和各式各样的奶酪等。奶制品在西餐用途广泛，既可以直接食用，也可以作为菜肴原料。

① 全脂牛奶（whole milk）。未经撇取奶油的牛奶，含有约3.25%的乳脂。全脂牛奶静态时分为两部分：上部是漂浮的奶油，下部是非奶油物质。为了使牛奶的奶油和其他物质成为一体，牛奶必须经过同质处理。所谓同质处理就是将牛奶倒入高速搅拌机进行加工，把奶油和其他物质搅拌为一体。同质后的牛奶冷藏数天后，仍保持统一的整体。

② 低脂牛奶（low-fat milk）。经过提取部分奶油后的牛奶，通常含乳脂0.5%～2%。

③ 撇取牛奶（skim milk）。提取全部乳脂后的牛奶，几乎不含乳脂。

④ 冷冻牛奶（ice milk）。将带有糖和调味品的牛奶，冷冻制成的牛奶，包括2%的乳脂。

⑤ 冷冻果汁牛奶（sherbet）。由牛奶和果汁混合而成，包括1%～2%的乳脂。

⑥ 炼乳（evaporated milk 或 condensed milk）。指脱去部分水分的全脂牛奶。通常脱去50%的水分，配以白糖制成。

⑦ 奶粉（dry milk）。是经脱水的全脂牛奶或低脂牛奶，成品为淡黄色粉末，用水调后与牛奶相似。

⑧ 酸奶（buttermilk 或 sour milk）。是将乳酶放入低脂牛奶中，经发酵制成带有酸味的液

体牛奶。

⑨ 酸奶酪（yogurt）。是将乳酶与全脂牛奶发酵，制成带有酸味的半流体产品。

⑩ 奶油（cream）。是乳黄色的半流体，常用的奶油有四种：普通奶油、配制奶油、浓奶油和酸奶油。奶油和酸奶油广泛用于西餐的各种汤、菜肴和点心。

⑪ 冰淇淋（ice cream）。是奶油、牛奶、鸡蛋、糖类和调味品制成的甜品。它至少包含10%的乳脂。

⑫ 冷冻奶油（ice cream）。是将奶油、糖类和调味品冷冻制成的甜品。它包括10%的乳脂。

⑬ 黄油（butter）。被人们称为白脱油，是从奶油中分离出来的油脂，在常温下为浅黄色固体。黄油脂肪含量高，平均2 000克奶油可制成500克黄油。黄油含有丰富的维生素A、D及无机盐，气味芳香并容易被人体吸收，用途广泛，可直接入口或作为调料。

⑭ 奶酪（cheese）。是由牛奶或羊奶制成的奶制品。牛奶在凝乳酶的作用下浓缩、凝固，再经过自然熟化或人工加工制成。奶酪有各种颜色，营养丰富，通常为白色和黄色，呈固体状态。奶酪具有各种奇异香味、营养丰富，既可直接食用，也可制作菜肴。奶酪在西餐用途很广。许多带有奶酪的菜肴、汤、调味汁和甜点很受欧美人的青睐。奶酪是沙拉和沙拉酱的理想原料。用奶酪制作的开胃菜别具一格，西方人喜爱带有奶酪的三明治和汉堡包。奶酪的使用很有讲究。奶酪应当保鲜并冷藏储存。硬度较大的奶酪比硬度小的品种容易储存。质地柔软的奶酪容易变质，储存期短。经熟化的奶酪可在冷藏箱中储存数个星期。奶酪在常温下味道最佳。为了避免奶酪的黏性增加，烹调时，使用适当的火候，尽量缩短时间。常用的奶酪烹调温度为60 ℃。在制作调味汁时，奶酪是最后放入的原料。烹调奶酪前应先将其切碎，可使其均匀地融化。应根据各种菜肴特点选用不同品种。三明治选用味厚的天然奶酪；沙拉的装饰品应选用味道温和的奶酪。奶酪有许多种类，分类方法也很多，最简单的方法可将奶酪分为两大类：天然奶酪和合成奶酪。

图4-23 天然奶酪

天然奶酪是经过成型、压制和一定时间的自然熟化制成的奶酪（见图4-23）。由于使用不同的发酵微生物和熟化方法，因此奶酪有不同的风味和特色。著名的瑞士奶酪（Swiss）、奇德奶酪（Chedder）、荷兰戈达奶酪（Gouda）和伊顿奶酪（Edam）等都属于天然奶酪，它们都需要数个月的熟化才能制成。合成奶酪是新鲜奶酪和熟化天然奶酪的混合体，经巴氏灭菌制成。合成奶酪气味芳香、味道柔和、质地松软、表面光滑。其价格比天然奶酪便宜。合成奶酪有片装和块装。常用的奶酪品牌有美式奶酪（American）、考特丽（Cottage）、瑞可塔（Ricotta）、莫扎瑞拉（Mozzarella）、波利（Brie）、丹姆波特（Camembert）、伯瑞克（Brick）、明斯特（Muenster）、希达（Chedder）、考尔比（Colby）、爱达姆（Edam）、高德（Gouda）、博罗沃隆（Provolone）、思维斯（Swiss）、帕玛森（Parmesan）、布鲁（Blue）等。

4.4.2 畜肉

畜肉指牛肉、小牛肉（veal）、羊肉和猪肉。畜肉是西餐的主要原料之一。西餐使用的畜肉以牛肉量最大，其次是羊肉、小牛肉和猪肉。畜肉必须经过卫生部门检疫才能食用，经过检疫合格的畜肉须印有检验合格章。畜肉烹调与其部位的肉质嫩度紧密联系。畜肉通常分为四个较大的部位，每一个部位根据嫩度和形状又可以分为不同的肉块和用途。畜肉各部位包括颈部肉（chuck）、后背肉（loin 和 rib）、后腿肉（round）、肚皮肉（belly）、小腿肉（shank）。畜肉级别是根据畜肉的质地、颜色、饲养年龄及瘦肉中脂肪的分布等划分的等级。在美国将牛肉、小牛肉和羊肉分为四个级别：特级（prime）、一级（choice）、二级（good）、三级（standard 或 utility），美国饭店业和餐饮业对猪肉不分等级。只强调猪肉的卫生和检验。我国商业和饭店业目前对猪肉尚无等级的划分，主要强调猪肉的部位质量。

不同部位的牛排见图 4-24。

T-骨牛排
(T-bone steak)

带骨通脊牛排
(bone-in top loin steak)

里脊牛排
(tenderloin steak)

图 4-24 不同部位的牛排

4.4.3 家禽

家禽是西餐不可缺少的原料。常用的家禽有鸡、火鸡、鸭、鹅、珍珠鸡、鸽等。禽肉的营养素与畜肉很相近。禽肉中含有较多的水分，易于烹调。禽肉的老嫩与它的饲养时间和部位相关。通常，饲养时间长的禽类及经常活动的部位肉质较老。欧美人习惯地将禽肉分为白色肉和红色肉。鸡和火鸡的胸脯及翅膀肉为白色肉，因为这些部位的肉中含脂肪和结缔组织较少，烹调时间短。禽的腿部，包括小腿和大腿为红色肉，因为这一部位的肉质含脂肪和结缔组织较多，烹调时间较长。鸭和鹅所有部位的肉均为红色肉。禽肉像畜肉一样，也要经过卫生检疫，不合格的禽肉不可食用。合格禽肉的包装上常印有卫生合格章。

家禽每一种类根据饲养年龄和特点又有不同名称。例如表 4-1～表 4-3 中的名称和它们的用途及适应的烹调方法有着一定的联系。禽肉的主要组成部分是水、蛋白质、脂肪和糖等成分，水占禽肉成分的 75%，蛋白质约占禽肉成分的 20%，脂肪约占禽肉成分的 5%，而糖占禽肉的很少部分。

表 4-1 鸡（chicken）的种类与特点

种　类	特　点
雏鸡（cornish）	特殊喂养的小鸡，肉质细嫩。饲养时间 5～6 周，重量为 0.9 千克以下
童子鸡（broiler）	小公鸡或小母鸡，皮肤光滑，肉质鲜嫩，骨头柔软，饲养时间 9～12 周，重量为 0.7～1.6 千克
小鸡（capon）	小公鸡，皮肤光滑，肉质鲜嫩，骨头较硬，饲养时间 3～5 个月，重量为 1.6～2.3 千克
母鸡（hen）	成年母鸡，肉质老，皮肤粗糙，胸骨较硬，饲养时间 10 个月以上重量为 1.6～2.7 千克

续表

种　类	特　点
公鸡（cock）	成年公鸡，皮肤粗，肉质较老，肉深色，饲养时间为10个月以上，重量为1.8～2.7千克

表4-2　火鸡（turkey）的种类与特点

种　类	特　点
雏火鸡（fryer-roaster）	肉细嫩，皮肤光滑，骨软，饲养时间仅有16周，重量常在1.8～4千克
小火鸡（young hen 或 young tom）	饲养时间短，5～7个月，肉嫩，骨头略硬，重量为3.6～10千克
嫩火鸡（yearling）	饲养时间15个月内，肉质较嫩，重量为4.5～14千克
成年火鸡（mature turkey）	肉质老，皮肤粗糙，饲养时间15个月以上，重量为4.5～14千克

表4-3　鸭（duck）的种类与特色

种　类	特　点
雏鸭（broiler）	小嫩鸭，嘴部和气管柔软，饲养时间8周，重量为0.9～1.8千克
童子鸭（roaster）	小嫩鸭，嘴部和气管刚开始发硬，饲养时间16周，重量为1.8～2.7千克
成年鸭（mature）	成年鸭，肉质老，嘴和气管质地硬，饲养时间6个月以上，重量为1.8～4.5千克

家禽肉常分为三个等级：A级、B级和C级。这些级别的划分是根据家禽躯体的形状，其肌肉和脂肪的含量及皮肤和骨头是否有缺陷等。A级禽肉体形健壮，外观完整。B级禽肉体型不如A级健壮，外观可能有破损。C级禽肉外观不整齐。

4.4.4　鸡蛋

鸡蛋是西餐常用的原料，它可以作为菜肴主料，又可以作为菜肴和少司配料。鸡蛋由3部分构成：蛋黄、蛋清和外壳。蛋黄为黄色，浓稠液体，占全蛋的31%，含有丰富的脂肪和蛋白质。蛋清也称其为蛋白，其成分主要是蛋白质，重量占全蛋的58%。蛋壳包裹着蛋黄和蛋清，占全蛋的11%。蛋壳含有许多小孔，人们不易观察到，蛋内的湿度会透过小孔蒸发。在美国，根据蛋白在蛋壳内部体积的比例和蛋黄的坚固度，将鸡蛋分为特级（AA）、一级（A）、二级（B）和三级（C）。特级鸡蛋的蛋白在鸡蛋内的体积最大，其蛋黄也最坚硬，因此它适用于水波（Poach）、煎和煮等任何的烹调方法制作的菜肴。一级和二级鸡蛋适用于煮、煎等方法制作的菜肴。二级以下鸡蛋不适用煮和煎制作的菜肴，也可另做它用。在欧美国家，鸡蛋的价格常根据它们体积的大小而定。市场上的鸡蛋分为巨大、特大、大、中、小等规格。体积愈大的鸡蛋，其价格愈高。鸡蛋种类包括以下两种。

1. 标准鸡蛋（standard eggs）

室内人工饲养的鸡生的蛋。由于鸡的品种原因，鸡蛋皮有白色和棕色，但是营养相等。

2. 自然鸡蛋（free-range eggs）

大自然放养的鸡生的蛋，饲养成本高，价格高。

4.4.5 水产品

水产品通常指带有鳍或带有软壳及硬壳的海水和淡水动物，包括各种鱼、蟹、虾和贝类。水产品是西餐主要食品原料之一，以水产品为原料可以制作许多菜肴。根据美国餐饮业统计，西餐业全年销售的以水产品为原料制作的菜肴占全国销售各种菜肴总量50%以上。近几年，欧美人对水产品需求量呈上升趋势。西餐使用的水产品和中餐相似，包括各种海水和淡水的鱼、虾、蟹、贝等，只是品种不同。

常用的淡水鱼为鳟鱼（lake trout）、鲈鱼（perch）、白鱼（whitefish）、美洲鳗（american eel）、鲤鱼（carp）。常用的海水鱼（saltwater fishes）有海鲈鱼（sea bass）、比目鱼（sole）、鲭鱼（bluefish）、石斑鱼（snapper）、金枪鱼（tuna）、三文鱼(salmon)、米鱼（pollack 或 pollock）、鳀鱼（anchovy）、沙丁鱼（sardine）、鳐鱼（skate）、鲐鱼（mackerel）、红真鲷（porgy）、海鳗（sea eel）、鲱鱼（herring）和鳕鱼（cod）。

贝壳水产品包括两大类：甲壳水产品（crustaceans）和软体水产品（mollusks）。甲壳水产品指带触角的及相连体外壳的水产品。包括海蟹（crabs）、龙虾（lobsters）、虾（shrimp）。软体水产品指只有后背骨和带有成对硬壳的海产品。例如，蜗牛（snail）、鱿鱼（squid）、蚝（oysters）、蛤（clams）、淡菜（mussels）和鲜贝（scallops）。

4.4.6 植物原料

1. 蔬菜

蔬菜是西餐主要的食品原料之一。也是欧美人非常喜爱的食品。蔬菜含有各种人体必需的营养素，是人们不可缺少的食品。蔬菜有多种用途，可生食，也可熟食，具有很高的食用价值。蔬菜有多个种类，如叶菜类、花菜类、果菜类、茎菜类、根菜类等。不同种类的蔬菜又可分为许多品种。蔬菜的市场形态可分为鲜菜、冷冻菜、罐头菜和脱水菜。鲜菜一年四季均有，但是在淡季，价格较高，而在旺季，价格较低。当地生产的蔬菜比外地生产的蔬菜价格便宜。冷冻蔬菜是在收获季节，经加工，速冻而成，一年四季均有供应，其价格稳定。速冻蔬菜的营养素损失少，颜色和质地与新鲜蔬菜相近。罐头蔬菜是在收获季节经热处理成的蔬菜，罐头蔬菜不像速冻蔬菜和新鲜蔬菜那样颜色鲜艳，其水溶性维生素有一定的损失。但是其各方面的质量尚符合饭店业和西餐业的要求，使用也很方便；脱水蔬菜的特点是储存时间长。

2. 马铃薯和淀粉类原料

马铃薯和淀粉类原料常作为西餐主菜的配菜或单独作为主菜的原料。西餐最常用的淀粉原料是马铃薯、大米和意大利面条。

当今，马铃薯在西餐中愈加重要。马铃薯含有丰富的淀粉质和营养素，包括蛋白质、矿物质、维生素B和维生素C等。它适于多种烹调方法，例如烤、炸、制成马铃薯丸子、马铃薯面条和马铃薯饺子等。在西餐中马铃薯作用不亚于畜肉、家禽和海鲜。许多国家和地区有经营马铃薯菜肴的餐厅。根据厨师经验，马铃薯菜肴质量与它的储藏和保管有紧密联系。马铃薯储藏温度应在7～16℃，否则其含糖量和营养成分会下降。大米是西餐常用的原料，它的种类和分类方法有很多。大米常作为肉类、海鲜和禽类菜肴的配菜，也可以制汤，还可用来制作甜点。在西餐业，常用的大米有长粒米、短粒米、营养米、半成品米和即食米。

面粉是制作面点和面包的主要原料。含蛋白质成分不同的面粉，其用途也不同。含量高的品种可做面包，中低筋面粉适宜做各种面点，全麦粉适用于面包及一些特色的点心。此外大麦、玉米和燕麦也常用于西餐。

意大利面条可作为主菜的原料，也常作为主菜的配料。它有数十个品种，主要的原料是面粉和水，加入约 5% 的鸡蛋。优质意大利面条选用硬粒小麦为原料。意大利面条的特点是烹调时间长，吸收水分多，产量高。

水果在西餐用途甚广。习惯上水果用于甜菜。如布丁、水果馅饼和果冻等，在咸味菜肴中也占有重要位置。如在传统法国菜，比目鱼中配绿色葡萄。多年来，水果在西餐中常作配菜或调味品。如解除畜肉和鱼的腥味，减少猪肉和鸭肉的油腻或增加小牛肉和鱼肉的味道等。水果常与奶酪搭配作为甜菜。

4.4.7 调味品

调味品是增加菜肴味道的原料，因此在西餐中担当着重要角色。西餐调味品种类相当多。西餐生产中，特别是传统的西餐生产，香料和调味酒被认为是两大调味要素。但是许多西餐专家认为，调味品不应代替或减少食品原料本身特有的味道。当某些食品原料本身平淡无味或有特殊的腥味或异味时，在原料上加些调味品，菜肴味道会得到改善，甚至变得丰富。因此西餐生产离不开调味品。

香料是由植物的根、花、叶子、花苞和树皮，经干制、加工而成。香料香味浓，广泛用于西餐菜肴的调味（见图 4-25）。香料有很多种类，不同的香料的特色、味道和在烹调中的作用也不同。表 4-4 是各种香料的名称、特点和用途。

香叶(bay leaves)

马乔莲(marjoram)

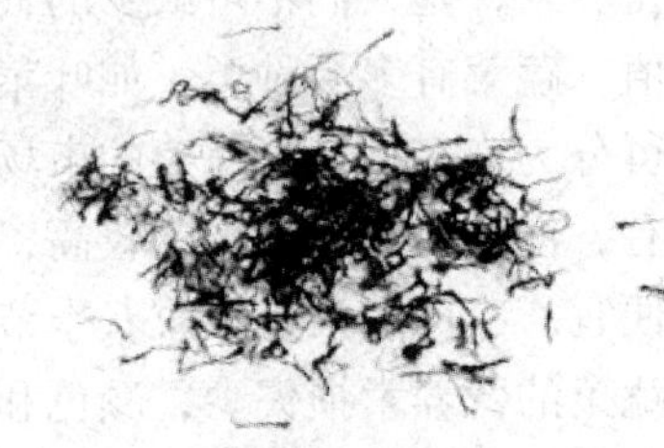
藏红花(saffron)

图 4-25 西餐香料

表 4-4 各件香料的名称、特点与用途

名　称	特点与用途
香叶（bay leave）	月桂树的树叶，深颜色，带有辣味，用于制汤和畜肉、家禽、海鲜、蔬菜等菜肴的调味
大茴香（anise）	带有浓烈甘草味道的种子，常用于鸡肉和牛排菜肴的调味。也用于面包、西点和糖果的调味
罗勒（basil）	植物的树叶和果肉，带有薄荷香味、辣味和甜味。用于番茄少司、畜肉和鱼类菜肴的调味
马乔莲（marjoram）	灰绿色树叶，带有香味和薄荷味，用于意大利风味菜肴，也用于畜肉、家禽、海鲜、奶酪、鸡蛋和蔬菜类菜肴的调味

续表

名　称	特点与用途
麝香草（thyme）	又名百里香，带有丁香味的深绿色碎叶。用于沙拉调味酱、汤和家禽、海鲜、鸡蛋、奶酪为原料的菜肴调味
莳萝（dill weed）	带有浓烈气味的植物种子。用于奶酪、鱼类和海鲜等菜肴的调味。也可作为沙拉的装饰品
茴香（fennel）	带有大茴香和甘草味，绿褐色颗粒，作为面包、意大利馅饼、鱼类菜肴等的装饰品
迷迭香（rosemary）	浅绿色树叶，形状像松树针，带有辣味，略有松子和生姜的味道，常作为面包和沙拉的装饰品，也用于畜肉、家禽和鱼类菜肴的调味
香草（savory）	辣味，略带有麝香味的碎植物叶。用于肉类、鸡蛋、大米和蔬菜为原料的菜肴调味
藏红花（saffron）	藏红花的花蕊纤维和碎片，常用于鱼类和家禽类菜肴的调味，也用于菜肴着色（浅黄色）。它常带有苦味
牛至（oregano）	植物叶或碎片，与牛主属植物的气味相似，但比牛主属的气味浓烈。意大利菜肴中常用
芷茴香（caraway）	植物种子，这种植物的花呈伞形。其味道微甜，带有浓香气味。用于面点、饼干和开胃菜调味汁中
香菜籽（coriander）	植物种子，带有芳香和柠檬气味，味道微甜。将种子碾成粉状，与其他原料一起制成咖喱粉，是面包、西点、腌菜的理想香料
小豆蔻（cardamom）	带有甜味和特殊芳香味的褐色颗粒，是面点和水果的调味品
洋苏叶（sage）	带有苦味和柑橘味的灰绿色叶子或粉末。用于畜肉、家禽、奶酪菜肴的调味
多香果（allspice）	树的种子，也称作牙买加甜辣椒。其形状比胡椒大，表面光滑，略带辣味。由于它带有肉桂、丁香和豆蔻三种味道，因此，人们称它为多香果。它常用作畜肉、家禽、腌制的酸菜和面点的调味品
罂粟籽（poppy seed）	蓝灰色种子，带有甜味，气味芳香。用于沙拉调味酱中的调味及装饰，也用于面点、面条和奶酪的装饰
梅斯（mace）	豆蔻外部的网状外壳。使用时，可将其磨碎。其味道比豆蔻浓郁，其形状比豆蔻粗糙。它的用途广泛，常作为汤类、沙拉调味汁、畜肉、家禽等菜肴的调味品，也用于面点、面包和巧克力中的调味

酒是常用的调味品。酒本身具有独特的气味和味道，当它们与菜肴的汤汁和某些香料混合后，形成了气味和味道。调味酒主要用于生产少司、汤，还常制成腌制畜肉和家禽原料。常用的调味酒包括干白葡萄酒（Dry White Wine）、雪利酒（Sherry）、白兰地酒（Brandy）、麦德拉红葡萄酒（Madeira）、波特酒（Port）、朗姆酒（Rum）和利口酒（Liqueur）。

本章小结

西餐是我国人民对欧美各国菜肴的总称。它常指欧洲、北美和大洋洲各国菜肴。根据考古发现西餐起源于古埃及。古希腊餐饮和烹调技术是希腊文化和历史的重要组成部分，对世界西餐奠定了坚实的基础。现代西餐是根据法国、意大利、英国和俄罗斯等菜肴传统工艺，结合世界各地食品原料及饮食文化，制成富有营养，口味清淡的新派西餐菜肴。西餐原料中的奶制品很多，失去奶制品将使西餐失去特色。西餐中的畜肉原料以牛肉为主，常使用大块食品原料，如牛排、鱼排和鸡排等。人们用餐时必须使用刀叉，以便将大块菜肴切成小块后食用。由于许多蔬菜和部分海鲜生吃，如生食的蚝和三文鱼、沙拉、生鸡蛋黄制作的沙拉酱等。因此西餐原料必须新鲜。

练习题

一、单项选择题

1. 西餐常是一个笼统的概念，是（　　）。

（1）我国人民对欧美各国菜肴的总称

（2）指欧洲菜肴

（3）指美国菜肴

（4）指法国菜肴

2. 现代西餐采用（　　）。

（1）分食制

（2）分桌式

（3）零点时

（4）宴会式

3. 西餐的银器是指（　　）。

（1）包银的餐具

（2）用餐的刀叉

（3）用餐和服务中的所有金属器皿

（4）用餐使用的金属器皿

二、判断题

1. 根据考古，西餐起源于古希腊。(　　)

2. 8 世纪，意大利人在烹调时，普遍使用调味品。(　　)

3. 18 世纪，英国开始讲究正餐或宴会的礼仪。在上层社会，每个参加宴会的人，从服装、装饰、用餐至离席都规定了礼仪标准。(　　)

三、名词解释

乔治·奥古斯特·埃斯考菲尔　奶酪　法国皇宫菜　菜肴道数　香料

四、思考题

1. 简述新派法国菜。

2. 简述现代西餐形成的历史。

3. 简述法国现代烹饪大师。

4. 简述西餐生产特点。

5. 简述西餐服务特点。

阅读材料

西餐用餐礼节

1. 仪容与仪态

仪容指人的外部形象，包括容貌和衣着，甚至包括姿态、举止和风度等。仪表整齐是对他人的尊重。仪表的基本要求是：脸要干净、头发整齐，衣服整齐、扣好纽扣，头正，肩平，胸略挺，背直。风度是行为举止的综合表现。英国人认为秀雅的动作高于相貌美。仪表风度反映人的精神面貌。在西餐宴会中，表情非常重要。表情应亲切自然，切忌做作。感情表达等于7%言辞+38%声音+55%表情。在人的表情中，眼睛表情最重要，最丰富，称为“眼语”。服饰体现尊重和礼貌。参加宴会人员的服装应与时间、地点及仪式内容相符。服装应与地点相符，考虑国家、地区所处的地理位置、气候条件、民族风格、宴会仪式等相符。鞋袜要注意整体服装搭配，在正式场合男士应穿黑色或深咖啡色皮鞋。穿西装不能穿布鞋、旅游鞋和凉鞋，保持鞋面清洁，表示尊重。领带是西装的灵魂，系领带不能过长或过短，站立时其下端触及腰带。不要松开领带，使用的腰带以黑色或深棕色为宜，宽度不超过3厘米。

称呼在西餐宴会中很重要。男子通常称为先生，女子称为女士。对国外华人，不可称为老某、小某。握手礼是最常见的见面礼和告别礼。双方各自伸出右手，手掌均成垂直状态，五指并用。抓住对方的手来回晃动，用力过重或过轻都是不礼貌的。握手应遵循原则，男士、晚辈、下级和客人见到女士、长辈、上级和年长者，应先行问候，待后者伸出手来，再向前握手。顺序应是：先女士后男士，先长辈后晚辈，先上级后下级。男士握手不要戴帽子和手套，与女士握手时间短一些，轻一些。握手时注意顺序，眼睛要看着对方。遇到身份较高的人，有礼貌地点头和微笑，或鼓掌表示欢迎，不要自己主动要求握手。

2. 餐前礼节

在欧洲国家，判断人们礼貌行为的一个重要部分是餐桌礼仪。特别是在用餐或出席正式宴会时的礼节。通常在高级西餐厅或风味餐厅用餐应当提前订位，高级餐厅或风味餐厅都有预订专用电话或网络预定系统，预定时先说清楚姓名，用餐时间与人数，餐桌位置并应遵守时间。进入风味餐厅或高级餐厅，应由餐厅迎宾员引领顾客入座。通常餐厅里有领座员或迎宾员在门口恭候顾客光临，然后询问是否预订，顾客人数，以便带领入座。已预订的顾客只要报上姓名，领座员便直接领到预订座位区。通常女士先入座，男士后入座。女士尚未坐妥，男士不要自己先坐下，否则有失风度。女士尚未入座时，男士最好站在椅子后面等待。为了不让男士久等，已定好座位的女士应及时入座。入座后，顾客应保持餐桌与自己胸前两拳宽的距离，目的是使用餐人能舒服地进餐。进入餐厅前，所有顾客应将大衣和帽子等物品寄放在衣帽间。女士皮包可随身携带，可放在自己的背部与椅背之间。当全桌用餐人全部坐定后才可使用餐巾，等大家都坐妥后才开始将餐巾优雅地摊于膝上，这是最普通的礼貌。

3. 点菜礼节

通常顾客进入餐厅入座后不久，餐厅服务员就会奉上菜单，如果用餐人对该餐厅风味不熟悉，最好将菜单看得仔细一些，有疑问时可随时请教服务员。虽然费了点时间，但是为了更完善地用餐，不妨慎重些。用餐人对服务员必须有礼貌。点菜时，被邀请人不应选择极端高价的菜肴。尽管主人竭力招待，并请自己挑选自己爱吃的菜肴，如果专点昂贵的菜肴，则被邀请者也太不识大体了。除非是主人极力推荐某道好菜，否则最高价格的菜肴或写着“时价”菜，最好避免挑选，这样较为妥当。点菜时不可指着其他顾客餐桌上的菜肴点菜。如果可能，点菜应当依照自己喜爱的菜肴顺序。

4. 饮酒礼节

欧美人在食用正餐时，讲究菜肴与酒水搭配，讲究酒水饮用顺序。冷藏的酒应用高脚杯。为了增加食欲，餐前酒常要冷藏再饮用。喝鸡尾酒、白葡萄酒和香槟酒使用高脚杯，持酒杯应以手指夹着杯柄，不要用手把持杯子部分，这样会使酒变温热。女士宜喝清淡的酒，鸡尾酒，对于不太喝酒的人而言，偶尔喝一点清淡的酒可以促进食欲，女士拒绝餐前酒不算失礼，但礼貌上仍应浅尝一点。通常餐前喝威士忌酒（Whisky）应当调淡。威士忌酒本为餐后酒，目前一些欧美顾客习惯作为餐前酒饮用。由于威士忌酒酒精成分比葡萄酒及啤酒都高，因此注意倒入杯子的数量不可过多。通常威士忌酒用于餐前时避免直接饮用，应加入矿泉水或冰块后再饮用。饮用两种以上的相同酒时，应从较低的级别的酒喝起。喝两种以上的葡萄酒时，应从味道清淡的酒喝起。一样品牌的酒先由年代较近的酒开始，渐至陈年老酒。倒酒时要谨慎，以免沉淀物上浮。好的红葡萄酒经常有沉淀物，为了使它沉淀，通常葡萄酒瓶底都有上凸的结构，凹下的部分是刻意设计的，使沉淀物沉于其间。在欧美人的酒文化中，喝不同的酒应当使用不同的酒杯，这体现了对顾客的尊重。酒杯的式样与菜肴的色香味具有同样的效果，同样可以刺激人们的食欲，还增加了餐饮特色。因此许多餐厅为此费尽心机设计了各种酒杯。酒杯种类因使用目的而各有不同。白兰地杯的酒杯口比它的杯身小，欧美人称作它为嗅杯（snifter）。老式杯（old-fashioned）是大杯口平底的浅玻璃杯，这种杯适合饮用带有冰块的威士忌酒。在西餐厅，品酒应当由男士担任。主宾如果是女士应当请同席的男士代劳。饮葡萄酒时，应当让酒先接触空气，一旦红葡萄酒接触空气，它立刻充满活力。服务员斟酒时顾客不必端起酒杯。在欧美人看来，将酒杯凑近对方是不礼貌的。饮酒前应当先以餐巾擦唇。由于用餐时，嘴边沾有油污或肉汁，所以喝酒前轻擦嘴唇是必要的，不但喝酒如此，喝饮料也应如此。

5. 用餐礼节

欧美人很重视用餐礼节，尤其参加正式晚宴或宴会，不要戴帽子入内。就餐时应穿正式服装，不要松领带。用餐时应避免小动作，一些无意识的小动作在他人眼中都是奇怪的坏习惯。例如，边吃边摸头发，让人非常厌恶。此外用手指搓搓嘴、抓耳挠鼻等小动作都深深违反了西餐礼节。进餐中应注意自己的举止行为，就餐时不要把脸凑到桌面。不要把手或手肘放在餐桌上，尤其是在高级餐厅进餐。用刀叉时不可将胳膊肘及手腕放在餐桌上，最好是左手放在餐桌上稳住盘子，右手以工具进食。要养成将手放在膝上的习惯，同时用餐时跷腿或把脚张成大八字均违反餐饮礼貌。进餐时，伸懒腰，松裤带，摇头晃脑都是非常失礼的行为。在咖啡厅和西餐厅用餐，刀叉的使用顺序应从摆台的最外侧向内侧用起。餐具的摆放顺序从里到外是主菜的刀叉，开胃菜的刀叉，汤匙。而用餐时使用刀叉应先外后里。餐具一旦在餐桌上摆好，就不可随便移动。在餐厅用餐时人们将餐桌、餐盘、酒杯或刀叉视为一个整体。使用餐具时既要讲究礼节礼貌又要讲究方便和安全，因此当同时使用餐刀和餐叉时，左手持刀，右手持叉。当仅使用叉子或匙时，应当用右手，应尽量让右手取食。不要将刀叉竖起来拿着。与人交谈或咀嚼食物时，应将刀叉放在餐盘上。用餐完毕应将刀叉并拢，放在餐盘的右斜下方。进餐时，将刀叉整齐地排列在餐盘上，等于告诉服务员这道菜已经使用完毕，可以撤掉。刀叉掉在地上，自己不必忙着将它们捡起来。原则上由餐厅服务员负责捡起，但是作为用餐的礼节礼貌，当同桌女士自己捡起掉在地上的刀叉时，旁边的男士应当迅速将其交给服务员，代替该女士另要一副餐具。使用餐巾时应当注意餐巾的功能，餐巾既非抹布亦非手帕，主要的作用是防止衣服被菜汤弄脏，附带功用是擦嘴及擦净手上油污，用餐巾擦餐具是不礼貌的，除了被人视为不懂得用餐的礼节和礼貌外，而且主人会认为客人嫌餐具不洁，藐视主人等。拿餐巾擦脸或擦桌上的水都是不礼貌的。菜肴上桌后应立即食用。在西餐厅和咖啡厅用餐时，谁的菜肴先上桌谁先食用，因为不论菜肴是冷的还是热的，上桌时都是最适合食用的温度。当然与上级领导或长辈一起用餐时，最基本的礼貌是上级领导或长辈开始使用刀叉时，其他的人才开始。若是好友共餐并且上菜的时间很接近，应该等到菜肴出齐了一起进食。参加宴会时，有些开胃菜均可以用手拿取食用。如开那批（Canape），因为这些菜用刀叉食用非常不方便，使用牙签效果不佳，而且这些菜肴不沾手，也不弄脏手。不仅开胃菜如此，凡不沾手的食物均可用手取食。食物进入口内不可吐出。除了腐败的食物、鱼刺和骨头外，一切食物既已入口则应吃下去。当然西餐中骨头和鱼刺在烹调前已经去掉。用汤匙喝汤时，应由内向外舀，即由身边向外舀出。由外向内既不雅观也会被人取笑。汤匙就口的程度，以不离盘身正面为限，不可使汤滴在汤盘之外。进餐时无论喝汤或吃菜都不能发出声响。西餐中的汤是菜肴中的一部分。食用面包应在喝汤时开始。面包不可以用刀切。而是用手撕开后食用，被撕开面包的大小应当是一口能够容纳的量。而且掰一块食用一块，现掰现吃，不可以一次撕了许多块后再食用。当将黄油或果酱抹在面包上，应将黄油或果酱抹在撕好的面包上，抹一块食用一块。用餐时不要中途离席。为了避免尴尬的情形，凡事应当在餐前处理妥当，中途离席往往受到困扰，并且是不礼貌的。使用洗手盅时应先洗一只手，再换另一只手。洗手盅随菜肴一起上桌，洗手盅常装有二分之一的水，为了去除手上的腥味，在水中放一个花瓣或小柠檬片。尽管里面装着洗手水，但只用来洗手指，不能把整个手掌伸进去，两只手一起伸入洗手盅不但不雅，且容易被打翻。用餐时女士未吃完，男士不应结束用餐。不论何时何地，请客主人一定要注意女宾或主宾用餐情况。

6. 喝茶与喝咖啡礼节

欧美人，喝茶有一定的礼节，由于各国生活习惯不同，喝茶礼节也不同。通常在饭店、餐厅或酒吧，喝茶要趁热喝，只有喝热茶才能领略其中的醇香味，当然不包括饮凉茶。喝热茶时，不要用嘴吹，等几分钟，使它降温时再饮用。不要一次将茶喝尽，应分作三四次喝完。冲泡一杯色、香、味俱全的茶需要很多方面的配合。根据欧美人习俗，饮咖啡需要一定礼节，作为咖啡的服务单位必须要了解饮咖啡的礼节，认真钻研咖啡文化，作好咖啡的推销。饮用咖啡时应心情愉快，趁热喝完咖啡（冷饮除外），不要一次喝尽，应分作三四次。饮用前，先将咖啡放在方便的地方。饮用咖啡时可以不加糖、不加牛奶或伴侣，直接饮用，也可只添加糖或只添加牛奶。如果添加糖和牛奶时，应当先加糖，后加牛奶，这样使咖啡更香醇。糖可以缓和咖啡的苦味，牛奶可缓和咖啡的酸味。常用的比例是糖占咖啡的8%，牛奶占咖啡的6%，当然也可以根据饮用者的口味添加糖和牛奶。饮用咖啡时，先用右手用匙，将咖啡轻轻搅拌（在添加糖或牛奶的情况下），然后将咖啡匙放在咖啡杯垫的边缘上。用右手持咖啡杯柄，饮用，也可以左手持咖啡杯盘，右手持杯柄饮用。

7. 自助餐礼仪

自助餐（buffet）是流行的宴会方式，客人可以随意入座。依照个人的口味与爱好挑选菜肴和饮料，依照个人的食量自己选择菜量。自助餐的服务人员不必像正式宴会那样多，通常，只负责添加餐台上的菜肴，宾客使用过的餐具适时撤走。顾客没有固定的座位，所以可以与其他人随意交谈。在拿饮料、取菜时常有彼此交谈的机会，充分发挥社交功能。进入餐厅后，首先找到座位，物品放妥后，打开餐巾，说明此位已有人了。然后依序排队取菜，习惯上第一次取开胃菜，包括沙拉、热汤、面包等。第二次取主菜，包括肉、鱼、海鲜等。可以一次只拿一种菜肴，味道不会彼此受影响，取菜时尽量避免把菜肴掉在餐台上，汤汁洒在容器外。大虾和生蚝等要适量取用，为他人着想。使用过的餐具应留在自己的餐桌上，以便服务员取走，每取一道菜应用一个新餐具，不要拿盛过菜肴的餐盘去取下一道菜肴。

8. 酒会礼仪

鸡尾酒会简称酒会（cocktail party），又称招待会（reception），是目前世界社交中最为流行的宴请形式。其目的主要是节假日宴请。如国庆节、新年宴会、展览开幕式，信息发布会，公司成立宴请以节省时间、利于交际、节省经费的方式聚会。时间多在下午四点至七点之间，有些鸡尾酒会后紧接着是正式宴会。餐饮简单，多以小点心、饼干、蛋糕、小肉卷、奶酪、鱼子酱、三明治等小巧、易取菜肴为主。客人可以用手拿取食物。这种宴会形式方便和他人交谈。饮料方面常有鸡尾酒、果汁、啤酒、葡萄酒等，客人可以从饮料吧台自行取用，或是请服务员代取。鸡尾酒会服装多以平时服装为宜，因鸡尾酒会都在上班时间举行，男士着装以整套西装、衬衫、领带即可。女士着装以上衣加裙子等。鸡尾酒会以社交为主，因此应主动与他人交谈，增加人际关系，但时间不长，只是礼貌上的交谈即可。

第5章

开 胃 菜

本章导读

开胃菜是西餐的头道菜，在西餐中起着关键的作用。开胃菜的特点是菜肴数量少，味道清新，色泽鲜艳，常带有酸味和咸味，并具有开胃作用。三明治是由面包与熟制的动物原料、蔬菜和各种调味酱组成的西餐食品，它在人们日常生活中，扮演着重要作用。通过本章的学习，读者可了解开胃菜生产原理与工艺，掌握开那批、鸡尾菜和迪普的生产原理，掌握沙拉和沙拉酱的生产原理，了解三明治的组成、种类及其特点，掌握三明治的生产原理。

5.1 各种开胃菜

5.1.1 开胃菜概述

开胃菜（Appetizers）也称作开胃品、头盆或餐前小吃。它包括各种小份额的冷开胃菜、热开胃菜和开胃汤等。它是西餐中的第一道菜肴，或主菜前的开胃食品。开胃菜的特点是菜肴数量少，味道清新，色泽鲜艳，常带有酸味和咸味并具有开胃作用（见图5-1）。

奶酪蔬菜迪普

炸奶酪三文鱼排(热开胃菜)

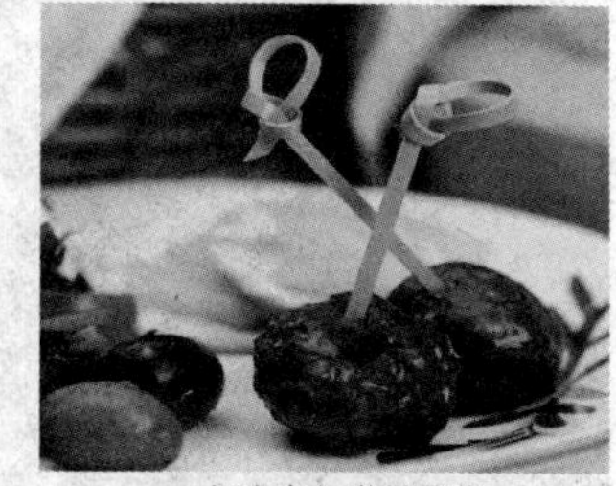
焗牛肉丸(热开胃菜)

图5-1　各种开胃菜

5.1.2 开胃菜种类

开胃菜的种类非常多。根据开胃菜的组成、形状和特点，开胃菜常被分为以下种类。

1. 开那批

开那批（Canape）是以小块脆面包片、脆饼干等为底托，上面放有少量或小块的特色冷肉、冷鱼、鸡蛋片、酸黄瓜、鹅肝酱或鱼子酱等。实际上，许多西餐专家们直接称开那批为开放形的小三明治。此外，以脆嫩的蔬菜或鸡蛋为底托的小型开胃菜也称作开那批。开那批类的开胃菜主要特点是，食用时不用刀叉或牙签，直接用手拿取入口。此外，其形状美观，富有艺术性，常被用作配菜以装饰。

2. 鸡尾菜

鸡尾菜（Cocktail）是以海鲜或水果为主要原料，配以酸味或浓味的调味酱制成的开胃菜。鸡尾类开胃菜颜色鲜艳、造型独特，有时装在餐盘上，有时盛在玻璃杯子里。同时，鸡尾菜的调味汁可放在菜肴的下面，也可浇在菜肴上；可单独放在容器里并放在餐盘的一侧，可用绿色蔬菜或柠檬制成的花作为装饰品。在自助餐中，鸡尾菜常摆放在碎冰块上，保持新鲜。鸡尾菜的制作时间应该接近开餐时间，这样可保持其色泽和安全。

3. 迪普

迪普（Dip）由英语单词 Dip 音译而成，它由调味酱、脆嫩的蔬菜两部分组成。食用时，将主体菜（蔬菜）蘸调味酱。迪普常突出主体菜的新鲜和脆嫩，配上浓度适中并有着特色风味的调味酱，装在造型独特的餐盘上，具有很强的开胃作用（见图 5-2）。

4. 鱼子酱

鱼子酱（Caviar）作为开胃菜包括黑鱼子酱、黑灰色鱼子酱和红鱼子酱等。鱼子通常是取自于鲟鱼和鲑鱼的卵，最大的鱼子像绿豆一样大。鱼子通常加工和调味后制成罐头，作为开胃菜。常用的每份数量是 30～50 克。食用时，将鱼子放入一个小型的玻璃器皿或银器中。然后，再将容器放入带有碎冰块的容器中。此外，也可放在酥脆的蔬菜或饼干上，用切碎的洋葱末、鲜柠檬汁作调味品。常用的鱼子酱种类有以下 6 种。

① 白露格（Beluga），产自俄罗斯和伊朗的白色鲟鱼，卵呈灰色或黑色，是鱼卵中最大的一种，被认为是世界上质量最好、价格最高的鱼子。

② 马鲁莎（Malosol），用少许盐腌制的鲜鱼卵。

③ 欧赛得（Oscietr，Osetra），产自俄罗斯的黑色鲑鱼，被认为是世界上最好的鱼卵之一，有黑色、棕色和金黄色（见图 5-3）。

图 5-2 热奶油牛肉迪普

图 5-3 黑色鲑鱼鱼子

④ 赛沃佳（Sevruga），产自俄罗斯的小鲟鱼，鱼卵中最小的一种，呈黑色、黑灰色或深绿色，味道鲜美。

⑤ 希普（Ship），产自杂交的鲟鱼。质地坚实，味道鲜美。

⑥ 斯特莱特（Sterlet），以鲟鱼名命名的鱼子，粒小，味道鲜美。

5. 批类开胃菜

批类开胃菜是法语 Pate 的音译，这种开胃菜由各种熟制的肉类和肝脏，经过搅拌机搅碎，放入白兰地酒或葡萄酒、香料和调味品搅拌成泥，放入模具，经过冷冻再加热成型后，切成片，配上装饰菜制成的冷菜。

6. 开胃汤

开胃汤（Appetizer Soup）以清汤为原料，加入配菜和调味品制成。

7. 其他类

① 各种开胃小吃（Hors d'ouvres）。这类开胃菜常包括生蚝、奶酪块、肉丸等。食用时，配上牙签。这类开胃菜有冷热之分，包括冷奶酪块、奶酪球、火腿、西瓜球、肉块、熏鸡蛋、热肉丸子、烧烤的肉块和热松饼等（见图5-4）。

图5-4　各种开胃小吃

② 各种小食品（Light Snacks）。包括爆米花、炸薯片、锅巴片、水萝卜花、胡萝卜卷、西芹心、酸黄瓜、橄榄。

③ 胶冻开胃菜（Jelly），由熟制的海鲜肉、鸡肉加入食品胶制成的液体和调味品，再经过冷藏制成胶冻菜（见图5-5）。

④ 火腿卷（Ham Roll），由鲜芦笋尖或经过腌制的蔬菜，或慕斯（Mousse），外面包上一片薄的冷火腿肉组成。

⑤ 奶酪球（Cheese Ball），由切成圆形的小块奶酪冷藏后，外面粘上干果末或香菜末组成。

⑥ 浓味鸡蛋（Deviled Eggs），由煮熟的鸡蛋加调味品组成，鸡蛋切成两半，将鸡蛋黄掏出搅碎，加入芥末酱、辣椒酱、调味酱，镶入鸡蛋中，上面摆上装饰品（见图5-6）。

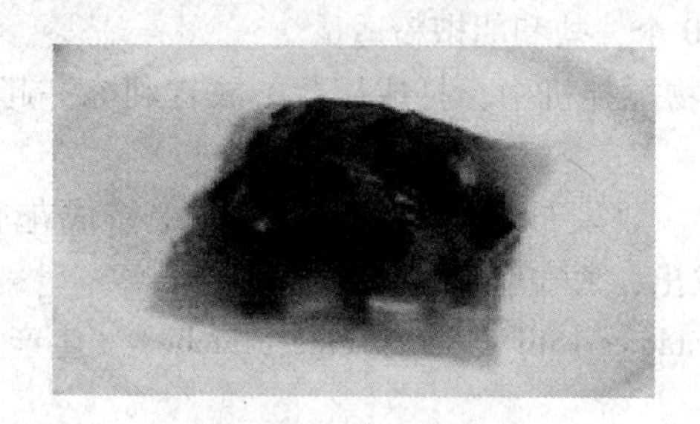

图5-5　胶冻开胃菜

图5-6　开那批与浓味鸡蛋

⑦ 蔬菜沙拉、海鲜沙拉及特色沙拉（见沙拉部分）。

5.1.3　开胃菜案例

例5-1　熏三文鱼开那批（Smoked Salmon Canape）（生产20块）

原料：白土司面包片 5 片，熏制的三文鱼片 100 克，鲜柠檬条 20 条，开那批酱（奶油、奶酪和调味品搅拌而成）200 克。

制法：① 将烤成金黄色的土司片去四边，平均切成四块。

② 在每块面包片上，均匀地抹上调味酱。

③ 将熏制的三文鱼片摆在面包片上。

④ 每两条柠檬条放在一块开那批上，作装饰品。

例 5-2 鲜蘑鱼酱开那批（Mushrooms Stuffed with Tapenade）（生产 50 片）

原料：白鲜蘑 50 片，续随子（Capers）30 克，熟鳀鱼 30 克，熟金枪鱼 30 克，芥末酱 50 克，橄榄油 75 克，柠檬汁 5 毫升，香菜末 7 克，百里香、盐、胡椒粉、多香果各少许。

制法：① 将续随子、熟鳀鱼、熟金枪鱼、芥末酱、橄榄油、柠檬汁、香菜末、百里香、盐、胡椒粉放入搅拌机，搅拌成鱼肉酱，冷藏几个小时。

② 将白鲜蘑洗净并去根，用小匙将冷藏过的鱼肉酱镶在白鲜蘑上，上面放少许多香果。

例 5-3 鸡肉蘑菇开那批（Chicken Mushroom Patties）（生产 10 份，每份 1 个）

原料：小脆饼 10 个，熟鸡肉丁 400 克，熟蘑菇丁 200 克，鸡少司（鸡肉浓汤与黄油面粉酱及调味品制成的调味酱）500 毫升，鲜奶油适量，盐、胡椒粉各少许，洋葱丁 50 克，黄油 50 克，白葡萄酒 100 毫升，柠檬汁适量。

制法：① 将鸡少司重新加热。

② 低温煸炒洋葱丁，不要着色，放鸡肉丁和蘑菇丁，煸炒 5 分钟。

③ 放白葡萄酒、鸡少司，煮沸后再加入鲜奶油、盐、胡椒粉和柠檬汁调味。

④ 将烹制好的鸡肉丁和蘑菇丁放入一个容器内，将容器放入热水池里保温，在鸡肉表面上撒上些黄油，防止干燥。

⑤ 上菜之前，把小脆饼稍加烘烤使其酥脆，放到主菜盘里，在小脆饼上面放满煸炒熟的鸡肉蘑菇丁。

例 5-4 熏三文鱼木斯开那批（Smoked Salmon Mousse Barquettes）（生产 10 份，每份 1 个）

原料：鱼原汤 170 克，熏制的三文鱼丁 140 克，煮熟的吉利冻（jelly）30 克，抽打过的浓奶油 115 克，船形的脆面点底托（barquettes）10 个，盐和胡椒粉适量。

制法：① 将熏制的三文鱼丁和鱼原汤放入食物搅拌机中，打成糊状，放吉利冻一起搅拌，放盐和胡椒粉，调味。

② 将三文鱼吉利糊从搅拌机取出与奶油搅拌，放入布袋中，在面点底托上挤成花形，再放入冷藏箱中使其坚固。需要时，从冷藏箱内取出，放在船形的脆面点底托上。

例 5-5 鱼子酸奶酪开那批（Caviar in New Potatoes with Dilled Creme Fraiche）（生产 10 份，每份 4 块）

原料：直径 2.5 厘米的新鲜土豆 20 个，黄油 60 克，酸奶酪 140 克，新鲜莳萝末 30 克，鱼子酱 100 克，冬葱片适量。

制法：① 把土豆烤熟，切成两半，用匙将中心挖出后，抹上黄油。

② 把挖出的土豆制成泥状，与莳萝末和酸奶酪混合在一起填回土豆的凹处，在每片土豆上加上半茶匙鱼子酱。

③ 在鱼子酱上撒少量冬葱片。

例 5-6 虾仁鸡尾杯（Shrimps Cocktail）（生产 10 份，每份约 80 克）

原料：虾仁 600 克，碎西芹 100 克，煮熟的鸡蛋黄 1 个，沙拉油 50 克，千岛酱（沙拉酱）150 克，鲜柠檬 2 个，细盐和胡椒粉各少许。

制法：① 虾仁洗净，用水煮熟，晾凉。

② 将少许沙拉油、细盐和胡椒粉、西芹、千岛酱（部分）与虾仁放在一切，稍加搅拌，装入 10 个鸡尾杯中。

③ 将鸡蛋黄捣碎，撒在虾仁上，再浇上另一部分千岛调味酱。

④ 杯边用一块鲜柠檬作装饰品。

例 5-7 鸡尾海鲜（Seafood Cocktail）（生产 10 份，每份 110 克）

原料：去皮熟大虾（切成丁）250 克，新鲜鱼丁 400 克，生菜（撕成片）300 克，鸡尾少司（调味酱）500 毫升，煮熟的蘑菇丁 80 克，芹菜丁 80 克，柠檬角 10 个，柠檬汁、盐、胡椒粉各少许。

制法：① 把鱼丁放入浓味原汤中煮熟。捞出，放入冷水中。

② 把大虾丁、芹菜丁、蘑菇丁和鱼丁放入容器内，加上鸡尾少司并轻轻搅拌在一起。

③ 用盐、胡椒粉、柠檬汁调味。

④ 把生菜片放在鸡尾菜的杯中，将搅拌好的材料放在生菜上，再浇上鸡尾少司，把柠檬角放在鸡尾少司上。

例 5-8 波特鸡尾甜瓜（Melon Cocktail with Port）（生产 10 份，每份 80 克）

原料：成熟的大甜瓜 2 个，白糖 50 克，柠檬（挤汁）1 个，樱桃 10 个，波特酒（Port）200 毫升。

制法：① 将甜瓜切成两半，去籽切成丁，放入容器内。

② 在甜瓜丁中加糖、柠檬汁，冷藏 1 小时后，加波特酒。

③ 将冷藏好的甜瓜丁放进鸡尾菜杯内，放 1 个樱桃，作装饰品。

例 5-9 布鲁奶酪迪普酱（Blue Cheese Dip）（生产 1 升迪普酱，约 20 份，每份 50 克）

原料：软奶酪 375 克，牛奶 150 毫升，马奶司（Mayonnaise）180 克，辣椒酱 30 毫升，辣酱油 3 毫升，柠檬汁 30 毫升，洋葱末 30 克，布鲁奶酪末（Blue）300 克，各种洗净并切好的西芹、胡萝卜、西兰花、黄瓜、甜辣椒、炸薯片等适量，盐和胡椒粉各少许。

制法：① 把软奶酪放在搅拌机内，搅拌柔软光滑，加牛奶，慢速度继续搅拌，再加马奶司、辣椒酱、辣酱油、柠檬汁、洋葱末和布鲁奶酪末，继续搅拌，直至均匀为止。用盐和胡椒粉调味制成迪普酱，冷藏。

② 上桌时，将制好的迪普酱放在一个小容器内，该容器放在开胃菜盘的中央，四周摆放好新鲜的蔬菜和炸薯片。

例 5-10 胡姆斯迪普酱（Hummus）（生产 900 毫升迪普酱，约 18 份，每份 50 克）

原料：熟的或罐装的鹰嘴豆 500 克，柠檬汁 120 毫升，橄榄油 30 毫升，芝麻酱 250 克，大蒜末 8 克，切好的新鲜蔬菜（西芹、胡萝卜、菜花、黄瓜、甜辣椒），盐和辣椒粉各少许。

制法：① 将鹰嘴豆、芝麻酱、大蒜末、柠檬汁和橄榄油混合搅拌成糊，如需要可放少许柠檬汁及凉开水稀释，加入少许盐和辣椒粉调味，制成迪普酱。

② 冷藏至少 1 小时，上桌时，上面放少许橄榄油。

③ 将迪普酱放在小容器内，放在开胃盘的中部，四周放新鲜的蔬菜。

例 5-11 冷鱼子酱（Cold Caviar）（生产 10 份，每份 5 片鸡蛋）

原料：罐头红鱼子酱（鲑鱼产）或黑鱼子酱（鲟鱼产）1 罐（约重 250 克），新鲜鸡蛋 10 个，蛋黄沙拉酱（mayonnaise）50 克，柠檬 2 个。

制法：① 将鸡蛋煮熟后剥去外壳，每个鸡蛋切去两端，分切成 5 片。

② 在每片鸡蛋上抹上沙拉酱，分装在 10 个餐盘中。

③ 用茶匙将鱼子酱分装在蛋片上。

④ 柠檬切成瓣形，分装在鱼子酱旁边。食用时，将柠檬汁挤在鱼子酱上即可。

例 5-12 生吃鲜蚝（Raw Oyster）（生产 5 份，每份生蚝 5 个）

原料：鲜蚝 25 个，柠檬 1 个，番茄少司 50 克，辣酱油 5 克，辣椒粉 2 克。

制法：① 鲜蚝用刀劈开，取有肉的一半分装 5 盘。

② 将番茄少司、辣酱油、辣椒粉等混合调匀，制成少司，装入少司盅，同生蚝一起上桌。

③ 食用时将柠檬汁挤在鲜蚝上，蘸上少司即可。

例 5-13 明虾冻（Cold Prawn in Jelly）（生产 4 份，每份约 120 克）

原料：明虾 4 只，鸡清汤 300 毫升，牛奶 100 毫升，明胶粉 30 克，煮熟的鸡蛋（切成片）1 个，柠檬（切成片）1 个，绿色生菜叶（切成丝）4 张。

制法：① 明虾煮熟，冷后剥壳，将肉切成片待用。

② 明胶粉放少量水使之软化，鸡清汤与牛奶一起加热，适当调味。将软化的明胶放入清汤牛奶中，煮沸，制成胶冻的液体，晾凉。先在模具内倒一层胶冻液体，稍加凝固后，放一片煮鸡蛋片和一片明虾片，将胶冻液体灌满模具。按这种方法制成 4 个虾冻，放冰箱冷冻成型。

③ 上桌时，将模具放在热水中加热，将胶冻体拿出，装盘。周围用生菜丝、柠檬片装饰。

例 5-14 火腿片甜瓜球（Prosciutto and Melon Balls）（生产量随意）

原料：甜瓜、莱姆汁（lime）、熟制的意大利火腿肉（prosciutto）（见图 5-7）。

制法：① 用一把球形刀，把甜瓜切成小球状。

② 在甜瓜球上撒上莱姆汁，腌制 10 分钟。

③ 用切片机把火腿肉切成薄片，把大片切成两半。

④ 上桌前，将每片火腿片包住一个甜瓜球，用牙签固定住。

图 5-7 意大利火腿肉

例 5-15 少司腌三文鱼带柠檬汁少司（Marinated Salmon with Lime and Olive Oil Vinaigrette）（生产 10 份，每份鱼 60 克）

原料：橄榄油 240 毫升，莱姆汁 50 毫升，柠檬汁 25 毫升，葡萄酒醋（wine vinegar）30 毫升，冬葱末 40 克，红辣椒末 15 克，白葡萄酒 480 毫升，青葱 18 克，生三文鱼薄片 600 克，盐和胡椒粉各少许。

制法：① 将鱼片与上述各种调味料混合在一起，腌制。

② 上菜前，将腌制好的三文鱼片冷藏 15 分钟。

例 5-16 焗蜗牛（Baked Snails）（生产 12 个）

原料：罐头蜗牛肉12个，蜗牛壳12只，洋葱末10克，蒜泥5克，香菜末5克，黄油100克，白兰地酒5毫升，百里香、盐和胡椒粉各少许。

制法：① 将黄油稍加热，成酱状，放入洋葱末、蒜泥、香菜末及少量盐、胡椒粉调匀，制成黄油酱。

② 将蜗牛肉用少量黄油煸炒，放百里香、白兰地酒翻炒，用盐、胡椒粉调味。

③ 先将黄油酱的50%分装入蜗牛壳内，再分别装入蜗牛肉，最后将余下的黄油酱封口，将蜗牛壳分入蜗牛盘中，入焗炉焗熟。

例5-17 焗蚝卡西诺少司（Oysters Casino）（生产12份，每份3个）

原料：生蚝36个，黄油230克，青椒末60克，甜椒末（pimiento）30克，香菜末15克，柠檬汁30毫升，盐和胡椒粉各少许，咸肉条（bacon）9条。

制法：① 用蚝刀撬开生蚝，将上面的蚝壳扔掉，放在一个比较浅的烤盘中。

② 把黄油放入搅拌器里搅拌，直到柔软发亮时为止，加青椒末、甜椒末、香菜末和柠檬汁混合，直到完全混合为止。用盐和胡椒粉调味，制成卡西诺少司。

③ 将咸肉条放在烤箱里烤至半熟，除去里面的汁，把每条咸肉切成4片。

④ 把卡西诺少司分别放在生蚝上面，每个生蚝上面放一片咸肉。

⑤ 把生蚝放在焗炉，焗熟，咸肉的表面变成金黄色为止，不要过火。

例5-18 奶酪卡斯德布丁（Gorgonzola Custards）（生产6份，每份100克）

原料：黄油适量，洋葱末115克，奶油360毫升，新鲜鸡蛋4个，奶酪末（Gorgonzola或其他味道浓郁的品种）85克，盐和胡椒粉各少许。

制法：① 将洋葱末加黄油煸炒至半透明状，冷却。

② 将熟洋葱、奶油、鸡蛋、奶酪末混合，用盐、胡椒粉调味，制成奶油鸡蛋糊。

③ 将鸡蛋糊放入涂有黄油的模具中，蒸熟。

④ 上桌时，经过造型，可以热食或冷食。

例5-19 冷牛肉金枪鱼少司（Vitello Tonnato）（生产16份，每份55克牛肉片）

原料：无骨烤熟并冷却的小牛腿肉900克，罐头金枪鱼200克，罐头鳀鱼6条（约120克），洋葱末50克，胡萝卜末50克，白葡萄酒60毫升，白酒醋（white wine vinegar）60毫升，水85克，橄榄油适量，煮熟的鸡蛋黄（切成末）2个，续随子末15克。

制法：① 将熟牛肉切成薄片，每份约55克。

② 将金枪鱼、鳀鱼、洋葱末、胡萝卜末、白葡萄酒、白酒醋和水放入搅拌机内，将其搅拌成较光滑的糊状物，制成鱼少司。

③ 将牛肉片放在冷藏过的餐盘上，浇上鱼少司，淋上橄榄油，用蛋黄末和续随子末装饰。

例5-20 奶酪咸肉排（Cheese and Bacon Tart）（生产1个排，切成8块）

原料：发粉面团300克，奶酪末150克，五花咸肉100克，洋葱末100克，鲜奶100毫升，鲜奶油适量，新鲜鸡蛋2个，盐、胡椒粉、豆蔻、辣椒粉各少许，黄油200克。

制法：① 把面团擀成5毫米厚的片，放在直径为24厘米的圆烤盘中，放入冰箱30分钟。

② 咸肉去皮，切成条状和洋葱末一起稍微煸炒，晾凉。

③ 把鲜奶、鲜奶油和鸡蛋搅拌在一起，加盐、胡椒粉、豆蔻和辣椒粉，制成奶油鸡

蛋糊。

④ 将奶酪末、咸肉条、洋葱末搅拌在一起，然后倒在面片上，再把奶油鸡蛋糊倒在上面，约5毫米厚，不能超过排的边缘。

⑤ 将排放在180℃的烤箱中，用30～35分钟将排烤熟。

⑥ 从烤箱中把排拿出来，放在一个较温暖的地方约10分钟，再放平盘中，切成8块，每块排与排之间用排纸隔开。

例5-21 勃艮第奶酪空心饼（Miniature Gougere Puffs）（生产约160片）

原料：和好的空心饼面团1 100克，哥瑞尔奶酪末（Gruyere）220克，鸡蛋液适量。

制法：① 将空心饼面团与奶酪末搅拌在一起，然后装入面点挤花袋中。

② 在烤盘上挤出长方形小面团（1厘米宽，3厘米长），刷上鸡蛋液。

③ 用200℃，将小长方形面点烤制膨胀，表面变为金黄色，约20～30分钟。

④ 在每个空心饼的一侧开一个小口，使内部蒸汽蒸发，把空心饼放在烤炉烘干为止。上桌时保持空心饼的热度（见图5-8）。

图5-8 勃艮第奶酪空心饼

例5-22 炸西兰花奶酪酥(Broccoli and Cheddar Fritters)(生产10份,每份100克)

原料：面粉340克，新鲜鸡蛋4个，牛奶340克，发粉15克，盐、辣酱油、辣酱各少许，煮好的西兰花（切成末）455克，车达奶酪末（Cheddar）225克。

制法：① 把面粉、鸡蛋、牛奶、发粉、盐、辣酱油、辣酱混合在一起，搅拌均匀，制成润滑的奶油鸡蛋面糊。

② 在面糊中加入西兰花和奶酪末，混合好后，倒入装有约375℃热油的炸锅中，炸成金黄色为止。

③ 用漏勺把炸好的馅饼捞出，沥干油，放在吸油纸上，吸净油，立即上桌。

例5-23 腌烤辣椒片（Marinated Roasted Peppers）（生产8份，每份3片）

原料：各种颜色的辣椒（烤、去籽、去皮，切成两半）12个，橄榄油240毫升，大蒜（制成泥）1瓣，盐和胡椒粉各少许，醋60毫升，新鲜香菜末10克，帕玛森奶酪（Parmesan）12片。

制法：① 把烤过的辣椒放在一个陶制的容器里。

② 除了奶酪和香菜末，将剩下的原料倒入辣椒中，然后放入冰箱，腌制一夜。

③ 上桌时，每份装3个辣椒，具备各种颜色，用新鲜香菜末和奶酪装饰。

5.2 沙　　拉

5.2.1 沙拉概述

沙拉（salad）为英语译音，其含义是一种冷菜。传统上，作为西餐的开胃菜，主要原料是绿叶蔬菜。现代沙拉在欧美人的饮食中起着越来越广泛的作用，可作为开胃菜、主菜、辅菜、甜菜等。沙拉的原料从过去单一的绿叶生菜发展为各种畜肉、家禽、水产品、蔬菜、鸡蛋、水果、干果、奶酪，甚至谷物等。

5.2.2 沙拉组成

沙拉由4个部分组成：底菜、主体菜、装饰菜（配菜）、沙拉酱，4个部分可以明显地分辨出来，有时混合在一起。

1. 底菜

底菜是沙拉中最基本部分，它在沙拉的最底部，通常以绿叶生菜为原料。底菜的三大作用是，衬托沙拉的颜色，增加沙拉的质地，约束沙拉在餐盘中的位置。沙拉应摆放整齐，不要超出底菜边缘。一些沙拉用深盘子盛装，由于它的高度和形状，再加上沙拉本身的造型，使这道菜肴格外诱人。

2. 主体菜

主体菜是沙拉的主要部分。它由一种或几种食品原料组成。主体菜原料可以由新鲜蔬菜、熟制的海鲜、畜肉、淀粉原料及新鲜的罐头水果等组成。通常沙拉的名称就是根据主体菜的名称命名。主体菜摆放在底菜上部，摆放整齐。只有这样才能清楚地了解沙拉的主要用料。例如，马铃薯沙拉中的主体菜是马铃薯，应当切成丁，尺寸应当规范，而不是泥状物质。

3. 装饰菜

装饰菜是沙拉上面的配菜，在质地、颜色、味道方面为沙拉增添了特色。沙拉中的装饰菜应选择颜色鲜艳的原料。常用的沙拉装饰菜有樱桃、番茄片、青椒圈、黑橄榄、香菜、水田芹（watercress）、薄荷叶、橄榄、小水萝卜、腌制的蔬菜、鲜蘑、柠檬片或柠檬块、煮熟的鸡蛋（半个、片状、三角形）、葡萄、水果（三角形）、干果或红辣椒等。这些原料都具有颜色、形状和味道的特色。如果沙拉主体菜的颜色鲜艳，装饰菜可以省略。

4. 沙拉酱

沙拉酱是沙拉的调味品，常由醋或柠檬汁、植物油（沙拉油）、盐、芥末酱、辣酱、番茄酱、新鲜鸡蛋黄等制成。不同种类的沙拉酱所用的食品原料不同。沙拉酱的作用是，为沙拉增添颜色和味道，为菜肴增加湿润。沙拉酱有多种味道和颜色，不同的沙拉配不同的沙拉酱。通常，沙拉酱与沙拉有一定的内在联系，这些联系表现在颜色、味道和浓度上。例如，绿叶蔬菜沙拉习惯上配酸味沙拉酱——鞑靼酱（Tartar Dressing）；水果沙拉配甜味沙拉酱。例如，鲜奶油、可可粉和糖粉制成的沙拉酱等。

5.2.3 沙拉种类

通常，人们通过沙拉在一餐中的作用分类。例如，具有开胃特点的沙拉、主菜沙拉、辅菜沙拉、甜点沙拉；此外，还通过沙拉的食品原料分类。例如，绿叶蔬菜沙拉、普通蔬菜沙拉、组合式沙拉、熟制原料沙拉、水果沙拉和胶冻沙拉等（见图5-9）。

牛肉土豆沙拉

西撒沙拉

法式青菜罗勒橘子沙拉

图5-9 各种沙拉

1. 开胃菜沙拉（Appetizer Salad）

开胃菜沙拉作为西餐传统的第一道菜，具有开胃作用。其特点是数量少、质量高、味道清淡、颜色鲜艳等。例如，青菜沙拉、海鲜沙拉、什锦香菜沙拉等。

2. 主菜沙拉（Main Course Salad）

主菜沙拉作为餐中的主要菜肴，份额大。其中的主体菜选用蛋白质或淀粉原料，颜色和味道都各具特色。例如，鸡肉沙拉、厨师沙拉、瓤番茄沙拉等。

3. 辅菜沙拉（Side-dish Salad）

辅菜沙拉数量少，有特色，常在主菜后食用。辅菜沙拉的质地、颜色和味道应区别于顾客选用的主菜，其特点应与主菜形成鲜明的对比和互补。辅菜沙拉常以清淡、数量少、有特色而著称。在欧美人的午餐中，辅菜沙拉可以替代其他蔬菜菜肴。

4. 甜点沙拉（Dessert Salad）

甜点沙拉也称为甜品沙拉，常作为一餐中的最后一道菜。其特点是味甜，常以新鲜水果、罐头水果或果冻为原料。有时，加入奶油和木斯等。

5. 绿叶蔬菜沙拉（Leafy Green Salad）

绿叶蔬菜沙拉使用新鲜的生菜或其他绿叶青菜为原料。包括生菜（lettuce）、苣荬菜（endive）、菠菜和水田芹等。这些原料可以单独使用，也可以混合在一起使用（见图 5-10）。制作沙拉的生菜品种包括以下 8 种。

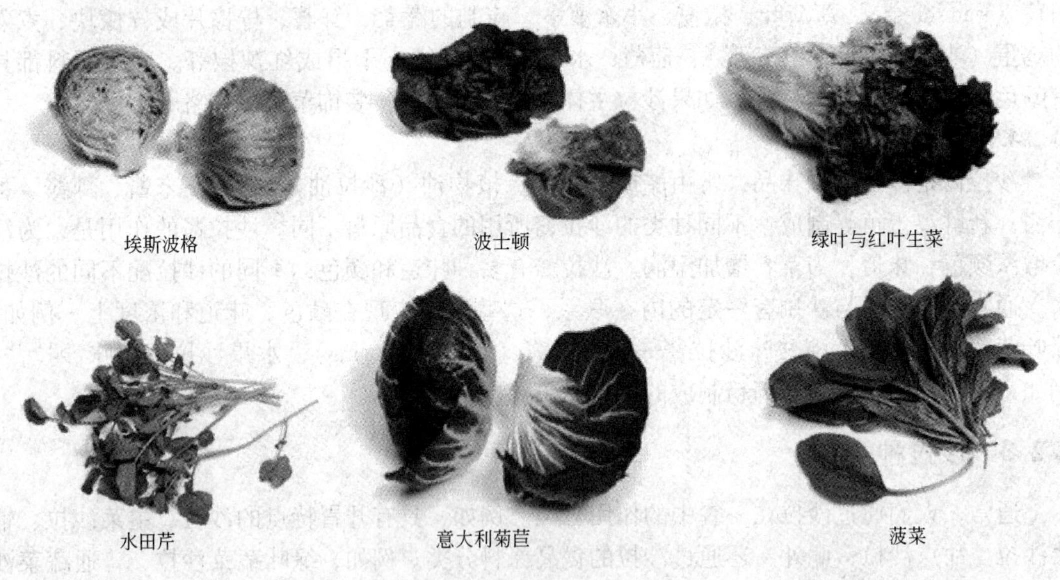

图 5-10　新鲜的生菜和菠菜

① 爱斯伯格（iceberg），也称作冰山菜，外形像卷心菜，叶子较松散，绿白色，非常酥脆，味道较浓。

② 罗美尼（romaine），外形像松散的大白菜，根部白色，叶部绿色，味道浓郁，有甜味。

③ 比伯（bibb），外形像小型的卷心菜，叶子较松散光亮，质地纤细，深绿色或黄绿色，略有甜味。

④ 波士顿（boston），与比伯很相似，根部稍大，甜味稍差，除了用于青菜沙拉的原料，还适宜作其他沙拉的底菜。

⑤ 松散的绿叶类生菜（loose leaf），有多种类型，外观松散，像小白菜，叶卷曲绿色，茎白绿色，有时菜叶的边缘会出现暗红色，质地酥脆。

⑥ 苣荬菜（endive），是制作绿叶生菜沙拉的主要原料。常用的品种有菊苣（chicory），也称为卷曲形的苣荬菜，外形细长，叶子卷曲，叶子深绿色，根茎白绿色，味苦，经常与其他生菜混合使用。比利时苣荬菜（Belgian endive）外观像大白菜。但是，体积小，长10～15厘米，黄绿色，略有苦味。

⑦ 菠菜（spinach），形状小，松散，细长，叶子大深绿色，茎较短，脆嫩，有味道。

⑧ 水田芹（watercress），也称作西泽菜。绿色的叶子，茎较长，微辣味，常作沙拉的主体菜和装饰菜。

6. 普通蔬菜沙拉（Vegetable Salad）

普通蔬菜沙拉常由一种或几种非绿叶蔬菜作为主要原料，但是绿叶蔬菜可作为底菜。常用的原料有卷心菜、胡萝卜、西芹、黄瓜、青椒、洋葱、水萝卜、番茄和小南瓜等。

7. 组合式沙拉（Combination Salad）

由两种或多种不同原料制成的沙拉，称为组合式沙拉。例如，以蔬菜和熟肉组成的沙拉；以熟海鲜、水果和蔬菜组成的沙拉等。组合式沙拉常作为开胃菜或主菜。组合式沙拉的原料品种及数量搭配没有具体规定。但是，它们的味道、颜色和质地必须适合组合，而且应互补和协调。

8. 熟制原料沙拉（Cooked Salad）

以熟制的主料制成的沙拉称为熟制原料沙拉。其特点是，主料必须熟制，而且习惯于单一的原料作为主体菜。例如，意大利面条沙拉、马铃薯沙拉、火腿沙拉和鸡肉沙拉等。这种沙拉经常选用质地脆嫩的蔬菜为配料。例如，西芹、洋葱和泡菜等。这类沙拉的沙拉酱有多种选择，主要目的是提高熟食沙拉的口味。熟制的原料沙拉常选用马铃薯、火腿、米饭、禽肉、意大利面条、海鲜、鸡蛋、虾肉和蟹肉等。

9. 水果沙拉（Fruit Salad）

水果沙拉顾名思义是以水果为主要原料制作的沙拉，水果沙拉基于新鲜、颜色鲜艳的水果品种并且切成美观和方便食用的形状。常用的水果有苹果、杏、鄂梨、香蕉、草莓、菠萝、西柚、葡萄、橙子、梨、桃、猕猴桃、芒果、各种甜瓜和西瓜等。

10. 胶冻沙拉（Gelatin Salad）

胶冻沙拉制作简单，常受到人们欢迎。主要的品种包括透明的胶冻沙拉（Clear Gelatin Salad），是由吉利与水制成的胶冻体，与其他原料搭配而成；果味胶冻沙拉（Fruit Gelatin Salad），是由吉利与某种水果味道的液体制成的胶冻体。其特点是甜味大，有自己独特的味道和颜色；肉冻或蔬菜冻胶沙拉（Aspic），由肉类或海鲜味的原汤、吉利、番茄、香料及调味品制成。

5.2.4 沙拉案例

例5-24 什锦青菜沙拉（Mixed Green Salad）（生产4份，每份约80克）

原料：绿叶生菜180克，胡萝卜、黄瓜、番茄、青椒各15克，法国沙拉酱80克。

制法：① 将绿叶生菜洗净，用手撕成片，尺寸应方便食用，长和宽约为 3 厘米。

② 将撕好的生菜存入冷藏箱，准备随时使用。

③ 食用时，均匀地拌上法国沙拉酱，放在沙拉盘上。

④ 将黄瓜、胡萝卜、番茄、青椒切成片，搅拌，放在生菜上，作装饰品。

例 5-25 普通绿叶蔬菜沙拉（Basic Green Salad）（生产 25 份，每份 90 克）

原料：爱斯伯格生菜 2 个（约 1 000 克），罗美尼生菜 2 个（约 1 000 克），选择好的水田芹 500 克，番茄块 25 块，黑橄榄 25 个，法国沙拉酱（French dressing）适量。

制法：① 将生菜洗干净，撕成方便食用的块，沥干水分，轻轻地搅拌均匀，放在塑料袋内，放入冷藏箱冷藏。

② 上桌时，将生菜放在沙拉盘，浇上法国沙拉酱，放上番茄块和黑橄榄作装饰品。

例 5-26 黄瓜和番茄沙拉（Cucumber and Tomato Salad）（生产 25 份，每份 90 克）

原料：中型番茄 20 个，黄瓜 6 条，生菜叶 25 片，香菜末 30 克，法国沙拉酱适量。

制法：① 番茄洗净后，在根部去籽，分成 5 个相等厚度的薄片。

② 黄瓜洗净后，用刀或叉在黄瓜上划上竖条的痕迹，先去皮。

③ 把黄瓜切成 3 毫米厚的片。

④ 把嫩的生菜叶洗净后，平整地放在冷沙拉盘里。

⑤ 将黄瓜和番茄搭配地摆放在生菜叶上，摆出你认为最美的造型。

⑥ 把香菜末撒在沙拉上，放冷藏箱里储存备用，上桌时浇上法国沙拉酱。

例 5-27 胡萝卜沙拉（Carrot Salad）（生产 25 份，每份 90 克）

原料：胡萝卜 2 300 克，马乃司（mayonnaise）350 克，法国沙拉酱 250 克，生菜叶 25 片，黑橄榄 25 个，精盐少许。

制法：① 将胡萝卜洗净去皮，切成粗丝，放马乃司、法国沙拉酱和少许盐，搅拌均匀。

② 将生菜叶摆在冷藏过的沙拉盘上，将制作好的胡萝卜沙拉平均分派在沙拉盘中。每盘沙拉上放一个黑橄榄作装饰品。

例 5-28 德国蔬菜沙拉（Rohkostsalatteller）（生产 16 份，每份 150 克）

原料：白酒醋（white wine vinegar）240 毫升，酸奶油 500 克，盐 20 克，糖粉 2 克，青葱末（chives）7 克，胡萝卜 450 克，辣根（horseradish）25 克，黄瓜 625 克，水 90 毫升，鲜莳萝末 2 克，白胡椒少许，西芹茎 575 克，柠檬汁 50 毫升，浓奶油 150 毫升，盐和白胡椒各少许，波士顿绿叶生菜（撕成 3 厘米长的片）900 克，番茄块 16 块。

制法：① 用醋 180 毫升、酸奶油及盐各 10 克、糖粉 2 克、青葱末 7 克混合在一起制成酸奶油沙拉酱，放在一边，待用。

② 胡萝卜去皮切丝，与辣根放在一起，放入 180 毫升的酸奶油沙拉酱搅拌制成胡萝卜沙拉待用。

③ 将黄瓜去皮，切成薄片，用少许粗盐腌制 1～2 小时，然后，将黄瓜挤出少许汁后，洗去盐分，与醋 60 毫升、水、糖、莳萝末和白胡椒混合在一起，制成黄瓜沙拉。

④ 将西芹茎切成粗丝，与柠檬汁混合，加入奶油、盐、白胡椒制成西芹沙拉。

⑤ 将酸奶油沙拉酱与生菜混合在一起，放在沙拉盘中央。在生菜的周围放胡萝卜沙拉、黄瓜沙拉和西芹沙拉，生菜上面放一块番茄。

例5-29 厨师沙拉（Chef's Salad）（生产1份，每份250克）

原料：生菜叶60克，火腿25克，奶酪25克，熟鸡蛋1个，小番茄2个，黑橄榄1个，熟火鸡肉25克，青椒条15克，胡萝卜15克。

制法：① 将生菜在盘中垫底。

② 将火腿、奶酪、火鸡肉、胡萝卜、熟鸡蛋切成条，摆在生菜上。

③ 将青椒切成青椒圈，摆在沙拉上面。

④ 将黑橄榄放在沙拉顶端，作装饰品。

⑤ 配上法国沙拉酱、俄罗斯沙拉酱、千岛沙拉酱等任何适用的沙拉酱。

例5-30 法式尼斯沙拉（Salad Nicoise）（生产25份，每份约250克）

原料：煮熟的带皮马铃薯700克，煮熟的菜豆600克，绿叶生菜1 500克，罐头熟金枪鱼1 700克，橄榄50个，熟鸡蛋50个，番茄片100片，熟鳀鱼片25片，法国沙拉酱1 250克。

制法：① 将马铃薯去皮，切成小薄片，存入冷藏箱，待用。

② 将菜豆切成5厘米长的段，存入冷藏箱，待用。

③ 将生菜洗净，用手撕成碎片，约3厘米见方，冷藏后分在25个沙拉盘中。

④ 将马铃薯和菜豆混合后，分别放于25个沙拉盘的生菜上，每份约90克。

⑤ 将金枪鱼分成每份45克，放在沙拉（马铃薯和菜豆）的中心。

⑥ 将鳀鱼、橄榄、鸡蛋块、番茄片分别放在沙拉上。

⑦ 将香菜末撒在沙拉上，放冷藏箱冷藏；上菜时，从冷藏箱中取出，浇上法国沙拉酱。

例5-31 西撒沙拉（Caesar Salad）（生产25份，每份约100克）

原料：生菜2 300克，白面包片340克，橄榄油60～120毫升，鸡蛋黄4个，大蒜末4克，柠檬汁180毫升，帕玛森奶酪末（Parmesan）60克，细盐少许。

制法：① 将生菜去掉老叶洗净，用手撕成约3厘米见方小块放在冷藏箱内。

② 将面包片去掉四边，放在平底锅内，烤成金黄色，待用。

③ 用搅拌机搅拌鸡蛋黄，慢慢放橄榄油，直至将鸡蛋黄搅稠，放大蒜末、细盐、奶酪末和适量的柠檬汁，制成沙拉酱。

④ 上桌时，将沙拉酱与生菜轻轻地搅拌在一起，放在经过冷藏的沙拉盘上，上面放烤好的面包。

例5-32 沃尔道夫沙拉（Waldorf Salad）（生产10份，每份约90克）（见图5-11）

原料：带皮熟土豆150克，苹果500克，熟鸡肉100克，西芹100克，核桃仁100克，生菜叶10片，马乃司沙拉酱200克，鲜奶油50克，糖粉和胡椒粉各适量。

图5-11 沃尔道夫沙拉

制法：① 将土豆去皮，苹果去皮去籽，西芹和鸡肉切成丁，放入容器内，加50克核桃仁、少许胡椒粉、鲜奶油、少许糖粉、马乃司沙拉酱拌匀，制成苹果沙拉。

② 上桌时，将生菜叶平摊在沙拉盘中，放入拌好的苹果色拉，再撒上核桃仁，即成。

例 5-33 牛肉沙拉（Beef Salad）（生产 10 份，每份 90 克）

原料：熟牛腿肉 500 克，番茄 150 克，酸黄瓜 100 克，法国沙拉酱 150 克，洋葱 150 克，精盐 10 克，胡椒粉 5 克，辣酱油 20 克。

制法：① 熟牛腿肉、洋葱、番茄（用开水烫一下，去皮去籽）、酸黄瓜切成 3 厘米长的粗丝，放入容器内，加盐、胡椒粉、辣酱油、法国沙拉酱轻轻搅拌均匀，放入冷藏箱内。

② 上桌时，分派在冷藏的餐盘中。

例 5-34 阿尔曼德沙拉（Salad a la Allemande）（生产 10 份，每份 80 克）

原料：熟土豆片 250 克，紫萝卜片 250 克，酸黄瓜片 150 克，熟咸鲱鱼条 120 克，生菜叶 10 片，胡椒粉少许，阿尔曼得少司（Allemande Sauce，以蛋黄奶油制成的少司）150 克，法国沙拉酱（French dressing）少许。

制法：① 将土豆、紫萝卜和酸黄瓜片与咸鲱鱼条混合，加胡椒粉、阿尔曼得少司拌匀，制成沙拉。

② 上菜时，将生菜叶放在盘底，将沙拉装在有生菜叶的餐盘上，上面浇少许法国沙拉酱。

例 5-35 火腿沙拉（Ham Salad）（生产 25 份，每份 100 克）

原料：生菜叶 25 片，熟火腿肉丁 1 400 克，黄瓜丁 450 克，腌制的咸菜末（甜酸味的）230 克，洋葱末 60 克，马乃司 500 毫升，白醋 60 毫升，番茄或熟鸡蛋适量。

制法：① 把咸菜末、洋葱末、马乃司和白醋放在容器中，轻轻搅拌，制成沙拉酱，放冷藏箱备用。

② 在每个冷藏过的沙拉盘放 1 片嫩生菜叶，将火腿肉丁和黄瓜丁轻轻地混合，放在生菜叶上，用番茄片或熟鸡蛋片作装饰。

③ 上桌时，浇上适量的沙拉酱。

例 5-36 鸡肉奶酪核桃沙拉（Chicken Breast Salad with Walnuts and Blue Cheese）（生产 10 份，每份 120 克）

原料：鸡脯肉 450 克，鸡肉原汤适量，鲜蘑片 450 克，法国沙拉酱 500 毫升，香菜末 7 克，各式绿色生菜叶（撕成片）共计 500 克，核桃末 90 克，布鲁奶酪末（Blue Cheese）90 克。

制法：① 把鸡脯肉用低温，快速地煮一下，冷却，切成条放盐和胡椒粉调味。

② 把蘑菇片与香菜末放在一起，加 100 毫升法国沙拉酱，轻轻地搅拌在一起。

③ 在每个冷的沙拉盘中放 50 克生菜叶垫底，在生菜叶上面的一端放鲜蘑片，另一端放鸡肉条，沙拉的上方撒上核桃末和奶酪末。

④ 上桌前，每份沙拉浇上 30 毫升沙拉酱。

例 5-37 番茄瓤鸡肉沙拉（Stuffed Tomato Salad with Chicken）（生产 24 份，每份约 110 克）

原料：番茄 24 个（每个约重 110 克），生菜叶 24 片，细盐及香菜末少许，鸡肉沙拉（熟鸡肉丁、西芹丁、马乃司沙拉酱、柠檬汁、细盐、胡椒粉搅拌而成）1 500 克。

制法：① 将番茄洗净，从根部挖取它们的内心。

② 在番茄的内部撒少许细盐，然后根部朝下，沥去水分。

③ 将 60 克鸡肉沙拉放在番茄内。

④ 在每个沙拉盘中放一片生菜叶，将瓤好的番茄放生菜叶上，撒上香菜末。

例 5-38 马铃薯沙拉（Potato Salad）（生产 25 份，每份约 110 克）

原料：洗净的生菜叶 25 片，甜味的红色辣椒条 50 条，煮熟的带皮鸡蛋 200 克，煮熟的带皮马铃薯 3 000 克，熟火腿肉丁 200 克，芹菜丁 100 克，酸黄瓜丁 20 克，洋葱末 50 克，马乃司沙拉酱 200 克，法国沙拉酱 120 克，精盐 8 克，白胡椒粉 8 克。

制法：① 将生菜叶分别放 25 个冷藏的沙拉盘中，每盘放一片，放在沙拉盘的中部，作底菜。

② 将凉马铃薯去皮，切成 1 厘米长丁与法国沙拉酱、盐、胡椒粉轻轻地搅拌在一起。

③ 将煮熟的鸡蛋去皮，切成丁。

④ 将鸡蛋丁、火腿肉丁、芹菜丁、洋葱丁、酸黄瓜丁与搅拌好的马铃薯轻轻地搅拌在一起，制成马铃薯沙拉。

⑤ 将马铃薯沙拉放在 25 个沙拉盘中，放在生菜叶的上面。

⑥ 在每盘沙拉的顶部放两条红色甜辣椒，作装饰品。

例 5-39 素什锦沙拉（Salad Macedoine）（生产 10 份，每份 90 克）

原料：熟土豆 400 克，熟胡萝卜 200 克，熟白萝卜 200 克，熟青豆 100 克，熟鸡蛋 3 个，酸黄瓜 50 克，法国沙拉酱 150 毫升，精盐及胡椒粉少许。

制法：将土豆、胡萝卜、白萝卜、熟鸡蛋都切成 1 厘米见方的丁，加青豆、精盐、胡椒粉、酸黄瓜、法国沙拉酱，拌匀装入冷藏的沙拉盘内。

例 5-40 希腊式鲜蘑沙拉（Mushrooms á la Grecque）（生产 25 份，每份 70 克）

原料：小蘑菇 2 000 克，水 1 升，橄榄油 500 毫升，西芹 1 根，柠檬汁 180 毫升，盐 10 克，香料袋 1 个（内装切碎的大蒜瓣 2 个，胡椒粒 4 克，丁香 1 克，香菜籽 2 克，香叶 1 片），垫底生菜 25 片，香菜末 15 克。

制法：① 洗净的蘑菇，去掉根部，沥去水分，摆放整齐。

② 把水、橄榄油、柠檬汁、西芹、盐放在一个不锈钢的少司锅里，再把香料袋放入。

③ 煮沸后，用低温炖 15 分钟，散发出香味后放蘑菇，煮 5 分钟，离开火源，冷却。

④ 取出西芹和香料袋后，将蘑菇晾凉，放在冰箱里冷藏一夜，使蘑菇入味。

⑤ 把生菜摆放在冷却的沙拉盘子里，上桌前将 70 克的鲜蘑放在生菜上，注意沥去水分，撒上香菜末。

例 5-41 橙子沙拉（Orange Salad）（生产 4 份，每份约 180 克）

原料：大甜橙 3 个，小菠萝 1 个，白糖粉 60 克，可可粉 120 克。

制法：① 将甜橙剥皮，撕去筋络，切成薄片。

② 将菠萝剥下皮，去籽，切成块。

③ 将白糖粉与可可粉混合，制成可可糖粉。

④ 在盘中或杯中放一层甜橙片后，再码一层菠萝片，每层都撒上适量的可可糖粉，冷藏 2 小时后食用。

例 5-42 蕃茄胶冻沙拉（Tomato Aspic）（生产 6 份，每份约 250 克）

原料：番茄 500 克，西芹 100 克，细盐 10 克，糖粉 50 克，香叶 1 片，柠檬皮末 30 克，洋葱 50 克，辣酱 5 克，吉利粉 50 克，辣酱油 10 克，酸奶酪 500 克，鲜菠萝末 10 克，生菜叶少许。

制法：① 将番茄、西芹、洋葱、香叶洗净切成小块，约煮20分钟放盐，煮烂后放入搅拌机中搅成泥。

② 将350克热水与吉利粉混合，约5分钟后，吉利粉溶化。

③ 将番茄西芹洋葱泥过滤后，与糖粉、辣酱和辣酱油混合均匀。

④ 将番茄混合物与吉利粉溶液放入锅内，搅拌均匀后，用低温煮成稠液体。

⑤ 将煮好的番茄混合物放入6个胶冻沙拉模具，晾凉后放在冷藏箱中，约4小时后凝固成型。

⑥ 将酸奶酪、鲜菠萝末与柠檬皮末搅拌好，制成调味汁放在碗内，用保鲜纸封住，冷藏10分钟。

⑦ 将成型的番茄胶冻放在沙拉盘中，四边镶上生菜叶，胶冻上面浇上酸奶酪调味汁。

5.3 沙 拉 酱

5.3.1 沙拉酱概述

沙拉酱（salad dressing）是为沙拉调味的汁酱，通常人们也称它为沙拉少司或沙拉调味汁。沙拉酱在沙拉中起着非常重要的作用，它可美化沙拉的外观，增加沙拉的味道。沙拉酱有无数品种，但是根据它们的特点，可以将沙拉酱分为法国沙拉酱（French dressing）、马乃司沙拉酱（mayonnaise）和熟制后的沙拉酱（cold sauces）三个种类。

5.3.2 法国沙拉酱

法国沙拉酱（French dressing）又名法国少司（vinaigrette）或醋油少司（vinegar-and-oil dressing），是由沙拉油、酸性物质和调味品混合而成。传统的法国沙拉酱的主要特点是酸咸味，微辣，乳白色，稠度低，实际上它呈液体状态。法国沙拉酱的泛指的含义是以传统法国沙拉酱为基础原料制作的各种味道、各种颜色、各种特色和各种名称的沙拉酱。

法国沙拉酱常由橄榄油（纯净的蔬菜油、玉米油、花生油或核桃油），加入酒醋（wine vinegar）、苹果醋（cider vinegar）、白醋（white vinegar）或任何醋与柠檬汁（lemon juice），再加入调味品（精盐和胡椒粉）制成。法国沙拉酱的配方：酸性原料与植物油的重量比例常是1∶3。制作法国沙拉酱时，应当用手不断搅拌配料，使沙拉酱成为悬浮体，才能使用。沙拉酱放置一段时间后，油和醋会呈分离状态。使用时，必须用手摇动。

1. 传统法国沙拉酱

传统的法国沙拉酱也称为基础法国沙拉酱（Basic French Dressing），是以植物油、白醋为主要原料，加入食盐和胡椒粉调味而成。这种沙拉酱呈乳白色，带有酸和微辣味道。它的用途很广泛，既可为沙拉调味，还可以作为其他沙拉酱的基本原料。

例5-43 传统法国沙拉酱（Basic French Dressing）（生产2升）

原料：沙拉油1 500克，白醋500克，食盐30克，胡椒粉10克。

制法：① 将以上各种原料混合在一起，搅拌均匀。

② 每次使用前，搅拌均匀。

2. 特色法国沙拉酱

以传统法国沙拉酱为基本原料，放入调味品。例如，芥末法国沙拉酱（Mustard French Dressing）、罗勒法国沙拉酱（Basil French Dressing）、意大利沙拉酱（Italian Dressing）、浓味法国沙拉酱（Piquante Dressing）、奇芬得沙拉酱（Chiffonade Dressing）、鳄梨沙拉酱（Advocade Dressing）等制成。

3. 美式法国沙拉酱（American French Dressing）

在传统法国沙拉酱中放洋葱末、熟鸡蛋末、酸黄瓜末、香菜末、香料末（herb）、续随子末（capers）、胡椒末、辣椒酱、芥末酱、糖、蜂蜜、辣酱油、鳀鱼酱、大蒜末、柠檬汁、莱姆汁（lime）、奶酪末（Roquefort cheese，Parmesan cheese）等制成。

例 5-44 芥末法国沙拉酱（Mustard French Dressing）（生产2升）

原料：传统的法国沙拉酱2升，芥末酱60～90毫升。

制法：将法国沙拉酱与芥末酱混合在一起。

例 5-45 罗勒法国沙拉酱（Basil French Dressing）（生产2升）

原料：传统法国沙拉酱2升，罗勒2克，香菜末60克。

制法：将传统法国沙拉酱与罗勒、香菜末混合在一起。

例 5-46 意大利法国沙拉酱（Italian French Dressing）（生产2升）

原料：传统的法国沙拉酱2升，大蒜末4克，香菜末30克，碎牛至叶4克。

制法：将法国沙拉酱与大蒜末、香菜末、牛至叶混合在一起。

例 5-47 浓味法国沙拉酱（Piquante Dressing）（生产2升）

原料：传统的法国沙拉酱2升，干芥末粉4克，洋葱末30克，红辣椒粉9克。

制法：将法国沙拉酱与干芥末粉、洋葱末、红辣椒粉混合在一起。

例 5-48 奇芬得法国沙拉酱（Chiffonade Dressing）（生产2升）

原料：传统的法国沙拉酱2升，熟鸡蛋4个（切成末），煮熟的红菜头（切成末）230克，香菜末15克、洋葱末15克。

制法：将传统法国沙拉酱与鸡蛋末、红菜头末、香菜末、洋葱末混合在一起。

例 5-49 鳄梨法国沙拉酱（Advocade Dressing）（生产3升）

原料：传统法国沙拉酱2升，鳄梨酱1升，细盐适量。

制法：将传统法国沙拉酱与鳄梨酱混合在一起，用少许细盐调味（见图5-12）。

例 5-50 美式法国沙拉酱（American French Dressing）（生产2升）

原料：洋葱末120克，沙拉油1升，白醋350毫升，番茄酱600毫升，白糖120克，大蒜末2克，辣酱油15毫升，红辣酱（tabasco）及白胡椒少许。

制法：将以上各种原料放在一个大容器内，混合在一起，搅拌均匀。

图5-12 鳄梨沙拉酱（Advocade Dressing）

5.3.3 马乃司沙拉酱

马乃司沙拉酱（mayonnaise），简称马乃司，是一种浅黄色较浓稠的沙拉酱。这种名称是根据法语 mayonnaise 的音译而得。它由沙拉油、鸡蛋黄、酸性原料和调味品混合制成。

这种沙拉酱最大的特点是混合牢固，原料不分离。由于这种沙拉酱中增加了乳化剂——鸡蛋黄，从而将马乃司沙拉酱中的沙拉油和醋均匀地混合在一起。通常马乃司不仅作沙拉调味酱，还是其他沙拉酱的基本原料。例如，著名的千岛沙拉酱（Thousand Island Dressing）、布鲁奶酪沙拉酱（Blue Cheese Dressing）、俄罗斯沙拉酱（Russian Dressing），都是以马乃司为基本原料加上调味品配制。它们都属于马乃司类。

1. 传统马乃司沙拉酱

传统的马乃司是一种浅黄色较浓稠的沙拉酱，其味道鲜美，黏连度好。沙拉配上马乃司后，不仅味道好，还利于顾客食用。

2. 特色马乃司沙拉酱

以马乃司为基本原料，加入不同的调味品或奶酪可制出不同颜色和风味的马乃司。这种沙拉酱称为特色马乃司。著名的特色马乃司有千岛酱（Thousand Island Dressing）、路易斯酱（Louis Dressing）、俄罗斯酱（Russian Dressing）、奶油马乃司酱（Chantilly Dressing）、洛克伏特奶酪酱（Creamy Roquefort Dressing）和鲜莳萝酱（Dill Dressing）等。

常用的特色马乃司沙拉酱的调味品有酸奶油、抽打过的奶油、鱼子酱、火腿末、水果末、洋葱末、熟鸡蛋末、蔬菜末、酸黄瓜末、香菜末、香料末（herbs）、续随子末（capers）、胡椒粉、辣椒酱、芥末酱、辣酱油、鳀鱼酱、大蒜末、柠檬汁、莱姆汁（lime）、水果汁、不同风味的醋、不同品牌的奶酪末等。

例 5-51 马乃司沙拉酱（生产 2 升）

原料：新鲜鸡蛋黄 10 个，精盐 10 克，沙拉油 1.7 升，白醋 70 毫升，芥末粉 4 克，柠檬汁 60 毫升。

制法：① 将鸡蛋黄放进电动搅拌机内，一边搅拌，一边滴入沙拉油，开始一滴一滴地放入，逐渐加快，使蛋黄变成较稠的蛋黄溶液。

② 加入精盐和芥末粉，慢慢加白醋和柠檬汁，并注意其味道和稠度。

例 5-52 千岛酱（Thousand Island Dressing）（生产 2.3 升）

原料：马乃司沙拉酱 2 升，番茄少司 150 克，辣酱 150 克，胡椒粉 20 克，柠檬汁 30 克，酸黄瓜末 100 克，熟鸡蛋末 5 个，洋葱末 100 克，香菜末 30 克，白醋 50 毫升。

制法：将熟鸡蛋末、洋葱末、酸黄瓜末、香菜末放入容器内，加入马乃司沙拉酱、番茄少司、白醋、辣酱、柠檬汁和胡椒粉搅拌均匀。

例 5-53 路易斯酱（Louis Dressing）（生产 2.3 升）

原料：千岛酱 2 升，浓奶油 300 克。

制法：将以上原料搅拌均匀。

例 5-54 俄罗斯酱（Russian Dressing）（生产 2.4 升）

原料：千岛酱 2 升，辣酱 400 毫升，洋葱末 60 克。

制法：将以上各种原料搅拌均匀。

例 5-55 奶油马乃司酱（Chantilly Dressing）（生产 2.3 升）

原料：千岛酱 2 升，抽打过的浓奶油 300 毫升。

制法：将以上各种原料搅拌均匀，尽量在接近开餐时制作。

5.3.4 熟制沙拉酱

熟制沙拉酱（Cooked Salad Dressing）是一种较稠的液体。由牛奶、鸡蛋、淀粉和调味品制成，它的外观与马乃司很相似。通常这种沙拉酱在双层煮锅内加热而成。制作这一类沙拉酱应当细心，防止出现烧焦或结块。

例 5-56 熟制沙拉酱（Cooked Salad Dressing）（生产2升）

原料：白糖 120 克，面粉 120 克，盐 30 克，芥末粉 6 克，辣椒粉 0.5 克，新鲜鸡蛋 4 个，新鲜鸡蛋黄 4 个，牛奶 1 200 克，黄油 120 克，白醋 350 克。

制法：① 将白糖、面粉、芥末粉、辣椒粉放容器内搅拌，加入鸡蛋和鸡蛋黄抽打。

② 将牛奶放入锅内，用小火煮开，逐渐地倒入鸡蛋混合液中，不断抽打，然后倒入锅内加热。用小火，不断地搅拌，抽打，直至看不到生面粉为止。

③ 离开火源，加黄油、白醋制成沙拉酱，然后放入不锈钢容器内。

5.4 三　明　治

三明治（sandwich），即三文治，是由面包与熟制的畜肉（禽肉或海鲜）、蔬菜和调味酱组成，其中的面包可以是 1～3 片。调味酱有各种味道，温度可以是常温，也可以是热的，达到 80 ℃。三明治没有固定的形状或菜式。三明治在西餐中常作为主菜，小型的三明治作为开胃菜或小食品。

5.4.1 三明治组成

1. 面包

面包（bread）是三明治的基础，制作三明治的面包有多种，但必须与三明治的夹层原料相配合。高质量的三明治应使用质量高的面包，即使用当天制作或采购的面包。其质地应均匀、内部没有较大的孔隙。三明治的外观、质地、味道和形状都离不开面包的质量。常用的面包品种有：法国面包（French Bread）、意大利面包（Italian Bread）、比塔面包（Pita Bread）、全麦面包（Whole Wheat Bread）、脆皮面包（Cracked Bread）、黑面包（Rye Bread）、葡萄干面包（Raisin Bread）、肉桂面包（Cinnamon Bread）、水果面包（Fruit Bread）、干果面包（Nut Bread）等。

2. 调味酱

制作三明治必须使用调味酱（spread）。因为调味酱可以阻止面包吸取夹层食物的水分，降低面包吸取夹层食物水分的速度，还可增加三明治的味道，使三明治滑润。常用的调味酱有黄油（butter）、马乃司沙拉酱（mayonnaise）、花生酱（peanut butter）、半流体奶酪（cream cheese）等。三明治必须使用新鲜的调味酱。以黄油作调味酱时，应提前半小时将其放在室温下，使其软化；马乃司沙拉酱作为调味酱时必须使用冷藏的。

3. 夹层食物

面包中的夹层食物（filling）是三明治的核心。通常，三明治根据其夹层食物命名。常用的夹层食物有畜肉和禽肉、奶酪、水产品、沙拉、蔬菜、肉冻、鸡蛋、水果、干果等。夹层食物的新鲜度和特色影响三明治的质量，含水分较多的夹层食物必须在 7 ℃以下冷藏。一些三明治的夹层食物中加上一层酸性的食物（如酸黄瓜）以减少细菌。同时，也为三明治增加了味道（见图 5-13）。

图 5-13　火腿奶酪汉堡包（三明治）

4. 装饰品

大多数饭店和餐厅销售的三明治都配上装饰品（garnish），使其更加鲜艳和美观。常用的装饰品有绿色蔬菜、番茄、酸黄瓜、黑橄榄、炸薯条等。三明治的装饰品一定要新鲜，颜色鲜艳，质地酥脆并与三明治在颜色、质地和味道上形成互补或对比。

5.4.2 三明治种类与特点

三明治有很多种类，最常用的分类方法是根据三明治的温度和夹层食品分类（见图 5-14）。

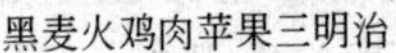
黑麦火鸡肉苹果三明治

古典俱乐部

希腊式火鸡肉三明治

夏威夷奶酪菠萝汉堡包

图 5-14 各种三明治

1. 热三明治类（Hot Sandwich）

① 家常式三明治（Plain Sandwich）。由两片面包（或一个面包切成两片）、调味酱及夹层的热肉类食物组成。通常配上蔬菜和奶酪，这种热三明治称为家常式三明治，也称作汉堡包（hamburger）。

② 开放式三明治（Open Faced Sandwich）。由一片面包、调味酱（也可不涂调味酱）、热肉类食物组成，上面摆放奶酪或浇上调味酱。这种三明治放在单面烤炉内，将面包上面的奶酪或调味酱烤成金黄色。食用这种三明治应使用刀叉，不要用手直接拿取。

③ 烤扒式三明治（Grilled or Toasted Sandwich）。在家常式三明治的面包外部涂上黄油，在烤炉内烤成金黄色。

④ 油炸式三明治（Deep-fried Sandwich）。将三明治外部粘上抽打的鸡蛋液和面包渣，经过油炸、油煎或烤等方法制成。

2. 冷三明治（Cold Sandwich）

① 常规式（Regular Sandwich）。面包中间夹有奶酪、熟肉类食品、绿色蔬菜和调味酱的冷三明治。

② 多层式（Multidecker Sandwich）。由三层面包、两层夹层食物组成。中间配以鸡肉、咸肉或牛肉饼等，也可配以生菜、马乃司沙拉酱和番茄。

③ 开放式（Open-faced Sandwich）。与热开放式三明治的形状基本相同，面包上的肉常是熟制的冷牛肉。

④ 茶食三明治（Tea Sandwich）。以一片小块的脆皮面包片为底托，涂抹清淡的调味酱，上面放少量的蛋白质食品和装饰蔬菜。

5.4.3 三明治生产原理

生产和销售高质量的三明治必须遵照三明治的制作程序和方法。这些程序和方法包括，准备三明治制作工具。例如，抹子、夹子、面包刀、切肉刀、叉子、微波炉、烤炉和装饰木签等。根据菜单准备好适用的面包、熟肉、蔬菜、调味酱和装饰品，控制好三明治的份额，检查三明治原料及工具的卫生。制作三明治时，不能用手直接接触食物，需要用手操作时可戴手套。必要时，用无毒塑料包上各种食物。调味酱、蔬菜和肉类食品应冷藏保鲜。三明治的外观应整齐、干净、造型美观。除了热狗（热的长圆面包中间夹有热狗肠，面包内涂上调味酱）和汉堡包外，均应以对角切成4块或2块，呈三角形。三明治使用的各种原料的味道和颜色应协调，制作三明治的面包质地应当有一定的韧性，不得太松软。三明治成品的温度很重要，热三明治一定是热的，冷三明治一定是冷的。

在菜单上，尽量将三明治的名称、夹层的食物和它的特色写清楚，应详细和具体。三明治的名称应有影响力，以吸引顾客购买。尽量为三明治配上有特色的装饰品，使三明治更美观。培训职工，使他们全面了解三明治的知识。根据各餐次和不同的用餐需求推销三明治。

5.4.4 三明治生产案例

例5-57 加州汉堡包（California Burger）（1份）

原料：汉堡包牛肉饼1个（约80克），汉堡包面包1个，生菜叶1片，番茄1片，洋葱1片，马乃司沙拉酱10克，黄油少许，炸薯条适量，酸黄瓜4小块。

制法：① 将牛肉饼在平底锅上煎熟。

② 将面包切成两片，里面朝上，外面朝下，1片涂上黄油，另1片涂上马乃司沙拉酱。

③ 在面包的上片摆放生菜叶、洋葱、番茄。

④ 在面包的下片摆放牛肉饼。

⑤ 以开放式摆在餐盘上，服务上桌。

⑥ 在餐盘上放一些炸薯条和酸黄瓜作装饰品。

例5-58 公司三明治（Club Sandwich）（1份）

原料：烤成金黄色的白土司面包片3片，生菜叶2片，番茄2片（0.5厘米厚），烤熟的脆咸肉3条，熟鸡肉或火鸡肉3片，马乃司沙拉酱少许。

制法：① 将3片土司面包片摆成一排，涂上马乃司沙拉酱。

② 在第一片面包上放1片生菜叶、2片番茄、3条咸肉。

③ 将第二片面包涂上马乃司沙拉酱，涂酱面朝下，放在第一片面包上，上面再涂上马乃司沙拉酱，放上鸡肉或火鸡肉，放另一片生菜叶。

④ 将第三片面包放在第二片面包上，同样涂马乃司沙拉酱，涂酱面朝下。

⑤ 以对角线将三明治切成4块，每块用1个牙签从中部穿插，对称摆在餐盘上，一个角朝上，以看到其层次为宜。

⑥ 4块三明治的边缘放装饰菜，4块三明治的中部摆放炸薯片或薯条。

例5-59 法式三明治（Monte Cristo Sandwich）（1份）

原料：白面包片2片，切好的熟鸡肉或火鸡肉30克，熟火腿肉30克，瑞士奶酪30克，搅拌好的鸡蛋1个，牛奶30克，黄油适量。

制法：① 将面包片摆放在干净的平面上，抹上黄油。

② 在第一片面包上放鸡肉（或火鸡肉）、火腿肉、奶酪。

③ 将第二片面包放在第一片面包上，涂黄油的部位朝下，用两根牙签从面包相对方向

插入，使其牢固。

④ 将鸡蛋、牛奶混合在一起，搅拌。

⑤ 将三明治粘上牛奶鸡蛋混合液，放入 190 ℃油温中炸成金黄色。

⑥ 以对角线将三明治切成 4 块，摆在盘上，配上适量生菜、黄瓜和西兰花作装饰品。

例 5-60 加拿大咸肉包（Canadian Bacon Bun）（1 份）

原料：加拿大咸肉 2~3 片（约 50 克），汉堡包面包 1 个，软化的黄油或人造黄油适量。

制法：① 将加拿大咸肉放入平底锅，用油煎热。

② 将汉堡包面包切成两半。

③ 将面包的里边涂上黄油或人造黄油。

④ 将涂好黄油的面包放在西式焗炉（salamander）内，里面朝上，烤成金黄色。

⑤ 将面包放在一起，将加拿大咸肉夹在面包中间。

例 5-61 意大利煎奶酪三明治（Mozzarella in Carozza）（生产 10 份）

原料：莫扎瑞拉奶酪 300 克，白面包片 20 片，鸡蛋 6 个，盐少许，植物油适量。

制法：① 把奶酪切成片，放在面包中，用 2 片面包制成 1 个三明治，共制成 10 个三明治。

② 在鸡蛋中加入少许盐，搅拌。

③ 把三明治浸泡在搅拌好的鸡蛋中，直至都粘上鸡蛋液为止。

④ 将三明治放入锅中煎，直到两边都变成金黄色，奶酪熔化为止。

例 5-62 咖喱牛肉比塔（Curried Beef In Pita）（生产 10 份）

原料：比塔面包 10 个，瘦牛肉馅 450 克，洋葱丁 100 克，苹果丁 100 克，无籽葡萄干 25 克，酸奶酪 300 克，细盐适量，咖喱粉少许。

制法：① 将牛肉馅和洋葱放在锅内搅拌，在牛肉馅中加入苹果丁、葡萄干、细盐和咖喱粉，搅拌均匀，盖上锅盖，将炉温调低，焖烧约 5 分钟，直至苹果丁成嫩熟，牛肉馅成熟。

② 将每个比塔面包均匀地切成两半，形成两个兜状，将制作好的牛肉馅分别装入兜中，每个兜中装入约 30 克的牛肉馅，15 克的酸奶酪。

例 5-63 腌牛肉酸菜三明治（Reuben）（生产 4 份）

原料：马乃司 50 克，青椒（切成末）30 克，辣椒酱 30 克，黑面包片 8 片，瑞士奶酪 4 片，腌制的熟牛肉片 100 克，德国酸卷心菜（sauerkraut）100 克，黄油适量。

制法：① 将马乃司、青椒末和辣椒酱搅拌在一起，制成三明治酱。

② 在每片面包上均匀地抹上三明治酱。

③ 将奶酪横切成两半，成为 8 片。

④ 用 4 片面包，在其中的每片面包上放 1 片奶酪，然后放上 25 克的腌牛肉，放上 25 克的酸卷心菜，再将剩下的奶酪分别放在酸卷心菜上，最后将剩下的面包片放上，将抹有三明治酱的那面朝下。

⑤ 平底锅内放黄油，油热后将三明治放入，待一面煎成金黄色时，再煎另一面。煎至奶酪熔化时为止。

例 5-64 开放式牛排三明治（Open-faced Steak Sandwich）（生产 4 份）

原料：白面包片 4 片，黄油适量，牛排（用刀将表面轻轻斩过的，每块约 50 克）4 块，嫩肉粉少许，棕色牛原汤100克，水75克，面粉5克，水田芹嫩枝（watercress）4个。

制法：① 将黄油抹在每片面包上，将每片面包放在一个热的餐盘上。

② 将嫩肉粉撒在牛排上，平底锅内放黄油，油热后，将牛排煎熟，分别放在每块面包上。

③ 将炉子的温度降低，将牛原汤、水和面粉放在一个容器内，搅拌均匀，倒入平底锅中制成少量调味汁，倒在牛排上。

本章小结

开胃菜也称作开胃品、头盆或餐前小吃。其特点是菜肴数量少，味道清新，色泽鲜艳，常带有酸味和咸味并具有开胃作用。开那批是以小块脆面包片、脆饼干等为底托，上面放有少量的或小块的，带有特色的，熟制的冷肉、冷鱼、鸡蛋片、酸黄瓜、鹅肝酱或鱼子酱等。鸡尾菜指以海鲜或水果为主要原料，配以酸味或浓味的调味酱制成的开胃菜。迪普是由英语单词Dip音译而成，它由调味酱与脆嫩的蔬菜组成。食用时，将主体菜蘸调味酱。沙拉是一种冷菜。传统上，作为西餐的开胃菜，主要原料是绿叶蔬菜。现代沙拉在欧美人的饮食中起着越来越重要的作用，可作为开胃菜、主菜、辅菜、甜菜。沙拉的原料从过去单一的绿叶生菜发展为各种畜肉、家禽、水产品、蔬菜、鸡蛋、水果、干果、奶酪，甚至谷物等。三明治或三文治是由面包和熟制的动物原料、蔬菜和调味酱组成。其中，面包必须与三明治的夹层原料相配合，高质量的三明治应使用质量高的面包。因为三明治的外观、质地、味道和形状都离不开面包的质量。

一、多项选择题

1. 开胃菜称作（　　）。

（1）开胃品

（2）头盆

（3）鱼子酱

（4）汤

2. 根据开胃菜的组成、形状和特点，开胃菜常分为（　　）。

（1）开那批

（2）鸡尾菜

（3）迪普

（4）沙拉

3. 法国沙拉酱（　　）。

（1）可称为法国少司

（2）可称为醋油少司

(3) 由植物油、酸性物质和调味品混合而成

(4) 常放入鸡蛋黄，以增加其浓度

二、判断题

1. 装饰菜是沙拉的配菜，它不像主体菜那么重要。然而，它在质地、颜色、味道方面为沙拉增添了特色。(　　)

2. 千岛沙拉酱以法国沙拉酱为主要原料制成。(　　)

3. 厨师沙拉属于主菜沙拉。(　　)

三、名词解释

三明治（sandwich）　沙拉（salad）　鸡尾菜（cocktail）　迪普（dip）　汉堡包（hamburger）

四、思考题

1. 简述开胃菜种类与特点。

2. 简述沙拉组成。

3. 简述沙拉种类及其特点。

4. 简述法国沙拉酱。

5. 简述三明治组成及各种原料的作用。

西餐厅的烹饪与切配表演

当今视觉效应在西餐营销中愈加受到重视，许多西餐经营人员在销售菜肴和酒水时利用各种视觉效应营销收到理想的销售效果。例如，沙拉吧（Salad Bar）、菜肴展示、自助餐台、酒架和酒柜展示及客前烹调表演等。

所谓西餐烹调表演是西餐服务员在餐厅，面对顾客在烹调车或轻便服务桌上制作有观赏价值的菜肴及运用艺术切割法切割水果、奶酪、熟制的菜肴及搅拌少司等的演示。这些表演的目的是创造餐厅气氛和特色，增加企业知名度，提高营业额。瑞士餐饮管理专家沃尔特·班士曼（Walter Bachmann）在评价西餐烹调表演时说："我相信在顾客面前做一些烹调表演、燃焰和切割已经成为高级西餐厅中最吸引顾客的服务项目。"根据顾客调查，西餐烹调表演有许多优点，如增加餐厅气氛，使顾客得到享受，增加视觉效应，增加餐厅营业收入。同时，客前烹调的香味和经过艺术切割的水果吸引了许多顾客的注意力。然而，也存在着一定的局限性和缺点，这种表演只适合一部分顾客。许多顾客在用餐时不希望过多地被打搅。同时，这种表演需要较大的空间，需要经过专业培训的厨师或服务员，需要购买专业设备，污染环境，成本高。从而，使菜肴的价格高于一般餐厅。此外，需要周密的安全措施。综上所述，不是任何西餐厅都能够采用餐厅烹调表演。因此，经营西餐的企业必须根据目标顾客的需求及自身的条件决定是否需要餐厅烹调与切割表演及其形式。下面是烹调表演的案例。

例1 龙虾荷兰少司表演（Lobster with Hollandaise Sauce）

烹调用具：切菜板1块，厨刀1把，酒精炉1个，主菜匙、主菜叉、洗手盅各1个，餐盘1个，杂物盘1个，铺好餐巾的椭圆形盘1个。

食品原料：烹制好的龙虾1个，荷兰少司适量，香菜嫩茎4根。

厨房准备：将龙虾烹调熟，连带锅中的调味汁一起放入一个可以加热的圆形无柄平底锅内，锅放在酒精炉上；将荷兰少司倒入少司盅内，待用。

表演程序：① 用服务匙和服务叉将龙虾从锅中取出，放在铺好餐巾的椭圆形餐盘上，使龙虾的汁浸在餐巾上，放到切菜板上，左手用口布按住龙虾，右手用厨刀切下龙虾腿，把切下的龙虾腿与虾身分开。

② 用餐巾把虾头包住，从头下部把虾纵向切成两半，再把虾头纵向切成两半，用服务叉和服务匙取出龙虾头中和背部的黑体与黑线。

③ 用服务叉和服务匙，从龙虾尾部将虾肉取出，用服务匙压住虾壳，用叉子取肉，并用厨刀切下头部的触角。

④ 左手用餐巾握住龙虾大爪，右手用厨刀背将大爪劈开，并用服务叉取出虾肉。

⑤ 用厨刀将龙虾头部的肉切整齐。

⑥ 把龙虾肉整齐地放在餐盘上，虾肉浇上荷兰少司，盘中摆放虾壳、小爪和香菜嫩茎作装饰。

例2 苏珊煎饼表演（Crepes Suzette）（2份）

烹调用具：酒精炉1个，暖碟器1个，平底锅1个，服务匙1个，服务叉1个，餐盘1个。

食品原料：4个脆煎饼，白砂糖30克，黄油20克，橙子汁100毫升，橙子利口酒、白兰地酒各少许，橙子皮切成的丝与橙子瓣适量。

表演程序：① 将平底锅放在酒精炉上加热，将白砂糖放入平底锅熬成至金黄色，加黄油使它充分溶解，加少量橙子汁搅拌，再加少量柠檬汁，煮几分钟后，倒入适量橙子利口酒。

② 用服务匙将脆煎饼挑起旋转，使其裹在服务叉上。将薄饼摊开，放在平底锅锅内使薄饼与锅中的调味汁充分接触，蘸匀糖汁后将其对折，将其移至锅内的一边。将其余的3张薄饼依次按照这个方法完成，整齐地摆在平底锅内。

③ 将橙子皮丝撒在薄饼表面，将橙子瓣摆放在薄饼表面。

④ 在锅内倒入适量白兰地酒，使白兰地酒在锅内微微起火，将两个薄饼摆放在一个餐盘中，将锅中的糖汁浇于薄饼表面上。

例3 火焰香蕉表演（Banana Flambe）（2份）

烹调用具：暖碟器1个，平底锅1个，服务匙1个，服务叉1个，酒精炉1个。

食品原料：去皮香蕉3个，竖切成6块，黄油20克，白砂糖30克，红糖10克，朗姆酒适量，烤熟的杏仁片适量。

表演程序：① 把平底锅放在酒精炉上加热，放黄油熔化，加白糖、红糖，用服务匙轻轻搅拌，使颜色成为浅棕色。

② 把香蕉放进平底锅，让香蕉的刀口部分朝上，当香蕉底部着色时，用服务刀和服务叉把香蕉片翻转过来，使香蕉刀口部朝下，继续在糖液中烹调，直到香蕉外部全部着色

为止。

③ 把少许朗姆酒倒入锅中，朗姆酒接触到平底锅的锅沿，产生火焰。

④ 用服务匙和服务叉把香蕉取出放在餐盘上，香蕉背部朝下，在香蕉上面浇上浓糖汁，再在香蕉上撒上适量杏仁片。

西餐切配表演是厨师或经过特别训练的服务员面对顾客，在餐厅的表演桌上用艺术切割法切割水果、奶酪、熟的畜肉、家禽和海鲜等，并且把它们组装在餐盘的过程。西餐切配表演是西餐厅向顾客展示自己服务技术和促进菜肴与酒水销售的策略之一。但是，这种表演需要认真管理和培训，注意选择有观赏性的设备、器皿和用具，控制菜肴的温度、餐盘的温度，讲究切割程序和方法，选择有观赏价值的切割工艺，选择在形状、颜色、味道及各方面都使顾客满意的菜肴及原料。

例 4　肝批切配表演（Liver Pate）

肝批（Liver Pate）是以绞碎的动物肝脏为主要原料经调味品和黄油搅拌制成糊状，放入长方形的模具成型后，烘烤成熟的菜肴。“批”的含义是肉糕或肉饼。

表演用具：烫刀用的金属锅（精致的，带有锅盖子和提手，装上热水，专用）1 个，主菜刀 2 把，服务匙 1 个，服务叉 1 个。

菜肴：鹅肝批 1 块（带模具一起放在服务桌上），切碎的海鲜冻少许，烤干的圆形薄面包片 6 片。

表演程序：① 在热水锅中温热餐刀，切一片鹅肝批后，将餐刀放在热水锅中烫一次，烫刀后，应用口布把刀上的水擦干。

② 用左手稳住鹅肝批模具，用右手从模具的右边将鹅肝批切成片，然后，沿着模具边的周围切一圈，使它与模具分离。

③ 第一片鹅肝批切得薄一些，这一片是贴在模具边沿的，放在一边，留作他用。

④ 再切 1 厘米厚的鹅肝批，用双手持两主菜刀将鹅肝批片放入餐盘上，切去冻在批上的黄油，将海鲜冻放在鹅肝批的两边，用两片面包片作配菜。

例 5　切配烤火鸡表演（Roast Turkey）

表演用具：小木板 1 块，厨刀 1 把，片鱼刀 1 把，服务匙 1 个，服务叉 1 个，餐盘 1 个。

菜肴：烤熟的火鸡 1 只，煸炒熟的土豆片与蘑菇片适量，棕色原汤 50 毫升，白葡萄酒 20 毫升，水田芹（watercress）50 克。

表演程序：① 把火鸡放在木板上，背部朝上，用厨刀将鸡腿切下，用服务叉将鸡腿放到木板上，将大腿部和小腿分开，把大腿肉切成薄片。

② 用片刀将火鸡胸肉切成薄片，左手用服务匙按住火鸡，右手握刀，尽量把鸡胸肉切得宽些，直至将两边火鸡胸肉全部切下。

③ 将火鸡肉整齐地摆放在餐盘中，用水田芹和熟土豆与蘑菇作配菜。

④ 将烤火鸡盘中的原汁去掉浮油，与白葡萄酒、少量的棕色原汤放在一起搅拌制成少司，浇在火鸡肉上。

例 6　橙子切配表演（Orange）

表演用具：水果刀 1 把，主菜匙 1 个，主菜叉 1 个，餐盘 1 个，杂物盘 1 个。

菜 肴：洗干净的橙子 1 个，白糖少许，橙子利口酒少许。

表演程序：① 用水果刀从橙子的根部切下一片（约 0.5 厘米厚），用叉子叉住橙子，橙子的根部朝向叉尖，然后再从根部叉上橙子。

② 左手拿稳服务叉，右手持刀，从橙子的切口向根部削皮，将橙子的白筋切下。

③ 右手用刀将橙子从服务叉上剥落下来，放在餐盘上，左手用叉重新按住橙子的根部，右手用刀将橙子横切成薄片，整齐地摆放在餐盘上，撒上一些白糖或橙子利口酒。

第6章

主　菜

本章导读

主菜是西餐中最主要的一道菜肴，不论在正餐还是宴会中，主菜都是其主体。通过本章的学习，读者可了解畜肉和禽肉的组成和不同部位的特点，掌握畜肉、禽肉、水产品及淀粉和鸡蛋类菜肴的生产原理及蔬菜的烹调方法，学习主菜生产的案例。

6.1 畜肉类主菜

6.1.1 畜肉概述

畜肉是生产主菜的主要原料之一（见图6-1），畜肉含有很高的营养成分，用途广泛。畜肉主要由水、蛋白质和脂肪等成分构成，其含水量约占肌肉的74%，蛋白质含量较多，约占肌肉的20%，遇热会凝固。畜肉中的蛋白质凝固与畜肉的生熟度密切相关。畜肉失去的水分越多，其蛋白质凝固程度就越高。脂肪是增加畜肉味道和嫩度的重要因素，约占肌肉

扒牛排带咖啡威士忌酒少司

诺曼底猪肉苹果

焗酥皮羊排

图6-1　著名的畜肉菜肴

的5%。一块带有脂肪的牛肉，如果脂肪结构像大理石花纹一样时，其味道非常理想。这种网状脂肪结构会使肌肉纤维分开，易于咀嚼。畜肉在烹调时，脂肪还可以担当水分和营养的保护层作用。畜肉含少量糖或碳水化合物，尽管含量低，却扮演着重要角色。

畜肉中的瘦肉由肌肉纤维组成，肌肉纤维决定着畜肉的质地。质地嫩的畜肉其肌肉纤维细，反之肌肉纤维粗糙。构成畜肉中的纤维连接物是畜肉中的蛋白质，称为结缔组织。越是经常活动的畜肉部位，其结缔组织就越多，通常家畜的腿部比背部的结缔组织多。畜肉常有两种结缔组织，白色胶原和黄色的弹性硬蛋白。在西餐烹调中，常用炖和烩等烹调方法制作带有胶原的畜肉。此外，在畜肉中放入嫩化剂也可使其胶质嫩化。

6.1.2 畜肉部位

1. 颈部肉（chuck）

这一部位分为两部分，一部分是接近头部的肉，肉质比较老，常使用煮和焖的方法。第二部分是接近后背中部的肉块（rib），肉质较嫩，可使用烤和扒等方法制成菜肴。

2. 后背肉（loin & rib）

后背肉，也称为腰肉或通脊肉，在畜肉中是肉质最嫩的部位，这一部位的结缔组织很少，其内部有着像大理石花纹一样的脂肪。这个部位由3个部分组成：前膀（rib）、后背中部肉（rib short loin）和后背中后部肉（sirloin）。其中，后背中后部肉质最嫩，适用于扒、焗、煎和炸等方法制成的菜肴。

3. 后腿肉（round）

后腿肉是靠近背部的肉块，肉质嫩，适用烤或扒的烹调方法。接近腿部的部分，肉嫩度稍差。需用煮、炖和烩等方法制成菜肴。

4. 肚皮肉（belly）

肚皮肉包括3个部分：靠近前腿的肚皮肉（brisket），中部肚皮肉（plate）和后腿肚皮肉（flank）。肚皮肉的肉质老，适合由炖和焖的方法制成的菜肴或制成肉馅。

5. 小腿肉（shank）

小腿肉的纤维素多，肉质较老。适合于炖、煮和烩等方法制成的菜肴。

由于西餐烹调技术的提高和嫩肉剂的使用，可以使肉质老的肉块嫩化。此外，由于畜牧业的发展和家畜养殖技术的提高，畜肉的嫩度也不断提高。这样，肉类各部位嫩度不断提高，其嫩度的区别也不断缩小。

6.1.3 畜肉成熟度

畜肉成熟常与肉的内部温度紧密联系（见表6-1）。通常厨房使用温度计测量肉的内部温度或观看肉外部颜色和测量畜肉弹力的方法测量畜肉的成熟度。

表6-1 畜肉成熟度与内部颜色、内部温度对照表

畜肉成熟度	畜 肉 特 点
三四成熟 （Rare）的畜肉	畜肉内部颜色为红色，压迫畜肉时没有弹力并留有痕迹，肉质较硬。牛肉的内部温度是49～52℃，羊肉的内部温度是52～54℃；三四成熟的猪肉不能食用，猪肉必须是全熟

续表

畜肉成熟度	畜　肉　特　点
五六成熟（Medium）的畜肉	畜肉的内部颜色为粉红色，压迫时，没有弹力并留有很小的痕迹，肉质较硬。牛肉内部温度是60～63 ℃，羊肉的内部温度是63 ℃，五六成熟的猪肉不能食用
七八成熟（Well-done）的畜肉	畜肉内部颜色没有红色，用手压迫时，没有痕迹，肉质硬，弹力强。牛肉及羊肉的内部温度都是71 ℃，猪肉的内部温度是74～77 ℃

6.1.4 畜肉生产原理

常用的畜肉烹调工艺有：烤（roasting）、焗（broiling）、扒（grilling）、煎（pan-frying）、炖（simmering）、焖（braising）、烩（stew）等方法。畜肉在制作前，应注意其嫩度与烹调方法之间的联系，根据各部位的嫩度选择适合的烹调方法。

6.1.5 畜肉菜肴案例

例6-1 烤牛前膀肉原汁少司（Roast Rib of Beef au Jus）（生产25份，每份180克）

原料：带骨牛前膀肉9 000克，洋葱250克，西芹125克，胡萝卜125克，棕色原汤2升，细盐、胡椒粉各少许。

制法：① 将整理好的牛前膀肉带有脂肪的一面朝上，摆放在烤盘内，并将温度计插入牛肉内。烹调时间为3～4小时。烤炉的温度需要在150 ℃，五六成熟的牛肉的内部温度应在60 ℃以上。切割前，将烤好的牛肉在烤炉内停留30分钟。

② 将牛肉从烤盘内取出，去掉约1/2的烤肉滴下的油脂，放洋葱、西芹和胡萝卜。

③ 用高温将洋葱、西芹和胡萝卜烤成棕色，再撇去浮油，放500克棕色原汤，用高温将棕色原汤与烤肉原汁融合在一起。

④ 将混合好的烤肉原汁与剩下的1.5升棕色原汤放在少司锅中，混合在一起，用高温加热，蒸发约1/3的液体后过滤，用细盐与胡椒粉调味，制成原汁少司。

⑤ 上桌时，切去骨头，将牛肉切成片，分为25份，每份带有约45毫升的原汁少司。

例6-2 烤羊脊背肉（Roast Rack of Lamb）（生产8份，每份肉带有两根肋骨）

原料：羊脊背肉两块（每块带有8根肋骨），细盐和胡椒粉各少许，大蒜（剁成碎末）2瓣，棕色原汤500毫升。

制法：① 将修整好的羊脊背肉放在烤盘内，将带有脂肪的一面朝上。

② 将烤炉的温度调至230 ℃，将羊肉烤至五六成熟，大约需要30分钟。

③ 将烤好的羊肉从烤盘中取出，放在温暖的地方。

④ 将烤箱的温度调至中等温度，将蒜末放在烤羊肉的原汁中，加热1分钟，放棕色原汤，用高温继续加热，至蒸发一半的水分后，用胡椒粉和细盐调味，制成原汁少司。

⑤ 顺肋骨将烤好的羊肉切片，每份羊肉两片带有两根肋骨。每份烤羊肉带有30毫升的原汁少司。

例6-3 扒牛排马德拉少司（Grilled Sirloin Steak with Madeira Sauce）（按需要生产，每份约170克牛肉）

原料：西冷牛排（Sirloin Steak）数块（根据需要，每块约170克），植物油、马德拉少司（Madeira Sauce，由棕色少司、马德拉葡萄酒与调味品制成）和棕色少司适量，淀粉类原料和蔬菜配菜适量。

制法：① 修剪牛排，将牛排放入植物油的容器中，然后沥去多余的油。

② 将牛排放在预热的扒炉上，牛排约 1/4 的成熟度时，将牛排调整角度，使牛排的外观烙上菱形的烙印（约调整 60°）。

③ 当牛排半熟时，将牛排翻面，扒牛排的另一面，直至全部扒熟。

④ 将牛排放在热的主菜盘中，放上淀粉类配菜和蔬菜配菜。上桌时，将马德拉少司放在少司容器中，与牛排一起上桌。

例 6-4 罗马式火腿牛排（Saltimbocca alla Romana）（生产 16 份，每份 90 克）

原料：小牛肉排 32 块（每块约 45 克），盐和白胡椒粉少许，与小牛排直径相等的火腿肉片 32 片，洋苏叶 32 片，黄油 110 克，白葡萄酒 350 毫升。

制法：① 把扇形小牛排用木槌拍松，加盐和白胡椒粉调味。然后，把火腿肉片和洋苏叶均匀地放在每个牛排的顶部，用牙签把它们固定。

② 用黄油将牛排的两面煎成金黄色。

③ 加白葡萄酒继续煎，直到肉熟和白葡萄酒已减少一部分，约需要 5 分钟。

④ 装盘时，每盘装两块牛排，火腿面朝上，每块牛排浇上一小匙原汤。

例 6-5 意大利瓤馅牛排（Costolette di Vitello Ripieno alla Valdostana）（生产 6 份，每份 1 块牛排）

原料：小牛肋牛排 16 块，芳蒂娜奶酪（Fantina）340 克，白胡椒粉、盐、面粉、鸡蛋液、面包屑、黄油各适量，迷迭香末 1.5 克。

制法：① 用刀将肋骨排整理，将粘连在牛排上的筋和软骨去掉，仅留下肋骨。

② 牛排横切 1 个小口，形成口袋状，用木槌轻轻地将小牛排拍平，小心不要将牛排拍散。

③ 将奶酪切成薄片后，填满牛排的切口，要保证所有奶酪都填在该口袋内，不要散到外面，并将切口轻轻捏紧，用少许盐和胡椒粉撒在牛排上。

④ 准备一块面板，将迷迭香末与面包屑搅拌，将小牛排粘上面粉、鸡蛋液，再粘上面包屑。

⑤ 将牛排放入平底锅中，用黄油煎熟，立即上桌。

例 6-6 瑞典莳萝牛肉（Sweden Dillkott）（生产 16 份，每份 175 克）

原料：经初加工的小牛前腿肉（切成 2.5 厘米正方形块）3 200 克，洋葱丁 100 克，香料袋 1 个（内装香菜茎 5 根、胡椒粒 6 个、香叶 1 片），自来水 2 升，盐 15 克，新鲜莳萝末 14 克，油面酱（黄油和面粉炒好的糊）120 克，柠檬汁 30 毫升，红糖 7 克，续随子（capers）20 克。

制法：① 把牛肉块放入锅里，加洋葱、香料袋、水和盐煮沸，撇去浮沫，改成小火，加一半莳萝末，慢慢煮，直至嫩熟时，煮 1.5～2 小时。

② 将肉汤过滤后，倒入另一个锅内，把汤中的洋葱和香料袋扔掉。

③ 用高温煮肉汤，直至浓缩，减少到约 1 000 克。

④ 将油面酱放入汤中，使汤变稠，加炖好的牛肉块、柠檬汁、红糖、莳萝末和续随子，用盐调制好味道。

例 6-7 炖五花牛肉（Simmer Fresh Beef Brisket）（生产 25 份，每份 110 克）

原料：修剪好的鲜五花牛肉 4 500 克、洋葱 230 克，胡萝卜和西芹各 110 克，大蒜 2 瓣，香叶 1 片，胡椒粒 1 克，丁香 2 粒，香菜梗 6 根，辣根少司（Horseradsh Sauce）适量，盐少许。

制法：① 将牛肉放沸水中煮开，然后移到小火炖。

② 将洋葱、胡萝卜和西芹切成块并与其他调味品一起放入牛肉锅内。

③ 将肉煮至嫩熟后捞出，放浅盘内，加适量原汤，使其浸泡在汤中。

④ 将煮熟的牛肉切成片，浇上辣根少司，配上煮熟的蔬菜。

例 6-8 焖牛舌（Braised Ox Tongue）（生产 10 份，每份 55 克）

原料：牛舌 2 条（约 700 克），洋葱丁、胡萝卜丁各 100 克，香叶 1 片，番茄酱 100 克，黄油 100 克，面粉、盐、胡椒粉、辣酱油各适量，牛原汤 250 克，红葡萄酒 30 克。

制法：① 将修整好的牛舌放入清水中，煮至六七成熟。

② 将煎锅烧热后放黄油，将牛舌四边煎黄后，放入少量红葡萄酒和辣酱油，盖上锅盖，焖烧数分钟。

③ 另取焖锅将洋葱丁、胡萝卜丁煸炒成金黄色，加入番茄酱及香叶。煸炒后，放入少量面粉，再煸炒数分钟，放牛舌，同时倒入牛原汤。牛原汤的高度应是牛舌高度的 2/3。

④ 用旺火将它们烧开后，用小火继续焖烧，直至焖熟。

⑤ 用适量盐、胡椒粉调味后，取出牛舌，切片装盘，汤汁滤清后，浇在牛舌上。

例 6-9 那波利炖猪排（Lombatine di Maiale alla Napoletana）（生产 16 份，每份 110 克）

原料：意大利青椒或灯笼椒（红色或绿色）6 个，蘑菇 700 克，番茄 1 400 克，橄榄油 180 毫升，大蒜瓣（剁成末）2 个，猪排 16 块，盐和胡椒粉各少许。

制法：① 把青椒放在炉上烧，直到表面变深色，在流动水下去掉皮，除去里面的籽和核，把青椒切成条状。

② 把蘑菇切成薄片，把番茄去皮去籽，切成条。

③ 在较大的平底锅放橄榄油，油热后加蒜末煸炒，直到变成淡黄色，取出扔掉。

④ 用胡椒粉和盐将猪排调味，放油中煎成金黄色，完全变色后取出，放一边待用。

⑤ 在油中放辣椒条和蘑菇条煸炒，把肉排和番茄丁放入锅中，盖上锅盖，放在烤箱里烤，中等温度，直到肉块成熟。番茄将会释放湿度将肉排炖熟，厨师应不断地检查锅中的水分，防止干锅。

⑥ 肉块炖熟后，从锅中取出，保持热度。上桌时，猪排放汤汁和装饰蔬菜。

例 6-10 布鲁塞尔红烩牛排（Beef Steak Bruxelloise）（生产 10 份，每份 150 克）

原料：嫩牛肉 1 500 克，洋葱丁 100 克，西芹丁 50 克，胡萝卜丁 50 克，煮熟的胡萝卜块 100 克，煮熟的白萝卜块 100 克，小卷心菜 100 克，煮熟的青豆 50 克，植物油 100 克，红葡萄酒 100 克，香叶 1 片，番茄酱 50 克，油面酱（roux）50 克，盐和胡椒粉及辣酱油各少许。

制法：① 将牛肉切成 10 大块，用木槌拍松，撒上盐和胡椒粉，用油煎成金黄色，放入烩肉锅。

② 将平底锅烧热，放植物油，放洋葱丁、西芹丁、胡萝卜丁、香叶，煸炒成金黄色，放番茄酱，煸炒后倒入牛肉锅内，加适量的清水、少许辣酱油，煮沸后盖上锅盖，用低温炖 2 小时，直至牛肉酥烂，取出待用。将牛肉锅中的原汁与油面酱均匀地混合在一起，用盐和

胡椒粉调味，制成调味汁。

③ 将炖好的牛肉放在调味汁中，加入胡萝卜块、白萝卜块、小卷心菜炖5分钟。上桌时，将每餐盘放一块牛肉，放一些蔬菜和煮熟的青豆作配菜，上面浇上一些调味汁。

例6-11 烩牛肉（Carbonnade a la Flamande）（生产16份，每份180克）

原料：洋葱、胡萝卜和卷心菜各500克，蔬菜油适量，面粉170克，盐10克，胡椒粉2克，牛前膀肉（切成2.5厘米长正方形块）2 300克，黑啤酒1.25升，棕色牛原汤1.25升，调味袋1个（内装香叶2片、百里香1克、香菜茎8根、胡椒8粒），煮熟的马铃薯适量。

制法：① 把洋葱剥皮切成块，将胡萝卜和卷心菜切成块，用油将洋葱煸炒成浅金黄色后，放胡萝卜和卷心菜一起煸炒，并放置一边待用。

② 在面粉中放少量盐和胡椒粉调味，把肉撒上面粉，把过多的面粉从肉上筛下去。

③ 将肉块煸炒成金黄色，注意每次不要摆放太多的肉块，当肉块成金黄色时，把它们放在盛有蔬菜的锅内。

④ 将黑啤酒、调味袋、原汤放入牛肉和蔬菜锅中。烧开后，放入烤箱内，加热至160 ℃直至肉熟烂，需要2～3小时。

⑤ 去掉浮油，调匀调味汁，调味。上桌时，与煮熟的马铃薯一起上桌。

6.2 家禽类主菜

家禽在西餐中扮演着重要的作用（见图6-2），尽管家禽生产与其他食品生产工艺有许多相同点，然而由于家禽肉质较嫩，其生产工艺有着自己的特点。

白炖辣味鲜蘑鸡块

焗火鸡意面

烤鸭串带猕猴桃

图6-2 家禽类菜肴

6.2.1 家禽生产原理

家禽菜肴生产有着特殊性，这种特殊性与其肉质结构和形状紧密联系。烹调整只家禽，鸡胸肉成熟的速度比家禽腿肉成熟的速度快。这样，当鸡腿肉完全成熟时，鸡胸肉已经过火了。尤其是使用烤的方法生产整只家禽时，这种现象表现得更明显。通常在整只家禽的外部刷上一层植物油可以保护禽肉的外皮，使其外观更完整，也保护了家禽胸肉中的水分。在烤制家禽时，用绳子将整只家禽的翅膀和大腿部进行捆绑，它的各部位成熟度表现得比较均匀。为了充分利用家禽本身的特点，保持其内部水分和嫩度，对家禽不同部位可采取不同的烹调方法。例如，采用煸炒的方法烹制鸡胸肉，采用烧焖的方法加工火鸡的翅膀。

6.2.2 家禽菜肴成熟度

根据卫生检疫，家禽菜肴烹调至十成熟时才能食用。因为家禽肉内含有沙门氏菌。因此，保持适当的成熟度和防止家禽过火通常是矛盾的，为了保证家禽菜肴的嫩度，一方面凭借生产经验，另一方面应通过禽肉内部温度测试其成熟度。对于较大体形的家禽，可将温度计插入大腿部，当温度计显示 82 ℃时，表示家禽已经完全成熟。对于家禽翅膀和大腿等部位成熟度的鉴别可通过以下措施：

① 家禽的各部位呈松散状，说明完全成熟；

② 用烹调针插入禽肉，观察内部的肉汁，呈透明状及没有红色或粉红色，说明完全成熟；

③ 肉与骨头分离，说明完全成熟；

④ 用手按压禽肉时，呈现结实状，说明完全成熟。

6.2.3 家禽菜肴案例

例 6-12 烤火鸡苹果少司（Roast Turkey with Apple Sauce）（供 10 人食用）

原料：火鸡一只约 3 500 克，苹果少司 300 克，熟红菜头丁 250 克，豌豆 250 克，加工好的菜花 250 克，栗子 500 克，黄油 250 克，烤熟的马铃薯 20 个，西芹、胡萝卜和洋葱各 100 克，香叶 2 片，胡椒粉 5 克，精盐 20 克，香槟酒 15 毫升，生菜 500 克，砂糖和牛奶适量。

制法：① 将火鸡洗净后用线绳将火鸡捆绑好，使它受热均匀。

② 在火鸡外皮撒上精盐、胡椒粉，用手搓匀，撒上黄油，鸡脯朝上，放在烤盘上。

③ 将胡萝卜块、洋葱块、西芹块和香叶放在火鸡内及它的四周。在烤盘内放些水和香槟酒，然后将火鸡送炉内，炉温为 200 ℃。待火鸡烤至金黄色时，降低炉内温度，直至成熟。

④ 将栗子煮熟，捞出剥去皮，加黄油、砂糖和牛奶焖熟待用，将豌豆煸炒成熟，待用，将菜花放入鸡原汤中煮熟，待用。

⑤ 将烤好的火鸡装入大浅盘中，将烤熟的马铃薯摆在火鸡周围，将栗子放在盘中间，将菜花、豌豆、红菜头丁交叉着摆成堆，用少许生菜叶围边。

⑥ 将烤火鸡原汁过滤，上火烧开，浇在鸡腿上，苹果少司分装两个容器内一起上桌。

例 6-13 烤鸡原汁少司（Roast Chicken with Natural Gravy）（生产 16 份，每份 1/4 只鸡）

原料：嫩肉鸡 4 只（每只 1 400～1 600 克），洋葱丁 180 克，西芹丁 90 克，胡萝卜丁 90 克，细盐和胡椒粉各少许，浓鸡汤 3 升，玉米粉 69 克，冷水 60 毫升。

制法：① 用胡椒粉与细盐涂抹肉鸡的内部和外皮，将肉鸡捆绑好，在鸡的外部刷上植物油。

② 将西芹、洋葱和胡萝卜放在烤盘上，在烤盘上放上烤架，将鸡放在烤架上，鸡胸脯部朝下。

③ 将烤炉调至 230 ℃，将鸡烤 15 分钟后，调至 165 ℃，烤 45～60 分钟，将肉鸡翻面，鸡胸脯朝上，将烤盘滴下的鸡油浇在鸡胸上，约 45 分钟后成熟，取出后，放在温热的地方。

④ 将鸡取出后，取出烤架，用高温将洋葱、西芹和胡萝卜烤成浅棕色后，撇去浮油，倒入鸡汤内，再将混合好的鸡汤和烤鸡的原汁倒入煮锅中加热，使其浓缩，蒸发掉1/3的水分。

⑤ 将玉米粉与冷水混合在一起，倒入浓缩的鸡汤中，放盐和胡椒粉调味，用低温炖，使其浓缩，过滤，制成少司。

⑥ 上桌时，每份烤鸡带60毫升的原汁少司。

例6-14　烤肉鸡（Baked Chicken）（生产24份，每份1/4只鸡）

原料：整理好的嫩肉鸡块（整鸡切成4块），面粉230克，细盐25克，辣椒粉4克，白胡椒粉1克，百里香0.5克，植物油450克。

制法：① 将面粉、细盐、辣椒粉、白胡椒粉和百里香混合在一起。

② 用干净的烹调纸将鸡上的水分吸干，将调味面粉撒在鸡上。

③ 将鸡的外部刷上或喷上少量的植物油。

④ 将鸡放在烤盘上，皮朝上，烤炉的温度约175℃，直至烤熟，约1小时。

例6-15　焗童子鸡（Broiled Chicken）（生产10份，每份半只整鸡）

原料：童子鸡5只（每只约900克），植物油120毫升，细盐和胡椒粉各少许。

制法：① 将童子鸡整理好，切成两半，用盐和胡椒粉涂抹在鸡肉上，两面刷上植物油。

② 将刷过植物油的童子鸡放在烤架上，用较低的温度烤成半熟，成浅棕色。

③ 用烹调夹将童子鸡翻面，继续烤，直至成熟，并将其表皮烤成理想的棕色。

④ 上桌时，皮朝上，半只童子鸡放入一个主餐盘中，旁边放上淀粉类配菜和蔬菜。

例6-16　煎面包糊鸡排（Chicken Supremes Marechale）（生产1份，每份110克）

原料：去皮鸡脯肉1块（约120克），鸡汁少司60毫升，煮熟的鲜芦笋尖3根，块菌（truffle）1个（切成片），少许食盐和胡椒粉，鸡蛋2个（搅均匀），面包渣和面粉适量，植物油300克。

制法：① 将鸡肉稍加修整，用木槌拍松，使其厚度均匀。

② 将少许盐和胡椒粉撒在鸡肉上并将鸡肉两面粘上面粉、鸡蛋液和面包渣。

③ 将挂好糊的鸡肉放在煎锅内煎熟。

④ 将鸡汁少司加热后，浇在鸡肉上，配上芦笋和块菌。

例6-17　扒茴香鸡脯（Grilled Chicken Breast with Fennel）（生产1份，每份110克）

原料：去皮鸡脯肉1块（约110克），大蒜1瓣，新鲜茴香20克，小洋葱5克，橄榄油和黄油各适量，法国茴香油、盐、胡椒粉、压碎的茴香籽各少许。

制法：① 将大蒜和小洋葱切碎。

② 橄榄油、蒜末、茴香籽、盐和胡椒粉搅拌在一起。

③ 将鸡脯肉整理好，用木槌拍松，放在橄榄油中，腌渍片刻。

④ 将腌好的鸡脯肉放在扒炉上烤，边烤边浇些橄榄油。

⑤ 将法国茴香油、盐和胡椒粉兑成汁，浇在餐盘上，上面摆放扒好的鸡脯肉。

⑥ 将新鲜茴香煸炒熟后，摆在鸡脯肉上作装饰品。

例6-18　串烤鸡片（Chicken Brochette Clermont）（生产1份，每份80克）

原料：鸡脯肉50克，咸火腿肉30克，洋葱20克，蘑菇10克，棕色少司15克，胡椒粉和植物油各少许。

制法：① 将鸡脯肉、咸火腿肉、洋葱和蘑菇切成 3 厘米见方或圆形片。

② 用扦子将鸡肉、火腿肉、蘑菇、洋葱片串好，片与片之间不要太紧，以便烤透。

③ 将串好的鸡肉片，撒上胡椒粉，抹上植物油，放在扒炉烤熟后取下，装盘。

④ 浇上棕色少司，在鸡肉两旁放一些蔬菜作装饰品。

例 6-19 嫩煎鸡脯肉带鲜蘑少司（Sauteed Breast of Chicken with Mushroom Sauce）（生产 10 份，每份 110 克）

原料：带皮去骨的鸡脯肉 10 块（约 1 600 克），熔化的黄油 60 克，面粉 60 克，白鲜蘑片 280 克，柠檬汁 30 毫升，奶油鸡少司（supreme sauce）600 克，盐和胡椒粉各少许。

制法：① 将黄油放在平底锅中加热，用盐和胡椒粉将鸡肉抓一下，调味并粘上面粉，将鸡脯肉放在平底锅中嫩煎，皮朝下。

② 将鸡脯肉煎成半熟，皮成为浅棕色，翻至另一面，继续嫩煎，直至成熟。

③ 将煎熟的鸡脯肉，皮朝上，放在热的主餐盘上。

④ 将鲜蘑片放在平底锅中，煸炒成金黄色，放柠檬汁和奶油鸡少司，炖几分钟后，直至减少部分水分，达到理想的浓度并制成鲜蘑少司。

⑤ 每份鸡肉浇上约 60 毫升的鲜蘑少司，旁边放上淀粉类配菜和蔬菜。

例 6-20 炸黄油鸡卷（Chicken Kiev）（生产 4 份，每份 125 克）

原料：去骨去皮鸡脯肉 4 块（每块 125 克），黄油（室温）60 克，大蒜（剁成末）2 瓣，鸡蛋 2 个，面粉、面包屑、蛋黄奶油少司（allemande sauce）、盐和胡椒粉各少许。

制法：① 将大蒜末和黄油混合在一起，制成 4 个大小相等的长方形的条，约 5 厘米×1 厘米。

② 将鸡脯肉放入两层烹调纸之间，用木槌将鸡肉拍松，拍成约 5 毫米的厚度。

③ 将每个黄油条放入每个鸡脯肉的中间，将鸡脯肉卷起，紧紧地包住黄油。

④ 将包裹好黄油的鸡肉卷粘上细盐、胡椒粉、面粉、鸡蛋液、面包屑，冷冻起来。

⑤ 需要时，将鸡卷放入热油中，炸成金黄色，直至炸熟，上桌时，带上蛋黄奶油少司，旁边放淀粉食物和蔬菜作为配菜。

例 6-21 佛罗伦萨水波鸡胸肉（Poached Breast of Chicken）（生产 10 份，每份 175 克）

原料：无皮鸡胸肉 10 块（每块约 175 克），鸡汤 1 升，白葡萄酒 250 毫升，鲜奶油 250 毫升，油面酱（黄油煸炒面粉制成）125 克，大蒜（剁成泥）1 瓣，香叶半片，百里香（thyme）、迷迭香（rosemary）、盐和胡椒粉各少许，黄油适量。

制法：① 将鸡汤、白葡萄酒、百里香、迷迭香及大蒜、少许盐和胡椒粉混合。

② 在汤中放鸡脯肉，煮开后，用低温煮，直至鸡脯肉成熟后从煮锅中取出。

③ 加奶油，加热，直至将奶油鸡汤减少至原来的 1/3，加油面酱，将原汤制成理想的浓度，成为少司，过滤，用少许盐和胡椒粉调味。

④ 上桌时，水波好的鸡肉浇上奶油鸡汤少司，旁边放米饭和蔬菜等配菜。

例 6-22 焖浓味鸡块（Chicken Chasseur）（生产 10 份，每份半只鸡）

原料：肉鸡（每只约 1 000 克）5 只，洋葱丁 60 克，鲜蘑片 230 克，白葡萄酒 200 毫升，浓缩的棕色原汤 750 毫升，鲜番茄丁 300 克，盐和胡椒粉各少许，香菜末 7 克。

制法：① 将每只鸡切成 8 块，用少许细盐和胡椒粉调味，将调好味的鸡块放入平底锅中，煸炒，使其着色，从锅中取出后放入容器内，保持热度。

② 在平底锅中加洋葱丁和鲜蘑片，煸炒，加白葡萄酒，用高温加热，使其蒸发，减少1/4，加浓棕色原汤和番茄丁煮沸，使其蒸发一部分水分后，加少许盐和胡椒粉，制成少司。

③ 将煸炒好的鸡块放入少司中，盖上锅盖，炉温调至165 ℃，慢慢炖，约20分钟，直至炖熟。

④ 炖熟后，从锅中捞出，用高温将炖鸡的原汤的水分蒸发一部分后，放香菜末，用盐和胡椒粉调味，制成少司。每份半只鸡，浇上80毫升少司。

6.3 水产品类主菜

水产品是指带有鳍或带有贝壳的海水和淡水动物，包括各种鱼、蟹、虾和贝类。水产品是西餐常用的食品原料。其特点是肉质细嫩，没有结缔组织，味道丰富，烹调速度快（见图6-3）。鱼是带有鳍的水生动物，市场上出售的鱼有各种形状，这些不同形状的鱼可根据烹调的需要切配，厨房对鱼的初加工和切配程序常根据采购后的形状。包括整只未加工的鱼（whole fish 或 round fish）、取出内脏的鱼（drawn fish）、经过修整的鱼（dressed fish）、鱼排（fish steak）、蝶形鱼扇（butterfly fillet）、单面鱼扇（fish fillet）、鱼扇块（fish stick）等。

龙虾巴尔耐斯少司

咖喱鱼块

水波三文鱼

图6-3　水产品菜肴

6.3.1　鱼菜的生产原理

根据鱼的脂肪含量，鱼可分为脂肪鱼和非脂肪鱼，脂肪含量与鱼的生产方法紧密相关。

1. 脂肪鱼生产方法

含有5%以上脂肪的鱼称为脂肪鱼。脂肪鱼的颜色比非脂肪鱼深，适于煎、炸和焗、水波、蒸等方法。然而，由于脂肪鱼的脂肪含量高，因此，煎、炸和焗等干热方法是其最佳选择。常见的脂肪鱼有鲭鱼（mackerel）、三文鱼（salmon）、箭鱼（swordfish）、鳟鱼（trout）、石斑鱼（snapper）和白鱼（whitefish）。

2. 非脂肪鱼生产原理

脂肪含量少于5%的鱼称为非脂肪鱼，最适用于蒸和水波的方法，这样可以保证鱼肉的鲜嫩。然而，如果选用干热法制作鱼菜，可通过在鱼肉上涂上面粉或食油的方法减少鱼肉中的水分流失。常见的非脂肪鱼有偏口鱼（flounder）、比目鱼（sole）、金枪鱼（tuna）、鲈鱼（halibut）、鳕鱼（cod）、鲆鱼（turbot）、鲇鱼（catfish）、河鲈（perch）等。

6.3.2 水产品生产

1. 烤（baking）

烤是把经过加工成型的鱼，放在刷有植物油的烤盘内，借助四周的热辐射和热空气对流，在175～200 ℃的温度下使菜肴成熟的过程。

2. 焗（broiling）

焗的方法是将水产品，用盐、胡椒粉和其他调味品调味，刷上黄油或植物油，放在焗炉内，与上面的热源相距约12厘米，在高温热辐射下烹调成熟的过程。由于脂肪鱼的脂肪含量高，在较短的烹调时间内不会使鱼肉干燥。如果在鱼肉表面刷上少量的黄油或植物油，鱼肉更鲜嫩。然而，制作非脂肪鱼和贝壳类水产品时，必须在烹调前涂上较多的黄油或植物油，甚至在刷油前粘上面粉以保持其内部的水分。

3. 扒（grilling）

扒的方法主要用于鱼菜，先将鱼用盐和胡椒粉等调味品调味，两边刷上黄油或植物油。然后，放在扒炉上通过热辐射成熟的过程。非脂肪鱼最好粘上面粉再刷油，这样更容易保持鱼肉的完整。这种烹调方法比焗速度慢，而且要注意鱼的成熟度和外形的完整，避免鱼肉破碎和干燥，鱼排最适合扒的方法进行熟制。

4. 煸炒和煎（sauteing 和 pan-frying）

在水产品菜肴制作中，煎与煸炒很相似，都用于鱼菜肴熟制。生产过程都是先将鱼肉调味，粘上面粉，用平底锅煎熟的过程。但是，煸炒有翻动和掂锅的动作，而煎却没有。由于鱼肉的质地比较纤细，在烹调中容易松散。因此，在煎鱼前，应将鱼肉粘上面粉、鸡蛋或面包糊以保持它的外形完整，也避免了鱼肉和平底锅之间的粘连。

5. 炸（deep-frying）

炸是将水产品原料完全浸入热油中成熟的过程。使用这种工艺，应掌握炸锅中的油与食品原料的数量比，控制油温和烹调时间。原料必须在热油中下锅，待食品原料达到六七成熟时应逐步降低油温，使菜肴达到外焦黄里嫩。炸是先将虾肉、蛤肉、鲜贝肉或鱼条调味，挂鸡蛋糊或面包糊，放入热油中炸，使其肉不直接接触热油。这样，既增加菜肴的颜色和味道，又保护了菜肴的营养和水分。

6. 水波（poaching）

这种制作方法多用于鱼菜的烹调，是将鱼放在水或汤中加热成熟的过程。水波烹调的特点是，温度比较低，保持原料自身的鲜味、色泽和质地。烹调温度一般保持在75～90 ℃，适用这种制作方法的原料都是比较鲜嫩和精巧的水产品。例如，鱼片和海鲜。水波鱼的制作程序是先将调味品放入水中或带有葡萄酒的鱼汤中，加热至100 ℃，然后降低到75～90 ℃，将鱼放入汤中，煮至嫩熟，鱼肉通过水波后会增加鲜味，去掉腥味。

7. 炖（simmering）

炖与水波的烹调原理很相似。然而炖的方法，水温比水波的温度略高，85 ℃～95 ℃。炖的方法是将水产品放在平底锅嫩煎，然后放少量的水或原汤，加调料，盖上锅盖，通过汤汁和蒸汽的热传导和对流使菜肴成熟。

8. 蒸（steaming）

蒸是通过蒸汽加热使水产品成熟的过程。该工艺可用于鱼和贝壳水产品的熟制。使用这种方法熟制菜肴必须严格控制烹调时间，不要使用压力蒸锅，菜肴的汤汁不要扔掉，将其制成调味汁。

6.3.3 水产品菜肴案例

例6-23 白酒少司比目鱼（Sole Vin Blanc）（生产1份，每份110克）

原料：去皮比目鱼110克，黄油5克，小洋葱末4克，白葡萄酒15克，奶油20克，鱼汤适量，柠檬汁、食盐和白胡椒粉各少许。

制法：① 将去皮比目鱼肉，纵向切成条，宽度约为3厘米。

② 将小洋葱末和黄油放入平底锅，稍加煸炒。将鱼叠成卷形，放入锅内，放白葡萄酒和鱼汤，鱼汤高度以超过鱼的高度为宜。

③ 取一张烹调纸，抹上黄油，剪成圆形与平底锅尺寸相同，抹油的一面朝下，作为锅盖。

④ 将锅放在西餐灶上，炉温200℃，将汤烧开后，用小火煮5分钟。

⑤ 将鱼汤倒入另一锅内，再用大火将鱼汤煮浓，大约减少1/4后，加奶油，再煮沸片刻使其减少水分，放入盐、白胡椒粉和柠檬汁，制成白酒少司。

⑥ 上桌前，将制好的鱼摆在主餐盘上，浇上少司，配上米饭和蔬菜。

例6-24 烤纸包鱼片（Fillet of Fish en Papillote）（生产1份，每份170克）

原料：去骨鱼扇170克，黄油30克，鲜蘑30克，菲葱15克，冬葱2克，白葡萄酒25克，鱼原汤60毫升。

制法：① 将油纸剪成心形，其大小以完全包裹鱼扇为宜。

② 将煎锅烧热，放黄油。

③ 用少量盐和胡椒粉涂在鱼肉上，将鱼煎成金黄色，捞出。

④ 将剪好的心形油纸制成口袋，装入煎好的鱼，放适量的鱼原汤、白葡萄酒和鲜蘑，将口袋封严，放在热烤盘上，烤盘先涂上黄油。

⑤ 将装了鱼的烤盘放入热烤箱，烤5~8分钟即可。

例6-25 黄油煎比目鱼排（Fillets of Sole Meuniere）（生产10份，每份110克）

原料：去骨比目鱼块（每份60克）20块，面粉90克，食盐和胡椒粉各少许，柠檬汁30毫升，香菜末15克，黄油400克，柠檬去皮20片。

制法：① 所有原料准备齐全，在烹调前将鱼用食盐与胡椒粉调味，粘上面粉。

② 把平底锅放在温火上预热，将植物油加热至七成，抖掉鱼上多余的面粉，将鱼块内面朝下，鱼皮面朝上，放入平底锅煎成金黄色。

③ 煎鱼块另一面，至金黄色为止。翻动鱼块时，不要将鱼块弄碎。

④ 用铲子把煎熟的鱼排从平底锅中铲出，放在热的餐盘上。

⑤ 在鱼片上撒柠檬汁和香菜末。

⑥ 在平底锅上将黄油加热，直到变成金黄色为止。

⑦ 将热黄油浇在鱼块上，每块鱼块上放一片柠檬，立即上菜。

例6-26 黄油柠檬少司焗鱼排（Broiled Fish Steak Maitre d'Hotel）（生产1份，每份140克）

原料：鱼排1块（140克），盐和胡椒粉各少许，植物油适量，黄油柠檬少司（黄油、柠檬汁、白醋、香菜末、盐和胡椒粉混合）适量，柠檬2块。

制法：① 用盐和胡椒粉腌渍鱼排。

② 把植物油放在深盘中，鱼排浸入油中。

③ 把鱼放在预热好的焗炉架上，用中火焗成半熟，用铲子翻面，刷油后继续焗，直至焗熟。

④ 把鱼放在餐盘中，将黄油柠檬少司浇在鱼排上，用柠檬块作装饰，配上淀粉食品和蔬菜。

例 6-27 炸西法鱼排（Fried Breaded Fish Fillets）（生产25份，每份110克）

原料：面粉110克，生鸡蛋（搅拌好）4个，牛奶250毫升，干面包屑570克，鱼排25块（每块110克），嫩香菜茎25根，柠檬块25块，鞑靼少司700毫升，盐和胡椒粉各少许。

制法：① 将面粉放入浅容器内，鸡蛋和牛奶搅拌成糊，放在宽口的容器内，把面包屑放在另一浅容器中。

② 把鱼排在盐和胡椒粉中抓一下，粘上面粉和鸡蛋牛奶糊，再粘一层面包屑。

③ 将鱼排放在170 ℃热油中，炸至金黄色。

④ 滤去油，趁热上桌，每块鱼排上浇上30毫升鞑靼少司，放1根香菜茎和1块柠檬块，配上蔬菜和淀粉类食品。

例 6-28 扒鱼排（Grilled Fish Steak）（生产10份，每份175克）

原料：鱼排10个（每个175克），植物油适量，细盐和胡椒粉各少许。

制法：① 将鱼排两边撒上胡椒粉和细盐调味，刷上植物油。

② 将扒炉铁棍刷上植物油，将鱼排放在铁棍上，用中等温度烤制，待一边烤成金黄色后，翻面，再扒另一面，直至扒熟。

③ 上桌时，放上淀粉类食品和蔬菜配菜。

例 6-29 意大利浓味鱼块（Pesce con Salsa Verde）（生产16份，每份110克）

原料：洋葱片110克，西芹末30克，香菜茎6根，香叶1片，茴香籽0.5克，细盐8克，白葡萄酒500毫升，水3升，去皮白面包3片，酒醋（wine vinegar）125毫升，香菜叶45克，大蒜1瓣，续随子（caper）30克，鳀鱼肉4块，煮熟的鸡蛋黄3个，橄榄油500毫升，盐和胡椒粉各少许，鱼16块（每块110克）。

制法：① 把洋葱片、西芹末、香菜茎、香叶、茴香籽、盐、白葡萄酒加上3升水煮开，用低温煮15分钟，制成浓味鱼汤。

② 把面包浸在酒醋里15分钟，然后把酒醋挤掉，制成面包末。

③ 把香菜叶、大蒜、续随子、鳀鱼肉放在切菜板上剁成碎末。

④ 把鸡蛋黄和面包渣放在碗里，与香菜、大蒜、鳀鱼等碎末混合，放植物油，慢慢搅拌，像搅拌马乃司沙拉酱一样。当所有的油加入后，调味汁的质地似奶油状，加盐和胡椒粉，制成浓味少司。

⑤ 将鱼块放在浓原汤中，煮熟捞出，放在餐盘上。

⑥ 在每一份鱼上浇45毫升浓味少司，放配菜，立即上桌。

例 6-30 法国咸鳕鱼酱（France Brandade de Morue）（生产1 100克）

原料：咸鳕鱼1 000克，大蒜（切成末）2瓣，橄榄油250毫升，牛奶150毫升，奶油100毫升，白胡椒粉少许，油炸面包条适量。

制法：① 把腌制的咸鳕鱼放入冷水中浸泡24小时，经换水，去掉部分咸味。

② 把鳕鱼放入锅中加水，水的高度应超过鱼。煮沸后，用小火继续慢煮5～10分钟，直到完全煮熟，鳕鱼成块状，不要煮过火。将鱼捞出，切成小薄片，去掉骨头和皮。

③ 将鱼用搅拌器搅拌成鱼酱。

④ 把油放在容器里预热，将牛奶和奶油放在一起预热。

⑤ 慢慢地向鱼肉中加热奶油和热牛奶搅拌，一点一点地加入，直至将鱼肉搅拌成土豆泥的状态，放白胡椒粉调味，放入较深的容器内，整理成型，使表面光滑。

⑥ 趁热上桌，将面包条放在另一餐盘中，随鳕鱼酱一起上桌。

例6-31 焗龙虾（Broiled Lobster）（生产1份，每份1个龙虾）

原料：活龙虾1只（约500克），熔化的黄油60克，面包屑30克，冬葱（shallot）末15克，香菜末、食盐、胡椒粉各少许，柠檬2块。

制法：① 将活龙虾由头至尾纵向切成两半，去掉虾内脏和黑线，肝脏洗净，切成碎末。

② 将冬葱放在黄油中煸炒成嫩熟，放入龙虾肝，煸炒成熟。

③ 把面包屑放入黄油中煎成浅褐色，然后取出，加入香菜末，用盐和胡椒粉调味。

④ 把龙虾放在平底锅中，皮朝下，将面包屑放入龙虾的体腔内，注意不要放在虾的尾部，在虾尾部刷上熔化的黄油。

⑤ 把虾腿放在腹腔的填料上，将尾部向下弯，防止虾尾烤干。

⑥ 把龙虾放在焗炉中，距焗炉上部的热源约15厘米，直至龙虾上面的面包屑全部变成浅褐色。

⑦ 此时，龙虾并没完全成熟，需要把放有龙虾的烤盘放到烤炉里，直至烤熟为止。

⑧ 当龙虾熟透，从烤炉中取出，放在餐盘上。餐盘放一小杯熔化的黄油，盘中放2块柠檬作装饰品，配上淀粉食品和蔬菜。

例6-32 炒番茄鲜贝片（Sauteed Scallops with Tomato，Garlic）（生产10份，每份110克）

原料：经过加工的鲜贝片1 200克，橄榄油60毫升，经过纯化的黄油60毫升，面粉适量，大蒜末4克，番茄丁（去籽去水分）110克，香菜末15克，盐和辣椒末各少许。

制法：① 用吸水纸巾将鲜贝水分吸干。

② 将黄油与橄榄油放在一起，加热，直到很热。

③ 将面粉撒在鲜贝片上。然后，把它们放在筛子里晃动，把多余的面粉筛掉，放入平底锅里快速地煸炒，晃动平底锅，防止鲜贝粘锅。

④ 当鲜贝片炒至半熟时，加辣椒末，继续煸炒，直至变成金黄色。

⑤ 加番茄丁和香菜末，煸炒，直至将番茄煸炒成熟，加少许盐，立即上桌。

例6-33 香炒虾仁（Saute Spicy Shrimps）（生产10份，每份110克）

原料：虾仁1 200克，辣椒粉2克，红辣椒末0.5克，黑胡椒粉0.5克，白胡椒粉1克，百里香0.25克，罗勒0.25克，洋葱片170克，盐3克，蒜末少许，经过纯化的黄油适量。

制法：① 将辣椒粉和所有的香料、盐混合在一起，制成混合调料。将虾仁放在吸水纸巾上吸去水分，与混合调料搅拌。

② 将洋葱和蒜末放入平底锅内，放少许黄油煸炒成金黄色，从锅中取出，放一边待用。

③ 在平底锅加少许黄油，将虾仁放在锅内，煸炒成嫩熟，将洋葱和蒜末放在虾仁中，稍加煸炒。装盘时，配上大米饭。

例 6-34 烩海鲜（Fisherman's Stew）（见图 6-4）（生产 10 份，每份约 140 克）

图 6-4 烩海鲜

原料：去骨去皮的鱼肉 900 克，带壳蛤肉 10 个，生蚝 20 个，虾仁 10 个，橄榄油 120 毫升，洋葱片 230 克，韭葱（leeks）段 230 克，大蒜末 4 克，茴香籽 0.5 克，番茄丁 340 克，鱼原汤 2 升，白葡萄酒 100 毫升，香叶 2 片，香菜末 7 克，百里香 0.25 克，盐 10 克，胡椒粉 0.5 克，烤好的法国面包片适量。

制法：① 把鱼切成块，每块 90 克。将蛤肉和生蚝洗净，再将虾仁洗干净，除去黑线。

② 把橄榄油放在少司锅内加热，放洋葱片、大蒜末和茴香籽，煸炒几分钟，加入鱼块和虾仁，盖上锅盖，用中火炖几分钟。

③ 去掉锅盖，加蛤和生蚝，放番茄、鱼原汤、白葡萄酒、香叶、香菜、百里香、盐和胡椒粉，盖上锅盖煮开，再用小火炖 15 分钟，直至蛤肉和生蚝的壳打开为止。

④ 上桌时，在汤盘底部放两片面包，面包上面放 1 块鱼、1 个蛤肉、2 个蚝肉和 1 个虾仁，在汤盘中加入约 200 克的原汤。

例 6-35 蛤肉番茄少司（Zuppa di Vongole）（生产 16 份，每份蛤肉 110 克）

原料：小蛤 6 800 克，水 0.5 升，橄榄油 200 毫升，洋葱丁 140 克，蒜（切成末）3 瓣，香菜末 20 克，白葡萄酒 350 毫升，番茄（去皮，去籽，切成块）700 克，胡椒粉和盐各少许。

制法：① 把小蛤放入冷水中刷洗，洗去壳上的泥沙。

② 将蛤放入水中，盖上锅盖，小火煮至蛤壳张开，将蛤捞出，将蛤汤过滤，备用。

③ 将小蛤去壳，留下 16 个带壳的小蛤，作装饰用。

④ 在平底锅内放橄榄油，煸炒洋葱块至嫩熟，加蒜末稍加煸炒，加葡萄酒和香菜稍煮，加番茄丁和蛤汤，炖 5 分钟，用盐和胡椒粉调味，制成少司。

⑤ 将蛤肉放在少司中，稍加热，不要煮过火，保持蛤肉的嫩度。

⑥ 上菜时，汤中放些去皮的面包块。

例 6-36 焗沙锅海鲜（Seafood Casserole au Gratin）（生产 6 份，每份 170 克）

原料：去骨、去皮的熟鱼肉 1 500 克，熟蟹肉、熟虾肉、熟鲜贝肉和熟龙虾肉共计 1 000 克，黄油 110 克，热的莫勒少司（白色少司、黄油、鸡蛋黄、瑞士奶酪末及调味品制成）2 升，帕玛森奶酪（Parmessan）110 克，细盐和胡椒粉各少许。

制法：① 认真检查鱼片和海鲜中是否有骨头和皮，去掉所有的碎骨头和鱼皮，将鱼肉和海鲜肉撕成薄片，放入平底锅，煸炒，加莫勒少司，用低温炖，放少许胡椒粉和盐调味。

② 将炖好的海鲜平分 6 个沙锅，上面撒上奶酪末，放入焗炉中，将奶酪末烤成金黄色。

6.4 淀粉与鸡蛋类主菜

6.4.1 谷物和豆类菜肴生产原理

谷物和豆类原料的烹调方法比较简单，豆类原料通常使用煮的方法制熟。大米的烹调方法较多，有煮、蒸、捞和烧等，淀粉类原料可以制成主菜和配菜。在谷类和豆类的熟制中，最适合的烹调方法是焖，这一方法的制作程序是先将谷类或豆类原料洗净，放冷水内浸泡，煮沸，用低温焖熟的过程。蒸（steaming）的方法适用于大米的烹调，蒸米饭是将洗干净的大米放在容器内，与适量的水放在一起，盖上容器的盖子，放蒸箱或烤炉里蒸熟。捞，很适用于大米的熟制，使用这种方法制作的米饭，软硬度较为理想。但是，有较多的营养素流失。捞米饭是先将水放入一个较大的容器中，水中放少量的食盐，将水煮沸后，将洗好的大米放入沸水中煮成嫩熟，用笊篱将大米捞出，沥干水分，放在容器内，放蒸箱蒸5～10分钟。焖烧（the pilaf method）是先将大米用黄油煸炒，然后加鸡汤和少量的食盐煮开，用低温将大米焖熟。谷类和豆类菜肴生产案例如下。

例6-37 煮米饭（Boiled Rice）（生产6份，每份70克）

原料：长粒米1.3杯（约230克），水3杯，盐少许，黄油25克。

制法：① 将水和少许盐放入锅内，将大米洗净，待水煮沸时，将大米放入。

② 待煮沸时，降低温度，用小火焖约25分钟，待水完全被大米吸净，大米熟透时为止。

③ 将黄油放入米饭中，用叉子轻轻搅拌米饭，待黄油全部熔化。此菜常作为主菜的配菜。

例6-38 西班牙什锦饭（Spain Paella）（生产16份，每份约300克）

原料：肉鸡2只（每只重1 200克），香肠225克，瘦猪肉丁900克，整理过的虾仁16个，鱿鱼丝900克，红辣椒（切成块）100克，青辣椒（切成块）100克，植物油适量，小蛤16个，生蚝16个，水250毫升，鸡肉原汤适量，藏红花1克，洋葱丁350克，大蒜末少许，番茄丁900克，迷迭香2克，短粒米900克，胡椒4克，熟豌豆110克，柠檬（切成角）16块。

制法：① 把每只鸡切成8块，把鸡块放入平底锅，用橄榄油煎成金黄色，拿出放在一边，待用。

② 在平底锅内放一些油，把香肠和猪肉、虾、鱿鱼、辣椒分别煸炒后，放在不同的容器里。

③ 把蛤和蚝放在锅里煮，直至它们的壳完全打开，从水中捞出，放一边，待用。将煮蛤和蚝的水过滤，加鸡汤至2升，放藏红花。

④ 用较大容量的深底锅，煸炒洋葱丁和大蒜末，放番茄和迷迭香，用小火炖，使其蒸发水分，并将番茄煮成酱。

⑤ 将米、鸡块、香肠、猪肉丁、鱿鱼丝和辣椒块放在煮好的番茄酱中，搅拌均匀。

⑥ 把鸡肉原汤倒入米饭锅里，加盐和胡椒调味。

⑦ 盖上锅盖煮沸，放入烤箱中，温度为175 ℃，大约烤20分钟。

⑧ 把锅从烤箱里移出，检查米饭的柔软程度，必要时，再加入一些水。

⑨ 在米饭上，撒上熟豌豆，将虾仁、蛤、蚝放在米饭上，盖上盖子，低温焖10分钟。

⑩ 每份约220克米饭和蔬菜，1个虾、1个蛤、1个蚝、1块鸡肉、少许香肠和鱿鱼，每份米饭放一片柠檬角作为装饰品。

例6-39 意大利大豆米粥（Zuppa di Ceci e Riso）（生产16份，每份180毫升）

原料：橄榄油90毫升，大蒜（切成末）1瓣，迷迭香末1.5克，罐头意大利小番茄450克（切成丁），白色牛原汤2.5升，大米170克，熟奇科豆（chick peas）700克，香菜末12克，盐和胡椒粉各少许。

制法：① 橄榄油加热，放大蒜末和迷迭香末，炒几秒钟。

② 加番茄丁煮开，用低温炖，将番茄汁煮浓。

③ 加原汤和米，炖15分钟。

④ 加奇科豆，继续炖，直至将大米煮熟。

⑤ 用盐和胡椒粉调味。

⑥ 上桌时，撒上少量切碎的香菜末。

例6-40 墨西哥米饭（Arroz Mexicana）（生产16份，每份130克）

原料：长粒米700克，植物油90毫升，番茄酱340克，洋葱末90克，大蒜2瓣（切成末），鸡原汤1.75升，盐15克。

制法：① 将米洗净，浸泡在冷水中约30分钟，然后捞出。

② 在米饭锅放植物油，油热后放米，低温煸炒，直至大米变成浅金黄色。

③ 加番茄酱、洋葱末和蒜末，低温煸炒。

④ 加鸡原汤，搅拌，用中火（不盖盖子）慢炖，直至大多数汤汁被吸收。

⑤ 盖上锅盖，用小火焖5～10分钟，至米饭成熟。

⑥ 将煮熟的饭放一边，不要掀盖子，使米饭继续成熟，然后上桌。

例6-41 玉米糕番茄少司（Polenta con Sugo di Pomodoro）（生产2 500克）

原料：水2.25升，盐15克，玉米渣500克，番茄少司适量。

制法：① 把水和盐放入少司锅里煮沸，慢慢地将玉米渣放到水中搅拌，避免成块状。

② 用低温煮20～30分钟，不断搅拌，继续煮，玉米渣将煮成糊状，其浓度越来越高。当晃动锅时，它与锅边呈分离状态时，成为玉米糕。

③ 用木铲轻轻地在一个大餐盘里撒一些水，使餐盘表面潮湿，把玉米糕倒在盘子上，立即上桌，配上意大利番茄少司（番茄丁、胡萝卜丁、西芹丁和调味品制成）。

6.4.2 意大利面条生产原理

意大利面条是西餐常用的主菜原料。在制作意大利面条中关键是水煮工艺的控制。其中，应当注意的环节是，煮意大利面条时不要盖锅盖，避免煮得过烂。煮熟的意大利面条，应趁热上桌，用冷水冲，直至完全冲凉。将煮好的意大利面条放在冷藏箱，先用凉水冲洗，再加少量食用油搅拌。制作意大利面条主要采用的方法是煮、焖和焗等。以下是意大利面条生产案例。

例6-42 虾仁咖喱意面（Shrimp And Curried Pasta）（生产1份，每份180克）

原料：整理好的虾仁50克，盐、胡椒粉各少许，植物油适量，黄油15克，冬葱末15

克，白兰地酒 15 毫升，鱼原汤 60 毫升，鲜奶油 30 毫升，青葱片 15 克，新鲜的扁平长方形意大利宽面条 85 克，咖喱粉少许。

制法：① 用少许盐和胡椒粉将虾仁调味。

② 在平底锅中倒入 30 毫升植物油，加热后放虾仁，煸炒成熟，放在容器内待用。将黄油和冬葱末放入平底锅煸炒，将冬葱煸炒成熟。

③ 加白兰地酒、鱼原汤和鲜奶油，放煸炒好的虾仁和青葱片，制成虾仁少司。

④ 将意大利面条用水煮，放少许咖喱粉，直至煮熟，上面浇上虾仁少司。

例 6-43 奶油火腿意面（Pasta alla Carbonara）（生产 6 份，每份约 180 克）

原料：黄油 60 克，熟火腿丝 340 克，鲜蘑片 110 克，鸡蛋 1 个，浓牛奶 600 毫升，实心长圆形意大利面条 450 克，盐、胡椒粉、香菜末各少许。

制法：① 将黄油放入平底锅加热，煸炒火腿丝，加入鲜蘑片，继续煸炒，用盐和胡椒粉调味。

② 将生鸡蛋液与牛奶搅拌，加热，煮沸后，放煸炒好的火腿丝和鲜蘑片，制成少司。

③ 将意大利面条煮熟，沥去水分，放餐盘内，上面浇上奶油火腿少司，再撒上香菜末。

例 6-44 阿尔弗莱德少司意面（Fettucine Alfredo）（生产 10 份，每份 200 克）

原料：煮熟并热的长方扁形意大利面条 1 400 克，奶油 500 毫升，黄油 70 克，帕玛森奶酪末（Parmesan）170 克，盐、胡椒粉和豆蔻各少许。

制法：① 将 225 毫升奶油和黄油混合在一起，用中等火力加热，使它们的水分蒸发一部分，浓缩，制成（阿尔弗莱德）少司。

② 将少司倒在热的面条上，低温加热，搅拌均匀。

③ 加另一半奶油、奶酪末，继续搅拌（留有少许奶酪末待用），放豆蔻、盐和胡椒粉，轻轻搅拌。上桌时，在面条上加上少许奶酪末。

例 6-45 焗瓤馅通心粉（Baked Manicotti）（生产 12 份，每份 2 个）

原料：圆桶形空心通心粉 24 个，瑞可达奶酪末（Ricotta）1 500 克，熟鸡蛋（切成末）4 个，煮熟的菠菜（切成末）900 克，帕玛森奶酪末 250 克，豆蔻和盐各少许，番茄少司 1.5 升。

制法：① 在沸水中加少许盐，放通心粉，直至煮熟。

② 将奶酪末、鸡蛋末、菠菜末、豆蔻和盐放在一起，制成馅。

③ 将馅放入布袋中，在每个煮熟的圆桶形通心粉中挤入约 75 克的馅心。然后，放在刷有植物油的烤盘上。

④ 在每个瓤馅的通心粉的上面，浇上约 25 毫升的番茄少司。然后，撒上少许奶酪末，放入 180 ℃的烤箱中，约烤 15 分钟，直至将通心粉的上部烤成金黄色。

例 6-46 焗香肠奶酪宽面（Lasagne di Carnevale Napolitana）（生产 12 份，每份约 150 克）

原料：大薄片型并四边有皱纹花边的意大利面条（Lasagne）340 克，带有甜味的意大利香肠 340 克，瑞可达奶酪末 450 克，帕玛森奶酪末 230 克，鲜鸡蛋 4 个，盐、胡椒粉、豆蔻和香菜各少许，牛肉番茄少司 1 升、莫扎瑞拉奶酪（Mozzarella）34 克。

制法：① 将 50% 瑞可达奶酪末与部分帕玛森奶酪末，新鲜的鸡蛋、盐、胡椒粉、豆蔻和香菜末搅拌在一起，制成馅。

② 将意大利面条煮熟，用冷水冲好，待用。

③ 将火腿肠煮熟，撕去外皮，切成薄片。

④ 在大烤盘上放上一层的番茄牛肉少司，铺上一层煮熟的面条，放上一层香肠，一层番茄牛肉少司，放上一层奶酪馅（约4毫米厚，莫扎瑞拉奶酪，帕玛森奶酪末）按照这样的顺序，直至将所有的原料都摆在烤盘上，最后用意大利面条覆盖，上面撒上番茄牛肉少司和帕玛森奶酪末，摆放原料的高度约5厘米。

⑤ 将摆放好的意大利面条放在190 ℃的烤箱内，约烤15分钟，然后温度降低到165 ℃，再烤约45分钟，直至将面条的上部烤成金黄色。从烤箱取出后，应当放置30分钟才可以给顾客上桌。

例6-47 皮埃蒙特马铃薯面（Gnocchi Piedmonteese）（生产12份，每份约110克）

原料：去皮的熟马铃薯900克，黄油适量，生鸡蛋黄2个，新鲜鸡蛋2个，硬面粉（面筋质含量高、制作意大利面条使用）约250克，盐、胡椒粉、豆蔻各少许，帕玛森奶酪末60克，香菜末10克。

制法：① 将马铃薯搅拌成泥，放30克黄油、鸡蛋黄和鸡蛋一起搅拌均匀，一边搅拌，一边放面粉，直至搅拌成面条的面团。

② 将面团擀成面片，切成理想的形状，制成面条。

③ 放入沸水中煮熟，水中放少许盐，约煮6分钟，直至将面条煮熟。

④ 上桌时，用黄油、奶酪和香菜末轻轻地搅拌均匀。

例6-48 罗马奶油少司面（Tagliatelle Alfredo）（生产1份，每份180克）

原料：绿色面条50克，火腿丝40克，新鲜的奶油100毫升，黄油10克，奶酪末25克，盐、黑辣椒、香菜末、植物油各少许。

制法：① 在煮锅里倒一些水，加盐和少许油，将水煮开后再加绿色面条，煮至嫩熟。

② 捞出后，用黄油搅拌并放入一个深盘中。

③ 在平底锅中，加黄油熔化，加火腿丝、盐和搅碎的黑胡椒，加鲜奶油。加热，直至减少一半水分，制成奶油少司。将少司倒在煮熟的面条上，撒上少许香菜末，将奶酪末装在另外一个容器内，随面条一起上桌。

6.4.3 鸡蛋生产原理

鸡蛋在西餐中有着广泛的用途，制成很多种菜肴和点心。例如，利用鸡蛋制作煮鸡蛋、炒鸡蛋、鸡蛋卷、蛋糕、肉糕、酥富来（souffle）上的蛋白糖霜、荷兰少司和马乃司酱等。常用的鸡蛋烹调方法有煮、煎、炒、水波等。例如，煮鸡蛋、水波鸡蛋（Poached Egg）和煎鸡蛋。鸡蛋菜肴生产案例如下。

例6-49 软煮鸡蛋（Soft Cooked Eggs）（生产1份，每份2个）

原料：鸡蛋2个。

制法：① 将鸡蛋从冷藏箱取出后，放入自来水中，使其升温，然后放入沸水中煮，根据成熟度需求，可煮3～5分钟。

② 取出后，用自来水冲，约2分钟，使鸡蛋皮容易与鸡蛋分离，时间不要过长，然后趁热上桌，可以配上蔬菜与炸薯条。

例6-50 煎鸡蛋（Fried Eggs）（生产1份，每份2个）

原料：新鲜鸡蛋2个，植物油和细盐少许。

制法：① 将鸡蛋打开，放在一容器内，不要将鸡蛋黄打破。

② 将平底锅预热后，放植物油，油热后放鸡蛋，用中等温度。

③ 左手将平底锅倾斜，右手用手勺将锅中的热油向鸡蛋上面浇1～2次，使鸡蛋两面受热均匀，鸡蛋成熟后，放少许细盐调味。

例6-51 煸炒鸡蛋（Scrambled Eggs）（生产1份，每份约100克鸡蛋）

原料：新鲜鸡蛋2个，细盐和白胡椒粉少许，澄清的黄油适量。

制法：① 将鸡蛋打开，放入容器中，用少许盐和胡椒粉调味。

② 将黄油倒入平底锅中，油热后放入鸡蛋液，用木铲轻轻搅拌，直至成嫩熟状。

③ 上桌时，可配上蔬菜、咸肉或火腿。

例6-52 水波鸡蛋（Poached Eggs）（生产1份，每份2个鸡蛋）

原料：水1升，细盐5克，醋10毫升，新鲜鸡蛋2个，配菜（蔬菜、炸薯条）适量。

制法：① 将水、盐和醋放在少司锅内，煮沸后，使其保持温热状态。

② 将两个鸡蛋分两次打开，放在杯中，然后放入热水中，约3分钟后蛋清凝固，用漏勺捞出沥去水分，整理好放在餐盘中，盘内可放些配菜。

例6-53 清鸡蛋卷（Plain Rolled Omelet）（生产1份，每份鸡蛋150克）

原料：鸡蛋3个，细盐和胡椒粉少许，澄清的黄油适量。

制法：① 将鸡蛋打开，用抽子打散，用少许盐和胡椒粉调味。

② 在平底锅内放入黄油，用高温，并用左手晃动锅柄，使锅倾斜，使锅内的平面都粘上黄油。

③ 将鸡蛋液倒入平底锅中，左手晃动平底锅，右手用木铲搅拌，使鸡蛋液均匀地覆盖在平底锅中。

④ 当鸡蛋凝固成型时，用叉子或木铲从锅边轻轻将鸡蛋掀起，并从中心线对折，然后折叠成卷。上桌时，可以配上蔬菜和炸薯条。

注：用此方法可制成番茄鸡蛋卷（Tomato Omelet）、奶酪鸡蛋卷（Cheese Omelet）、海鲜鸡蛋卷（Seafood Omelet）等菜肴。

例6-54 怪味鸡蛋（Deviled Eggs）（生产12片）

原料：煮熟的鸡蛋（去皮）6个，马乃司酱75克，芥末酱、细盐和胡椒粉各少许。

制法：① 将鸡蛋纵向切成两半，将蛋黄与蛋白分离。

② 将鸡蛋黄与马乃司酱、盐、胡椒粉放在容器内，混合在一起，制成鸡蛋黄糊。

③ 用小勺将鸡蛋糊镶在鸡蛋白内。

例6-55 意大利咸肉鸡蛋饼（Frittata）（生产4份，每份鸡蛋100克）

原料：瘦咸肉丁170克，洋葱末15克，煮熟的土豆（切成丁）15克，鸡蛋8个，细盐和新碾碎的胡椒粉各少许。

制法：① 用平底锅将咸肉丁煸炒成酥脆，放洋葱丁，煸炒成熟，加土豆丁煸炒，直至成金黄色。

② 将鸡蛋打开，用搅拌器打匀，用盐和胡椒粉调味后，倒在平底锅中，制成鸡蛋饼。

③ 降低炉温使鸡蛋成型后，将鸡蛋饼放在焗炉（broiler）中，焗成金黄色。

④ 上桌时，切成三角块，旁边配上炒熟的肉丁和土豆丁。

例 6-56 鸡蛋煎饼（Plain Pancake）（生产 10 份，每份 100 克）

原料：面粉（多用途）680 克，细盐 15 克，白糖 170 克，苏打粉 10 克，发粉 25 克，牛奶 1.5 升，鸡蛋（搅拌好）6 个，熔化的黄油 75 克，蔬菜油适量。

制法：① 将面粉、盐、糖、苏打粉、发粉分别过筛，放入和面容器中，均匀地搅拌在一起。

② 用搅拌机将牛奶、鸡蛋和熔化的黄油均匀地搅拌在一起。

③ 用木铲将牛奶混合液和面粉搅拌成面糊。

④ 平底锅预热后，刷上植物油，用手勺将 60 毫升的鸡蛋饼糊放入平底锅内，用低温煎。

⑤ 当接触平底锅的鸡蛋饼表面呈金黄色时，上面层起鼓并出现裂纹，翻面后用同样的方法将下面煎成金黄色。

⑥ 成熟后，趁热上桌。

6.5 蔬菜生产原理

6.5.1 蔬菜特点

蔬菜菜肴常作为主菜的配菜或辅助菜。蔬菜含有多种营养素，在西餐中占有重要作用。蔬菜是西餐的基础原料，蔬菜的生产不仅是为了蔬菜本身的成熟，还为了增加主菜的味道、颜色和质地。蔬菜含有维生素 A 和维生素 C。维生素 A 易于在脂肪中溶解，维生素 C 易于在水中溶解，它们受热后损失较大（见图 6-5）。

焗三种蔬菜

烤土豆奶酪

蔬菜慕斯

图 6-5 蔬菜类菜肴

6.5.2 生产原理

烹调绿色蔬菜时，不要放酸性物质，酸性物质使绿色蔬菜变为黄绿色。在烹制蔬菜时，碱性物质可以使绿色蔬菜更鲜艳。但是，破坏了蔬菜的营养成分和它的自然质地。烹调白色蔬菜时，烹调时间不宜过长，否则会变成灰色，白色蔬菜与碱性物质混合会变为黄白色。相反，少量的酸性物质（醋）可使白色蔬菜洁白。烹调黄色、橘红色和红色蔬菜时，放少量的酸性物质（醋、柠檬汁、果酒）可保持这些类型的蔬菜本色。但是，如果烹调时间过长或处于碱化了的溶液中，它们将失去本来的颜色。蔬菜的生产方法有煮、蒸、烧、烩、焗、炸、煎和煸炒。

6.5.3 蔬菜生产案例

例6-57 黄油胡萝卜豌豆（Buttered Peas and Carrots）（生产1份，每份110克）

原料：胡萝卜30克，冷冻豌豆80克，熔化的黄油50克，盐、白胡椒粉和白糖各少许。

制法：① 将胡萝卜去皮，切成0.5厘米长的丁。

② 将煮锅的水煮沸，放入适量的盐和胡萝卜。

③ 烧开后，用小火将萝卜煮至嫩熟。

④ 用同样的烹调方法，加入白糖，将冷冻的豌豆煮熟。

⑤ 将两种原料混合在一起，用盐和白胡椒粉调味，最后放黄油，搅拌均匀。

例6-58 焗小南瓜（Baked Acorn Squash）（生产2份，每份110克）

原料：南瓜1个（约400克），红糖6克，雪利酒6毫升，黄油和食盐各适量。

制法：① 将洗好的小南瓜纵向切成两半，挖出瓜瓤和瓜子。

② 将瓜的内外涂上黄油，瓜皮朝上，紧密地排列在烤盘上，炉温为175 ℃，焗30～40分钟，至南瓜嫩熟。

③ 在瓜上涂黄油，翻面，使瓜瓤面朝上，撒上食盐和红糖，喷上少量雪利酒，继续焗10分钟，直到南瓜面变为金黄色。

例6-59 煸炒鲜蘑（Sauteed Mushrooms）（生产1份，每份110克）

原料：鲜蘑120克，黄油20克，盐和胡椒粉各少许。

制法：① 将鲜蘑去蒂，洗净沥去水分，切成片。

② 将炒锅预热放黄油再放鲜蘑片，煸炒至浅黄色。

③ 放适量盐和胡椒粉，继续煸炒几秒钟，搅拌均匀。

例6-60 匈牙利炖蔬菜（Hungary Lecso）（生产16份，每份125克）

原料：洋葱750克，甜青辣椒（或匈牙利辣椒）1 500克，番茄1 500克，猪油100克，辣椒粉、细盐和白糖各少许。

制法：① 将洋葱去皮切成小丁，去掉青辣椒籽，切成薄片。番茄去皮、去籽剁成末。

② 将猪油用低温加热，放入洋葱慢慢煸炒5～10分钟，至煸炒成熟，加青辣椒，再煸炒5～10分钟，加番茄和辣椒粉，盖上锅盖，炖15～20分钟，直至熟透。

③ 加盐调味，加少许白糖。

例6-61 意大利糖醋洋葱（Cipolline in Agrodolce）（见图6-6）（生产16份，每份100克）

原料：珍珠洋葱（pearl onions）2 000克，水500毫升，黄油60克，酒醋（wine vinegar）100毫升，糖45克，盐8克。

制法：① 将珍珠洋葱快速用开水煮一下，去皮，沥去水分。

② 把洋葱平铺在平底锅上，加水，不盖锅盖，慢慢煮，大约20分钟，直至柔软，如果必要可加

图6-6 意大利糖醋洋葱

一些水，不时地轻轻搅拌。

③ 加酒醋、糖和盐，盖上锅盖，用低温炖，直至汁液呈黏稠状，大约需要30分钟。如果需要可以去掉锅盖，使菜汁蒸发，变稠，直至洋葱的颜色出现浅褐色为止。

例6-62 罗马菠菜（Spinaci alla Romana）（生产16份，每份90克）

原料：菠菜2 700克，橄榄油90毫升，咸火腿肥肉丁30克，松子仁45克，葡萄干45克，盐和胡椒粉各少许（见图6-7）。

图6-7 罗马菠菜

制法：① 洗净菠菜，放在少量煮沸的水中煮一下，捞出用冷水冲，沥去水分。

② 将平锅预热，放橄榄油，放火腿丁，加菠菜、松子仁、葡萄干煸炒，放盐和胡椒粉调味即可。

例6-63 焖烧胡萝卜（Glazed Carrots）（生产10份，每份120克）

原料：嫩胡萝卜3 000克，糖20克，黄油50克，盐适量。

制法：① 将胡萝卜切成条，放在平底锅内，放水、黄油、盐和糖。

② 煮沸后，降低温度，用小火炖5分钟。

③ 提高温度，用大火，将胡萝卜的汤汁煮浓，经常搅拌胡萝卜，防止粘连，直至汤汁完全包住胡萝卜条为止。

例6-64 米兰西兰花（Broccoli Milanese）（生产10份，每份80克）

原料：西兰花1 000克，奶酪末50克，熔化的黄油50克。

制法：① 将西兰花洗净后，撕成块，放入有少许盐的沸水中，煮开后过滤，放入餐盘中。

② 将奶酪末撒在西兰花上，浇上熔化的黄油，放在焗炉上，将奶酪焗成金色。

例6-65 希腊瓤馅茄子（Moussaka）（生产16份，每份250克）

原料：洋葱末450克，大蒜末少许，植物油适量，牛肉馅1 600克，去皮番茄丁1 000克，红葡萄酒100毫升，香菜末7克，牛至1.5克，肉桂0.5克，豆蔻和辣椒少许，茄子3 000克，奶油少司（bechamel sauce）1升，鸡蛋4个，帕玛森奶酪末60克，盐和胡椒粉少许，面包渣适量。

制法：① 将洋葱末和大蒜末放入植物油中煸炒，加牛肉末，煸炒成金黄色，加番茄、红葡萄酒、牛至、肉桂、盐和胡椒粉，用低温将肉末的汤汁炖至变稠时为止。

② 将茄子去皮，切成1厘米厚的片，并将茄子放在平底锅中煎透，放少许盐调味。

③ 将奶油少司中放少许盐、胡椒粉和豆蔻调味；用抽子将鸡蛋抽打均匀，与奶油少司混合在一起，制成奶油鸡蛋少司。

④ 在30厘米宽、50厘米长的烤盘内撒上一层面包渣，上面整齐地摆放煎好的茄子片，将制熟的牛肉末均匀地覆盖在茄子片上，再将奶油鸡蛋少司覆盖在肉末上，上面撒些帕玛森奶酪末，放在175 ℃的烤箱内烤成金黄色。上桌时，切成块。

6.5.4 马铃薯生产原理

马铃薯既属于蔬菜类原料又属于淀粉类原料。因此，它的烹调方法与蔬菜的制作方法基本相同。马铃薯常用于主菜的配菜，也可单独成为一道菜肴。常用的方法有煮、蒸、制泥

(puree)、烤、煸炒、煎和炸等。

6.5.5 马铃薯菜肴生产案例

例 6-66 香烤土豆（Roasted Potatoes with Garlic and Rosemary）（生产 10 份，每份 1 个）

原料：中等大小的土豆 10 个，植物油 30 毫升，大蒜末 15 克，碎迷迭香叶 2 克，细盐和胡椒粉各少许。

制法：① 将土豆洗干净，擦干。

② 将植物油、大蒜末、细盐和胡椒粉放在碗中，制成调味汁。

③ 滚动土豆，使它们粘上调味汁，放在刷油的烤盘中，放在烤箱内烤熟，趁热上桌。

例 6-67 土豆泥（Duchesse Potatoes）（生产 500 克）

原料：蒸熟的土豆 500 克，生鸡蛋黄 2 个，熔化的黄油 85 克，细盐、胡椒粉和豆蔻各少许。

制法：① 保持土豆的热度，将土豆搅拌成泥状。

② 将鸡蛋黄、黄油、细盐和豆蔻与土豆泥搅拌均匀。

注：可将牛奶或奶油加入土豆泥中，然后装入布袋，挤出各种形状，并放在烤盘上，在成型的土豆泥的表面上刷上油，放入焗炉，焗成金黄色。

例 6-68 法式土豆棒（Croquette Potatoes）（生产 16 份，每份 50 克）

原料：土豆 90 克，软化的黄油 30 克，生鸡蛋黄 3 个，细盐和胡椒粉各少许，面包糊原料（鸡蛋液、面粉和面包屑）适量。

制法：① 将土豆蒸熟，保持热度，去皮后搅拌成泥。

② 在土豆泥中加黄油、鸡蛋黄，用盐和胡椒粉调味。

③ 将调好味的土豆泥制成长方形的条状，每条约重 20 克，粘上面粉、鸡蛋液和面包屑，放入 190 ℃的热油中，炸成金黄色，立即上桌。

例 6-69 炸薯条（French Fries）（生产 450 克）

原料：土豆 1 000 克，植物油适量。

制法：① 将土豆洗净去皮，切成条（约 7.5 厘米长、1 厘米宽），放在冷水中，直至需要时取出，防止薯条变色。

② 将薯条沥去水分，然后放在 160 ℃的热油中炸，直至炸成金黄色，沥干油晾凉，存入冷藏箱。

③ 上桌时，放入 180 ℃油温中，炸成深金黄色、酥脆时为止，沥干油后，立即上桌。此菜肴由顾客放盐调味。

例 6-70 爱尔兰土豆蔬菜泥（Ireland Colcannon）（生产 16 份，每份 140 克）

原料：土豆 1 800 克，卷心菜 900 克，韭葱 170 克，黄油 110 克，热浓牛奶 200 克，香菜末 7 克，食盐和白胡椒粉各少许。

制法：① 将土豆去皮，切成均匀的块，然后将土豆块放入盐水中煮沸，用低温加热直到煮熟。同时，将卷心菜切成碎块，蒸熟。

② 用少量黄油低温煸炒韭葱。

③ 将土豆捣碎，加入煸炒好的韭葱及剩余的黄油，与牛奶、香菜末搅拌在一起，成糊状。

④ 将卷心菜剁成碎末，与已经搅拌好的土豆糊一起搅拌，直至均匀，加盐和白胡椒粉

调味，制成土豆泥。

⑤ 可加入少量牛奶和奶油，使其表面光滑。

例 6-71 香味蒸土豆（Steamed New Potatoes with Fresh Herbs）（生产 10 份，每份 1 个）

原料：当年的新土豆 10 个（中等大小），熔化的黄油 50 毫升，新鲜的香料末（龙蒿、青葱、香菜）5 克，细盐和胡椒粉各少许。

制法：① 将土豆蒸熟，去皮。

② 将去皮的土豆粘上香菜末、细盐和胡椒粉，再粘上黄油。

本章小结

畜肉类菜肴是西餐的主菜之一。畜肉含有很高的营养成分，用途广泛。畜肉主要由水、蛋白质和脂肪等构成。畜肉成熟常与肉的内部温度紧密联系。通常，厨房使用温度计测量畜肉的内部温度或观看外部颜色及测量畜肉弹力等方法测量畜肉的成熟度。常用的畜肉烹调方法有烤、焗、扒、煎、炖、焖、烩等方法。家禽在西餐中扮演着重要的作用，尽管家禽生产与其他食品生产工艺有许多相同点，然而由于家禽肉质较嫩，其生产工艺有着自己的特点。水产品是西餐常用的食品原料，水产品肉质细嫩，基本上没有结缔组织，味道鲜美，烹调速度快。谷物和豆类原料的烹调方法比较简单，豆类原料通常使用煮的方法制熟。大米的烹调方法多一些，有煮、蒸、捞和烧等方法，以这些原料制作的菜肴可以制成主菜，也可以成为主菜的配菜。意大利面条是西餐常用的主菜原料。鸡蛋在西餐中有着广泛的用途，可以制成很多种菜肴。蔬菜菜肴常作为主菜的配菜。在西餐中，蔬菜菜肴成熟的目的不仅为了蔬菜本身的成熟，还为了增加主菜的味道、颜色和质地。

练  题

一、多项选择题

1. 畜肉主要由（　　）构成。

（1）水

（2）蛋白质

（3）脂肪

（4）骨头

2. 对于非完整的家禽成熟度的鉴别方法可以根据（　　）确定。

（1）家禽的各部位的松散状况

（2）用烹调针插入禽肉观察内部的肉汁透明度

（3）肉与骨头分离的程度

（4）用手按压禽肉

3. 大米的烹调方法有（　　）。

（1）煮

（2）蒸

（3）捞

（4）烧

二、判断题

1. 畜肉中的瘦肉由肌肉纤维组成，肌肉纤维决定着畜肉的质地。（　　）
2. 畜肉成熟度与肉的内部温度没有任何联系。（　　）
3. 烹调整只家禽时，鸡胸肉成熟的速度比腿肉成熟的速度快。（　　）

三、名词解释

Loin　Rare　Fish Steak　Chicken Kiev　Cheese Omelet

四、思考题

1. 简述畜肉成熟度。
2. 简述畜肉的制作方法。
3. 简述非脂肪鱼的生产原理。
4. 简述虾仁咖喱意面的生产程序。
5. 简述扒牛排马德拉少司的生产特点。

阅读材料

著名餐饮鉴赏家和烹调大师

1. 让·安塞尔姆·布里亚·萨瓦里

让·安塞尔姆·布里亚·萨瓦里（Jean Anthelme Bril-lat-Savarin）出生于1755年4月1日，法国贝里市（Belley）。早年他在法国东部的第戎市（Dijon）学习法律、化学、医药学。1789年他被任命为贝里市副市长，1793年成为市长。以后，他到达瑞士、荷兰和美国，作为法官，他利用许多时间编辑美食评论的书籍。他著有多部关于政治、经济和法律的著作。在他的著作中，最著名的是《品尝解说》（图6-8）。在该著作中他对各种菜肴做了评价并以百科全书的形式综述了菜肴与饮料。他于1826年2月2日，在巴黎逝世。

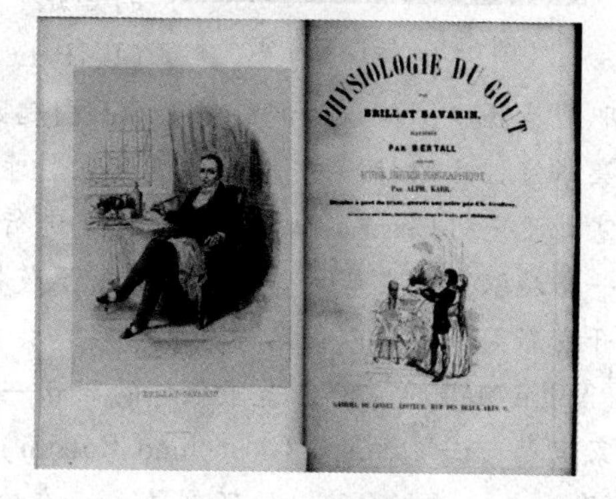

图6-8　品尝解说

2. 马里·安托尼·卡露米

马里·安托尼·卡露米（Marie Atonin Careme）出生于1784年6月8日，法国巴黎，自幼家境贫寒。由于他父亲无力抚养10余个孩子，因此从13岁开始，他就在一家小餐馆当帮厨。由于勤奋好学，自学了法语和面点制作，不久就脱颖而出，闻名巴黎。

他经过著名美食家——年轻的主教泰尔兰德（Talleyrand）的培养，被推荐为法国拿破仑皇帝的厨师。他用了大量时间学习希腊、罗马和埃及的绘画和雕刻艺术，设计和雕刻了许多精致的餐桌装饰品。在当时新古典主义影响下，他用棉花糖、蜡或面团为原料制成精致的古庙、大桥，将这些艺术品布置在餐桌上。当时，法国宴会尽管菜肴种类和数量丰富，但是厨师很少关心菜肴的质地、颜色、味道和装饰。卡露米当上厨师长后，规定了宴会菜肴道数、菜肴味道、颜色和装饰的标准，宴会每道菜肴的协调性。卡露米是法国第一个把糕点样品陈列在拿破仑·波拿巴皇帝餐桌上的厨师。他先后被邀请到伦敦皇宫、巴黎、维也纳、列宁格勒等地献技。在这期间，他改进并独创了许多新菜，因而获得“国王厨师”和“厨师国王”的美称。卡露米常把烹调法和建筑学紧密地融合在一起，使用植物调味品，简化菜肴制作工艺，使菜肴艺术化，重视菜肴的外观，奠定了西餐古典菜肴的基础。他创造了法国古典烹调法——豪特烹调法（haute cuisine）。他曾先后为英国瑞金特王子（Regent）（英国乔治四世）和俄国沙皇亚历山大一世（Czar Alexander I）作主厨。他写过几部重点介绍古典菜肴、古典面点制作方法的烹饪书，但是由于他过早地离开人世，所以大部分书籍均未完成。

3. 乔治·奥古斯特·埃斯考菲尔

乔治·奥古斯特·埃斯考菲尔（George Auguste Escoffier）（见图6-9）生于1846年10月28日，法国南部港口城市尼斯（Nice）附近普罗旺斯（Provence）的一个小村庄。他的父亲是铁匠，在家乡种植烟草。乔治·奥古斯特·埃斯考菲尔是个健康、幽默和性格开朗的人，与任何人相处得都很好。12岁时，他到当地的一所中学读书。他喜好画画，觉得周围的一切都是美丽的画面。由于他对祖母的敬仰和受其影响，他最终走入厨师的行列。埃斯考菲尔13岁时，他父亲将他带到尼斯（Nice），在他叔叔开设的餐馆当学徒。在那里，他受到严格的纪律和服务精神的训练。1870年弗兰格—普鲁士战争爆发（Franco-Prussian War），埃斯考菲尔参军后，被任命为厨师长。在那里，他学习了罐头食品制作技术和管理厨房的知识。复员后，回到巴黎的拉·派提·特姆岭·罗奇饭店（Le Petit Moulin Rouge）任主厨，直至1878年。在其漫长的职业生涯中，他以烹调豪华菜肴而引起欧洲社会的瞩目。他设计了数以千计的食谱，确立了豪华烹饪法的标准。1890年他在蒙特卡洛（Monte Carlo）大酒店当厨师长时，与饭店经理塞扎里茨（Cesar Ritz）密切合作，进行了餐饮经营与烹调设施的现代化和专业化建设。这一措施取得了良好的效果。后来，里茨把他带到闻名世界的伦敦塞维饭店。埃斯考菲尔不断开发新菜，菜名以著名的顾客命名。其中，为了纪念著名的澳大利亚歌剧演员内莉·梅尔巴（Nellie Melba），他创造了独特的甜点——梅尔巴桃（Peach Melba）。为了表示对伟大的作曲家里奥奇诺罗希尼（Gioacchino Rossini）的敬仰，埃斯考菲尔为他开发了罗希尼里脊牛排（Tournedos Rossini）。他还创造了一个冷菜——珍妮特鸡（Chicken Jeannette），是为了纪念被冰山撞沉的轮船。

图6-9 埃斯考菲尔

埃斯考菲尔曾指出，厨师的任务就是完善烹调法，分道上菜和使用现代厨房。他注意烹饪的专业性，按照俄罗斯服务方式上菜，每一种菜为单独的一道，改变了全部菜肴一齐上桌的传统方式。他的著作《我的烹调法：菜谱与烹饪指南》确立了法国古典烹饪法。埃斯考菲尔通过豪华烹调法将菜肴的原料和制作方法形成规律和标准，根据制作方法将各种菜肴分类。例如，将所有的汤分为清汤、浓汤和奶油汤，然后，根据制作细节和菜肴特点再分为若干细节，以致最后形成标准食谱。埃斯考菲尔完成了具有伟大意义的烹调书籍——《豪华烹饪艺术指南》（*A Guide to the Fine Art of Cookery*）。

4. 朴劳斯波·蒙塔那

朴劳斯波·蒙塔那（Prosper Montagné）是法国著名的厨师。1938 年他通过不懈的努力完成了法国有史以来的第一部烹饪百科全书 *Larousse Gastronomique*。作为年轻人，当时在蒙特卡洛大饭店担任副总厨，他主动对各种菜肴的原料、工艺和造型进行研究，发现菜肴中有过多的装饰品。他认为，这些装饰品不仅使菜肴失去特色，还浪费了大量的时间。当时，很多厨师尚没有发现其中的道理，因而，不同意这种观点。包括埃斯考菲尔也没有对此做出任何评论。但是，另一位著名的厨师、文学爱好者费里斯吉尔波特（Philéas Gilbert）赞同这种观点。后来，朴劳斯波·蒙塔那和埃斯考菲尔一起在推动烹调技艺改革，简化和精简烹调程序，提高餐饮服务效率，简化宴会菜单，厨房组织专业化方面做出了巨大的贡献。

第 7 章

汤和少司

本章导读

原汤称作基础汤，是制作汤和少司（热菜调味汁）不可缺少的原料。汤是欧美人民喜爱的一道菜肴，是以原汤为主要原料配以海鲜、肉类、蔬菜等原料制成。少司是西餐热菜调味汁，它的质量直接影响菜肴的味道。通过本章的学习，读者可了解原汤和少司的概念，掌握原汤、汤和少司的制作原理。

7.1 原　　汤

原汤实际上是牛肉、鸡肉和鱼等及它们的骨头和调味蔬菜熬成的汁。原汤是制作西餐的关键原料，尤其在制作少司和汤中起着不可替代的作用。许多西餐菜肴的味道、颜色及质量与原汤的质量紧密联系。因此，原汤的味道、新鲜度和浓度是其质量的重要指标。

7.1.1 原汤的主要原料

1. 肉或骨头

制作原汤常用的肉类和骨头包括牛肉和鸡肉及牛骨、鸡骨和鱼骨。不同种类的肉和骨头可熬制不同的原汤。例如，鸡原汤由鸡骨头制成，白色牛原汤由牛骨头制成，棕色牛原汤使用的骨头和白色牛原汤相同，只是制作工艺不同。制作棕色牛原汤要先将骨头烤成棕色，再将其放入水中，熬成原汤。鱼原汤由鱼骨头和鱼的边角肉制成。除此之外，羊骨头和火鸡骨头也可熬制一些特殊风味的原汤。

2. 调味蔬菜

制作原汤的蔬菜称为调味蔬菜（mirepoix）。包括洋葱、西芹和胡萝卜。调味蔬菜是原汤制作不可缺少的原料。在调味蔬菜中，洋葱的数量常常等于西芹和胡萝卜的总数量。在熬制白色原汤时，常用鲜蘑代替胡萝卜以保持原汤的色泽。

3. 调味品

制作原汤常用的调味品有胡椒、香叶、丁香、百里香、香菜梗等。这些调味品常包装在一个布袋内，用细绳捆好，制成香料袋（bouquet garni），然后放在原汤中。

4. 水

水是制作原汤不可缺少的原料，水的数量常常是骨头或畜肉的3倍。

7.1.2 制作原汤的便利材料

目前，市场上出现了许多制作原汤的便利材料。这些材料形状各异，有粉末状、块状和糊状。它们是浓缩的原汤、油脂、盐及颜色的混合物，使用这些材料制作原汤非常便利，只要将这些材料与水混合，煮沸就可以了。由于这些材料的配方和各种成分的含量不同，因此使用前应仔细阅读说明书。这些材料通常适用于大众餐厅、快餐厅和家庭餐厅，不适用于高级餐厅或传统餐厅。

7.1.3 原汤种类与特点

原汤分为四种。它们是白色牛原汤、棕色牛原汤（红色牛原汤）、鸡原汤和鱼原汤。

1. 白色牛原汤（White Stock）

白色牛原汤，也称为怀特原汤，由牛骨或牛肉配以洋葱、西芹、胡萝卜、调味品加水煮成。其特点是无色透明、味鲜，制作白色牛原汤通常使用冷水，待沸腾后撇去浮沫，用小火炖成。牛骨与水的比例为1∶3，烹调时间为6～8小时，过滤后即成。

2. 棕色牛原汤（Brown Stock）

棕色牛原汤，也称作红色牛原汤或布朗原汤，它使用的原料与白色牛原汤原料基本相同，只是加上适量的番茄酱以增加原汤的颜色。其特点是，原汤棕色且有烤牛肉的香气。制作方法是，先将牛骨及蔬菜烤成棕色，原料与水的比例为1∶3，煮6～8小时，过滤后即成。

3. 鸡原汤（Chicken Stock）

鸡原汤由鸡骨或鸡的边角肉、调味蔬菜、水和调味品制成。它的特点是无色、有鸡肉的鲜味。制作方法与白色牛原汤相同，鸡骨或鸡肉与水的比例为1∶3，烹调时间为2～4小时。制作鸡原汤可放些鲜蘑以代替胡萝卜，使鸡原汤的色泽更加完美，增加鲜味。

4. 鱼原汤（Fish Stock 或 Fumet）

鱼原汤由鱼骨、鱼的边角肉、调味蔬菜、水和调味品煮成。其特点是无色、有鱼的鲜味。制作方法与白牛原汤相同。制作时间约为1小时，汤加入适量的白葡萄酒和鲜蘑以去腥味。

7.1.4 原汤制作方法

原汤的制作工艺从表面上观察很简单。实际上，使用了许多烹调方法。原汤制作的主要目的是将汤中原料味道溶于汤中。因此，应重视原汤制作中的每一个环节，深刻理解制原汤工艺中的每一个程序。

1. 制作要点

制作优质的原汤必须掌握制汤的要点，否则影响原汤的质量。

① 使用新鲜的骨头、肉类和调味蔬菜等原料，注意原料与水的比例。

② 煮原汤时不要盖锅盖，这样利于原汤中的水分蒸发，使原汤的味道变浓。

③ 煮原汤时，应先用高温将汤煮沸，撇去浮沫，再用低温炖煮以保持其原汤的透明度。

④ 不要在原汤中加食盐，由于原汤中存在着一定的天然钠，随着原汤中的水分蒸发，原汤会变咸。

⑤ 原汤制成后，必须用几层过滤布将原汤过滤，使其清澈，然后撇去汤中的浮油，防止其变味。

⑥ 储存原汤前，首先将装满原汤的桶置于流动的凉水中，使原汤快速降温。然后，再将其放在冷藏箱内，保存期常常是3天。如将原汤冷冻储存，可存放3个月。

2. 原汤质量鉴别

① 优质原汤的上部没有浮油。

② 优质原汤中没有食物残渣。

③ 优质原汤的气味应当是芳香的，而味道应当清新。

④ 优质原汤的口味应适中。

7.1.5 原汤制作案例

例7-1 白色牛原汤（White Stock）（生产4升）

原料：牛骨2 000～3 000克，调味蔬菜500克（洋葱250克、胡萝卜和西芹各125克），调味品装入布袋包扎好（内装香叶1片、胡椒1克、百里香2个、丁香0.25克、香菜梗6根）。

制法：① 将牛骨洗净，剁成块，长度不超过8厘米。

② 将蔬菜洗净，切成3厘米的方块。

③ 将牛骨和蔬菜放入汤锅，放入冷水和调味袋。

④ 沸腾后，撇去浮沫，用小火炖，不断地撇去浮沫。

⑤ 炖6～8小时，过滤、冷却。

例7-2 棕色牛原汤（Brown Stock）（生产4升）

原料：牛骨、调味蔬菜、水的数量与白色牛原汤用料相同，番茄酱250克。

制法：① 将牛骨放在烤箱内烤成棕色，炉温200℃。

② 将烤好的牛骨放在汤锅，放冷水，开锅后，撇去浮沫，用小火继续炖。

③ 将烤盘中的牛油和原汁倒入原汤中。

④ 将调味蔬菜放在烤牛骨的盘中，烤成浅棕色，放入汤中。

⑤ 用小火炖原汤，加番茄酱，6～8小时后，过滤、冷却。

例7-3 鸡原汤（Chicken Stock）（生产4升）

原料：鸡骨2 000～3 000克，冷水5～6升，蔬菜500克（洋葱250克、西芹125克、胡萝卜125克，也可将胡萝卜换成鲜蘑）。

制法：同白色牛原汤，低温煮2～4小时即可。

例7-4 鱼原汤（Fish Stock 或 Fumet）（生产4升）

原料：鱼骨头和鱼的边角肉2 000～3 000克，水5～6升，调味蔬菜500克（洋葱250克、西芹125克、胡萝卜125克）。

制法：与白色牛原汤相同，也可以使用以下的方法制作鱼原汤，使鱼原汤更香醇。

例 7-5 鱼原汤（Fish Stock）（生产 4 升）

原料：鱼骨 2 000～3 000 克，黄油 30 克，冷水 4 升，白葡萄酒 200 克，调味蔬菜 400 克（洋葱 120 克、西芹、胡萝卜、鲜蘑各 60 克），调味品（香叶半片、胡椒粒 1 克、百里香 1 个、香菜梗 6～8 根）装在布袋内，包扎好。

制法：① 将黄油放入厚底少司锅内，放调味蔬菜，放鱼骨，将鱼骨放在蔬菜上。在鱼骨上松散地盖上一张烹调纸或锅盖。

② 将煮锅放在西餐灶上，低温烹调 5 分钟后，加入葡萄酒，煮沸后加水，放入调味品袋。

③ 煮沸后用低温慢慢煮，撇去浮沫，再煮约 40 分钟。

④ 在漏斗中，放入叠好的过滤布，过滤。

⑤ 将煮好的鱼原汤放入容器内，再将该容器置于流动的冷水中，冷却后，再放冷藏箱内储存。

7.2 汤

汤（soup）是欧美人民喜爱的一道菜肴，是以原汤为主要原料配以海鲜、肉类、蔬菜及淀粉类原料制成，经过调味，盛装在汤盅或汤盘内。汤既可作为西餐中的开胃菜、辅助菜，又可作为主菜。在西餐中，汤起着重要的作用。汤，作为一道菜，常出现在欧美人日常生活的菜单上，由于它有营养，易于消化和吸收，成本低，是餐饮业和饭店充分利用食品原料，实践创意的场地。当今人们对饮食的爱好趋向简单、清淡和富有营养，基于这种原因，汤愈加被人们青睐。

7.2.1 汤的种类和特点

汤是由原汤为主要原料制成的，是西餐的一道菜肴。汤的种类有许多，分类方法也各不相同。通常汤分为三大类：清汤、浓汤和特殊风味汤。

1. 清汤（Clear Soup）

清汤，顾名思义是清澈透明的液体。通常，它以白色牛原汤、棕色牛原汤、鸡原汤为原料，经过调味，配上适量的植物原料或动物原料作为装饰而成。清汤又可分为以下 3 种。

① 原汤清汤（broth）。由原汤直接制成，通常不过滤。

② 浓味清汤（bouillon）。是过滤原汤，调味，制成的汤。

③ 特制清汤（consomme）。是将原汤经过再一次加工而成。通常，将牛肉丁、鸡蛋清、胡萝卜块、洋菜块、香料等制成混合物，然后放入牛原汤中，用低温炖 2～3 小时，使牛肉味道再一次溶解在汤中，经过滤而成。特制清汤是格外清澈和香醇的清汤，这种汤适用于高级西餐厅（扒房）。

2. 浓汤（Thick Soup）

浓汤是指不透明的液体。通常在原汤中加入奶油、油面酱（用黄油煸炒的面粉）或菜泥而成。浓汤又可分为以下 4 种。

① 奶油汤（Cream Soups）。常以汤中的配料命名。例如，鲜蘑奶油汤，以鲜蘑为配料制成；芦笋奶油汤，以芦笋为配料制成。奶油汤的制作方法是使用微火，用黄油煸炒面粉，加

适量的洋葱作调味品，炒至淡黄色。然后，将白色牛原汤或鸡肉原汤慢慢倒在炒好的黄油面粉中，用木铲搅拌，煮沸后，用微火将汤煮成黏稠，过滤，放鲜奶油或牛奶调味，使汤成为发亮的，带有黏性的液体，放一些作装饰品的食品原料。特点是浅黄色，味鲜美，有奶油的鲜味。

② 菜泥汤（Puree Soups）。将含有淀粉质的蔬菜（土豆、胡萝卜或豌豆）放原汤中煮熟。然后，放在碾磨机中碾磨，将碾磨好的蔬菜泥与原汤放在一起，经过滤，调味，放装饰品而成。菜泥汤不像奶油汤有光泽。菜泥汤可以放牛奶，也可不放牛奶。其颜色美观并随着蔬菜的颜色不同而不同，味鲜美，营养丰富。

③ 海鲜汤（Bisques）。以海鲜（龙虾、虾或蟹肉）为原料，加适量水，低温煮成的浓汤。海鲜汤中的洋葱和胡萝卜等原料只用于调味，不作为配料。

④ 什锦汤（Chowders）也称为杂拌汤。不同的什锦汤制作方法各异。例如，鱼什锦汤、海鲜什锦汤和蔬菜什锦汤等。什锦汤的特点是汤中既有动物原料又有植物原料。其配料品种和数量没有具体规定。什锦汤与奶油汤的浓度很相似，然而什锦汤中的食品原料的尺寸较大，一些什锦汤的菜式像烩菜。因此，可以通过汤的外形区别什锦汤和奶油汤。

3. 特殊风味汤（Special Soups）

特殊风味汤是指根据各民族饮食习惯和烹调特点制作的汤。特殊风味汤的最大特点是在制作方法或原料方面比一般的汤更具有代表性和特殊性。例如，法国洋葱汤（French Onion Soup）、意大利面条汤（Minestrone）、西班牙凉菜汤（Gazpacho）及秋葵浓汤（Gumbo）等都是非常有特色的汤（见图 7-1）。

奶油鲜蘑汤

西班牙冷蔬菜汤

奶油白胡桃浓汤

图 7-1 各种类型的汤

7.2.2 汤的生产工艺

汤的质量主要来自汤的原料和工艺。优质的汤必须由新鲜的并有一定浓度的原汤作为原料。同时，作为汤的配料（畜肉、海鲜或蔬菜）新鲜度也很重要。煮汤应使用微火和低温，低温煮汤可使汤的味道更香醇。制作浓汤时，厨师应不时地用木铲搅拌，防止汤中的配料互相粘连或粘连在锅底。此外，应不断地撇去汤中的浮沫，保持汤中的颜色和美观。调味是制汤的另一关键，口味过重或是过于清淡都不理想。

7.2.3 汤的生产案例

例 7-6 蔬菜清汤（Clear Vegetable Soup）（生产 24 份，每份约 240 毫升）

原料：黄油170克，洋葱丁680克，胡萝卜丁450克，西芹丁450克，白萝卜丁340克，鸡原汤6升，番茄丁450克，盐和白胡椒粉各少许。

制法：① 将黄油放在汤锅，用小火熔化。

② 将洋葱丁、胡萝卜丁、西芹丁、白萝卜丁放汤锅，用小火煸炒成半熟。

③ 将鸡原汤倒入汤锅烧开，撇去浮沫，用小火炖。

④ 将番茄丁放入汤锅，炖5分钟。

⑤ 撇去浮沫，用适量的盐和白胡椒粉调味。

例7-7 蘑菇大麦仁汤（Mushroom Barley Soup）（生产24份，每份约240毫升）

原料：大麦仁230克，蘑菇块900克，洋葱丁280克，鸡原汤5升，胡萝卜丁140克，白萝卜丁140克，黄油或鸡油60克，白胡椒粉和盐各少许。

制法：① 在沸腾的热水中煮熟大麦仁，沥干水。

② 把黄油放在厚壁的调料锅里，将洋葱丁、胡萝卜丁和白萝卜丁放在油中煸炒至半熟，不要将它们煸炒成棕色。

③ 加鸡汤烧开，降低温度，用小火慢煮，直至蔬菜成熟。

④ 用低温煮汤，另用一锅煸炒蘑菇，不要煸炒成棕色。

⑤ 将蘑菇放在汤中，将煮好的大麦仁也放入汤中，用低温再煮5分钟。

⑥ 撇去汤上的油脂，加入适量盐、胡椒粉调味。

例7-8 牛尾汤（Oxtail Soup）（生产24份，每份约240毫升）

原料：牛尾2 700克、洋葱块280克、香料袋一个（香叶1片、香草少许、胡椒6个、丁香2个、大蒜1瓣）、西芹丁140克、胡萝卜丁140克（煮汤）、棕色牛原汤6升、雪利酒60毫升、胡萝卜丁570克、白萝卜丁570克、去籽的番茄280克、韭葱段280克（葱白部分）、黄油110克、盐和胡椒粉少许。

制法：① 用砍刀在牛尾关节砍成段。

② 将牛尾放在烤盘上，放入烤箱内烤。当部分烤成棕色后，加入洋葱、西芹、140克胡萝卜块和牛尾一起烤成棕色。

③ 将烤好的牛尾、洋葱、西芹、胡萝卜和棕色牛原汤一起放入煮锅里。

④ 将烤盘上的浮油去掉，加入一些原汤，搅拌后再倒入汤锅中。

⑤ 将汤煮至沸腾后，撇去浮沫，用小火慢煮，然后加入香料袋。

⑥ 约煮3小时，用小火慢煮，直至将牛尾煮熟。在煮的过程中应加入少许水，使全部牛尾浸在水中。

⑦ 把牛尾从清汤中捞出后，将肉从骨头上刮下并切成丁，放入一个小平底锅内，倒入少许清汤，牛尾汤煮好后保温或冷却后待用。

⑧ 过滤，撇去浮油。

⑨ 用黄油煸炒570克胡萝卜丁、570克白萝卜丁和韭葱段，煸炒至半熟。

⑩ 加入牛尾汤，用低温煮，直至将各种萝卜丁煮熟。

⑪ 加入番茄丁、牛尾肉丁，再煮几分钟。

⑫ 加入雪利酒，用盐和胡椒粉调味。

例7-9 葡萄牙蔬菜汤（Portugal Caldo Verde）（生产16份，每份300克）

原料：橄榄油60毫升，洋葱末340克，大蒜末少许，去皮土豆片1 800克，水4升，甘蓝菜 900 克，浓味大蒜肠 450 克，食盐和胡椒粉少许，面包块适量。

制法：① 把橄榄油放入汤锅加热，加洋葱末和蒜末，用低温煸炒，不要将洋葱和蒜末煸出颜色，加土豆片和水，直至将土豆片煮熟，将土豆片捣碎。

② 把火腿肠切成薄片放在锅里小火煸炒，排出火腿中的油，沥去油并放在土豆汤里炖 5 分钟，用盐和胡椒粉调味。

③ 将甘蓝菜去掉硬茎，切成细丝，放入火腿土豆汤中，煮 5 分钟，用盐和胡椒粉调味。

④ 上桌时，配上面包块。

例 7-10 奶油鲜蘑汤（Cream of Mushroom Soup）（生产 24 份，每份 240 毫升）

原料：黄油 340 克，洋葱末 340 克，面粉 250 克，鲜蘑末 680 克，白色牛原汤或鸡原汤 4.5 升，奶油 750 克，热牛奶 5 升，鲜蘑丁 170 克，盐和白胡椒粉少许。

制法：① 将黄油放厚底少司锅中加热，用微火使其熔化。

② 将洋葱末和鲜蘑末放在黄油中，用微火煸炒片刻，使其出味，不要使它们成棕色。

③ 将面粉放调味锅中，与洋葱末、680 克鲜蘑混合，煸炒，用微火炒至浅黄色。

④ 将白色牛原汤或鸡原汤逐渐放入炒面粉中并使用抽子不断搅拌，使原汤和面粉完全融合在一起，烧开，使汤变稠，不要将洋葱和鲜蘑煮过火。

⑤ 撇去浮沫，将汤放入电碾磨中碾一下，过滤。

⑥ 将热牛奶放入过滤好的汤中，使其保持一定的温度。

⑦ 保持汤的热度，不要将它煮沸，用盐和白胡椒粉调味。营业前将奶油放在汤中，搅拌均匀。

⑧ 用原汤将 170 克鲜蘑丁略煮后放在汤中，作装饰品。

例 7-11 胡萝卜泥汤（Puree of Carrot Soup）（生产 24 份，每份约 240 毫升）

原料：黄油 110 克，胡萝卜丁 1 800 克，洋葱丁 450 克，土豆丁 450 克，鸡原汤或白色牛原汤 5 升，盐和胡椒粉各少许。

制法：① 将黄油放入厚底少司锅中，用小火加热，使其熔化。

② 加入胡萝卜丁和洋葱丁，用小火煸炒至半熟，不要使它们变色。

③ 将原汤倒入装有胡萝卜和洋葱丁锅中，放土豆丁，将汤烧开，使胡萝卜和土豆丁成嫩熟状，不要使它们变色。

④ 将汤和胡萝卜丁、土豆丁一起倒入碾磨机中，经过碾磨，成菜泥状，再放回锅中，用小火炖，如果汤太浓，可以再放一些原汤稀释。

⑤ 放盐和胡椒粉调味。

⑥ 根据顾客口味，上桌前可放一些热浓牛奶。

例 7-12 虾汤（Shrimp Bisque）（生产 10 份，每份 180 毫升）

原料：黄油 30 克，洋葱丁 60 克，胡萝卜丁 60 克，带皮鲜虾 450 克，香叶 1 片，百里香少许，香菜梗 4 根，番茄酱 30 克，白兰地酒 30 克，白葡萄酒 180 克，鱼原汤 1.5 升，炒好的黄油面粉适量，盐和胡椒粉各少许。

制法：① 将黄油放入少司锅中，用微火熔化。

② 将洋葱丁和胡萝卜丁放入，煸炒，使其成为金黄色。

③ 放虾、百里香、香叶、香菜梗，将虾煸炒成红色。

④ 加番茄酱，搅拌。

⑤ 将白兰地酒放在另一锅中加热，使其着火，倒入炒好的虾中。

⑥ 将白葡萄酒倒入煸炒好的虾中，用小火炖，使其减少水分。

⑦ 将虾捞出去皮，虾肉切成丁，放在一边作装饰品，虾皮仍放回虾汤中。

⑧ 将炒好的面粉和鱼原汤搅拌，加热，制成浓汤，放入虾皮溶液中，用小火炖 10～15 分钟，过滤，继续用小火炖。

⑨ 上桌前，将虾肉和奶油放入汤中。

例 7-13 曼哈顿蛤肉汤（Manhattan Clam Chowder）（生产 16 份，每份约 240 毫升）

原料：海蛤 60 个，咸猪肉末 200 克，洋葱丁 570 克，水 3.8 升，胡萝卜 225 克，西芹丁 225 克，土豆丁（去皮）910 克，韭葱丁 225 克（葱白部分），番茄丁 1 500克，大蒜末少许，香袋（内装干牛至少许）1 个，辣酱油少许。

制法：① 将海蛤洗净，放在一个容器内，加水煮熟。

② 剥出蛤肉，将蛤肉放在一边待用，去掉蛤壳，将蛤肉原汤过滤保留。

③ 将土豆放入蛤肉汤中煮熟，捞出待用，汤过滤，保留待用。

④ 煸炒咸肉末，放洋葱丁、胡萝卜丁、西芹丁、韭葱丁和青椒丁一起煸炒，放大蒜，直至煸出香味（不用油，利用咸肉中的油），加番茄酱一起煸炒，连同香料袋一起放入蛤肉汤，烧开后，用小火炖 30 分钟。

⑤ 除去香袋，撇去浮油，放蛤肉和土豆。

⑥ 用盐、白胡椒和辣酱油调味。

例 7-14 法国洋葱汤（French Onion Soup Gratinee）（生产 24 份，每份 180 毫升）

原料：黄油 120 克，洋葱片 2 500 克、盐和胡椒粉各少许，雪利酒 150 毫升，白色牛原汤或红色牛原汤 6.5 升，法国面包适量，瑞士奶酪 680 克。

制法：① 将黄油放在汤锅内，用小火熔化，加洋葱，煸炒至金黄色或棕色，用小火煸炒约 30 分钟，使洋葱颜色均匀，不可用旺火。

② 将原汤放在煸炒好的洋葱中烧开，然后用小火炖约 20 分钟，直至将洋葱味道全部炖出。

③ 用盐和胡椒粉调味，加雪利酒并保持温度。

④ 将法国面包切成 1 厘米厚，根据需要每份汤可放 1～2 片。

⑤ 将面包放烤箱中烤成金黄色。

⑥ 将汤放在专门沙锅中，上面放面包，面包上面放切碎的奶酪，放在焗炉内，将奶酪烤成金黄色时，即可上桌。

例 7-15 意大利面条汤（Minestrone）（生产 24 份，每份约 240 毫升）

原料：橄榄油 120 克，洋葱薄片 450 克，西芹丁 230 克，胡萝卜丁 230 克，大蒜末 4 克，小白菜丝 230 克，小南瓜丁 230 克，去皮番茄丁 450 克，白色牛原汤 5 升，罗勒 1 克，香菜末 15 克，菜豆 680 克，短小的空心意大利面条 170 克，盐和胡椒粉各少许，奶酪适量。

制法：① 将黄油放厚底少司锅，用小火熔化。

② 将洋葱、西芹、胡萝卜和大蒜放在黄油中，煸炒 3～5 分钟，不要使它们着色。然后将白菜、小南瓜放入，继续煸炒 5 分钟，注意用小火。

③ 将番茄、白色牛原汤和罗勒放在煸炒的蔬菜中，用小火炖，不要将蔬菜煮过火。

④ 将意大利面条放入，用小火煮，将面条煮熟，加菜豆继续煮，并将菜豆煮熟。

⑤ 将香菜、胡椒粉、盐放在汤中。

⑥ 上桌前，汤中放上奶酪末，即成。

例 7-16 西班牙冷蔬菜汤（Gazpacho）（生产 12 份，每份 180 毫升）

原料：去皮番茄末 1 100 克，红酒醋（Red Wine Vinegar）90 毫升，去皮黄瓜末 450 克，橄榄油 120 克，洋葱末 230 克，盐和胡椒粉各少许，青椒末 110 克，柠檬汁少许，大蒜末 1 克，辣椒粉少许，装饰品 180 克（洋葱丁、黄瓜丁、青椒丁各 60 克），新鲜的白面包末 60 克，冷开水 500 克。

制法：① 将番茄末、黄瓜末、青椒末、大蒜末及面包末放在打碎机中打碎，然后过滤，与冷开水搅拌，制成冷汤。

② 将橄榄油慢慢倒入冷汤中，用抽子抽打。

③ 用盐、胡椒粉、柠檬汁和醋调味，然后冷藏。

④ 上桌时，每份冷汤放约 15 克装饰品（洋葱丁、黄瓜丁和青椒丁）。

7.3 少　　司

少司是西餐热菜调味汁的总称，是西餐菜肴中的最关键部分，少司是英语 sauce 的译音，有时人们也称它为沙司或调味汁。

7.3.1 少司的组成

1. 原汤、牛奶或熔化的黄油

原汤、牛奶或黄油是制作少司的基本原料。通常，少司中的液体由各种原汤、牛奶或黄油构成。其中包括白色牛原汤、白色鸡原汤、白色鱼原汤和棕色牛原汤，不同的原汤制成不同种类的少司。

2. 稠化剂

稠化剂是增加少司浓度的原料。少司经稠化后才可以产生黏度。否则，不会粘连在菜肴上。因此，稠化技术是制作少司的关键工艺。稠化剂常以面粉、玉米粉、面包、米粉、土豆粉等配以油脂或水构成，有的稠化剂由蛋黄或奶油构成。常用的稠化剂有以下 4 种。

① 油面酱（roux），也称为“面粉糊”，它以 50% 熔化的油脂加上 50% 的普通面粉混合，用低温煸炒成糊状。油面酱中油脂可以是黄油、人造黄油、动物油脂或植物油。但是，以黄油为原料制成的油面酱味道最佳，适用于多种菜肴。同时，以鸡油与面粉制成的油面酱用于鸡肉菜肴少司，以烤牛肉的滴油与面粉制成的油面酱适用于牛肉菜肴少司，以人造黄油或植物油与面粉制成的油面酱配制的少司味道清淡。油面酱的颜色通常有三种：白色、金黄色和棕色。其颜色形成的原因是烹调时间长短与炉温的高低。白色油面酱作奶油少司原料，金黄色油面酱作白色少司原料，棕色油面酱适用于棕色少司原料。但是，棕色油面酱煸炒的时间过长，其黏性较差。

② 黄油面粉糊（beurre manie），是由相同数量熔化的黄油与生面粉搅拌而成。这种糊常用于少司制作的最后程序。当发现少司的黏度不够理想时，可以使用少量黄油与面粉混合，形成黄油面粉糊，在少司中放入黄油面粉糊可以快速增加少司的黏度。

③ 水粉芡（whitewash）是将少量的淀粉和水混合，构成水粉芡。这种稠化剂味道很差，

只用于酸甜菜肴和甜点。

④ 蛋黄奶油芡（egg yolk and cream liaison），由鸡蛋黄与奶油混合构成。尽管这类芡的黏性不如以上各种稠化剂。但是，它可以丰富少司的味道。因此，适用于少司制作的最后阶段，既起着调味的作用，又有稠化和增加亮度的作用（见图7-2）。

⑤ 面包渣（breadcrumbs），也可作为稠化剂。但是，它的用途很小，仅限于某些菜肴。例如，西班牙冷菜汤。

3. 调味品（seasoning）

盐、胡椒、香料、柠檬汁、雪利酒和麦德拉酒是制作少司最常用的调味品。

图7-2 蛋黄奶油芡

7.3.2 少司的作用

少司是味道丰富的黏性调味汁，它的主要作用是为热菜调味。目前，一些少司也为冷菜和沙拉调味。西餐中有许多种类的开胃菜、配菜、主菜、甚至甜点。它们都需要少司调味和装饰。法国菜肴之所以名誉全球，除了它的优质原料和精心制作外，另一个主要原因就是运用精美和香醇的少司。烤菜、扒菜、炸菜和煮菜经过熟制后，都要浇上少司以增加其味道和美观。因此，少司是西餐工艺的基础和中心。少司作用如下。

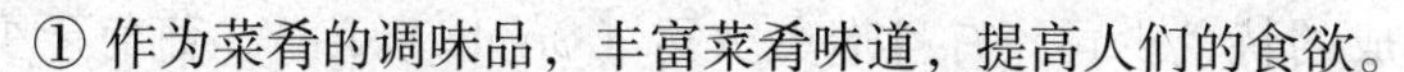

① 作为菜肴的调味品，丰富菜肴味道，提高人们的食欲。

② 作为菜肴的润滑剂，增加扒菜、烤菜和炸菜的润滑性，便于食用。

③ 作为菜肴的装饰品，为菜肴增加颜色，使菜肴更加美观，更具有特色。

④ 作为生产手段，使西餐菜肴的品种更加丰富。

7.3.3 少司的种类

西餐的少司种类繁多，它们在颜色、味道和黏度方面都各有特色。但是，各种少司都是由以下5种基础少司配制而成（见图7-3）。

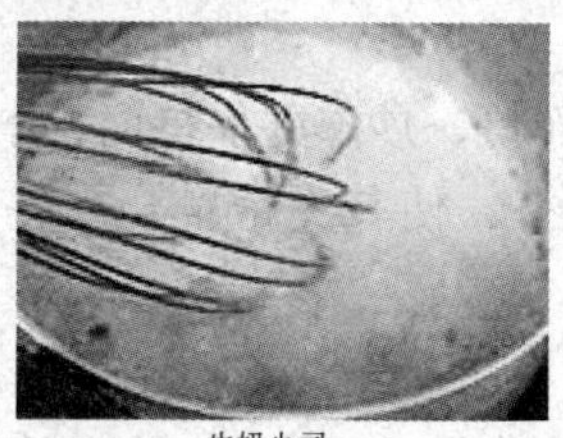

牛奶少司

棕色少司

黄油少司

图7-3 部分基础少司

1. 五大基础少司

① 牛奶少司（Bechamel Sauce），由牛奶、白色油面酱及调味品制成。

② 白色少司（Veloute Sauce），由白色牛原汤或白色鸡原汤加白色油面酱及调味品制成。

③ 棕色少司（Brown Sauce），由棕色牛原汤加上浅棕色油面酱及调味品制成。

④ 番茄少司（Tomato Sauce），由棕色牛原汤加上番茄酱、棕色油面酱及调味品制成。

⑤ 黄油少司（Butter Sauce），由黄油加鸡蛋黄及调味品制成。

2. 半基础少司

有些少司，称为半基础少司。半基础少司是以五大基础少司为基本原料制成的。这些少司起着媒介作用。通过它们，加入一些调味品，可以更容易地制成调味少司。常用的半基础少司有蛋黄奶油少司（Allemande Sauce）、奶油鸡汤少司（Supreme Sauce）、白酒少司（White Wine Sauce）、棕色水粉少司（Fond Lie）、浓缩的棕色少司（Demiglaze）等。

3. 调味少司

调味少司也称为小少司，是具体为各种菜肴调味的少司。它们以五大基础少司或半基础少司为原料，通过再一次调味制作而成。由于调味少司在味道和颜色方面各具特色，因此，菜肴通过它们调味，变得更加个性化。调味少司制作程序不同，一些基础少司经调味可直接制成调味少司，而有些基础少司要加工成半基础少司后，再经过调味才能制成调味少司。调味少司有许多种类，至目前还在不断地发展。

① 以牛奶少司为基础制成的调味少司有奶油少司（Cream Sauce）、芥末少司（Mustard Sauce）、车达奶酪少司（Chedder Cheese Sauce）等。

② 以白色少司为原料制成的调味少司，有白色鸡少司（White Chicken Sauce）、白色鱼少司（White Fish Sauce）、匈牙利少司（Hungarian Sauce）、咖喱少司（Curry Sauce）和欧罗少司（Aurora Sauce）等。

③ 以棕色少司为原料制成的调味少司，有罗伯特少司（Robert Sauce）、马德拉少司（Madeira Sauce）和雷娜斯少司（Lyonnaise Sauce）等。

④ 以番茄少司为原料制成的特色少司，有科瑞奥少司（Creole Sauce）、葡萄牙少司（Portugaise Sauce）、西班牙少司（Spanish Sauce）等。

⑤ 以黄油少司为原料制作的特色少司，有马尔泰斯少司（Maltaise Sauce）、莫斯令少司（Mousseline Sauce）和秀荣少司（Choron Sauce）等。

7.3.4 少司生产案例

1. 牛奶少司（Bechamel Sauce）（生产4升）

原料：熔化的黄油225克，面粉225克，牛奶4升，去皮小洋葱1个，丁香1个，小香叶1片，盐、白胡椒、豆蔻各少许。

制法：① 将黄油放厚底少司锅内，用微火熔化，放面粉，炒熟并保持面粉本色。

② 将牛奶煮沸，逐渐倒入炒好的面粉中，用抽子抽打，使其完全融合在一起，并观察其黏度。

③ 煮沸后用小火炖，用抽子不断地抽打。

④ 将香叶插在洋葱上，与丁香一起放在少司中，用小火炖15～30分钟，偶尔搅拌。

⑤ 检查稠度，如果需要，可再放一些热牛奶。

⑥ 用盐、胡椒粉和豆蔻调味，香料气味不要过浓，口味应清淡。

⑦ 过滤，盖上盖子，在少司表面放黄油以防止表面干裂。使用时，应保持其热度。

2. 以牛奶少司为基础制成的调味少司

(1) 奶油少司（Cream Sauce）（生产1 100克）

原料：牛奶少司1 000克，奶油120～240克，盐和白胡椒粉各少许。

制法：将牛奶少司与奶油均匀地混合、加热、调味。

（2）芥末少司（Mustard Sauce）（生产1 100克）

原料：牛奶少司1 000克，芥末酱110克，盐和白胡椒粉各少许。

制法：将牛奶少司均匀地与调味品混合，加热。

（3）车达奶酪少司（Chedder Cheese Sauce）（生产1 200克）

原料：牛奶少司1 000克，车达奶酪250克，干芥末1克，盐和白胡椒粉各少许，辣酱油（Worceteshire Sauce）10克。

制法：将1 000克牛奶少司与车达奶酪和各种调味品放在一起，加热。

3. 白色少司（Veloute Sauce）

（1）白色牛少司（Beef Veloute Sauce）（生产4升）

原料：熔化的黄油225克、面粉225克、白色牛原汤5升。

制法：① 将黄油放在厚底少司锅内加热，放面粉煸炒至浅黄色，晾凉。

② 逐渐把白色牛原汤加入炒面粉中，用抽子抽打，开锅后，用小火炖。

③ 用小火炖少司约1小时，偶尔用抽子抽打几下，撇去表面浮末，如果少司过稠可以再加一些白色牛原汤。

④ 不要用盐和胡椒等对白色少司调味，因为它只作为调味少司的原料。

⑤ 过滤后，用锅盖盖好或表面放一些熔化的黄油以防少司表面产生皮子，保持其热度。储存前应使其快速降温。

（2）白色鸡少司（Chicken Veloute Sauce）（生产4升）

原料：熔化的黄油225克，面粉225克，白色鸡原汤5升。

制法：与白色牛少司相同。

（3）白色鱼少司（Fish Veloute Sauce）（生产4升）

原料：熔化的黄油225克，面粉225克，白色鱼原汤5升。

制法：与白色牛少司相同。

4. 以白色少司为原料制成的半基础少司

（1）蛋黄奶油少司（Allemande Sauce）（生产4 000克）

原料：白色牛少司4升，鸡蛋黄8个，奶油500克，柠檬汁30毫升，盐和白胡椒粉各少许。

制法：① 将白色牛少司放入少司锅中，用小火煮沸，然后保持微热状。

② 将蛋黄与奶油放在一起抽打，搅拌均匀。

③ 将热少司的1/3逐渐倒入蛋黄奶油中，慢慢搅拌。然后，将这个溶液逐渐地倒入剩下的2/3白色牛少司中，搅拌均匀。

④ 用微火炖，不要烧开，用柠檬汁、盐和白胡椒粉调味。

（2）奶油鸡少司（Supreme Sauce）（生产4升）

原料：白色鸡少司4升，奶油1 000克，黄油120克，盐、胡椒粉、柠檬汁各少许。

制法：① 将白色鸡少司放入少司锅，用小火炖，直至减去原来数量的1/4。

② 将奶油放入另一锅内，用少量热白色鸡少司逐渐地倒入奶油中，并不断搅拌。然后，将搅拌好的奶油溶液逐渐地倒入所有的白色鸡少司中，搅拌均匀，用小火炖。

③ 将黄油切成丁，放入少司中，用柠檬汁、盐、胡椒粉调味。

④ 将少司过滤。

(3) 白酒鱼少司 (White Wine Sauce)(生产 4 升)

原料:干白葡萄酒 500 克,白色鱼少司 4 升,热浓牛奶 500 克,黄油 20 克,盐和白胡椒粉及柠檬汁各少许。

制法:① 将白酒放入少司锅中,用小火炖,使其蒸发,直至减去 1/2 数量。

② 加白色鱼少司,用小火炖,直至炖成理想的浓度。

③ 将热牛奶逐渐倒入白色鱼少司中,不断地搅拌。

④ 将黄油切成丁,放在少司中,用盐、胡椒粉、柠檬汁调味。

⑤ 过滤。

5. 以白色少司为基础制成的各种调味少司

(1) 匈牙利少司 (Hungarian Sauce)(生产 1 100 克)

原料:白色牛少司或白色鸡少司 1 000 克,黄油 30 克,洋葱末 60 克,红辣椒 5 克,白葡萄酒 100 克,盐和胡椒粉各少许。

制法:① 用黄油煸炒洋葱和辣椒,放白葡萄酒,用小火炖片刻。

② 将白色牛少司放入煸炒好的洋葱中,炖 10 分钟,用盐、胡椒粉调味即成。

(2) 咖喱少司 (Curry Sauce)(生产 1 200 克)

原料:白色牛少司(或白色鸡少司或白色鱼少司)1 000 克,洋葱丁 50 克,胡萝卜丁、西芹丁各 25 克,咖喱粉 6 克,拍松的大蒜 1 瓣,香叶半片,香菜梗 4 根,奶油 120 毫升,百里香、盐、胡椒粉各少许。

制法:① 用黄油煸炒洋葱、胡萝卜和西芹,放咖喱粉、百里香、大蒜、香叶、香菜梗,煸炒后,加少司,用小火炖。

② 将奶油倒入少司中,用盐、胡椒粉调味。

(3) 欧罗少司 (Aurora Sauce)(生产 1 100 克)

原料:蛋黄奶油少司或奶油鸡少司或白色牛少司或白色鸡少司 1 000 克、番茄酱 170 克、盐和胡椒粉各少许。

制法:将番茄酱与少司混合在一起,用小火炖,用盐、胡椒粉调味。

(4) 鲜蘑少司 (Mushroom Sauce)(生产 1 100 克)

原料:黄油 30 克,鲜蘑片 110 克,蛋黄奶油少司或奶油鸡少司 1 000 克,柠檬汁 15 毫升,盐、白胡椒粉各少许。

制法:将黄油熔化,煸炒鲜蘑,保持鲜蘑白色,放少司,用小火炖,用柠檬汁、盐、胡椒粉调味。

(5) 爱尔布费亚少司 (Albufera Sauce)(生产 1 000 克)

原料:奶油鸡少司 1 000 克,烤牛肉汁 60 克。

制法:将奶油鸡少司与烤牛肉汁混合,煮开,保持热度。

(6) 培西少司 (Bercy Sauce)(生产 1 100 克)

原料:洋葱末 60 克,白葡萄酒 120 毫升,白色鱼少司 1 000 克,黄油 60 克,香菜末 7 克,柠檬汁、盐和白胡椒粉各少许。

制法:① 将洋葱末和白葡萄酒用小火炖,炖成原来数量的 2/3。

② 放白色鱼少司煮开,用黄油、香菜末、白胡椒、柠檬汁调味。

(7) 诺曼底少司 (Normandy Sauce)(生产 1 200 克)

原料：白色鱼少司 1 000 克，鲜蘑 120 克，鸡蛋黄 4 个，奶油 90 克，盐和白胡椒粉各少许，鱼原汤 120 克，黄油 30 克。

制法：① 用水将鲜蘑煮成浓汁（约 120 克）后，扔掉鲜蘑，留汁待用。

② 用鸡蛋黄与奶油混合在一起制成稠化剂。

③ 将鱼原汤用小火炖成原来数量的 3/4，与白色鱼少司、鲜蘑汁混合，煮开后，放混合好的鸡蛋奶油稠化剂。

④ 过滤，将熔化的黄油撒在少司的表面。

6. 棕色少司（Brown Sauce 或 Espagnole）（生产 4 升）

原料：洋葱丁 500 克，胡萝卜和西芹丁各 250 克，黄油 250 克，面粉 250 克，番茄酱 250 克，棕色原汤 6 升，香料布袋 1 个（香叶 1 片、丁香 0.25 克、香菜梗 8 根）。

制法：① 用黄油将洋葱、胡萝卜和西芹煸炒成金黄色。

② 将面粉倒入煸炒好的洋葱、胡萝卜和西芹中，用低温继续煸炒，使面粉成浅棕色。

③ 将棕色原汤和番茄酱放入炒好的面粉中，煮开后用小火炖。

④ 撇去浮沫，加香料袋，用小火炖 2 小时，减少至 4 升时，即成。

⑤ 过滤后，在少司表面撒上少量熔化的黄油，防止表面产生浮皮，使用时，保持其热度。

7. 以棕色少司为原料制成的半基础少司

（1）棕色水粉少司（Fond Lie）（生产 1 000 克）

原料：棕色原汤 1 000 克，玉米粉 30 克。

制法：① 将玉米粉与冷水混合制成玉米粉芡。

② 将棕色原汤煮开，放玉米粉芡，搅拌。

（2）浓缩的棕色少司（Demiglaze）（生产 4 升）

原料：棕色少司 4 升、棕色原汤 4 升。

制法：① 将棕色少司与棕色原汤混合在一起后，煮开，再用小火炖成原数量的一半。

② 过滤，撇去浮沫，使用时保持热度（见图 7-4）。

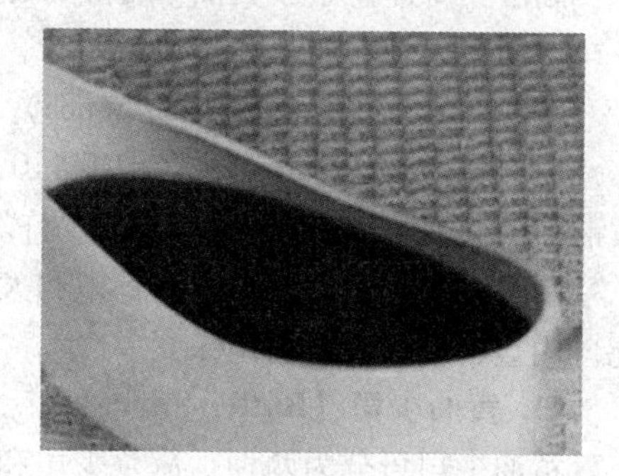

图 7-4 浓缩的棕色少司

8. 以棕色少司为基础制成的调味少司

（1）罗伯特少司（Robert Sauce）（生产 1 100 克）

原料：洋葱末 110 克，黄油 25 克，白葡萄酒 250 克，浓缩的棕色少司 1 000 克，芥末粉 4 克，白糖和柠檬汁各少许。

制法：① 用小火煸炒洋葱，放葡萄酒，用小火炖，直至炖成原来数量的 2/3。

② 加浓缩的棕色少司，炖 10 分钟。

③ 过滤后，加芥末粉、白糖和柠檬汁即可。

（2）马德拉少司（Madeira Sauce）（生产 1 000 克）

原料：浓缩的棕色少司 1 000 克、马德拉葡萄酒 120 克。

制法：用小火炖浓缩的棕色少司，约炖去 100 克后，加入马德拉酒即可。

（3）蕾娜斯少司（Lyonnaise Sauce）（生产 1 100 克）

原料：黄油 60 克，洋葱 110 克，白葡萄酒 120 克，白醋少许，浓缩的棕色少司 1 000 克。

制法：① 用黄油煸炒洋葱成金黄色，加白葡萄酒和少许白醋，用小火炖，炖至原数量的一半。

② 加入浓缩的棕色少司，炖 10 分钟即可。

9. 番茄少司（Tomato Sauce）（生产 4 升）

原料：黄油 60 克，洋葱丁 110 克，胡萝卜丁 60 克，西芹丁 60 克，面粉 110 克，白色原汤 1.5 升，番茄 4 000 克，番茄酱 2 000 克，胡椒粉 1 克，盐少许，白糖 15 克，小香料袋 1 个（香叶 1 片、大蒜 2 头、丁香 1 个、百里香 0.25 克）。

制法：① 将黄油熔化，加洋葱、西芹、胡萝卜，煸炒几分钟后，加面粉继续煸炒，使面粉成浅棕色。

② 加白色原汤后，烧开，加番茄和番茄酱，搅拌，烧开，再用小火炖。

③ 加香料布袋后，用小火炖约 1 小时，捞出香袋，过滤，用盐和糖调味。

番茄少司的第二种制法是不使用炒面粉，增加一些烘烤上色的咸肉骨头、2 000 克番茄和 2 000 克番茄酱，经长时间的炖煮，形成番茄少司。

10. 以番茄少司为原料制成的调味少司

（1）科瑞奥少司（Creole Sauce）（生产 1 100 克）

原料：洋葱丁 110 克，西芹丁 110 克，青椒丁 60 克，大蒜末 2 克，番茄少司 1 000 克，香叶 1 片，百里香 0.25 克，柠檬汁 1 克，盐、白胡椒、辣椒粉各少许。

制法：将少司和各种调料放在一起，用小火炖 15 分钟，用盐、白胡椒和辣椒粉调味。

（2）葡萄牙少司（Portugaise Sauce）（生产 1 400 克）

原料：洋葱丁 110 克，黄油 30 克，番茄丁 500 克，大蒜末 2 克，番茄少司 1 000 克，香菜末 15 克，盐和胡椒各少许。

制法：将洋葱丁放黄油中煸炒，加番茄丁、大蒜末，用小火炖成原数量的 2/3，加番茄少司，用小火炖，用盐和胡椒粉调味，放入香菜末。

（3）西班牙少司（Spanish Sauce）（生产 1 200 克）

原料：洋葱丁 170 克，青椒丁 110 克，大蒜末 1 瓣，鲜蘑片 110 克，番茄少司1 000 克，黄油 60 克，盐、胡椒和红辣酱各少许。

制法：先用黄油将洋葱、青椒和大蒜煸炒，然后放鲜蘑继续煸炒，加番茄少司，用小火炖，用盐、胡椒和辣酱调味。

11. 黄油少司（Butter Sauce）

黄油少司可分为两种：荷兰少司和巴尔耐斯少司。

（1）荷兰少司（Hollandaise Sauce）（生产 1 000 克）

原料：黄油 1 100 克，白胡椒粉 0.5 克，盐 1 克，白醋 90 毫升，凉开水 60 毫升，鸡蛋黄 12 个，柠檬汁 30～60 毫升，辣椒粉少许。

制法：① 将 900 克黄油熔化，加热，使其失去水分，保持温热状，备用。

② 将胡椒、盐和醋放在少司锅中加热，直至近锅干时，从炉上移开，加入冷水，然后倒入不锈钢容器中，用橡皮铲不断地搅拌，加鸡蛋黄，用抽子抽打。

③ 将该容器放在热水中，保持热度，继续抽打，直至溶液变稠。

④ 将温热状的黄油，用手勺一点一点地加入鸡蛋溶液中，不断地抽打，直至全部加入鸡蛋溶液中，放柠檬汁调味，制成少司。

⑤ 用盐，辣椒粉调味，如少司过稠时，可放一些热水稀释。

⑥ 过滤，保持温度，在1.5小时内用完。

（2）巴尔耐斯少司（Bearnaise Sauce）（生产1 000克）

原料：黄油110克，小洋葱末（shallot）60克，龙蒿2克，白酒醋（white wine vinegar）250克，鸡蛋黄12个，胡椒粉2克，香菜末6克，柠檬汁、辣椒粉、盐各少许。

制法：① 将黄油熔化和加温，使其纯化，保持其温度，待用。

② 将洋葱、龙蒿、胡椒粉和白酒醋放在一起加热，直至减至原来数量的3/4，离开火源，倒在容器内，保持温热状。

③ 加入鸡蛋黄，用抽子抽打，将容器放在热水中，用抽子不断地抽打鸡蛋黄，直至溶液变稠。

④ 将容器离开热水后，将黄油一滴滴地倒入蛋黄溶液中，发现过稠时，可放一些热水或柠檬汁。

⑤ 过滤后用盐、柠檬汁、辣椒粉和香菜末调味。

⑥ 服务时，保持其温度，在1.5小时内用完。

12. 以黄油少司为基础制作的调味少司

（1）迈尔泰少司（Maltaise Sauce）（生产1 200克）

原料：荷兰少司1 000克，橘子汁60～120毫升，橘子肉60克。

制法：将少司、橘子汁、橘子肉混合即成。

（2）摩斯令少司（Mousseline Sauce）（生产1 200克）

原料：荷兰少司1 000克，奶油250克。

制法：将它们混合，用抽子抽打。

（3）秀荣少司（Choron Sauce）（生产1 000克）

原料：巴尔耐斯少司1 000克，番茄酱60克。

制法：将它们混合在一起即成。

本章小结

原汤实际上是牛肉、鸡肉和鱼及它们的骨头和调味蔬菜熬成的汁。原汤是制作西菜的关键原料，尤其在制作少司和汤中担负着关键的作用。许多西菜的味道、颜色及质量与原汤的质量紧密联系。因此，原汤的味道、新鲜度和浓度是原汤的重要质量指标。汤是欧美人民喜爱的一道菜肴。汤是以原汤为主要原料配以海鲜、肉类、蔬菜及淀粉类原料，经过调味而成。汤既可作为西餐中的开胃菜、辅助菜，又可作为主菜。在西餐中，汤起着重要的作用。少司是西餐热菜调味汁的总称，是英语单词sauce的译音，有时人们也称它们为沙司或调味汁。西菜中有许多种类的开胃菜、配菜、主菜、甚至甜点，它们都需要少司调味和装饰。法国菜肴之所以名誉全球，除了它的优质原料和精心制作外，另一个主要原因就是运用精美和香醇的少司。烤菜、扒菜、炸菜和煮菜经过熟制后，都需要少司以增加它们的味道和美观。

练  题

一、单项选择题

1. 原汤实际上是（　　）熬成的汁。

（1）牛肉

（2）鸡肉

（3）鱼或鱼骨

（4）以上任何一种原料加入调味蔬菜和香料

2. 制作原汤时，水是不可缺少的物质，水的数量常是骨头或畜肉的（　　）。

（1）2 倍

（2）50%

（3）3 倍

（4）1 倍

3. 黄油面粉糊（Beurre manie）是由熔化的黄油与生面粉搅拌而成。其比例应当是（　　）。

（1）1∶1

（2）1∶2

（3）2∶1

（4）3∶1

二、判断题

1. 白色牛原汤有烤牛肉的香气。（　　）

2. 半基础少司起着媒介作用，加入一些调味品，可以更容易制成调味少司。（　　）

3. 优质的原汤，其表面必须覆盖少量的浮油。（　　）

三、名词解释

原汤（stock）　调味蔬菜（mirepoix）　香料袋（bouquet garni）　少司（sauce）　鱼原汤（fumet）

四、思考题

1. 简述原汤种类与特点。

2. 简述汤的种类和特点。

3. 简述调味蔬菜在原汤中的作用。

4. 简述少司的组成。

5. 简述少司的作用。

阅读材料

西餐菜单的分类

1. 按照顾客购买方式分类

（1）零点菜单（à la carte）

零点菜单是西餐经营最基本的菜单。à la carte 一词来自法语，意思是“零点”。零点的

含义是根据菜单的菜肴品种，以单个菜肴计价。因此，从零点菜单上顾客可根据需要，逐个点菜，组成自己完整的一餐。零点菜单上的菜肴是单独定价的，菜单上的产品排列以人们进餐的习惯和顺序为基础。例如，开胃菜类、汤类、沙拉类、三明治类、主菜类、甜品等。

(2) 套餐菜单 (table d'hote)

套餐是根据顾客的需求，将各种不同营养成分，不同食品原料，不同制作方法，不同的菜式，不同颜色、质地、味道及不同价格的菜肴合理地搭配在一起，设计成一套菜肴，并制定出每套菜肴的价格。套餐菜单上的菜肴品种、数量、价格全是固定的，顾客只能购买一套菜肴。套餐菜单的优点是节省了顾客点菜时间，价格比零点购买优惠。

(3) 固定菜单 (static)

许多西餐风味餐厅、扒房、咖啡厅和快餐厅都有自己的固定菜单。所谓固定菜单，顾名思义就是经常不变动的菜单。这种菜单上的菜肴都是餐厅的代表菜肴，是经过认真研制，并在多年销售实践总结出的优秀的、有特色的产品。这些菜肴深受顾客欢迎且知名度很高，顾客到某一餐厅的主要目的就是购买这些菜肴，因此这些产品一定要相对稳定，不能经常变换，否则会使顾客失望。

(4) 周期循环式菜单 (cyclical)

咖啡厅和西餐厅常有周期循环式菜单。所谓周期循环式菜单是一套完整的菜单，而不是一张菜单，这些菜单按照一定的时间循环使用。过了一个完整的周期，又开始新的周期。一套周期为一个月的套餐菜单应当有31张菜单，以供31天的循环。这些菜单上的内容可以是部分不相同或全部不相同，厨房每天根据当天菜单的内容进行生产。这些菜单尤其在咖啡厅很流行。一些扒房的周期循环式菜单常包括365张菜单，每天使用一张，一年循环一次。周期循环式菜单的优点是满足顾客对特色菜肴的需求，使餐厅天天有新菜，但是对每日剩余的食品原料的处理带来一些困难。

(5) 宴会菜单 (banquet)

宴会菜单是西餐厅推销产品的一种技术性菜单。通常宴会菜单体现饭店或西餐厅的经营特色，菜单上的菜肴是该餐厅中比较有名的美味佳肴。同时还根据不同的季节安排一些时令菜肴。宴会菜单也经常根据宴请对象、宴请特点、宴请标准或宴请者的意见随时制定。此外宴会菜单还可以推销自己库存食品原料。根据宴会的形式，宴会菜单又可分为传统式宴会菜单、鸡尾酒会菜单和自助式宴会菜单。

(6) 每日特菜菜单 (daily special)

每日特菜菜单是为了弥补固定菜单上的菜肴品种单调而设计。每日特菜菜单常在一张纸上设计几个有特色的菜肴。它的特点是强调菜单使用的时间，只限某一日使用。每日特菜菜单的菜肴常带有季节性、民族性和地区性等特点。该菜单的功能是强调咖啡厅和西餐厅的销售，及时推销新鲜的、季节的和新颖的菜肴。使顾客每天都能享用新的菜肴。

(7) 其他菜单

许多西餐企业紧跟市场需求，筹划了节日菜单、部分选择式菜单和儿童菜单等。节日菜单 (holiday) 是根据地区和民族节日筹划的传统菜肴。部分选择式菜单 (partially selective) 是在套餐菜单的基础上，增加了某道菜肴的选择性。这种菜单集中了零点菜单和套餐菜单的共同优点。其特点是在套餐的基础上加入了一些灵活性。例如，一个套餐规定了三道菜：第一道菜是沙拉，第二道菜是主菜，第三道菜是甜品。那么，其中主菜或者其中的两道菜中可以有数个可选择的品种，并将这些品种限制在顾客最受欢迎的那些品种上，且价格固定。因此套餐菜单很受欧美人的欢迎，它既方便顾客也有益于餐厅销售。

2. 根据用餐习惯分类

(1) 早餐菜单（breakfast）

早上是一天的开始，早餐是一天的第一餐。现代人的生活节奏快，不希望在早餐花费许多时间。因此早餐菜单既要品种丰富又要简单，还要服务速度快。通常，咖啡厅早餐零点菜单约有30个品种：各式面包、黄油、果酱、鸡蛋、谷类食品、火腿、香肠、酸奶酪、咖啡、红茶、水果及果汁等。早餐菜单还可以有套餐菜单和自助餐菜单。早餐套餐可分为：大陆式早餐和美式早餐。

- 大陆式套餐（Continental），即清淡的早餐，包括各式面包、黄油、果酱、水果、果汁、咖啡或茶。
- 美式套餐（American），即比较丰富的早餐，包括各式面包、黄油、果酱、鸡蛋、火腿、香肠、水果、果汁、咖啡或茶。

(2) 午餐菜单（lunch）

午餐在一天的中部，它是维持人们正常工作和学习所需热量的一餐。午餐的主要销售对象是购物或旅游途中的客人或午休中的职工，因此午餐菜单应价格适中，上菜速度快，菜肴实惠等特点。午餐菜单常包括开胃菜、汤、沙拉、三明治、意大利面条、海鲜、禽肉、畜肉和甜点。一些午餐菜单包括简单实惠的开胃菜、汤和意大利面条。

(3) 正餐菜单（dinner）

人们习惯将晚餐称为正餐，因为晚餐是一天最主要的一餐，欧美人非常重视晚餐。通常人们在一天的紧张工作和学习之后需要享用一个丰盛的晚餐，因此大多数宴请活动都在晚餐中进行。由于顾客晚餐时间宽裕，有消费心理准备，所以饭店和西餐企业都为晚餐提供了丰富的菜肴。晚餐菜肴制作工艺较复杂，生产和服务时间较长，价格也比较高。传统的西餐正餐菜单包括下列几种。

- 开胃菜（appetizers）包括各种开那批、鸡尾杯及熏鱼、香肠、腌鱼子、生蚝、蜗牛、虾、虾仁和鹅肝制作的冷菜。
- 汤（soups）。包括各种清汤、奶油汤、菜泥汤、海鲜汤和风味汤。如法国洋葱汤等。
- 沙拉（salads）。包括各种蔬菜、熟肉或海鲜制作的冷菜。
- 海鲜（sea foods）。包括由嫩煎、炸、扒、焗和水煮等方法制成的鱼、虾、龙虾和蟹菜肴，并带有少司和蔬菜、米饭或意大利面条。
- 烤肉（roast and grill）。包括以烤和扒的方法烹调的畜肉、家禽，配有各种少司、蔬菜和淀粉原料。
- 甜点（desserts）。包括各种蛋糕、排、布丁、酥福来（souffle）、冷冻邦伯（bombe）、水果冰淇淋、慕斯（mousse）。
- 各种奶酪（cheeses）。包括常用的品种 chedder、colboy、edam、gouda、swiss、blue、roguefort。

(4) 夜餐菜单（night snack）

通常，晚上10点后销售的餐食称为夜餐。夜餐菜单销售清淡、份额小的菜肴，以风味小吃为主。夜餐菜肴常有开胃菜、沙拉、三明治、制作简单的主菜、当地小吃和甜品等5～

6个类别，每个类别安排4～6个品种。

(5) 其他菜单

许多咖啡厅还筹划了早午餐菜单（brunch）和下午茶菜单（afternoon tea）。早午餐在上午10点至12点进行。早午餐菜单常有早餐和午餐共同的特点。许多人在下午3点有喝下午茶的习惯，通常人们会吃一些甜点和水果。因此下午茶菜单常突出甜点和饮料的特色。此外还有一些专门推销某一类菜肴的菜单。例如，冰淇淋菜单。

3. 按照销售地点分类

由于用餐目的、消费习惯和价格需求等原因，不同地点对西餐需求不同。咖啡厅菜单需要大众化，扒房菜单需要精细和有特色，宴会菜单讲究菜肴的道数，客房用餐菜单需要清淡。因此按照销售地点，西餐菜单常分为咖啡厅菜单（coffee shop）、扒房菜单（grill room）、快餐厅菜单（fast food）和客房送餐菜单（room service）。

4. 按照服务方式分类

西餐菜单还可以按照服务方式分类。包括传统式服务菜单（traditional service）和自助式服务菜单（buffet）。

第8章

面包与甜点

本章导读

面包是以面粉、油脂、糖、发酵剂、鸡蛋、水或牛奶、盐、调味品等为原料，经烘烤制成的食品，是西餐的主要组成部分。甜点是由糖、鸡蛋、牛奶、黄油、面粉、淀粉和水果等为主要原料制成的各种甜食，是欧美人一餐中的最后一道菜肴。通过本章的学习，读者可了解面包和面点的含义与作用、面包历史与文化、面包种类与特点、面包原料及功能、面包生产原理。同时，可掌握蛋糕、茶点、派、布丁和冷冻甜点的种类、特点和生产原理。

8.1 面　　包

8.1.1 面包概述

面包（bread）是以面粉、油脂、糖、发酵剂、鸡蛋、水或牛奶、盐、调味品等原料，经烘烤制成的食品。面包含有丰富的营养素，用途广泛，是早餐、午餐和正餐的不可缺少的食品。欧美人在喝汤和吃开胃菜时，习惯食用面包。面包还与其他食品原料组成各种菜肴。因此，面包是西餐的主要组成部分。根据面包的质地、颜色、形状等特点，面包有多个种类和名称。例如，形状较大的方形面包称为 loaf，不同形状的小圆面包称为 bun 或 roll，而 pastry 指各种油酥面包，toast 指方形面包片。

8.1.2 面包历史与文化

面包有着悠久的历史。根据资料，最早面包发酵和制作技术来自古埃及，当时的面包颜色都是棕色或深色，随着面粉制作技术的提高，开始有了白色面包。当今，根据欧美各国的饮食习惯，面包不论食品在原料、制作工艺，还是在造型等方面都有了很大的发展。现代面包的魅力比过去有增无减，烤面包的香味常对顾客有着很大的诱惑力。因此，面包不仅是菜单上的一项重要产品，还成为西餐营销的重要媒介。例如，欧美人对早餐的点菜中，油酥面包、摩芬面包和小甜面包的销售率远远超过普通面包片。一个丰富的意大利餐，如果没有新鲜的意大利面包，顾客会觉得菜肴很不完善。此外，面包常被制作成各种形状，摆在展示台上，作为咖啡厅和自助餐的装饰品。不仅如此，欧美人对面包的食用方法很考究。他们在不同的餐次及各种用餐场合，食用不同的面包。例如，在大陆式早餐中，常食用牛角面包、小圆油酥面包。在英式早餐中，食用油酥面包包括丹麦面包、葡萄干朗姆甜面包和土司片。在酒会和自助餐中，食用长形面包。例如，意大利面包、黑面包、白面包及各式各样的面包。正餐食用正餐面包、辫花面包和土司片等。

8.1.3 面包种类与特点

面包有许多种类，分类方法也各有不同。按照面包的制作工艺，面包可分为两大类：酵母面包和快速面包。按照面包的质地特点，面包可分为软质面包、硬质面包和油酥面包（见图 8-1）。

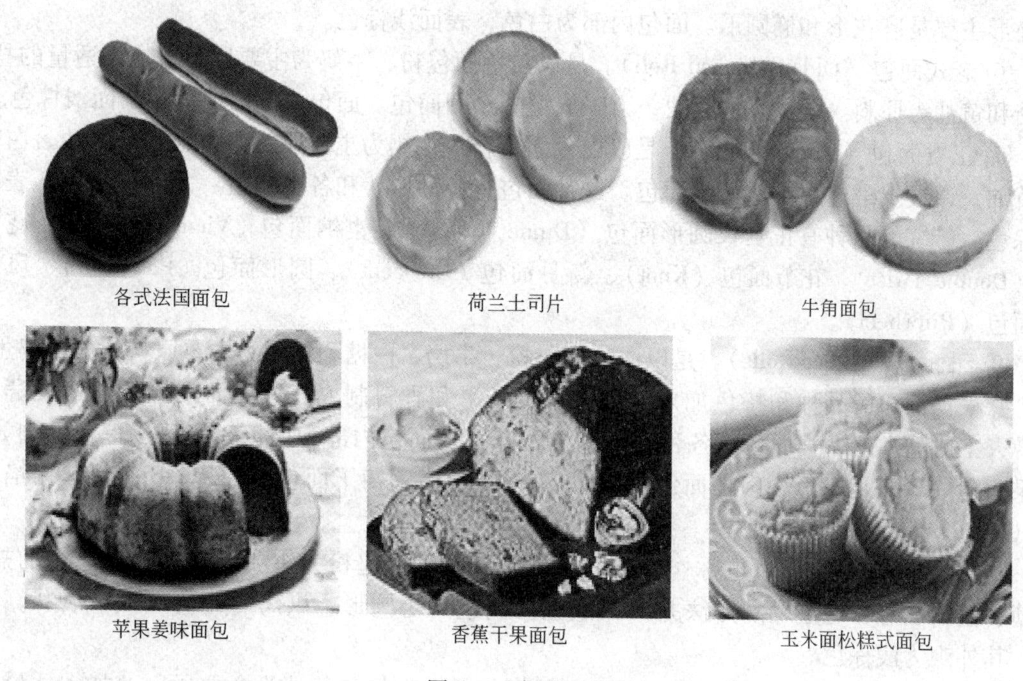

各式法国面包　荷兰土司片　牛角面包

苹果姜味面包　香蕉干果面包　玉米面松糕式面包

图 8-1　各式面包

1. 酵母面包（Yeast Bread）

酵母面包是以酵母作为发酵剂制成的面包。这种面包质地松软，带有浓郁的香气。其制作工艺复杂，需要特别精心。酵母面包有多种：白面包（White Bread）、全麦面包（Whole Wheat Bread）、圆形稞麦面包（Round Rye Bread）、意大利面包（Italian Bread）、辫花香料面包（Braided Herb Bread）、老式面包（Old-fashioned Roll）、正餐面包（Dinner Rolls）、甜面包（Sweet Rolls）、比塔面包（Pita）、丹麦面包（Danish Pastry）和黄油鸡蛋面包（Brioche）。

① 白面包（White Bread）。是以白色面包粉、牛奶为主要原料加入适量的盐、白糖和黄

油或人造黄油，通过发酵制成面团。然后，在模具中使面团成型，制成方形面包，面包内部为白色，表面浅棕色。

② 全麦面包（Whole Wheat Bread）。是以全麦面包粉、白色面包粉、牛奶为主要原料加入适量的盐、白糖、糖蜜、黄油或人造黄油，通过发酵的方法制成的方形面包。表面外观浅棕色，内部为灰白色。

③ 圆形粿麦面包（Round Rye Bread）。又称为黑麦面包，是以白色面包粉、粿麦面包粉、酸牛奶为主要原料加入适量的盐、白糖、糖蜜、黄油或人造黄油和页蒿籽（Caraway Seed），通过发酵方法制成的圆形面包。面包表面浅棕色，内部为灰白色。

④ 意大利面包（Italian Bread）。是以白色面包粉和水为主要原料，加入适量的盐、白糖、黄油、植物油和鸡蛋白等原料制成。通过发酵方法，人工成型，面包为长圆形，上部有刀切过的线。这些用刀划过的线，经烘烤，面包上部会裂开，面包内部为白色，表面浅棕色。

⑤ 辫花香料面包（Braided Herb Bread）。是以白色面包粉和水为主要原料，加入适量的盐、软化的黄油或人造黄油、鸡蛋和迷迭香（rosemary）等，通过发酵并人工成型的面包。其外形主要是麻花形和椭圆形。面包内部为白色，表面浅棕色。

⑥ 老式面包（Old-fashioned Roll）。是以白色面包粉、牛奶为主要原料，加入适量的盐、白糖和黄油等原料。通过发酵方法，人工成型的小圆面包。面包内部为白色，表面浅棕色。

⑦ 正餐面包（Dinner Rolls）。是以白色面包粉、牛奶为主要原料，加入适量的盐、白糖和黄油，通过发酵并人工成型的面包。这种面包有各种形状和各种味道，内部为白色，表面浅棕色。传统的品种有正餐长圆形面包（Dinner Bun）、维也纳面包（Vienna Roll）、辫花面包（Double Twist）、花节面包（Knot）、新月面包（Crescent）、圆形面包（Pan Roll）、风车轮面包（Pinwheel）。

⑧ 甜面包（Sweet Rolls）。是以白色面包粉、牛奶、白糖和黄油为主要原料，加入鸡蛋、盐，并根据面包的品种和特色加入各种水果、干果和香料制成。这种面包也是通过发酵方法，人工成型。这一类面包有各种形状和各种味道。面包内部为白色，表面浅棕色。例如，水果面包（Fruit Braid）、肉桂面包（Cinnamon Roll）、葡萄干面包（Raisin Bread）、瓤馅面包（Kolacky）。

⑨ 比塔面包（Pita）。也称作口袋面包，是以白色面包粉为主要原料，加入适量的盐、白糖、植物油等，通过发酵方法并人工成型。面包为小圆形，烘烤后，内部成口袋状，白色。其外观为浅棕色。

⑩ 丹麦面包（Danish Pastry）。是以白色面包粉、牛奶和黄油为主要原料，加入适量的盐和白糖，通过发酵方法，人工成型的面包。这种面包有各种形状，中间填入各种馅心。例如，果酱馅心、杏仁馅心和奶酪馅心等。烘烤后，面包内部为白色，外观为浅棕色。常见的丹麦面包品种有风车轮面包（Pinwheel）、折叠式面包（Foldover）、信封式面包（Envelop）和鸡冠花面包（Cockscomb）等。

⑪ 黄油鸡蛋面包（Brioche）。也称作郁金香花型油酥面包。传统上，这种面包原料中含有 Brie 奶酪，以白色面包粉、牛奶、黄油和鸡蛋为主要原料，加入适量的盐、白糖和柠檬粉，通过发酵并人工成型（见图 8-2）。

2. 快速面包（Quick Bread）

快速面包是以发粉或苏打粉作为膨松剂制成的面包。这种面包制作程序简单，制作速度快，而且不需要高超的技术并由此而得名。快速面包尽管简便易行，但是西餐业经营中的一项重要产品。许多饭店和餐饮企业由于销售有特色的快速面包为企业带来了很高的声誉和丰厚的利润。

图 8-2 黄油鸡蛋面包

快速面包主要用于早餐、早午餐和下午茶。人们常在喝咖啡和喝茶时食用快速面包。由于快速面包的特点，人们习惯于食用当天生产的快速面包。这类面包的主要品种有各种长方形面包、玉米面包、爱尔兰苏打面包、摩芬面包、空心面包、面包圈、沃福乐面包和咖啡面包。

① 油酥面包（Biscuit）。是以面粉、牛奶、油脂、发粉、盐和非常少量的糖为原料制成。其特点是略带咸味，具有酥松的特点。其主要品种有酸奶面包（Buttermilk Biscuit）、奶酪面包（Cheese Biscuit）和香料面包（Herb Biscuit）等。

② 摩芬面包（Muffin）。简称摩芬或松饼，是以面粉、牛奶、油脂、鸡蛋、发粉、糖、盐为原料制成的带有甜味的松软面包。其形状像小型的碗状，含糖量常是油酥面包的 10 倍以上。主要品种有葡萄干香味摩芬（Raisin Spice Muffin）、枣仁干果摩芬（Date Nut Muffin）、全麦摩芬（Whole Muffin）和黑莓摩芬（Blackberry Muffin）（见图 8-3）。

图 8-3 摩芬面包

③ 水果面包（Fruit Bread）。是以面粉、牛奶、鸡蛋、发粉、苏打粉、糖、盐、油脂和水果香料、水果汁或水果泥为原料制成的，带有甜味和水果味的香甜面包。例如，香蕉面包（Banana Bread）和橘子干果面包（Orange Nut Bread）都是著名的水果面包。

④ 玉米面包（Corn Bread）。是以相同数量的点心面粉和玉米粉、牛奶、油脂、鸡蛋、苏打粉、糖、盐为原料，经烘烤制成，带有甜味和玉米香味，质地酥松。

⑤ 沃福乐面包（Waffle）。是煎饼式的面包，它以点心面粉、牛奶、植物油、鸡蛋、发粉、苏打粉和盐为原料制成。其制作程序是首先搅拌原料，制成面糊。然后倒入煎饼锅，经烘烤而成。其特点是味咸酥松（见图 8-4）。

图 8-4 沃福乐面包

⑥ 空心面包（Popover）。是以鸡蛋、牛奶、熔化的黄油或人造黄油、面粉和盐为原料，搅拌成糊，放入模具中，经烘烤，制成的带有咸味的酥松面包。这种面包的鸡蛋含量非常高。这种面包烤熟后，产生大量的气体，膨胀后，其高度常超过了模具的高度，使面包上部产生裂缝，内部形成了空洞（见图 8-5）。

图 8-5 空心面包

⑦ 咖啡面包（Coffee Bread）。也称为咖啡蛋糕（Coffee Cake），有各种形状，其配料常有香料、水果或干果。这种面包主要用于早餐或下午茶。

3. 软质面包（Soft Roll）

软质面包是松软、体轻，富有弹性的面包。例如，吐司面包（Toast）、各种甜面包（Sweet Roll）等。软质面包的特点主要来源于高油脂和鸡蛋含量的面团。

4. 硬质面包（Hard Roll）

硬质面包主要指韧性大，耐咀嚼，表皮干脆并质地松爽的面包。例如，法式面包（French Bread）和意大利面包（Italian Bread）等都属于这一类。硬质面包由油脂少和低鸡蛋含量的面团制成。

5. 油酥面包（Pastry）

油酥面包也称为油酥面点，是将面团擀成薄片，加入黄油等，经过折叠、擀压、造型和烘烤等程序制成的层次分明并质地酥松的面包。例如，丹麦面包（Danish Pastry）、牛角面包（Croissant）都是传统的油酥面包。

8.1.4 面包原料及功能

面包主要原料有面粉、油脂、糖、发酵剂、鸡蛋、液体物质（水和牛奶）、盐和调味品等。每一种原料都在面包中担当一定的作用。

1. 面粉

面粉是制作面包最基本的原料，小麦粉是最常用的品种。除此之外，稞麦粉、燕麦粉和王米粉也常用于制作面包。含蛋白质高的小麦粉常被人们称为硬麦粉，含蛋白质少的小麦粉称为软麦粉。面包粉属于硬麦粉，它含有较高的面筋质。稞麦粉有三种颜色：浅棕色、棕色和深棕色。由于稞麦粉本身不含有面筋质，因此单一的稞麦粉不能制作面包，它必须加入适量的小麦粉。全麦粉是含有麸皮的小麦粉，含有较高的面筋质。因此，使用全麦粉制作面包应加入部分精麦粉以增加面包的柔软性。

2. 油脂

油脂是制作面包不可缺少的原料。它包括氢化植物油、人造黄油、植物油、黄油等。油脂可使面包松软和酥脆，富有弹力，味道芳香。氢化植物油是制作面包理想的原料，由于它无色、无味，具有可塑性和柔韧性，而且有助于面团的成型。因此，它的用途非常广泛。黄油和人造黄油味道芳香，在常温下会熔化，所以它的可塑性不如氢化植物油。植物油在常温下呈液体，是制作面包的常用油脂。

3. 发酵剂

发酵剂包括苏打粉、发粉和酵母等。发酵剂的作用是将气体与面团混合，不论是发酵面团产生的气泡，还是面包在烤箱中产生的气泡都会使面包变得轻柔和膨松。因此，面点师对发酵剂的使用非常精心，过多使用发酵剂会使面包过于松散，而发酵剂含量不足也会使面包表面粗糙，内部失去膨松性。

（1）碳酸氢钠。实际上是人们熟悉的小苏打粉，由于它与酸性物质和液体发生化学反应，所以它在面团中起着发酵作用。当然，还要在一定的温度下进行。苏打粉含量过多，会使面包带有苦味。通常，苏打粉与酸性物质混合在一起时，苏打会很快地产生气体。这时面团最膨松，应立即进行烘烤，否则气体会散发。

（2）发粉。是化学混合物，该物质与水混合或受热后都会产生气体。因此，它不需要酸性物质。发粉有两个品种：一种称作单作用发粉，另一种称为双作用发粉。单作用发粉遇热后，会立刻产生气体；而双作用发粉含有两种产生气体的化学物质，一种物质遇到液体会产生气体，另一种物质受热后立即产生气体。

（3）酵母。为单细胞真菌，它与水和少量的糖混合时，其繁殖速度很快，而且一边繁殖，一边释放二氧化碳气体和酒精。然后，在烘烤中，面团将酒精挥发，将二氧化碳气体留在面团中，从而使面团膨松。酵母只有在一定的温度范围内才能活动，温度低，它不工作或工作缓慢，温度过高它的繁殖力会下降，甚至酵母菌会被杀死。通常它的最佳繁殖温度在24～32 ℃，超过 38 ℃时，细胞繁殖的速度下降。在 60 ℃时酵母菌不能生存。除了通过以上方法使面团得到膨松外，厨师利用搅拌的方法，将鸡蛋与面粉混合，也能得到理想的效果。同时，糖与油搅拌时，能吸收许多空气，从而使混合的液体呈糊状；而以糊状的液体制作出的面包呈酥脆和膨松的特点。此外，面包还可通过蒸汽产生松软的质地，这是由于面团中的水分遇热后成为蒸汽，蒸汽又使面团膨胀，从而达到理想的效果。

（4）其他。常用的酸性物质还有酸奶、醋、巧克力、蜂蜜和水果。

4. 糖

糖是制作面包不可缺少的原料，不仅能增加面包味道和甜度，还是促使面团发酵诸多成分中的重要成分。同时，它可使面包的质地细腻、均匀和松软，增加面包表皮的颜色并使其酥脆。此外，还提高了面包的营养价值。

5. 鸡蛋

鸡蛋是制作面包常用的原料。鸡蛋不仅使面包的质地松软，表面光滑而且还增加了面包的味道、营养和颜色。由于鸡蛋含有 70% 的水。因此，在计算面团含水量时，应考虑到鸡蛋中的水含量。

6. 液体

液体主要指牛奶、水等，在制作面包中扮演着重要角色，它与面粉中的蛋白质混合后形成面筋。液体有溶化和黏合干性原料的作用，当干性原料与液体搅拌在一起时，就成为面团。同时，面团中的液体又对面团的发酵起着促进作用。因此，液体具有使面包柔软和鲜嫩的作用。牛奶和水是制作面包常用的液体原料，含有牛奶的面包质地松软，味道鲜美，营养丰富。使用快速发酵法制作面包时，酸奶是理想的原料。全脂牛奶含有很高的油脂。因此，在计算面包的油脂时，应将牛奶中的油脂含量包括进去。水是制作面包不可缺少的原料，使用水为原料，应注意不要使用含矿物质高的水。

7. 调味品

调味品是面包生产中不可缺少的原料，尤其是食盐。食盐不仅有明显的味道，而且还能提高其他调味品的调味作用。同时，它在面团中有促使面筋形成和控制发酵速度的作用。在面包制作中，常使用的调味品有香草、柠檬、橘子粉、多香果（all spice）、梅斯（mace）、页蒿（caraway）、茴香（anise）、芫荽（coriander）、生姜（ginger）、丁香（clove）、小茴香

(fennel) 和肉桂 (cinnamon) 等。

8.1.5 面包生产原理

在制作面包中，最基本的工作是准确地使用各种原料，如果稍有大意，就会影响面包的质量。因此，选用适合的原料，不要随便使用代用品非常重要。在生产面包的过程中，如何使面团产生气体也是关键。面包师们常使用酵母、苏打粉和发粉或利用和面技术将空气卷至面团中使面团松软。面包只有富有弹性时才会受到人们的青睐，通常面包的弹性来自面包中的面筋质，面筋质由面粉中的蛋白质形成。面包中的面筋质愈高，其弹性愈大，反之弹性愈小。通常，面包粉的蛋白质含量为11%～13%。面包质量除了与面粉质量或面粉品种相关，还受和面方法及面团的含水量影响。一般情况下，面团含水量与面包品种有关，不同品种的面包，其面团需要的水分不同。

1. 酵母面包生产

酵母面包是以酵母作为发酵剂，这种面包质地松软，带有浓郁的香气。其生产工艺复杂，要经过和面、揉面、醒面、成型、再醒面、烘烤、冷却和储存等程序。其中任何一个生产程序的质量都影响面包的质量。酵母面包应当质地柔软、鲜嫩、发酵均匀。它的外观应当整齐，表皮着色均匀，没有裂痕和气泡。其味道应鲜美，没有酵母味。

(1) 面团类型

酵母面包常使用的面团包括非油脂面团、油脂面团和油酥面团。

非油脂面团包括两个类型：一种是以面粉、水、酵母和盐为主要原料制成的面团，这种面团适于制作法国面包、意大利面包及其他硬面包和外皮酥脆的面包。这种面团参与其他原料和香料可以制作各种味道的面包。全麦面包和黑面包也是以这种面团为原料。另一种是以以上面团为基础，参与少量的氢化油脂、鸡蛋、白糖和牛奶。当然，这种面团的油脂和糖的含量很低，适用于白色方形面包和正餐小面包。

油脂面团除了含有非油脂面团的全部成分外，还含有较多的油脂、鸡蛋和白糖。油脂面团又可分为高糖面团和低糖面团。含糖高的油脂面团适于生产早餐面包和丹麦面包及各种油酥面包。含糖量低的油脂面团适于生产正餐面包。这种面团含有较高的黄油和鸡蛋。为制作优质的油酥面团，厨师将含有少量的氢化油脂、鸡蛋、白糖和牛奶的非油脂面团擀成薄片，在面团中加入黄油或人造黄油可以增加面团的层次。这种面包的生产效果是酥、松、脆。

油酥面团分为两个种类：含糖低的油酥面团和含糖高的油酥面团。含糖低的油酥面团是制作牛角面包的原料，含糖高的油酥面团是制作丹麦面包的原料。

(2) 和面技术

在酵母面包的生产中，和面技术很重要，和面的最终目的是使面团产生面筋。当然，面筋产生的数量与面粉的品种有关。然而，在和面中，投放酵母的方法，投放的数量以及和面方式都会影响面团的面筋质，一个合格的面包面团应表面光滑，搅拌均匀。酵母面包常使用两种和面方法：直接和面法和二次和面法。

直接和面法 (straight dough method) 是将干性原料和液体放在一起，一次性搅拌成面团的方法。其程序是先将酵母溶化，再与其他原料搅拌在一起，以保证酵母分散均匀。有些厨师先将油脂、糖、盐、奶制品和调味品轻轻地搅拌在一起，然后逐渐地加鸡蛋液和水。最后，加入面粉和酵母，直至搅拌成光滑的面团。

二次和面法（two stage method）是通过两次搅拌制作面团。第一次将部分原料和酵母进行搅拌，通过一段时间，待它们发酵膨松后，与剩下的部分原料一起搅拌，使它们再一次发酵。

（3）生产案例

例 8-1 硬质面包（Hard Roll）

原料：面包粉 1 250 克，水 700 克，酵母 45 克，盐 30 克，白糖 30 克，油脂 30 克，鸡蛋白 30 克。

制法：① 使用直接和面法，先将酵母用温水溶化，使用中等速度搅拌，将各种原料放在一起，搅拌成面团，搅拌 10～12 分钟。

② 在 27 ℃温箱内约发酵 1 个小时，揉面，分份（450 克为一个面团），用手团面，醒发。

③ 根据面包的种类和重量，将面团再分成 10～12 个相等的面坯，或 450 克为一个面坯，放入模具成型或用手工成型，再醒发。

④ 面包的表面刷上一层水，烘烤。烤炉温度 200 ℃，前 10 分钟带有蒸汽，然后关闭蒸汽，继续烘烤，直至烤熟，表面成浅棕色。

例 8-2 软质面包（Soft Roll）

原料：面包粉 1 300 克，水 600 克，酵母 60 克，盐 30 克，白糖 120 克，低脂奶粉 60 克，氢化植物油 60 克，黄油 60 克，鸡蛋 120 克。

制法：① 使用直接法和成面团，用中等速度，10～12 分钟。

② 在 27 ℃的发酵箱内发酵 1. 5 小时。

③ 将和好的面分为 500 克的面团，用手团面，醒发，分成 12 个面团。

④ 炉温 200 ℃，烘烤成熟。

例 8-3 法国面包（French Bread）

原料：面包粉 1 500 克，水 870 克，酵母 45 克，盐 30 克。

制法：① 使用直接法和面，先将酵母用温水浸泡，加面粉和水，搅拌 3 分钟，休息 2 分钟后，再搅拌 3 分钟，使用中等速度。

② 在 27 ℃的发酵箱内发酵 1. 5 小时，用手压发酵的面团，再发酵 1 个小时。

③ 将面团揉搓，分成面坯（法国面包重量为 340 克、圆面包为 500 克、小面包为 450 克，揉搓团面后，再分成 10～12 个小面坯）。

④ 炉温 200 ℃，前 10 分钟使用蒸汽，然后关掉蒸汽，继续烘烤，直至成熟。

例 8-4 丹麦面包（Danish Pastry）

原料：牛奶 400 克，酵母 75 克，黄油 625 克，白糖 150 克，盐 12 克，鸡蛋 200 克，小豆蔻 2 克，面包粉 900 克，蛋糕面粉 100 克。

制法：① 用直接发酵法和面，先使牛奶微温，用牛奶将酵母溶化。

② 用木铲将 125 克黄油、白糖、盐、小豆蔻进行搅拌，搅至光滑为止。

③ 用抽子将鸡蛋打散。

④ 将面粉、牛奶、黄油混合物和鸡蛋混合在一起，用和面机搅拌约 4 分钟，中快速度。

⑤ 将面团放入冷藏箱，20～30 分钟，使其松弛。

⑥ 擀成 1～2 厘米的片，在面片 2/3 面积涂抹黄油，折叠 3 层，先将没有黄油的面片

折叠。

⑦ 将叠好的面片放入冷藏箱 20 分钟，使其面筋松弛，在常温下醒发片刻，重新擀成片状，叠成三层，或再一次冷藏和折叠。

⑧ 将面片擀成长方形，宽度为 40 厘米，长度根据生产数量，厚度约 0.5 厘米，涂上黄油，根据具体需要，制成不同形状。例如，玩具风车、佛手等。

⑨ 在 32 ℃的温箱内醒发制成的面坯，在表面刷上鸡蛋液，在 190 ℃的烤箱内烘烤成熟。

2. 快速面包生产

快速面包生产基本采用两种工艺：油酥法和摩芬法。

（1）油酥法（Biscuit Method）

先将固体油脂（黄油或人造黄油）切成小粒，将面粉、盐和发粉过筛，与粒状油脂进行搅拌。当油脂与面粉均匀地搅在一起，出现米粒状的颗粒时，加入液体，使它们粘成柔韧的面团，将面团放在面板上，用手揉搓，1～2 分钟。其效果是增加面包的层次，使面包松酥。

（2）摩芬法（Muffin Method）

该工艺特点是面团中的面粉含量高，油脂和糖的含量较少。和面时，先将干性原料搅拌均匀，然后加入适量的液体搅拌。使用这种方法应注意控制搅拌面团的时间，搅拌的时间过长会产生过多的面筋，使面包增加不必要的韧性，而且其面团质地内部泡状多而大，面包的表面会出现尖顶现象。面团搅拌时间过短，面包的质地硬，不松软，出现易脆的现象。优质的快速面包形状要统一，边缘应垂直，顶部呈圆形。面包的形状和大小应均匀，成品的体积应是面坯的两倍。面包呈浅褐色，颜色均匀、没有斑点、味道鲜美、没有苦味。面包的质地柔软和膨松。

（3）快速面包生产案例

例 8-5 油酥面包（Biscuit）

原料：面包粉 500 克，蛋糕粉 500 克，发粉 60 克，白糖 15 克，盐 15 克，黄油或其他油脂（或各占一半）310 克，牛奶或酸奶 750 克，鸡蛋液（作为涂抹液）适量。

制法：① 使用油酥面包法和面。

② 将和好的面团经揉面后分为 4 个面团，擀成 1 厘米厚的面片，切成理想的形状。

③ 将造型的面包坯放在垫有烤盘纸的烤盘上，上面刷上鸡蛋液，放入烤炉内烘烤。

④ 烤炉内温度 220 ℃，烤至表面金黄色，高度是原来面坯的 2 倍时为止。

例 8-6 橘子桃仁面包（Orange Nut Bread）

原料：白糖 350 克，天然橘子香料 30 克，点心粉 700 克，脱脂奶粉 60 克，发粉 30 克，小苏打 10 克，食盐 10 克，核桃仁 350 克，鸡蛋 140 克，橘子汁 175 克，水 450 克，黄油或氢化蔬菜油 70 克。

制法：① 用摩芬面包法将面粉和其他原料搅拌成稠面糊。

② 将摩芬面包模具擦干、刷油。

③ 将和好的面糊放入摩芬面包模具中。

④ 将烤箱温度调至 190 ℃，预热后，将放有面团的模具放入烤箱内，约烤 30 分钟后，待面包烘烤至金黄色成为膨松体即可。

例 8-7 空心面包（Popover）

原料：鸡蛋500克，牛奶1 000克，盐16克，面包粉500克。

制法：① 用抽子抽打鸡蛋、牛奶和盐，使它们搅拌均匀，成为鸡蛋牛奶糊。

② 在牛奶鸡蛋糊内放面粉，用木铲搅拌，制成稠的面粉糊。

③ 在摩芬面包模具内刷油，将面糊放入每个模具，高度是模具的2/3。

④ 将炉温调至100 ℃，预热后再将炉温调至230 ℃，将有鸡蛋牛奶糊的模具放入烤炉中，烘烤约20分钟，待博波福面包充分膨胀后，成为金黄色，立即从炉中取出。

8.2 蛋糕、派、油酥面点和布丁

8.2.1 甜点概述

甜点（dessert）也称为甜品、点心或甜菜，是由糖、鸡蛋、牛奶、黄油、面粉、淀粉和水果等为主要原料制成的各种甜食。它是欧美人一餐中的最后的一道菜肴，是西餐不可缺少的组成部分，英国人习惯将甜点称为甜食（sweet）。在传统的法国宴会中，精致的各式甜点作为最后宴会一道菜肴，放在各式银器和水晶的器皿中，摆放在宴会厅，衬托了餐厅的气氛。当代的西餐甜点不论在它的含义还是种类方面都有了很大发展。现代西餐甜点包括各种蛋糕、饼干、馅饼、油酥点心、冰冻点心、奶酪和水果以及综合式的各种点心。一个正式的西餐宴会不能没有甜点，缺乏甜点是不完整的或非正式的一餐。人们选择甜点，习惯上有两个原则：当主菜的蛋白质原料丰富时，选择较清淡的甜点。例如，水果组成的甜点、奶酪、冰淇淋等。当主菜较清淡时，选择蛋糕和排等。甜点有许多种类，分类方法也不同。最基本的种类有蛋糕、茶点、派（塔特）、油酥点心、布丁、冷冻甜点和水果等（见图8-6）。

图8-6 各种甜点

8.2.2 蛋糕

蛋糕（cake）是由鸡蛋、白糖、油脂和面粉等原料经过烘烤制成的甜点。蛋糕营养丰富，味道甜，质地松软。蛋糕含有较高的脂肪和糖分。

1. 蛋糕种类与特点

（1）油蛋糕（Butter Cakes），也称为黄油蛋糕、高脂肪蛋糕。它由面粉、白糖、鸡蛋、油脂和发酵剂制成。在黄油蛋糕中，各种原料数量的比例非常重要。传统的配方中，白糖的数量往往超过面粉，液体的数量通常超过白糖的数量。当今黄油蛋糕的油脂种类已经扩大化了，可以是黄油、人造黄油、氢化蔬菜油等。由于黄油蛋糕的配方不同，因此黄油蛋糕可以是黄色蛋糕、白色蛋糕、巧克力蛋糕或香料蛋糕。黄油蛋糕特点是质地柔软滑润，气孔壁薄而小，分布均匀。

（2）清蛋糕（Foam Cakes），称为低脂肪蛋糕或发泡蛋糕。这种蛋糕使用少量的油脂或不直接使用油脂。由于清蛋糕中含有经过抽打的鸡蛋，因此它既膨松又柔软。清蛋糕又可以分为两种类型：天使蛋糕（Angel Cake），仅鸡蛋清等原料生产的蛋糕，白色，蛋糕膨松；海绵蛋糕（Sponge Cake），用全蛋制成的蛋糕，蛋糕质地松软，金黄色。

（3）装饰蛋糕（Decorated Cake），以奶油、巧克力和水果等原料为蛋糕的装饰品或馅心制成的蛋糕。

2. 蛋糕质量标准

蛋糕应当是四边高度匀称，中部略呈圆形，外形匀称，表面光滑，金黄色，气孔壁薄而小，质地细腻，发泡均匀，味道鲜美，没有苦味和异味。

表 8-1 蛋糕质量问题及其原因分析表

蛋糕质量问题	产生问题的原因
发泡不足	面粉数量少，液体过多，发酵剂的数量少，炉温太高
外形不整齐	搅拌方法不当，面团外观不整，炉温不均匀，烤炉架位置问题，烤盘弯曲
表面颜色太深	糖多，炉温过高
表面颜色太浅	糖少，炉温太低
表面出现裂口	面粉过多或面粉硬度高，液体含量低，搅拌方法不适当，炉温过高
表面潮湿	烘烤时间少，冷却时的通风时间不足
内部网眼过小	发酵剂不足，液体多，糖多，炉温过低，油脂太多
质地不均匀	发酵剂太多，鸡蛋少，搅拌方法不适当
内部质地脆弱	发酵剂的数量过多，油脂数量过多，面粉种类不适当，搅拌方法不正确
内部质地不松软	面粉的面筋质过高，面粉含量过高，糖或油脂数量过高，搅拌时间过长
味道不理想	原料质量问题，储存或卫生问题

3. 生产案例

例 8-8 磅得蛋糕（Pound Cake）

原料：黄油 500 克，白糖 500 克，鸡蛋 500 克，蛋糕面粉 500 克，香草精 5 毫升。

制法：① 使用常规法和面。

② 将面团分份，以500克为一个面团，放入6厘米×9厘米×20厘米的烤盘内。

③ 烤炉的温度调至180℃，约烤40分钟，直至烤熟。

例8-9 巧克力黄油蛋糕（Chocolate Butter Cake）

原料：黄油500克，白糖1 000克，细盐10克，溶化的淡味巧克力250克，鸡蛋250克，蛋糕粉750克，发粉30克，牛奶500克，香草精10毫升。

制法：① 将白糖和油脂和均匀后，再放巧克力，然后与面粉及以上原料搅拌。

② 将和好的面分为500克的面团，放入6厘米×9厘米×20厘米的烤盘内。

③ 烤炉的温度调至180℃，约烤30分钟，直至烤熟。

例8-10 白色蛋糕（White Cake）

原料：蛋糕面粉700克，发粉45克，细盐15克，乳化的植物油350克，白糖875克，低脂牛奶700克，香草精10毫升，杏仁精5毫升，鸡蛋白470克。

制法：① 使用两步法和面。

② 将和好的面分为375克的面团，放入直径20厘米的圆烤盘内。

③ 烤炉的温度调至190℃，约烤25分钟，直至烤熟。

例8-11 黄油松软蛋糕（Butter Sponge Cake）

原料：鸡蛋1 000克，白糖750克，香草精和其他调味品15克，蛋糕面粉750克，熔化的黄油250克。

制法：① 使用泡沫法和面。

② 制成375克的面团，放在烤盘内，温度190℃，约烤25分钟。

8.2.3 派

1. 派的概述

派（pie）是馅饼，也称作排，是欧美人喜爱的甜点，由英语单词pie音译而成。派是由水果、奶油、鸡蛋、淀粉及香料等制成的馅心，外面包上双面或单面的油酥面皮制成的甜点。派的特点是派皮酥脆，略带咸味，馅心有各种水果和香料的味道。派是西餐宴会、自助餐、零点餐厅和欧美人家庭中的常食用的甜点，派的酥脆特点与它的配方有紧密的联系。

派皮的原料由面粉、油脂、食盐和水组成。酥脆的派皮首先以低面筋粉制成，然后氢化植物油、盐和水的比例应当适量，过多的盐和水分会增加派皮的韧性。制作派的另一个关键点是和面方法。有两种派皮面团的和面方法：薄片油酥法（flaky method）和颗粒油酥法（mealy method）。

派的质量与其成型和烘烤工艺紧密相关。首先，面团的重量与派皮的尺寸相关，通常225克的面团适作9英寸直径的底派皮，而适作9英寸直径的上部派皮的面团重量是170克；170克的面团适作8英寸直径的底派皮，而适作8英寸直径的上部派皮的面团重量是140克。然后，装馅与生产方法是另一关键点。当制作非烘烤的派时，将制成的各种馅心填入熟制且凉爽的派皮内，尽量在开餐的时候生产，保持派皮的酥脆。最后，生产烘烤派时，将面片放入派盘中，装入馅心，放上部派皮，将上面的派皮挖几个整齐的小孔。根据食谱，需要在上面的派皮刷上牛奶、鸡蛋、水，还可以撒上少许的糖。烤派时，前10～15分钟炉温应是220～230℃。然后，根据各种派的特点保持或降低温度直至烤熟。水果派的温度一直保持在约220℃，直至烤熟。卡斯德派应降低温度，为165～175℃。

2. 派的种类与特点

① 单皮派是指派的底部有派皮，上部没有派皮，仅有暴露着的馅心的馅饼。

② 双皮派是指派的上部和下部都有派皮，将馅心包在派皮内，经过烘烤成熟的馅饼。

③ 非烘烤派是将鸡蛋、糖、抽打过的奶油、水果、干果仁等原料，根据需要制成不同风味和特色的馅心，填入烤熟并且是冷派皮内，不经烘烤制成的派。例如，巧克力奶油派（Chocolate Cream Pie）、香蕉奶油派（Banana Cream Pie）、椰子奶油派（Coconut Cream Pie）、柠檬卡斯得派（Lemon Custard Pie）和奇芬派（Chiffon Pie）等都是非烘烤派。

④ 烘烤派是指将混合好的馅心填入烘烤成熟的或未烘烤的单皮或双皮的派皮中，经烘烤成熟的派。例如，卡斯德派（Custard Pie）、南瓜派（Pumpkin Pie）和山核桃派（Pecan Pie）。

⑤ 水果派（Fruit Pie）是以水果、水果汁、糖和稠化剂为馅心经烘烤制成的双皮派。例如，苹果派（Apple Pie）、樱桃派（Cherry Pie）、黑莓派（Blueberry Pie）和桃子派（Peach Pie）。

⑥ 卡斯德派（Custard Pie）也称为奶油蛋糊派，是单皮派。派皮上放经抽打的奶油与鸡蛋等原料制成的糊，糊中放入适量香料与水果汁增加味道，经烘烤而成。

⑦ 奇芬派（Chiffon Pie）也称为蛋白派或蛋清派。其馅心以蛋清为主要原料，加入适量的香料、水果汁、甜酒增加味道，有时也加入鲜奶油制成的派。

3. 生产案例

例 8-12 卡斯德派（Custard Pie）（生产 4 600 克面团）

（1）制作派皮

原料：点心粉 2 300 克，油脂 1 600 克，盐 45 克，水 700 克。

制法：① 将盐放入水中溶化，待用。

② 将面粉和油脂搅拌成米粒状。

③ 将盐水逐渐加入油面中，不断搅拌，直至水分全部吸收。

④ 将和好的面团放入盘中，冷藏 2 小时以上。

⑤ 冷藏好的面团擀成圆形片，放入派盘中，烘烤成派皮。

（2）制作馅心（生产 3 600 克）

原料：鸡蛋 900 克，白糖 450 克，盐 5 克，香草 30 克，牛奶 2 升，豆蔻粉 2 克。

制法：① 抽打鸡蛋，加白糖、盐和香草，直至搅拌成光滑时为止。

② 将牛奶加入鸡蛋白糖溶液中，搅拌均匀。

（3）派皮与馅心合成

制法：① 抽打鸡蛋、牛奶混合物，倒在派皮上，撒上豆蔻粉。

② 先用 230 ℃将派烘烤 15 分钟，然后用 160 ℃ 烘烤约 20 分钟。

例 8-13 鲜草莓派（Fresh Strawberry Pie）

（1）制作派皮（与例 8-12 相同）

（2）制作馅心

原料：新鲜草莓 4 000 克，冷水 500 克，白糖 780 克，玉米淀粉 110 克，柠檬汁 60 毫升，细盐 5 克。

制法：① 将草莓洗净，用布巾吸干外部水分。

② 将 900 克草莓搅拌成泥，与水混合在一起，放白糖、淀粉和盐，搅拌均匀后煮沸，冷却直至变稠再放柠檬汁，搅拌均匀，冷却。

③ 将其余的草莓切成两瓣或四瓣（根据大小）。

（3）派皮与馅心合成

将制作好的馅心填入凉的熟制派皮内，冷藏（不要烘烤）。

8.2.4 塔特

塔特（tart）是欧洲人对“派”的称呼。但是，比较两个名称可以发现派的含义多用于双皮派，并且是切成块状的。塔特多用于以黄油或氢化植物油、水、面粉和鸡蛋为原料制成底托的单皮馅饼。有时，薄皮且双皮的小圆形派也作为塔特。一些欧美厨师认为派和塔特是两种不同的馅饼，塔特应比派更薄且单皮。一些小型的单皮塔特还称为 tartlet 或 tartelette。

8.2.5 油酥面点

油酥面点（pastries）是以面粉、油脂、鸡蛋和水为主要原料经过烘烤制成的酥皮点心或油酥点心的总称。它包括各式各样小型的，装饰过的油酥甜点。其中比较著名和传统的有拿波仑（Napoleon）和长哈斗（Eclair）等。欧美人把这些小型的油酥点心称为法国酥点（French Pastries）或小点心（Les Petits Gateaux）。在欧洲，每个国家都有本地区特色的小酥点。它们的特色表现在味道和工艺方面。在欧洲北部，气温较凉爽的地方，人们喜爱食用以巧克力和奶油制作的油酥点心。在法国或意大利的南部，人们喜欢食用带有蜜饯水果、杏酱或其他甜味原料装饰的油酥点心，这类油酥点心的味道很甜。在德国和奥地利，人们喜爱食用有杏仁、巧克力和新鲜水果作配料的油酥点心。油酥点心的种类主要包括下列几种。

1. 圆哈斗（Puff）

以黄油或氢化植物油、水、面粉和鸡蛋为主要原料制成的空心酥脆的圆形点心，内部填有甜味和咸味的馅心。

2. 长哈斗（Eclair）

以黄油或氢化植物油、水、面粉和鸡蛋为主要原料制成的小的长方形或椭圆形油酥点心，中间夹有抽打过的奶油，上部撒有白砂糖或涂抹的巧克力，其外观常用巧克力奶油糊作装饰（见图 8-7）。

3. 拿波仑（Napoleon）

一种多层的油酥点心，中间涂有抽打过的奶油或奶油鸡蛋糊，上部摆放水果或糖粉作装饰（见图 8-8）。

图 8-7 长哈斗

图 8-8 拿波仑

4. 蛋挞（Tartelet）

在酥脆的排皮上装有水果或奶油鸡蛋糊等各式馅心的小单皮排，不经烘烤。

5. 麦科隆（Macaroon）

麦科隆也称作小型蛋白点心，是以杏仁酱、鸡蛋白和白糖、面粉为主要原料，经烘烤制成的小点心。中间夹有果酱和巧克力酱（见图 8-9）。

6. 装饰小甜点（Petits Fours）

各式各样造型和不同味道的蛋糕或饼干等，在上面放有水果或干果等作装饰。

7. 蛋白奶油酥（Meringue）

由鸡蛋白、白糖和香料为原料，经抽打制成面糊，低温烘烤后制成的底托或主体，上面或内部装有抽打过的奶油、新鲜的草莓或冰淇淋及巧克力酱等的各种小点心（见图 8-10）。

图 8-9 麦科隆

图 8-10 蛋白奶油酥

8.2.6 布丁

1. 布丁概述

布丁（pudding）是以淀粉、油脂、糖、牛奶和鸡蛋为主要原料，搅拌成糊状，经煮、蒸或烤等不同方法制成的甜点。欧美人在冬季喜欢食用热布丁，在夏天喜欢食用冷布丁。布丁的种类及分类方法很多。某些带有咸味的布丁还可以作为主菜。根据布丁的各种特色，布丁可分为热布丁（Hot Puddings）、冷布丁（Cold Puddings）、巧克力布丁（Chocolate Puddings）、奶油布丁（Cream Pudding）、玉米粉牛奶布丁（Blanc Mange）、意大利那不勒斯布丁（Napolitaine Pudding）、英式白色布丁（Blanc Mange English Style）、圣诞布丁（Christmas Pudding）和面包布丁（Bread Pudding）。根据布丁的制作方法可分为水煮布丁（Boiled Pudding），指以牛奶、糖和香料为主要原料，以玉米淀粉为稠化剂，煮熟后冷冻成型的甜点。烘烤布丁（Baked Pudding），指以牛奶、鸡蛋、糖、香料和面包或大米为主要原料通过烘烤后制成的甜点。

2. 布丁生产案例

例 8-14 英式白色布丁（Blanc Mange English Style）（生产 24 份，每份 120 克）

原料：牛奶 2.25 升，白糖 360 克，香草粉 15 克，盐 3 克，玉米淀粉 240 克。

制法：① 先将 2 升牛奶和盐放锅中，用小火加热，煮开。

② 将 250 毫升冷牛奶与淀粉混合，搅拌，加入 200 克的热牛奶。然后倒入剩下的热牛奶中，继续搅拌。

③ 将混合好的淀粉牛奶用小火煮沸，变稠。

④ 将煮好的牛奶糊从炉上取下，放香草粉调味，倒在布丁模具中，倒入五分满，晾凉后，放冷冻箱冷冻成型，食用时从模具中取出。

例 8-15 面包黄油布丁（Bread And Butter Pudding）（生产 25 份，每份 160 克）

原料：白色面包薄片 900 克，熔化的黄油 340 克，鸡蛋 900 克，白糖 450 克，盐 5 克，香草精 30 毫升，牛奶 2.5 升，肉桂和肉豆蔻少许。

制法：① 将面包片横切成两半，上面刷上黄油，放入 30 厘米×50 厘米的烤盘上。

② 将鸡蛋液、白糖、盐和香草精搅拌均匀。

③ 将牛奶放入双层煮锅低温加热，逐渐地将鸡蛋和白糖混合好的液体倒在热牛奶中制成鸡蛋牛奶糊（这种糊称为卡斯德糊）。

④ 将鸡蛋牛奶糊倒在面包上，上面撒上少许肉桂、肉豆蔻，再将装好布丁糊的烤盘放在另一个大的烤盘内，大烤盘内放一些热水垫底，水的深度应当是 2.5 厘米。

⑤ 烤炉预热至 175 ℃，将烤盘放入烤炉，需要 35～40 分钟，直至烤熟，冷却后表面浇上抽打过的奶油或比较稀薄的奶油鸡蛋少司等作装饰。

例 8-16 巧克力布丁（Chocolate Pudding）（生产 10 份，每份 120 克）

原料：可可粉 30 克，黄油 150 克，白糖 300 克，牛奶 400 克，鸡蛋 5 个，面粉 200 克，玉米粉 40 克，香草粉和发粉各少许。

制法：① 将面粉、可可粉过筛，加白糖 200 克、牛奶 160 克、蛋黄 3 个、发粉和软化的黄油搅拌，和成面糊。

② 用抽子将 5 个蛋清抽起后，与面糊混合均匀，装入布丁模具里装八成满，上锅约蒸 30 分钟，取出。

③ 将其余的牛奶、白糖在锅内烧开后，放玉米粉、香草粉、蛋黄 2 个（用冷水搅拌好），上火煮沸，制成奶油鸡蛋汁。

④ 上桌前，将布丁放杯内，浇上奶油鸡蛋汁。

8.3 茶点、冰点和水果甜点

8.3.1 茶点

茶点（cookie）是由面粉、油脂、白糖或红糖、鸡蛋及调味品经过烘烤制成的各式各样扁平的饼干和凸起的小点心。它们种类繁多，口味各异，有各种形状。有些茶点上面或两片之间还有涂抹的果酱或巧克力酱。欧洲人特别是英国人将这种小型的甜点称为饼干(Biscuit)。这种小点心或饼干主要用于咖啡厅的下午茶，因此，称为茶点。

1. 茶点种类

① 滴落式茶点（Dropped Cookie）。通过滴落方法制成的茶点或饼干。

② 挤压式茶点（Bagged Cookie）。将和好的面糊装入点心裱花袋中挤压，面糊通过布袋出口成为各种形状。然后，烘烤成茶点或饼干。

③ 擀切式茶点（Rolled Cookie）。将面团擀成厚片，用刀切成片，烘烤制成的茶点或饼干。

④ 成型式茶点（Modeled Cookie）。将重量相等的面团放入模具成型的茶点和饼干。

⑤ 冷藏式茶点（Icebox Cookie）。将茶点面团制成圆筒形后放在冷藏箱内4～6小时，用刀切成片。然后，切成各种形状的茶点和饼干。

⑥ 长条式茶点（Bar Cookie）。烘烤后切成长条形的茶点。

⑦ 薄片式茶点（Sheet Cookie）。烘烤后切成不同形状的茶点和饼干。

2. 茶点生产原理

茶点是西餐特有的小点心。它们常伴随着咖啡、茶、冰淇淋和果汁、牛奶食用。茶点种类繁多，各有特色，体现在形状、颜色、味道和质地等方面。这些特点的形成来自原料的配制和和面方法。茶点的生产工艺与蛋糕很相似，主要通过和面、装盘、烘烤、冷却等程序。茶点成型技术不仅与质量紧密联系，还影响着茶点的种类与造型。茶点成型主要通过滴落法、挤压法、擀切法、成型法、冷藏法、长条法和薄片法。

3. 茶点生产案例

例8-17 茶点（Tea Cookies）

原料：黄油250克，氢化蔬菜油250克，白砂糖250克，糖粉120克，鸡蛋190克，香草精8毫升，蛋糕粉750克。

制法：① 用油糖法和面。

② 用挤压法将面糊放入茶点袋中，通过面点袋的花嘴将面糊挤在放有烤盘纸的烤盘上。

③ 炉温190℃，烘烤10分钟，将小茶点烤成浅金黄色。

例8-18 巧克力饼干（Chocolate Chip Cookies）

原料：黄油500克，红糖375克，白砂糖375克，细盐15克，鸡蛋250克，水125克，香草精10毫升，蛋糕粉750克，发粉10克，巧克力片750克，碎核桃仁250克。

制法：① 用油糖法和面。

② 使用滴落方法将稀软的面糊，通过制饼干机将面糊滴入放有烤盘纸的烤盘上。

③ 炉温190℃，约烘烤8～12分钟，直至烘烤成浅金黄色。

例8-19 葡萄干香味条（Raisin Spice Bars）

原料：黄油或氢化植物油250克，白糖400克，红糖250克，鸡蛋250克，葡萄干750克，蛋糕粉750克，发粉7克，细盐7克，肉桂7克，涂抹饼干上部的鸡蛋液适量，白砂糖适量。

制法：① 将葡萄干放入热水中洗净，用面巾吸去外部水分。

② 使用以上原料，应用一步法和面。

③ 应用长条法将和好的面分为4个相等的面团，冷藏后制成圆桶形，然后压成或擀成烤盘的长度，8厘米宽，6毫米厚的面片，刷上鸡蛋液，将面片烤硬，表面成浅金黄色时，切成2.5厘米的长条，上面撒少许白砂糖作装饰。

8.3.2 冷冻甜点

冷冻甜点（frozen dessert）是通过冷冻成型的甜点总称。它的种类和分类方法都非常多。比较常见的和著名的品种有百味廉（Bavarian Cream）、奇芬（Chiffon）、慕斯（Mousse）、冰淇淋（Ice Cream）和舒伯特（Sherbet）等。

1. 百味廉（Bavarian Cream）

百味廉是由鸡蛋奶油糊加上吉利（Jelly）、水果汁、利口酒（Liqueur）、巧克力及朗姆酒（Rum）等，经过搅拌，放入模具冷冻成型的甜点。

2. 慕斯（Mousse）

由抽打过的奶油和鸡蛋为主要原料，放少量吉利（Jelly）为稠化剂，经抽打成为半固体，装入模具中冷冻成型的甜点。上桌时，上面浇上咖啡、巧克力酱或水果酱等。

3. 冰淇淋（Ice Cream）

由奶油、牛奶、白糖、调味剂为主要原料。根据需要，放蛋白、蛋黄或全鸡蛋搅拌，冷冻成型。冰淇淋有多个品种，比较传统的如下品种。

① 派菲（Parfait）。传统的法国冷冻甜点，由鸡蛋、白糖、抽打过的奶油、白兰地酒和调味品制成。有时派菲中放有水果，经冷冻成型。食用时，放在高脚玻璃杯中。美式派菲特点是将各式冰淇淋分作数层放在高脚杯或高杯中，上面放抽打过的奶油、巧克力酱或各种风味的糖浆和干果。

② 圣代（Sundae）。以冰淇淋为主要原料，上面浇上水果酱、巧克力酱或抽打过的奶油，常用碎干果仁作装饰品，放在甜点玻璃杯或金属杯中。比较著名的圣代是美尔芭桃（Peach Melba）和海仑梨。美尔芭桃是以奥地利的女高音歌唱家娜莉·美尔芭（Nellie Melba，1861—1931）命名，由煮熟的两个半只桃子和香草冰淇淋制成，放在甜点杯中，桃的上面浇上水果酱和抽打过的奶油，有时加上少量的杏仁片。海仑梨是法国传统的冷冻甜点，由煮熟的梨块和香草冰淇淋组成，装在甜点杯中，上面浇上巧克力酱。

③ 库波（Coupe）。冰淇淋和水果制成的冷冻甜点。

④ 帮伯（Bombe）。由两三种不同颜色和口味的软化冰淇淋放入模具，经冷冻成型的球形或瓜形的甜点，常被欧美人称为帮伯戈雷斯（Bombe Glacee）（见图 8-11）。

⑤ 烤阿拉斯加（Baked Alaska）。在冰淇淋上面放一块清蛋糕，浇上蛋清和白糖搅拌成的糊，使用焗炉，高温，快速地将蛋清糊烤成金黄色的组合式冷冻点心。

图 8-11 邦伯

4. 冷冻酸奶酪（Frozen Yogurt）

由酸奶酪、调味剂、水果等为主要原料，根据需要放鸡蛋和抽打过的奶油，经搅拌和冷冻，制成的半固体的甜点。

5. 舒伯特（Sherbet）

舒伯特是一种用水稀释的果汁，起源于土耳其，以由碎冰块、水果汁、牛奶，有时放鸡蛋白和少量的葡萄酒或利口酒制成。有时放一些吉利（Jelly）为增加其浓度，再经冷藏制成。

6. 生产案例

例 8-20 百味廉（Bavarian Cream）（生产 24 份，每份 90 克）

原料：无味的吉利（Jelly）45 克，冷水 300 克，鸡蛋黄 12 个，水 40 克，牛奶 1 升，香草精 15 毫升，浓奶油 1 升，新鲜水果适量。

制法：① 将吉利放入冷水中。

② 将鸡蛋黄和白糖放在一起，用抽子抽打，直至溶液发亮和变稠，再将牛奶慢慢地倒入抽打好的溶液中，并不断地抽打。同时，将装有牛奶鸡蛋溶液的容器放入热水中加热，继续抽打，直至溶液变稠，放软化的吉利继续抽打，直至制成鸡蛋牛奶糊（卡斯德糊）。放入冷藏箱冷却，经常搅拌，保持光滑。

图 8-12　百味廉

③ 用抽子抽打奶油，直至能够固定形状为止，将抽打好的奶油放入变稠的鸡蛋牛奶糊中，轻轻地搅拌在一起，放入模具中冷冻成型。上桌时，从模具中取出，摆上水果（见图 8-12）。

例 8-21　巧克力慕斯（Chocolate Mousse）（生产 25 份，每份 150 毫升）

原料：半甜的巧克力 900 克，黄油 900 克，鸡蛋黄 350 克，鸡蛋白 450 克，白糖 140 克，浓奶油 500 毫升。

制法：① 将巧克力熔化，再将黄油加入巧克力中搅拌，直至完全融合在一起。

② 将鸡蛋黄慢慢地加入黄油巧克力混合液中搅拌，直至完全融合在一起。

③ 用抽子抽打鸡蛋白，直至抽打成泡沫状，加白糖继续抽打，直至抽打成较坚固的泡沫状。

④ 将抽打好的鸡蛋白与巧克力混合体放在一起。

⑤ 抽打奶油成泡沫状，与巧克力鸡蛋白混合体混合在一起，制成稠的糊状。

⑥ 用羹匙将黄油、鸡蛋、奶油和巧克力制成的混合糊装入模具成型，或用挤花袋挤成各种花形。然后，冷冻成型（见图 8-13）。

图 8-13　巧克力慕斯

8.3.3　水果甜点

水果已经成为当代西餐中不可缺少的甜点。水果可以不经过烹调，或烹调后与其他原料一起制成人们喜爱的甜点。

本章小结

面包有许多种类，分类方法也各有不同。按照面包的制作工艺，面包可分为两大类：酵母面包和快速面包。按照面包的质地特点，面包可分为软质面包、硬质面包和油酥面包。酵母面包是以酵母作为发酵剂制成的面包。这种面包质地松软，带有浓郁的香气。其制作工艺复杂，需要特别精心。快速面包是以发粉或苏打作为膨松剂制成的面包。这种面包制作程序简单，制作速度快，而且不需要高超的技术并由此而得名。软质面包是松软、体轻，富有弹性的面包。例如，吐司面包、各种甜面包等。软质面包的特点主要来源于高油脂和鸡蛋含量的面团。硬质面包主要指韧性大，耐咀嚼，表皮干脆且质地松爽的面包。例如，法式面包和意大利面包。硬质面包由油脂少和低鸡蛋的面团制成。油酥面包也称为油酥面点，是将面团擀成薄片，加入黄油等，经过折叠、擀压，造型和烘烤等程序制成的层次分明且质地酥松的面包。例如，丹麦面包和牛角面包。

蛋糕是由鸡蛋、白糖、油脂和面粉等原料经过烘烤制成的甜点。蛋糕营养丰富，味道甜，质地松软。蛋糕含有较高的脂肪和糖分。派是馅饼，是欧美人喜爱的甜点，由英语单词“pie”音译而成，有时翻译成“排”。派是由水果、奶油、鸡蛋、淀粉及香料等制成的馅心，外面包上双面或单面的油酥面皮制成的甜点。油酥面点是以面粉、油脂、鸡蛋和水为主要原料经过烘烤制成的酥皮点心或油酥点心的总称。茶点是西餐特有的小点心。它们常伴随着咖啡、茶、冰淇淋和果汁牛奶食用。茶点种类繁多，各有特色，体现在形状、颜色、味道和质地等方面。

一、多项选择题

1. 面包的用途广泛，是（　　）。

（1）早餐的常用食品

（2）午餐和正餐的辅助食品

（3）喝汤和吃开胃菜时的辅助食品

（4）食用主菜时，必须食用面包

2. 面包的分类原则包括（　　）。

（1）按照面包的制作工艺，面包可分为酵母面包和快速面包

（2）按照面包的特点，面包可分为软质面包、硬质面包和油酥面包

（3）老式面包和正餐面包属于快速面包

（4）摩芬面包和博波福属于发酵面包

3. 蛋糕是由（　　）等原料制成。

（1）鸡蛋

（2）白糖

（3）油脂

（4）面粉

二、判断题

1. 含蛋白质高的小麦粉常被人们称为软麦粉，含蛋白质少的小麦粉称为硬麦粉。（　　）

2. 碳酸氢钠实际上是人们熟悉的小苏打粉，由于它与酸性物质和液体发生化学反应，所以它在面团中起到发酵作用。（　　）

3. 欧洲人特别是英国人将小型的甜点称为饼干。（　　）

三、名词解释

酵母面包（Yeast Bread）　快速面包（Quick Bread）　软质面包（Soft Roll）　硬质面包（Hard Roll）　摩芬面包（Muffin Method）

四、思考题

1. 简述面包历史与文化。
2. 简述面包原料及功能。
3. 简述甜点含义与作用。
4. 简述蛋糕生产原理。
5. 简述茶点生产原理。

阅读材料

西厨房的规划与布局

西厨房规划是确定西厨房的规模、形状、建筑风格、装修标准以及内部部门之间的关系。西厨房布局是具体确定西厨房内部门、生产设施和设备的位置和分布。

1. 厨房规划与布局筹划

西厨房的设计与布局是一项复杂工作，它涉及许多方面，占用较多的资金。因此，厨房筹划人员应留有充分的时间，考虑各方面因素，认真筹划，避免草率从事和粗心大意。西厨房设计与布局应根据西餐厅或咖啡厅生产的实际需要，从方便厨房进货、验收、生产及厨房的安全和卫生等方面着手。为餐厅的发展和厨房的业务扩展及将来可能安装新设备留有余地。聘请专业设计人员和西厨房管理人员参加。咨询建筑、消防、卫生、环保、公用设施等部门。阅读有关西厨房设备的说明书。听取其他饭店或西餐企业管理人员的建议。

西厨房设计与布局不仅是设计人员、工程技术人员的工作，也是西厨房管理人员的重要职责。由于厨房管理人员对自己厨房的生产要求、生产设备及资金的投入情况等都比较清楚，因而可以为厨房的设计和布局提供有价值的建议，使厨房的建设更加完善和实用。一个科学的和完美的西厨房建设离不开西厨房管理人员的参与。

现代厨房设计与布局重视人机工程学在厨房设计中的应用。应用人机工程学可以提高厨师和其他厨房工作人员的工作效率及改善厨房的工作环境，降低厨房人力成本，提高饭店和餐厅的竞争力，增加餐饮营业收入。人机工程学在西厨房中的应用使厨房的生产工作更加安全和舒适，保证了厨师和工作人员的健康从而稳定了西厨房的生产工作，有利于招聘和吸收优秀的厨师。西厨房设计与布局前应明确的内容如下。

① 明确厨房的性质和任务。是传统餐厅厨房、咖啡厅厨房还是快餐厅厨房等。

② 明确厨房占地面积。

③ 明确厨房的规模，菜肴品种，生产量。

④ 明确厨房生产线及各部门的工作流程。

⑤ 明确设备的名称、件数、规格、型号。

⑥ 明确厨房使用的能源。

2. 厨房规划总则

(1) 生产线畅通、连续、无回流现象

西餐生产要从领料开始，经过初加工、切配与烹调等多个生产程序才能完成。因此，西厨房的每个加工部门及部门内的加工点都要按照菜肴的生产程序进行设计与布局以减少菜肴在生产中的囤积，减少菜肴流动的距离，减少厨师体力消耗，减少单位菜肴的加工时间，减少厨工操纵设备和工具的次数，充分利用厨房的空间和设备，提高工作效率。

(2) 厨房各部门应在同一层楼

西厨房各部门应在同一层楼以方便菜肴生产和厨房管理，提高菜肴生产速度和保证菜肴质量。如果厨房确实受到地点的限制，其所有的加工部门和生产部门无法都在同一层楼内，可将初加工厨房、面点厨房和热菜厨房分开。但是应尽量在各楼层的同一方向，这样可节省管道和安装费用，也便于用电梯把它们联系在一起，方便生产和管理。

(3) 厨房应尽量靠近餐厅

厨房与餐厅的关系非常密切。首先菜肴的质量中规定，热菜一定是非常热的；而冷菜一定是凉爽的，否则，会影响菜肴的味道和热度。厨房距离餐厅较远，菜肴温度会受到影响。再者，厨房与餐厅之间每天进出大量的菜肴和餐具，厨房靠近餐厅可缩小两地之间的距离，提高工作效率。

(4) 厨房各部门及部门内的工作点应紧凑

西厨房的各个部门和各部门内的工作点应当紧凑，尽量减少它们之间的距离。同时每个工作点内的设备和设施的排列也应当紧凑以方便厨师工作，减少厨师的体力消耗，提高厨房的工作效率。

(5) 应有分开的人行道和货物通道

西餐厨师在工作中常常接触炉灶、滚烫的液体、加工设备和刀具，如果发生碰撞，后果不堪设想。因此为了厨房的安全，为了避免干扰厨师的生产工作，厨房必须设有分开的人行道和货物通道。

(6) 创造良好、安全和卫生的工作环境

创造良好的工作环境是西厨房设计与布局的基础。厨房工作的高效率来自于良好的通风、温度和照明。低噪声措施和适当颜色的墙壁、地面和天花板都是创造良好的厨房工作环境的重要因素。此外西厨房应购买带有防护装置的生产设备，有充足的冷热水和方便的卫生设施，并有预防和扑灭火灾的装置。

3. 厨房设计原则

(1) 厨房选址

由于厨房的生产特点，因此厨房要选择地基平，位置偏高的地方，这对进入厨房货物的装卸及污水排放都有很大好处。西厨房每天要购进大量的食品原料，为了方便运输，减少食品污染，厨房的位置即应靠近交通干线和储藏室。为了合理地使用配套费，节省资金，西厨房应接近自来水、排水、供电、煤气等管道设施。西厨房应当选择自然光线和通风好的位置，厨房的玻璃能透进一些早晨温和的阳光有益无害。但是如整日射进强光会使已经很热的厨房增加不必要的热量，这样既影响了职工身体健康又影响了厨房生产。通常，西厨房设在饭店的一层或二层楼，因为咖啡厅和西餐常建在一层或二层楼，有时在顶层。西厨房在顶层和底层各有自己的优点。厨房在底层可以方便货物运输，节省电梯、管道的安装和维修费用，便于废物处理等。但是西厨房在顶层占据着自然采光和通风的有利条件，厨房的气味可直接散发而不影响饭店。

(2) 厨房面积

确定西厨房面积是西厨房设计中较为困难的问题。这是因为影响厨房面积的因素有许多。一些资料上记载的数据，厨房的面积与餐厅面积比例是1∶2或1∶3等，这只能给我们提供一些参考，绝不是标准的或唯一的数据。这是因为厨房的面积受许多方面的影响。影响厨房面积的因素有餐厅的类型、厨房的功能、用餐人数、设备功能等。西厨房设计正朝着科学、新颖、结构紧凑的方向发展。

经营不同类型的西餐厅，如咖啡厅、扒房和快餐厅，它们的厨房面积必然不同。这是因为菜单的品种愈丰富，菜肴加工愈精细，厨房所需的设备、用具就愈多，因此厨房所需的面积就愈大。反之菜单简单，菜肴制作过程简单，厨房需要的面积就小。西餐厅和咖啡厅用餐人数直接影响着西厨房面积。餐厅用餐人数愈多，用餐时间愈集中，西厨房面积的需求就愈大。西厨房使用的设备和食品原料也对厨房面积有直接影响，如果使用组合式的或多功能的设备及经过初加工的原料，厨房面积就会小得多。不同类型的西厨房，其占地面积也不同。如主厨房（生产厨房），它的加工设备和烹调设备多，生产量大，它需要的面积就大。餐厅厨房（分厨房）的生产设备少，生产量小，所需要的面积就小。西厨房的贮藏室、办公室及其他辅助设施都会影响厨房的面积，这与企业管理的模式，食品原料采购的策略和数量有密切的联系。通常库存的食品原料简单，库存量小的厨房，厨房所需的面积就小。西厨房的面积还常受它的形状和建筑设施的影响，不规则和不实用形状的厨房占地面积就大。厨房的柱子和管道，以及不适宜的宽度都会影响西厨房的面积。

(3) 厨房高度

厨房的高度影响着厨师的身体健康和厨房的工作效率。厨房高度小会使人感到压抑，影响菜肴的生产速度和质量；而厨房过高会造成空间和经济方面的损失。传统上，西厨房的高度为3.6～4米。由于厨房空气调节系统的发展，现代西厨房的高度不低于2.7米，当然，不包括天花板内的管道层高度。由于西厨房的建造、装饰和清洁费用与厨房的高度成正比，因此厨房的高度愈大，它需要的建筑费、维修费和清洁费用就愈多。

(4) 地面、墙壁和天花板

厨房是生产菜肴的地方，厨房的地面经常会出现一些汤汁、水或油。为了厨房职工的安全和厨房卫生，西厨房的地面应当选用防滑、耐磨、不吸油和水，便于清扫的瓷砖。如果地面所选用的材料有弹性，使工作人员走起路来感到轻便就更为理想。最常见的厨房地面材料是陶瓷防滑地砖或无釉瓷砖，这种材料表面粗糙，可避免厨师在用力搬运物体时，尤其在移动高温的油或汤汁时摔跤，但它的缺点是不方便清洁。其他品种有水磨石地面、塑料地板等，它们易于清洁，有一定的弹性，但是防滑性能差。

厨房的空气湿度大，因此，它的墙壁和天花板也应当选用耐潮，不吸油和水、便于清洁的材料。墙壁和天花板平面力求平整，没有裂缝，没有凹凸，没有暴露的管道。常见的西厨房墙壁材料为白色瓷砖，并且将所有的墙面全部粘上瓷砖。厨房的天花板可由移动的轻型不锈钢板制成。这样厨房的墙壁和天花板都可以定时清洗。

(5) 通风、照明和温度

厨房除利用自然通风方法外，还应安装排风和空气调节设备。如排风罩、换气扇、空调器等以保证在生产高峰时及时排除被污染的空气，保持厨房空气的清洁。在有蒸汽的加工区域，由于及时排出潮湿的空气，避免了因潮湿空气滞留而滴水的现象，因而避免了厨师在蒸汽弥漫的环境中工作。西厨房还应采用其他的通风措施，如严格控制蒸煮工序，减少水蒸气散发到厨房空气中。使用隔热好的烹调设备，减少热辐射。选择空气流通并且吸水力强的棉布为材料，制成比较宽松的工作服。

照明是西厨房设计的重要内容。良好的厨房光线是菜肴质量的基础，避免和减少厨房工伤事故。因此应采用照明系统来补充厨房自然光线不足，以保证厨房有适度的光线。通常，工作台照明度应达到300～400勒克斯（lx），机械设备加工地区应达到150～200勒克斯（lx）。

厨房温度是影响菜肴生产的重要因素之一，厨师在高温的厨房工作会加速体力消耗。而厨房温度过低，使厨师们手脚麻木，又影响了厨房工作效率。西厨房的温度一般在17～20℃为宜。

（6）预防和控制噪声

噪声会分散人的注意力，使工作出现差错。因此，在西厨房设计中应采取措施消除噪声，将厨房噪声控制在40分贝左右。但是由于厨房排风系统及机械设备工作的原因，噪声不可避免。所以在西厨房设计和布局中，首先应当选用优质、低噪声的设备。然后采取其他措施控制噪声，减少厨房事故的发生。这些措施有隔离噪声区，使用隔音屏障和消音材料，播放轻音乐。

（7）冷热水和排水系统

为了保证西厨房生产和卫生的需要，西厨房必须具有冷热水和排水设施。它们的位置以方便加工和烹调为前提。在各加工区域的水池和烹调灶的附近应有冷热水开关，在烹调区应有排水沟，在每个加工间有地漏。供水和排水设施都应满足最大的需求量。排水沟应有一定的深度，避免污水外流。沟盖应选用坚固材料并且易于清洁。

4. 西厨房布局原则

西厨房是由若干生产部门、烹调部门和辅助部门构成，这些部门又由加工点和烹调点组成。合理的西厨房布局应充分利用厨房的空间和设施，减少厨师生产菜肴的时间，减少厨师操纵设备的次数，减少厨师在工作中的流动距离，易于厨房生产管理，利于菜肴质量控制，利于厨房成本控制。

（1）卸货台和进货口

在许多旅游发达国家，厨房为了方便卸货，在它的外部，距离食品原料仓库较近和交通方便的地方建立卸货台，卸货台要远离客人的入口处。进货口或验货口是厨房生产线的起点。为了便于管理，厨房通常只设一个进货口，所有进入饭店和西餐企业的食品原料必须经过进货口的检查和验收。在大中型饭店，食品原料验收工作由财务部门或采购部管理；而在小型西餐企业，这些工作常由厨房负责验收。验货口的空间大小应当方便货物的验收，同时，在验货口设有各种量器。根据美国餐饮管理协会提供的数据，每日300人次的用餐单位，卸货台的面积不得小于6平方米；每日1 000人次的用餐单位卸货台面积不少于17平方米；常见的卸货台高度为1.27米；卸货台用水泥制成，台子面铺上防滑砖，台子的上面设有防雨装置，台子的边角用三脚铁加固。

（2）干货与粮食库

西厨房常设有一个小型的干货和粮食仓库，所谓干货指那些不容易变质的食品原料，如淀粉、糖与香料等。干货仓库常建立在面点间附近的地方，因为面点间使用的干货原料比较多。干货库内的温度应凉爽、干燥、无虫害。最理想的干货仓库里没有错综复杂的上下水和蒸汽管道。库房内根据需要，设有数个透气的不锈钢橱架。

(3) 冷藏库和冷冻库

储存新鲜的食品原料常用冷藏或冷冻方法。例如，各种禽肉、牛羊肉、各种海鲜、鸡蛋、奶制品及蔬菜和水果等。为了保证菜肴的质量，新鲜原料需要冷藏储存；而海鲜、禽肉、牛羊肉则需要冷冻储存。现代的西餐厨房使用组合式冷库，该冷库常分为内间仓库和外间仓库。内间仓库温度低作为冷冻库，外间仓库温度略高作为冷藏库。为了食品卫生和使用方便，有些大型的西餐厨房将冷藏库和冷冻库分开，或根据原料的种类，分设若干个冷藏库和冷冻库，将各类食品原料、半成品和成品存于不同的冷藏库和冷冻库。

(4) 职工入口

许多饭店和餐饮业在厨房前设立工作人员入口，并在入口处设立打卡机和职工上下班时间的记录卡。在西厨房入口处的墙壁上常有厨房告示牌。厨房近期的工作安排和职工一周的值班表常贴在告示牌上。

(5) 厨房办公室

许多西厨房都设立办公室。办公室常设在主厨房或生产厨房的中部，容易观察厨房的全部生产工作又能监督厨房入口处打卡机的地方。办公室的上半部用玻璃制成，易于观察。厨房办公室内设有电脑、办公家具等办公用品。

(6) 加工间、烹调间和点心间

加工间、烹调间和点心间是西厨房菜肴和点心生产区域，是西厨房的工作中心。该区域是加工设备的主要布局区。根据菜肴的加工程序，加工间应靠近烹调间。食品原料从加工间流向烹调间，然后将烹制好的菜肴送到餐厅。这样既符合卫生要求又不会出现回流现象。

(7) 备餐间与洗碗间

备餐间坐落于西餐厅或咖啡厅与它们的厨房之间，是连接餐厅与厨房的地方。通常备餐间设有咖啡炉、汽水机、制冰机、餐具柜及客房送餐设备、工具等。餐厅常用的面包、黄油、果酱、果汁、茶叶等也在这里存放。有些西厨房的备餐间还兼有制作各种沙拉、三明治等菜肴的功能。因此备餐间的布局中常设有三明治冷柜、工作台、小型搅拌机等。

(8) 人行道与工作通道

科学的西厨房布局设有合理的厨房通道。西厨房通道包括人行道与工作通道。为了避免互相干扰，提高工作效率，人行通道应尽量避开工作通道。同时，人行道和工作通道的宽度既要方便工作，又要注意空间的利用率。通常，主通道的宽度不低于1.5米，两人能互相穿过的人行道宽度不低于0.75米，一辆厨房小车（宽度0.6米）与另一人互相能够穿过的通道宽度不应低于1米，工作台与加工设备之间的最低宽度是0.9米，烹调设备与工作台之间的最低宽度是1米。

第9章 酒水概述

本章导读

酒是人们熟悉的含有乙醇的饮料，是人们用餐、休闲和社交活动不可缺少的饮品。非酒精饮料，简称饮料，是指茶、咖啡、可可、果汁、碳酸饮料、饮用水等不含乙醇的饮料总称。不同种类的酒和饮料，其特点和风格不同。通过本章的学习，读者可了解酒的含义与组成，酒的起源与发展，酒的种类与特点，酒精度的换算，茶、咖啡、碳酸饮料及其他非酒精饮料的种类和特点等。

9.1 酒

9.1.1 酒的含义与组成

酒是人们熟悉的含有乙醇（ethyl alcohol）的饮料。乙醇在常温下呈液态，无色透明，易燃，易挥发，沸点与汽化点是 78.3 ℃，冰点为 -114 ℃，溶于水。乙醇的分子式是 C_2H_6O，分子量为 46。在酿酒中，乙醇主要由葡萄糖转化而成。葡萄糖转化成乙醇的化学反应式为 $C_6H_{12}O_6 \rightarrow 2C_2H_6OH+2CO_2$。

酒是由多种化学成分组成的混合物。其中，乙醇是主要成分。除此之外，还有水和众多的化学物质。这些化学物质包括酸、酯、醛和醇等。尽管这些物质在酒中含量很低，然而它们是决定酒的质量和特色的关键物质。因此，这些物质在酒中的含量很重要。酒的特点实际是乙醇的特点。乙醇由碳、氢和氧元素组成。其特点表现在颜色、香气、味道和酒体等。

9.1.2 酒的风格与特点

酒有多种颜色，形成原因主要来自原料颜色、酿酒温度和勾兑技术。例如，红葡萄酒颜色来自葡萄皮的颜色；而白葡萄酒的颜色不仅来自葡萄颜色，还来源于酿酒中的温度变化和熟化等工艺。这些程序使各种酒具有不同的颜色。中国白酒经过加温、汽化、冷却并凝结后，改变了原来颜色而呈无色透明体；白兰地酒经过技师们的调色和勾兑技术，使酒液成为褐色。

酒常有各种香气，酒的香气来自酒的不同原料。例如，玉米、大麦、甘蔗或龙舌兰（agave）等。此外，酵母菌和增香物质也为不同的酒增添了各种香气。当然，某些酒的香气是在酿酒过程中形成的。酒的香气常通过人的嗅觉器官传送到大脑而被感知。酒中香气，除了用鼻子体验外，还通过口尝或饮用而进入人的鼻咽喉，然后与呼入的气体一起感知。通常，人们对相同的香气有不同的反应。当人们处于疲劳、疾病或情绪低落的状态时，对酒香气的感知度会降低。

酒的味道常给人们留下深刻的印象。人们常用甜、酸、苦、辛、咸和涩等来评价酒的味道。在各种酒中，以甜为主的酒数不胜数，甜味给人以舒适和浓郁的感觉，深受顾客喜爱。甜味主要来自酒中的糖分和甘油等物质。糖分普遍存在于酿酒原料中，只要酒中的糖不在发酵中耗尽，酒液就会产生甜味。此外，人们有意识地在酒中加入糖汁或糖浆以增加甜味。酸味是酒中另一主要口味，现代消费者都十分青睐带有酸味的干型酒。酸味酒常给人以干冽、爽快和开胃等感觉。世界上有些酒以味苦著称，苦味可以给人止渴和开胃等感觉。酒中的苦味常常来自原料的味道。例如，安哥斯特拉酒（Angostura）以朗姆酒（Rum）为主要原料，配以龙胆草等药草进行调味，褐红色，酒香悦人，口味微苦，酒精度约 40 度。其苦味来自龙胆草。同时，饮用过干巴丽酒的人都熟悉它的苦味。这种味道至目前已成为欧美人习惯饮用的餐前酒。辛味也称作辣味，是酒中的主要味道。在酒中，酒精度愈高，酒中的辛辣味道愈充足。咸味主要来自酿造工艺，酒液中常混入过量的盐分，然而少量的盐可改进酒的味觉，使酒更加浓厚。墨西哥人常在饮酒时，放入少量的细盐以增加酒的风味。涩味常与苦味同时发生，涩味给人以麻舌、烦恼和粗糙等感觉。涩味主要来源于原料不当的处理程序。当酒含有过量的单宁和乳酸等物质，酒会显示涩味。

酒的透明度和流动性很重要，优良的酒液具有清澈、透明和纯净等特点；而失去光泽，液体混浊等都说明酒存在质量问题。酒体既是酒的风格，也是一个综合的概念，指人们对酒的颜色、香味和味道等的综合评价。

9.1.3 酒的功能与作用

酒是人们用餐、休闲及社交活动中不可缺少的饮品。酒可以增进人们的交流，增加活动气氛。适度地饮用发酵酒不仅对人体健康无害，还可降低血压，帮助消化。通过法国科学家的研究，适量饮用葡萄酒可促进人的健康。此外，酒还可以缓解人们的紧张情绪，成为日常生活中的饮品。在宴请中，酒作为一种媒介，起到了不容忽视的交际作用。然而，过量地饮酒会引发多种疾病。例如，急性酒精中毒、胃出血、脑出血、胃溃疡、心脏病、肝病、视力模糊、智力迟钝、判断力下降和记忆力减退等。人们饮酒后，酒首先进入人的肠胃。然后，迅速进入循环系统。几分钟后，扩散到人体各部位。酒被血液带入肝脏后，经过滤，到达心脏，通过循环系统到达大脑和高级神经中枢。当人们在短时间内饮用大量的酒时，人体内乙醇浓度会迅速增高，大脑血管开始收缩，致使大脑血流量越来越少，使人的脑组织缺氧，造成神经元发生功能障碍。正常人的血液中含有 0.003% 的乙醇。然而，当血液中乙醇浓度达到 0.7% 时会造成生命危险。

9.1.4 酒的起源与发展

酒的形成来自微生物的变化。在自然界中，水果成熟后，果皮表面的酶菌在适当温度下会活跃起来，使水果转化为乙醇和二氧化碳。人类在远古时代已经将酿造的酒作为日常饮料。根据历史考证，公元前10世纪，古埃及和古希腊及中国古代人已经掌握了简单的酿酒技术，以粮食和水果为原料酿制出不同味道的酒。根据考古，人们多次发现的古代的酒具可以证实这一点。随着农业的发展，酿酒原料不断增加，酿酒技术得以大规模发展。奴隶社会和封建社会的形成和发展，使酿酒技术越加成熟。在中国历代的著作中都有“琼浆玉液”和“陈年佳酿”等词语。此外，陶瓷制造业的发展推动了酿造业的进步，人们制作了精细的陶瓷器具，用以盛载各种美酒使酒能够长期保存。人类经过长期实践，逐渐完善了酿酒技术，特别是17世纪蒸馏技术用于酿酒业后，使多种酒类可以长期保存。世界著名的白兰地酒、威士忌酒以及味美思酒都是从那时开始制造出来。目前，人们已掌握了完整的酿酒技术，人类不仅能控制酒的度数，而且可根据需要制出各种有特色的佳酿。

9.1.5 酒的种类

酒有多种分类方法。酒可通过制作工艺、乙醇含量、各种特色和功能因素进行分类。

1. 根据乙醇含量分类

通常，酒是根据乙醇的含量进行分类，不同的国家和地区对酒中的乙醇含量有不同的理解和认识。我国将含有38%以下乙醇含量的酒［38%（*V/V*）表示］称作低度酒。一些国家将含有20%乙醇或更高含量的酒称作烈性酒。

① 低度酒。其乙醇含量常在15%以下，包括15%含量的酒。根据生产工艺，酒来源于原料中的糖与酵母的化学反应。发酵酒的酒精度，通常不会超过15%的含量。当发酵酒的乙醇含量达到15%时，酒中的酵母被乙醇全部杀死。这样，低度酒是指经过发酵工艺制成的酒。例如，葡萄酒的乙醇含量常在12%左右，啤酒的酒精含量常在4.5%～7%。

② 中度酒。是指乙醇含量16%～37%的酒。这种酒常由葡萄酒加少量烈性酒配制而成。

③ 高度酒。也称为烈性酒，指乙醇含量高于38%的蒸馏酒，包括38%的含量。

2. 根据颜色分类

① 白酒。是指无色透明的酒。例如，中国白酒、俄罗斯伏特加酒等。

② 色酒。是指带有颜色的酒。例如，白兰地酒、红葡萄酒等。

3. 根据原料分类

① 水果酒。是以水果为原料，经发酵、蒸馏或配制成的酒。例如，葡萄酒、白兰地酒、味美思酒等。

② 粮食酒。是以谷物为原料，经发酵或蒸馏制成的酒。例如，啤酒、米酒、威士忌酒、中国茅台酒、五粮液酒等。

③ 植物酒。是以植物为原料，经发酵或蒸馏制成的酒。例如，特吉拉酒（Tequila）。

④ 其他酒。这一类酒是指非水果、粮食或植物制成的酒。例如，以鸡蛋或奶油为原料制成的酒等。

4. 根据生产工艺分类

酒的味道和特色常与其生产工艺紧密相关。酒的生产工艺主要包括发酵、蒸馏和配制。

① 发酵酒。是以水果或谷物为原料，通发酵方法制成的酒。例如，葡萄酒、啤酒、米酒等。

② 蒸馏酒。是通过蒸馏方法制成的酒。这种酒的乙醇含量常在 38% 以上。例如，白兰地酒（Brandy）、威士忌酒（Whisky）、伏特加酒（Vodka）和中国白酒等。

③ 配制酒（Integrated Alcoholic Beverages）。是酒厂根据市场需求，将蒸馏酒或发酵酒与香料、果汁进行勾兑制成的混合酒。例如，味美思酒（Vermouth）、雪利酒（Sherry）等。

④ 鸡尾酒（Cocktail）。是饭店业和餐饮业根据市场需求，将烈性酒、葡萄酒、果汁、汽水及调色和调香原料进行勾兑而制成的酒。这种酒主要由两部分组成：基本原料和调配原料。基本原料称为基酒，主要包括各种蒸馏酒或葡萄酒。调配原料常包括利口酒、果汁、汽水、牛奶、鸡蛋和糖水等。

5. 根据用餐程序分类

酒常根据人们的用餐习惯和饮酒顺序分类。酒可分为餐前酒、餐酒、甜点酒和餐后酒。

① 餐前酒（Aperitif）。是指有开胃功能的各种酒，这种酒在餐前饮用。常用的餐前酒包括干雪利酒（Sherry）、清淡的波特酒（Port）、味美思酒（Vermouth）、苦酒（Bitter）、茴香酒（Anisette）和具有开胃作用的鸡尾酒（Aperitif Cocktails）等。

② 餐酒（Table Wine）。也称为餐中酒，是指用餐时饮用的白葡萄酒、红葡萄酒或玫瑰红葡萄酒。

③ 甜点酒（Dessert Wine）。是指吃点心时饮用的，带有甜味的葡萄酒。这种葡萄酒的酒精度高于一般葡萄酒。其酒精含量常在 16% 以上。例如，甜雪利酒（Sherry）、波特酒（Port）和马德拉酒（Madeira）。

④ 餐后酒（Liqueur）。也称为利口酒或考迪亚酒（Cordial）。这种酒是欧美人在餐后饮用的酒，带有甜味和香味。这种酒多以烈性酒为基本原料，勾兑水果香料或香草及糖蜜制成。

6. 根据酒的产地分类

许多相同类别的酒，由于原料的产地气候、工艺特点和勾兑方法不同，酒的乙醇含量、味道、颜色等特点各不相同。例如，法国味美思（French Vermouth）以干味著称并带有坚果味；意大利味美思（Italian Vermouth）以甜味和独特的清香及苦味著称；英国苏格兰威士忌酒（Scotch Whisky）有 500 年的生产历史，酒味焦香，带有烟熏味并具有浓厚的苏格兰乡土气息；美国的波旁威士忌酒（Bourbon Whiskey）以玉米为主要原料，配以大麦芽和稞麦，有明显的焦黑木桶香味。著名的法国干邑（Cognac）白兰地酒以夏朗德地区的干葡萄酒为原料，经两次蒸馏并在橡木桶长期熟化而成，其特点是口味和谐；而法国亚马涅克地区（Armagnac）生产的白兰地酒，酒味浓烈，具有田园风味。

7. 根据酒的等级分类

不同国家根据酒的原料、工艺和质量特点将酒分为不同的等级。例如，法国葡萄酒分为 4 个等级：1 级葡萄酒用 Appellation Controlee 表示；2 级葡萄酒用 VDQS 表示；3 级葡萄酒用 Vin de Pay 表示；4 级葡萄酒用 Table Wine 表示。

8. 饭店与餐厅分类方法

① 开胃酒（Aperitif）。是餐前饮用的酒，气味芳香，具有开胃作用。香槟酒、干爽的雪利酒是最常用的开胃酒。

② 普通威士忌酒（Whisky）。是以大麦芽、玉米、稞麦等为原料，经蒸馏制成的烈性

酒。这类威士忌酒不在著名生产地区生产或不是著名的品牌。

③ 高级威士忌酒（Premium Whisky）。是以大麦芽、玉米、稞麦为原料，经蒸馏制成的烈性酒。这些威士忌酒在著名生产地生产，品牌知名度高。

④ 波旁威士忌酒（Bourbon Whiskey）。是在美国肯塔基州生产的酒。这种酒以玉米为主要原料（占51%～80%），配大麦芽或稞麦，经蒸馏，在焦黑木桶中至少贮存2年。其特点是，具有明显的焦黑木桶的香味。

⑤ 加拿大威士忌酒（Canadian Whisky）。是在加拿大生产的威士忌酒。这种酒以稞麦为主要原料，占总成分的51%以上，有稞麦的清香味。

⑥ 金酒（Gin）。也称琴酒或杜松子酒，是英语单词Gin的译音。该酒有杜松子香气，以玉米、其他粮食原料和麦芽为原料，加入杜松子等香料，经蒸馏制成。

⑦ 朗姆酒（Rum）。是英语字Rum的音译，也称为罗姆酒，以甘蔗或甘蔗的副产品——糖蜜为原料，经发酵并蒸馏制成。

⑧ 伏特加酒（Vodka）。是以玉米、小麦、稞麦或大麦为原料，经发酵、蒸馏和过滤制成的高纯度烈性酒。

⑨ 科涅克酒（Cognac）。也称为干邑酒，是法国著名的白兰地酒，酒质优秀，有独特的风味，在法国干邑（Cognac）地区生产并以地名命名。

⑩ 高级白兰地酒（Premium）。是指著名厂商生产的白兰地酒。通常是著名的品牌，贮存期在四年以上的优质白兰地酒。

⑪ 波特酒与雪利酒（Port & Sherry）。波特酒又称为钵酒，根据英语单词Port音译而成，是著名的加强葡萄酒。该酒以葡萄酒为原料，在制作中添加少量的白兰地酒或食用酒精。雪利酒又称为雪梨酒，根据英语单词Sherry音译而成。该酒以葡萄酒为原料，经特殊发酵工艺并勾兑了白兰地酒。

⑫ 特吉拉酒（Tequila）。是以墨西哥出产的植物——龙舌兰（Agave）为原料，经发酵并蒸馏制成的带有龙舌兰清香味的烈性酒。

⑬ 中国白酒（Chinese Spirits）。是在中国制造的烈性酒，以高粱或其他粮食为原料，经蒸馏制成，带有特殊的酒香。

⑭ 利口酒（Liqueur）。也称为餐后酒，是英语单词Liqueur的音译，常以烈性酒为基本原料，加入各种香料和糖等原料制成，具有不同的颜色和芳香味。

⑮ 短饮鸡尾酒（Short Drinks）。是指容量在约2盎司（oz），酒精含量较高的鸡尾酒，常用三角酒杯盛装。

⑯ 长饮鸡尾酒（Long Drink）。是指容量在6盎司（oz）以上，酒精含量低，用海波杯和高杯盛装的鸡尾酒。

⑰ 啤酒（Beer）。是以大麦、啤酒花、酵母和水为主要原料，经发酵制成的酒。

9.1.6 酒精度

酒精度指乙醇在酒中的含量，是对酒中所含有乙醇量大小的表示。目前，国际上有3种方法表示酒精度：国际标准酒精度（简称标准酒度）、英制酒精度和美制酒精度。

1. 国际标准酒精度

国际标准酒精度（alcohol% by volume）指在20℃条件下，每100毫升酒中含有的乙醇毫升数。这种表示法容易理解，因而广泛使用。标准酒度是著名法国化学家——盖·吕萨克（Gay Lusaka）研究并发明。标准酒度又称为盖·吕萨克酒度（GL），用%（V/V）表示。例如，12%（V/V）表示在100毫升酒液中含有12毫升的乙醇。

2. 英制酒精度

英国在1818年的58号法令中明确规定了酒中的酒精度衡量标准（degrees of proof UK）。英国将衡量酒精度的标准含量称为proof，是由赛克斯（Sikes）研究并发明。由于酒精的密度小于水，所以一定体积的酒精总是比相同体积的水轻。英制酒精度（proof）规定为在华氏51度（约10.6℃），比较相同体积的酒与水，在酒的重量是水重量的12/13前提下，酒的酒精度为100 proof。即当酒的重量等于相同体积的水的重量的12/13时，它的酒精度定为100 proof。100 proof等于57.06国际标准酒精度，用57.06%（V/V）表示。

3. 美制酒精度

美制酒精度（degrees of proof US）相对于英制酒精度更容易理解。美制酒精度的计算方法是在华氏60度（约15.6℃），200毫升的酒中所含有的乙醇的毫升数。美制酒精度也使用proof作为单位。美制酒精度大约是标准酒度的2倍。例如，一杯乙醇含量为40%（V/V）的伏特加酒，美制酒精度是80 proof。

4. 酒精度换算

通过国际标准酒精度与美制酒精度的计算方法，我们不难理解，如果忽略温度对酒精的影响，1国际标准酒精度表示的乙醇浓度等于2美制酒精度所表示的乙醇浓度，1国际标准酒精度表示的乙醇浓度约等于1.75英制酒精度所表示的乙醇浓度，而2美制酒精度表示的乙醇浓度约等于1.75英制酒精度所表示的乙醇浓度。从而，总结出这3种方法的换算关系（见表9-1）。因此，只要知道任何一种酒精度的值，就可以换算出另外两种酒精度。例如，英制酒精度的100 proof约是美制酒精度的114 proof，美制酒精度的100 proof约是英制酒精度的87.5 proof。然而，从1983年开始，欧共体成员国家及其他许多国家已相继统一使用国际标准酒精度表示方法——盖·吕萨克酒度（GL）。换算公式如下。

国际标准酒精度×1.75=英制酒精度

国际标准酒精度×2=美制酒精度

英制酒精度×8/7=美制酒精度

表9-1 酒精度换算表

国际标准酒精度/%（V/V）	40	43	46	50	53	57	60	100
英制酒精度/proof	70.00	75.25	80.50	87.50	92.75	99.75	105.00	175.00
美制酒精度/proof	80	86	92	100	106	114	120	200

9.2 非酒精饮料

9.2.1 非酒精饮料含义

非酒精饮料（Non-alcoholic Beverage）简称饮料，是指饮料中不含酒精或含量不超过0.5%乙醇的饮料。非酒精饮料包括日常人们饮用的茶、咖啡、碳酸饮料、纯果汁、果汁饮料、瓶装饮用水、茶饮料、乳饮料、蛋白饮料及其他保健型饮料等。在饭店业，以上各种饮料总称为水。

9.2.2 非酒精饮料发展

从19世纪起，各国就开始了非酒精饮料的研制，目前非酒精饮料的生产已遍及世界。在热饮品中，茶水是最古老的饮料。当今世界，除了消费最多的碳酸饮料外，就是茶的消费。世界上数亿中国人、日本人和其他东亚人每天都饮用大量的茶水，欧美国家饮用茶水的人越来越多。咖啡在世界扮演着重要角色，欧洲是咖啡最大的消费地区，其中芬兰人处于领先地位。在地中海沿岸的国家和美国，咖啡是日常生活不可缺少的组成部分。在世界三大热饮品中，可可是最有营养和芳香的饮料。可可常被人们称为热巧克力（饮品）。然而，由于人们对体重的意识不断加强，热巧克力的销售量有所下降。在冷饮品中，纯净水和碳酸饮料居于世界领先地位。随着人们对自然、健康的关注，新鲜果汁和果汁饮料的消费量不断增长，其发展趋势大有代替碳酸饮料的可能。儿童始终是果汁和碳酸饮料的忠实消费者，近年来每年全球销售的果汁和碳酸饮料超过600亿升。美国人平均每年消费约600瓶果汁和碳酸饮料。综上所述，非酒精饮料对人们日常生活的作用日益提高，它可满足儿童及不饮酒顾客的需要。同时，饮料还是配制鸡尾酒和宾治（Punch）不可缺少的原料。

9.2.3 非酒精饮料种类

饭店和餐饮业销售的不含酒精饮料可以分为两大类：热饮品和冷饮品。热饮品包括热茶、热咖啡、热可可等；冷饮料包括碳酸饮料、新鲜果汁、矿泉水等。当今非酒精饮料品种日新月异，它们不仅是人们生活中的常用饮品，还是各种酒的配料，甚至某些非酒精饮料就是为制作混合酒而设计。世界各国的非酒精饮料含义有所不同。例如，美国的非酒精饮料不包括纯果汁、蔬菜汁、乳饮料、茶水和咖啡。通常，人们饮用新鲜果汁常在餐前和餐中；茶水用于餐前、餐中和餐后；咖啡多用于餐后；矿泉水在任何时候都饮用。人们通常饮用冷藏的果汁和碳酸饮料；而热饮品的温度常在80 ℃以上。

1. 热饮品

热饮品常指在销售时高于80 ℃以上的饮料。包括茶、咖啡和可可等。

2. 冷饮品

冷饮品是指销售时温度在7～15 ℃的饮料。包括碳酸饮料、果汁饮料、蔬菜汁饮料、乳饮料、植物蛋白饮料、茶饮料、饮用水和其他配制饮料。

9.2.4 常用的非酒精饮料杯

1. 高波莱杯（goblet）

高波莱杯称作高脚白水杯，用于盛装冰水、矿泉水。其容量常在10～12盎司，300～360毫升。

2. 果汁杯（juice）

果汁杯也称作平底玻璃杯，它与海波杯形状相同。容量比海波杯略少一些，容量常在5～6盎司，150～180毫升。

3. 热饮杯（cup）

热饮杯是盛装热饮料的杯子，带柄，有平底和高脚两种形状。容量常在4～8盎司，120～240毫升。

9.3 茶

9.3.1 茶的含义与特点

茶是以茶叶为原料，经沸水泡制而成的饮料。根据茶叶的生化分析，茶含有丰富的维生素和矿物质，有益于身体健康。茶有24种功效，主要作用是清热、消暑、消炎、明目、防龋、防癌、助消化、降血脂。同时，茶可防治呼吸道疾病、心血管疾病、贫血、抗衰老和美容等。茶作为饮料起源于唐朝，兴旺在宋代，如今茶、咖啡和可可成为世界三大饮品，饮茶的习惯已遍及全世界。

9.3.2 茶的历史与发展

中国是最早发现和利用茶树的国家，被称为茶的国家。3 000年前古代中国人已经开始栽培和利用茶树。早在公元前2世纪，西汉司马相如在《凡将篇》中就提到了茶。公元8世纪的唐代，陆羽编写了世界上第一部茶叶专著——《茶经》。该书系统地介绍我国各地的种茶、制茶、贮茶和饮茶的经验。随着历史的考证，人们发现茶树原产地是中国云南、贵州和四川一带。根据历史记载，公元805年，日本高僧从我国天台山国清寺师满回国，带去茶种，种植于日本近畿地区。17世纪初茶传入欧洲各国作为一种高贵的礼品。17世纪中叶茶作为商品开始在欧洲销售。17世纪末茶叶经济在英国起着明显的作用。19世纪初英国政府开始鼓励人们种植茶树。19世纪30年代印度阿萨姆邦（Assam）大量种植茶树并出口英国，赚取外汇。目前世界约有50个国家种植茶树，生产的茶叶各有特色。茶受到世界各国人们的青睐，许多欧洲人喜爱饮用红茶，尤其喜爱印度大吉岭（Darjeelings）的红茶及斯里兰卡种植的红茶。他们认为，这两个地区的茶叶香气浓。法国人和比利时人多欣赏印度阿萨姆邦（Assam）生产的茶。至目前，各国人们已经达成共识，中国茶是世界上香气最浓和最有特色的茶。

9.3.3 中国茶区分布

根据调查，中国茶区主要分布在北纬18°～37°，东经94°～122°的广阔地域内，有浙江、湖南、湖北、安徽、四川、福建、云南、广东、广西、贵州、江苏、江西、陕西、河南、台湾、山东、西藏、甘肃、海南等19个省区的近千个县市。地跨热带、亚热带和暖温带。茶树种植的最高地区可达海拔2 600米，最低仅距海平面几十米。这些地区生长着不同类型的茶树，从而生产出不同品质和特点的茶叶。江北茶区包括甘南、陕西、鄂北、豫南、皖北、苏北、鲁东南等。该地区地形复杂，土质酸碱度高，主要生产绿茶和花茶。江南茶区包括粤北、桂北、闽中北、湘、浙、赣、鄂南、皖南、苏南等地，处于低山或高山。如，浙江天目山、福建武夷山、江西庐山和安徽黄山等。该茶区主要生产绿茶、青茶和花茶。西南茶区包括黔、川、滇中北和藏东南，地形复杂，大部分为盆地和高原，主要生产绿茶、清茶和花茶等。华南茶区包括闽中南、台、粤中南、海南、桂南、滇南。该地区有森林覆盖的茶园，土壤肥沃，有机物质含量高，主要生产红茶、绿茶和青茶等。

9.3.4 茶的种类与特点

1. 红茶

红茶（Black Tea）是经过发酵的茶叶，干叶为褐红色，经过泡制的红茶为浓红色，香气悦人，甘甜似桂圆味。红茶要经萎凋、揉捻、发酵和干燥等工艺制成。红茶特点是性情平稳、温和，有治愈慢性气管炎、哮喘、肠炎的作用，适宜任何人饮用，甚至老人和体弱者。红茶不仅受国内顾客喜爱，更受欧美各国顾客青睐。著名的红茶品种有祁红茶、功夫红茶、滇红茶和速溶红茶等。

2. 绿茶

绿茶（Green Tea）是不发酵的茶叶，干叶为翠绿色，用茶叶泡制的茶是碧绿色。绿茶经过杀青、捻青和干燥等工序制成。绿茶有健身作用，味嫩香、有栗子香味并味道持久。绿茶有悠久的历史，起源于12世纪。绿茶有多种形状。例如，银峰茶为圆珠形，老竹大方为扁条形，六安瓜片为片形，信阳毛尖为针形，太平猴魁为尖形。

3. 青茶

青茶（Oolong Tea）也称作乌龙茶，是半发酵茶。乌龙茶只是青茶中的一个著名的品种。由于乌龙茶香气馥郁，有特色。因此，人们常将乌龙茶作为所有青茶的代名词。青茶具有独特的风格和品质。它要经过萎凋、发酵、炒青、揉捻和干燥等工艺。茶味醇厚、鲜爽回甘、无绿茶之苦、无红茶之涩，有“味轻醒醐，香薄兰芷”的感觉。泡制的青茶为橙黄色，清澈艳丽。青茶有明显的降低胆固醇和脂肪的功效，受日本及欧美各国顾客好评。著名品种有乌龙茶、肉桂茶、水仙茶、铁罗汉、铁观音、大红袍、武夷山岩茶等。

4. 花茶

花茶（Scented Tea）是一种复制茶，常以绿茶为茶坯，是鲜花窨制的茶。干叶黄绿色或黄色，茶色为黄绿色。花茶对芽叶要求很高，芽叶必须嫩、新鲜、匀齐和纯净。花茶的制作工艺要经过杀青、捻青、干燥外，还要与新鲜的茉莉花等放在一起，使茶叶的清香味与茉莉花的芳香汇集在一起，产生回味无穷的香气。常见的花茶有茉莉花茶、桂花茶等。

5. 白茶

茶汤色清淡，味鲜醇，受部分东南亚人的喜爱。

6. 黑茶

产于四川、湖南和湖北，因发酵时间长，茶叶表面呈黑色。这种茶由于汤色橙黄，香味醇厚而受到藏族、维吾尔族和蒙古族人民的好评。

7. 配制茶

配制茶（Bag Tea）是以优质茶叶为主要原料，配以水果、药草或其他带有香气或滋补作用的植物及植物提取物而成。通常配制茶以纸袋包装，方便使用。许多欧美国家生产的配制茶不含咖啡因，对人的神经系统不产生刺激作用。

8. 其他品种

茶的品种还包括茶饮料、柠檬茶、冰茶和水果茶等。茶饮料是指通过浸泡茶叶，提炼、过滤、澄清等工艺制成的茶汤或在茶汤中加入水、糖液、酸味剂、食用香精、果汁提取液等制成的饮品；柠檬茶是以红茶，鲜柠檬片和白糖调配成的茶水；冰茶是以红茶和冰块配制的冷茶；水果茶是以红茶与新鲜水果配制成的茶水。

9.3.5 茶水质量

一杯优质的茶水与茶叶质量紧密联系。首先，应选择质地鲜嫩的茶叶。当然，不包括青茶（乌龙茶），青茶以陈为贵。新鲜的红茶有深褐色的光亮，绿茶呈碧绿色，青茶呈红褐色。优质的茶叶外形整齐，叶片均匀，不含杂质，芽豪显露，完整饱满。新鲜的茶叶有香味。水质与茶的质量有着紧密联系，应选择纯净的水。讲究茶叶与水的比例，水多茶少，味道淡薄，茶多水少，茶汤会苦涩不爽。除了顾客需要外，通常茶叶与水的比例是 1∶50。即每杯茶放 3 克茶叶，用 150 克水。绿茶与花茶泡茶的最佳水温是85 ℃，红茶的温度是95 ℃，嫩芽茶叶的水温在 85 ℃以下，陈年茶应在 95 ℃以上。刚开的水会破坏茶叶的醇香味，而水温低茶叶会浮在茶的表面，茶叶没有充分利用。

茶叶通常的冲泡时间在 3～5 分钟内为宜，时间太短茶汤色浅，味淡。时间过长，香味受损失。选用精美的，能发挥茶特色的茶杯。红茶以瓷杯和紫砂茶具为宜，乌龙茶最讲究茶具，使用配套的茶具为宜，而配制茶常使用瓷杯。

9.3.6 饮茶礼仪

饮茶自古以来有礼节，由于各国和各地生活习惯不同，各地饮茶礼节也不同。饮茶最基本礼节是，右手持杯，将茶端起慢慢地饮用。热茶上桌后要等待几分钟，趁热饮，只有饮热茶才能领略其中的醇香味。当然，不包括凉茶品种或当地有喝凉茶的习俗。喝热茶时不要用嘴吹茶叶，注意不要一次饮尽，应分作 3～4 次饮完。

9.4 咖啡与可可

9.4.1 咖啡的含义与特点

咖啡（coffee）是以咖啡豆为原料，经烘焙，研磨或提炼并经水煮或冲泡而成的饮品。咖啡豆是咖啡树的果实。咖啡树属热带作物，是一种常绿的灌木或小乔木，从栽种到结果需要 3 年时间，以后每年结果 1～3 次。咖啡中含有蛋白质 12.6%，脂肪 16%、糖类 46.7%，并有少量的钙、磷、钠和维生素 B_2，少量的咖啡因，约占 1.3%。咖啡可使人精神振奋，有扩张支气管，改善血液循环并帮助消化的功能。饮用过多的咖啡易导致失眠，容易发怒和心律不齐。

9.4.2 咖啡起源与发展

咖啡的起源至今没有确切的考证。传说约公元 850 年，咖啡首先被一位牧羊人——凯尔迪（Kaldi）发现。当他发现羊吃了一种灌木的果实变得活泼时，他品尝了那些果实，觉得浑身充满了活力。他把这个消息报告了当地的寺院。寺院的僧侣们经过试验后，将这种植物制成了提神饮料。另一种传说，一位称为奥马尔（Omar）的阿拉伯人与他的同伴在流放中，快要饿死了。在绝望中发现了无名的植物，他们摘取了树上的果实，用水煮熟充饥。这一发现不仅挽救了他们的生命，而且生长神奇树的地方还被附近居民作为宗教纪念地，并将那种神奇的植物和果实称为莫卡（Mocha）。

根据历史资料，公元1000年前非洲东部埃塞俄比亚的盖拉族人（Galla）将碾碎的咖啡豆与动物油搅拌在一起，作为提神食物。公元1000年后，阿拉伯人首先开始种植咖啡。1453年咖啡被土耳其商人带回本国西部的港口城市——君士坦丁堡（Constantinople）并开设了世界第一家咖啡店。1600年意大利商人将咖啡带到自己的国家并在1645年开设了第一家咖啡厅。1652年英国出现第一家咖啡厅，至1700年伦敦已有近2 000家咖啡店。1690年随着咖啡不断地从也门港口城市莫卡（Mocha）贩运到各国，荷兰人首先在锡兰（Ceylon）和爪哇岛（Java）种植和贩运咖啡。当时的锡兰是现在的斯里兰卡，爪哇岛现在是印度尼西亚最重要的一个岛屿，面积近13万平方千米。1721年德国的柏林市出现了第一家咖啡店。1668年美国人的早餐由啤酒转化为咖啡并于1773年将咖啡正式列入人们日常的饮料。19世纪人们经过多次对咖啡蒸煮方法进行研究后，开发了用蒸汽加压法（espresso）冲泡咖啡。1886年由美国食品批发商——吉尔奇克（Joel Cheek）将本企业配制的混合咖啡称为麦氏咖啡（Maxwell House）。

9.4.3 咖啡豆的烘焙

咖啡豆必须通过烘焙才能够呈现出本身所具有的独特芳香、味道与色泽。烘焙咖啡豆的过程就是将生咖啡豆炒熟的过程。生咖啡豆实际上只是咖啡果实中的种子。咖啡豆的烘焙可以分为3种：浅焙、中焙和深焙。在决定使用哪种方法烘焙咖啡豆前必须根据预计的产品特点和用途。通常，浅焙的咖啡豆颜色浅，味道较酸。中焙的咖啡豆颜色较深，味道适中。深焙的咖啡颜色较深，有苦香味。具体如表9-2所示。咖啡豆的烘焙程序：采集咖啡果实、去掉果实外皮、将咖啡豆干燥、去掉咖啡豆的外皮、将咖啡豆分成等级、烘焙、制成咖啡。

表9-2 不同烘焙方法的咖啡豆特点表

	浅焙	中焙	深焙
烘焙时间	短	中	长
咖啡豆颜色	浅褐色	褐色	深褐色
咖啡口味	较酸	酸度适中	苦香味
咖啡浓度	薄	适中	浓

9.4.4 咖啡种类与特点

世界上有许多地方都种植咖啡，如南美洲、印度尼西亚等。因此，咖啡命名常以出产国、出产地和输出港的名称命名。

1. 巴西咖啡（Brazilian Coffee）

以巴西为代表的南美咖啡占世界产量60%以上。巴西位于南美洲东部，咖啡种植区域位于南纬15°左右。巴西咖啡种植始于1727年，由一位称为弗兰赛斯科·麦尔·派尔海特（Francesco de Melo Palheta）的人将咖啡种子带到巴西。巴西咖啡特点是口感顺滑、高酸度、中等醇度，略带坚果余味，适合拼配，价格便宜。

图 9-1 不同种类的咖啡豆
（从左至右：前 1. 尼加拉瓜咖啡 前 2. 莫卡咖啡 前 3. 喀麦隆咖啡 后 1. 印度尼西亚咖啡 后 2. 牙买加蓝山咖啡）

2. 莫卡咖啡（Ethiopian Mocha）

莫卡咖啡有多种含义，这里的莫卡咖啡是指由埃塞俄比亚出产的咖啡豆。种植区域位于北纬6°～9°，东经 34°～40°，海拔 1 600～1 800 米的热带森林。13 世纪中叶，埃塞俄比亚已经将平底锅作为焙制咖啡的工具。“莫卡”作为世界上最早的和最大的咖啡贸易港口而闻名于世界。由于莫卡咖啡醇度适宜，带有奇妙的黑巧克力香气，因此称为巧克力味的咖啡（见图 9-1）。

3. 印度尼西亚咖啡（Indonesian Coffee）

印度尼西亚咖啡颗粒适中，味香浓。咖啡豆干净整齐。这种咖啡有绝妙的香气，醇度高、酸度低。

4. 哥伦比亚咖啡（Colombian Coffee）

哥伦比亚位于南美洲西北部，临太平洋和加勒比海。咖啡种植面积 110 万公顷，咖啡在农产品出口中占有较大比重，是世界第二大咖啡生产国。哥伦比亚咖啡有多种纯度和酸度。

5. 牙买加蓝山咖啡（Jamaican Blue Mountain）

牙买加蓝山咖啡是世界最著名的咖啡。牙买加的天气、地质结构提供了种植咖啡得天独厚的场所，国家指定的牙买加蓝山咖啡只能在蓝山区域种植，咖啡生长在 1 800 米的山上。所有牙买加蓝山咖啡是由牙买加产业协会执行磨粉、品尝及分类。牙买加蓝山咖啡芳香、顺滑、微甜、醇度高。

6. 肯尼亚咖啡（Kenyan Coffee）

肯尼亚咖啡由无数小经营商经营。由于他们不断提高种植水平，开发高品质的咖啡树，从而推动了肯尼亚咖啡的质量。肯尼亚咖啡味道香醇，有葡萄酒味道，略带酸味。

7. 墨西哥咖啡（Mexico Coffee）

墨西哥咖啡有适中的醇度和酸度、顺滑、口感柔，余味香甜。

8. 秘鲁咖啡（Peruvian Coffee）

秘鲁咖啡是无污染的绿色食品，中等醇度，偏低酸度，有甘美的坚果味。余味有显著的可可粉味。

9.4.5 餐饮业销售的咖啡

1. 普通速溶咖啡（Instant Coffee）

速溶咖啡是方便冲泡和饮用的咖啡。颗粒状、褐色。普通速溶咖啡没有提取咖啡因，味道香醇。

2. 不含咖啡因的速溶咖啡（Decaffeinated Coffee）

目前越来越多的顾客喜欢不含咖啡因的速溶咖啡，这种咖啡在加工中将咖啡因提取掉，饮用后不刺激神经系统，不影响睡眠。这种咖啡的形状和颜色与普通速溶咖啡完全相同。

3. 意大利爱斯波莱索咖啡（Espresso）

爱斯波莱索咖啡是意大利风味咖啡，它有两个意大利语名称，即 Espresso 或 Expresso，这两个词意义相同。这种咖啡烘焙的火候大，黑色、粉末形状，味道浓郁。冲泡这种咖啡使用压力开水器。在水蒸气的压力下，使沸水通过粉末状的咖啡，达到最佳冲泡效果。欧美人习惯在正餐后饮用这种咖啡。饮用时，使用小型咖啡杯。

4. 法国浓咖啡（Demitasse）

法国浓咖啡很浓，颜色较深，用小型咖啡杯盛装，欧美人习惯在正餐后饮用。

5. 配制咖啡

当今，饭店业和餐饮业紧跟市场需求，通过将咖啡与其他调味和调香原料相结合，制成一些配制咖啡。配制咖啡的特点是保持了原咖啡的香气和味道，增加了一些其他增香物质。

（1）热墨西哥咖啡（Mexican Coffee）

原料：碎咖啡粒125克，巧克力汁60毫升，肉桂12克，红糖60克，牛奶200毫升，肉豆蔻1克，香草粉4克。

制法：将咖啡碎粒与肉桂、肉豆蔻放在一起，煮成带有香味的咖啡；将红糖、巧克力汁和牛奶放在另一个平底锅煮开；将煮好的咖啡和巧克力牛奶混合在一起，加上香草粉，轻轻搅拌，盛装在2个咖啡杯中。

（2）糖蜜奶油咖啡（Molasses and Cream Coffee）

原料：热咖啡1.5杯，糖蜜4毫升，浓牛奶30毫升。

制法：将热咖啡、糖蜜和浓牛奶放入杯中，搅拌均匀，盛装在两个咖啡杯中。

（3）冷爱斯波莱索咖啡（Espresso Chill）

原料：速溶咖啡末8克，冷饮用水180毫升，冰块1杯，白糖8克。

制法：将速溶咖啡末、冷饮用水、冰块和白糖放入搅拌机，搅拌均匀，糖溶化后，盛装在两个平底玻璃杯中。

（4）古典爱尔兰咖啡（Classic Irish Coffee）

原料：布什米尔牌威士忌酒60毫升（Bushmills），8克红糖，150毫升热浓咖啡，少许抽打过的奶油（见图9-2）。

制法：将爱尔兰威士忌酒、红糖和浓咖啡完全搅拌在一起，上面漂上抽打的奶油。

（5）冰咖啡（Iced Coffee）

由双倍浓度的咖啡加冰块组成（见图9-3）。

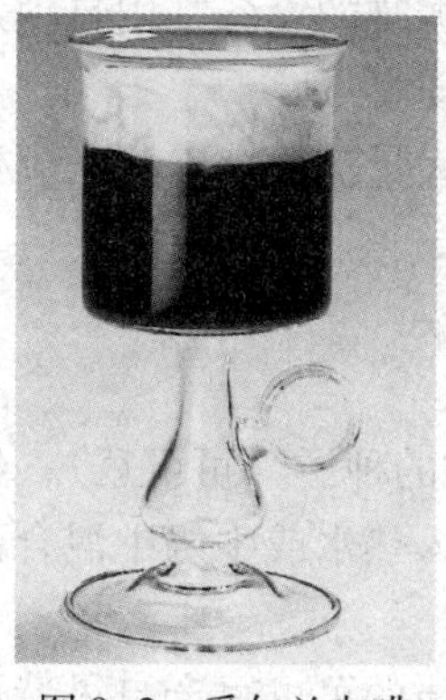

图9-2　爱尔兰咖啡

图9-3　冰咖啡

9.4.6 咖啡饮用方法与礼节

饮用咖啡时应当心情愉快，将咖啡趁热喝完（冷饮除外），当然不要一次喝尽，应分作3～4次。饮用咖啡前，先将咖啡放在自己方便的地方。饮用咖啡时，可以不加糖、不加牛奶直接饮用，也可只加糖或只添加牛奶。如果同时加入糖和牛奶，应当先放糖，后加牛奶，这样使咖啡更香醇。糖的作用是缓解咖啡的苦味，牛奶可缓和咖啡的酸味。常用的比例是糖占咖啡饮料的8%，牛奶占咖啡饮料的6%，也可以根据自己口味。饮用咖啡时，用右手持咖啡匙，将咖啡轻轻搅拌几下（在添加糖或牛奶的情况下），然后将咖啡匙放在咖啡杯垫上，对着自己的一方。再用右手持咖啡杯柄，饮用。

9.4.7 咖啡质量

优质的咖啡收获后要经过适当的烘焙，碾碎才能成为成品。烘焙的时间和火候对咖啡的味道影响很大。如果是速溶咖啡还需经过抽取。许多以品牌命名的咖啡是将不同味道的咖啡混合起来制成以弥补共同的缺点，达到最佳味道和香气。咖啡的烘焙的程度愈小，其味道就愈酸，相反味道就愈苦。而适当的烘焙可使咖啡达到最佳味道。

一杯优质的咖啡的制成与许多方面相关联。首先，要使用新鲜的咖啡。咖啡豆在磨碎后，其味道和气味流失很快，要在严密的容器内保存，放在干燥和阴凉的地方。即使如此，其芬芳的味道也会流失。因此，要经常采购咖啡，保持适当的库存量，注意咖啡容器的严密性和室温。

咖啡与水的比例影响咖啡质量。煮咖啡的比例通常是1份咖啡，3份水。纽约人喜欢浓咖啡，比例是1份咖啡与2.5倍水配合。咖啡粒愈粗，水的投放量应愈高。冲泡速溶咖啡常用1份咖啡与5倍或6倍水混合。

水质与咖啡质量紧密相关，含有较多锰和钙的水会降低咖啡的香味。纯净水和自来水是经过滤和处理过的水，适合冲泡咖啡。不论煮咖啡还是冲泡咖啡，水温对咖啡的味道起着一定的影响。水温太高，会增加咖啡的苦味，水温太低影响咖啡的芳香味。通常，冲泡咖啡水温在85～93℃，煮咖啡的水温应适当提高，接近沸点。否则，会增加咖啡的苦味。

咖啡的香味和味道与器皿有着紧密联系，调制好的咖啡应使用陶瓷和玻璃器皿盛装。这样，可保持咖啡原有风味。同时，器皿应没有任何油渍。煮咖啡的设备常用自动过滤式，水是一次性通过咖啡的装置，选用优质的过滤纸以免影响咖啡质量。

根据实验表明，冲泡好的咖啡超过1小时，其芳香味会大量流失。因此，应控制好咖啡生产量，使它们能在1小时内用尽。

9.4.8 可可

可可（cocoa）是指含有可可粉的任何饮品，是由可可树的种子（可可豆），经加工和磨粉，再经过冲泡制成的饮料。这种饮料常由可可粉加糖，放入热水或牛奶中混合而成。带有牛奶的热可可饮料常称作热巧克力奶。

可可豆由一层果肉包裹，外部是豆荚，有很多种类，优质的可可豆产自科特迪瓦、委内瑞拉和危地马拉。可可的质量可通过可可豆、豆荚和果肉的厚度鉴别。通常，可可的果肉呈红色，豆荚呈蓝紫色。厄瓜多尔产的可可豆体形较大，棕色豆荚和棕黑色果肉。巴西产的可可豆，果肉呈蓝紫色。圭那亚产的可可豆体形较小，豆荚呈灰色和果肉呈棕色。优质的可可豆气味清新、没有霉味、没有虫洞。可可有着很高的食用价值，含有多种营养素。其中包括氮17%、脂肪25.5%、碳水化合物38%。可可的香味来自多种生物碱，其中最主要的成分是可可碱和咖啡因。它们都有提神的作用。目前，可可主要种植区域为非洲和南美洲（见图9-4）。

图9-4 可可豆

1. 可可的起源与发展

据文献记载，可可的发现从哥伦布（Christopher Columbus）在1492年发现美洲大陆开始。在哥伦布带给西班牙国王斐迪南（Ferdinand）的珍奇物品中，有一包装满各种新奇植物和物品的包裹。其中，包括一些很像杏仁的棕黑色的可可豆。然而，当时没有人知道它有什么用途。16世纪20年代，西班牙探险家——赫尔南科特斯（Hernando Cortez）在墨西哥发现了印第安人使用可可豆制作饮料。后来，西班牙人开始饮用可可饮料，并在可可粉中加入蔗糖、肉桂、香草和牛奶。最终成为可可饮料或巧克力饮品。

2. 可可的生产工艺

可可饮料由可可豆制成，其特点是带有轻微的香味，微苦。可可豆必须经过烘焙、磨粉、提取脂肪，经可溶解处理后才能成为理想的饮料原料并提高它在牛奶和水中的溶解度。烘焙可可豆像烘焙咖啡豆一样，散发着香味。

3. 可可的用途

当今，可可饮料（热巧克力饮料）仍然有着一定的市场潜力，特别是对青少年和儿童。世界上各地的咖啡厅和快餐店每天销售着一定数量的热巧克力饮品。不仅如此。一些企业还将可可与酒配制成人们喜爱的鸡尾酒。例如，在制作威士忌可可中，将60毫升威士忌酒与120毫升热巧克力饮料搅拌在一起，上面漂上抽打过的鲜奶油，在奶油上面放少许碎巧克力片。

9.5 其他饮料

9.5.1 碳酸饮料

碳酸饮料（Carbonated Soft Drinks）是指含有二氧化碳的饮料。其中包括果汁型碳酸饮料、果味型碳酸饮料、可乐型碳酸饮料等。碳酸饮料主要的成分是水、糖、柠檬酸、小苏打、香精及其他配料。碳酸饮料所含有的营养成分除糖外，还有极其微量的矿物质。碳酸饮料的主要作用是为人们提供水分及清凉作用。通常，碳酸饮料冷藏后饮用，用平底玻璃杯（海波杯）盛装，可放一些冰块。

在碳酸饮料中，由于小苏打与柠檬酸在瓶内发生化学反应，产生大量的二氧化碳。人们饮用后，二氧化碳从人体排出时，可带走许多热量。此外，它还有解暑去热的作用。饮用过多的碳酸饮料会造成胃液功能下降，降低消化能力及肠胃杀菌能力。在美国碳酸饮料的名称各地不同。其中，最有代表的碳酸饮料名称是，美国东北部的 Soda 和中西部的 Pop。这两个具特色的碳酸饮料名称几乎垄断美国市场。如今，碳酸饮料的功能愈加广泛，不仅平时饮用，还是配制鸡尾酒和酒水混合饮料不可缺少的原料。尤其汤尼克水（Tonic）和姜汁汽水是专门为配制鸡尾酒和酒水混合饮料而生产的。

碳酸饮料首先由化学家创造出来，起初作为医疗品，称为苏打水。由于一些公司的化学家在试制人造矿泉水中，试制出了苏打水。苏打水的名称来源于它的主要成分——碳酸钠。1789 年瑞士的尼古拉斯·保罗（Nicholas Paul）完善了苏打水的制造方法。1792 年尼古拉斯·保罗的合作者——雅各布·斯威彼（Jacob Schweppe）来到英国，开始在英国制造苏打水。1798 年，雅各布获得了很大成功并接受了 3 个合作者的股份。1886 年，由药剂师约翰·派波顿（John S. Pemberton）博士在美国佐治亚州的亚特兰大市开发了可口可乐碳酸饮料。

1. 碳酸饮料种类

① 不含有香料的二氧化碳饮品，如苏打水等。

② 含有香料的二氧化碳饮品，如可口可乐、雪碧等。

③ 含有药味的二氧化碳饮品，如汤尼克水等。

④ 含有果汁的二氧化碳饮品，如新奇士橙汁汽水等。

2. 著名品牌

① 可口可乐。是最著名的碳酸饮料。该配方在 1886 年，由药剂师约翰·派波顿（John S. Pemberton）博士在美国亚特兰大市创立。最初，他根据自己的想法在陶瓷容器中制成了一种糖浆并将这种糖浆作为冷藏饮料以每杯 5 美分价格在市场销售。他的合作者——弗兰克·罗宾逊（Frank M. Robinson）建议使用“可口可乐”的名称并且手书了可口可乐的字体。尽管那时可口可乐很受欢迎。然而，只局限于亚特兰大市。1887 年，派波顿由于健康原因需要钱，将可口可乐制造权和 2/3 所有权卖给了两个熟人，并在 1888 年去世前，将剩余股份卖给了一位亚特兰大的制药商爱沙·坎德尔（Asa G. Candler）。后来，坎德尔取得了可口可乐的其他股权和全部控制权，并于 1892 年成立了可口可乐公司。从而，可口可乐生产量和销售量不断提高。19 世纪初美国可口可乐年销售量达到 100 万加仑。1919 年，坎德尔家族以 2500 万美元将可口可乐公司卖给了一位亚特兰大的银行家赫尼斯特·伍德拉夫（Ernest Woodruff）。随后的几年，可乐（Coke）作为可口可乐公司的专有品牌而建立起来。传统上可口可乐碳酸饮料最大的秘密——基本甜浆只在亚特兰大工厂总部生产，分发至各地装瓶。现在这种甜浆已在世界各地的制造中心生产。目前，可口可乐在 135 个国家销售，可口可乐已翻译成 80 多种语言。

② 百事可乐。是可口可乐最大的竞争对手。它的产品同样分布全球各大厂商。百事可乐由一位美国北卡罗来纳州新伯尔尼镇（New Bern）的凯尔伯波莱海姆（Caleb Bradham）在自己的小药房，经过多年研究，于 1890 年开发出的碳酸饮料，并将他开发的饮料命名为百事可乐。1903 年他注册了百事可乐商标。1916 年该公司已经拥有 100 多家的授权装瓶商。

③ 七喜（7-UP）。是指无色碳酸饮料，类似柠檬汽水。

④ 派波斯（Dr Peppers）。一种类似可口可乐饮料，更有水果香味的碳酸饮料。

⑤泰兹（Tizer）、维托（Vimto）和丹特伦博达可（Dandelion & Burdock）。是英国著名的三种碳酸饮料，配方保密，每一种都有独特的味道和香气。

9.5.2 新鲜果汁与果汁饮料

1. 新鲜果汁

以新鲜水果为原料，根据顾客需求，在餐厅或酒吧现场榨制的饮品。新鲜果汁含有丰富的维生素C和各种营养素，不含有任何添加剂。例如，西瓜汁、橙汁等。

2. 果汁饮料

果汁饮料是指饮料中含有5%以上新鲜果汁的饮品。包括罐装和瓶装，通常需要冷藏。果汁饮料的品种包括原装果汁、浓缩果汁、高果汁饮料（含原果汁≥40%）、果肉饮料（含果肉浆≥45%）、高糖果汁饮料（含原果汁≥10%、总含糖量≥40%）、果粒果汁饮料（原果汁含量≥10%、果粒含量≥5%）及果蔬汁饮料（含果蔬原汁≥5%）等。高含量的纯果汁和少量碎水果组成的浓缩果汁质量高，价格高。大众化的水果汁由粉碎的水果、防腐剂、合成香料和水等配制而成，果味差，价格便宜。果汁饮料必须保持新鲜，放入冷藏箱内保存，最佳饮用温度约10℃。

9.5.3 蔬菜汁饮料

蔬菜汁饮料是指蔬菜榨汁或打浆后，加入配料所制成的饮料成品。

9.5.4 乳饮料

乳饮料指以牛乳或其乳制品为原料，经加工制成的饮料成品。其中包括乳饮料、发酵乳饮料和乳酸饮料等。例如，酸奶。

9.5.5 植物蛋白饮料

植物蛋白饮料指以蛋白质较高的植物果实为原料，经加工制成的产品。例如，杏仁露和花生露等。

9.5.6 饮用水

饮用水是指瓶装或罐装的纯净水和矿泉水。纯净水是指把自来水或其他原水经过滤和杀菌等多道工序处理制成的可直接饮用的成品水。矿泉水是指以符合饮用的天然矿泉水，经净化处理后，直接或以此为水基（原料）进行配制的饮用水。其中包括天然二氧化碳矿泉水和不含二氧化碳的天然矿泉水。

目前，人类饮用矿泉水已有几百年历史。19世纪初期法国已经有了矿泉水条例，并在1863年生产出第一瓶矿泉水。20世纪30年代，矿泉水作为饮品已经被世界各国重视。矿泉水作为饮品是因为它埋藏于地下深处，没有遭受污染，无色、无味、清澈甘甜。科学研究表明，人体需要的营养素几乎在地球表层中都存在。一些营养素可通过每日饮食得到，而另一些营养素通过平时饮食不容易得到。但是矿泉水却含有这些微量元素。实验表明，含有偏硅酸和锶的矿泉水可促进人的牙齿和骨骼发育，维护皮肤健康，防治心血管和关节炎疾病。含有锌、锂和溴的矿泉水可促进人的大脑发育，提高人的免疫力和智力，调节中枢神经。含有碘的矿泉水可促进人体蛋白质的合成，加速人的成长发育，保持正常的身体形态。然而，不是所有的地下水都能成为人们饮用的矿泉水。标准的矿泉水必须含有对人体保健作用的化学元素、气体和化合物，不得含有过量的有害物质。世界各国对矿泉水的质量标准都做出了严格的规定。因此，适当饮用矿泉水可以平衡人体生理功能，起着保健作用。目前世界上有许多国家都生产矿泉水，著名的国家有法国、意大利、德国、瑞典、比利时、匈牙利、澳大利亚、美国和新加坡等。我国已有数百种可饮用的矿泉水，分布在全国各地。矿泉水应冷藏后饮用。饮用时不要加冰块，可放1片柠檬。

9.5.7 其他配制饮料

其他配制饮料是指以符合非酒精饮料要求的饮用水为主要原料，加入对人体有某种生理调节作用的天然或人工合成配料制成的饮料。例如，高能饮料、低热饮料和强化饮料等。

本章小结

酒是由多种化学成分组成的混合物。其中，乙醇是主要成分。除此之外，还有水和众多的化学物质。这些化学物质包括酸、酯、醛和醇等。尽管这些物质在酒中含量很低，然而它们是决定酒的质量和特色的关键物质。酒有多种分类方法。酒可通过制作工艺、乙醇含量、质量特色和功能等因素分类。不同国家根据酒的原料、工艺和质量特点将酒分为不同的等级。

非酒精饮料包括日常人们饮用的茶、咖啡、碳酸饮料、纯果汁、果汁饮料、瓶装饮用水、茶饮料、乳饮料、蛋白饮料及其他保健型饮料等。在饭店业，以上各种饮料总称为水。饭店和餐饮业销售的不含酒精的饮料可以分为两大类：热饮品和冷饮品。热饮品包括热茶、热咖啡、热可可等；冷饮料包括碳酸饮料、新鲜果汁、矿泉水等。当今，非酒精饮料品种日新月异，它们不仅是人们生活中的常用饮品，还是各种酒的配料，甚至某些非酒精饮料就是为制作混合酒而设计。世界各国的非酒精饮料含义有所不同。例如，美国的非酒精饮料不包括纯果汁、蔬菜汁、乳饮料、茶水和咖啡。通常，人们饮用新鲜果汁常在餐前和餐中；茶水用于餐前、餐中和餐后；咖啡多用于餐后；矿泉水在任何时候都可饮用。

一、单项选择题

1.（　　）是人们熟悉的含有乙醇的饮料。

（1）碳酸饮料

（2）咖啡

（3）茶

（4）酒

2. 配制酒的生产方法是（　　）。

(1) 发酵
(2) 蒸馏
(3) 勾兑
(4) 至少是以上（1）或（2）加入（3）的方法。

3. 冲泡速溶咖啡常用的比例是（　　）。
(1) 1份咖啡与5倍或6倍水混合
(2) 1份咖啡与3倍水混合
(3) 1份咖啡与4倍水混合
(4) 1份咖啡与2倍水混合

二、判断题

1. 酒有多种颜色，形成原因主要来自原料颜色、酿酒温度和勾兑技术。（　　）
2. 适度地饮用发酵酒不仅对人体健康无害，还可降低血压，帮助消化。（　　）
3. 1标准酒精度表示的乙醇浓度等于2.5美制酒精度所表示的乙醇浓度。（　　）

三、名词解释

标准酒精度　酒　非酒精饮料　咖啡　可可

四、思考题

1. 基于生产工艺，简述酒的分类方法。
2. 简述非酒精饮料种类。
3. 简述茶的种类与特点。
4. 简述咖啡种类与特点。
5. 简述可可的含义。

阅读材料

饮酒礼仪

世界上许多国家和地区将酒作为宴请和宴会的饮品，讲究饮酒礼仪和程序。饮酒礼仪包括使用正确饮酒器皿和酒杯，选择饮酒环境、重视观酒，尝酒、闻酒等程序。根据各国和各地的民俗和餐饮文化，人们有着各自的饮酒习俗。在欧洲和北美，人们将白葡萄酒、开胃鸡尾酒、味美思酒、苦味酒和茴香酒作为餐前酒；将红葡萄酒和香槟酒作为餐酒；将白葡萄酒与海鲜和白色菜肴一起食用；将红葡萄酒与牛肉、羊肉和猪肉菜肴及深颜色菜肴一起食用；玫瑰红葡萄酒和香槟酒可与任何颜色菜肴一起食用；将干雪利酒作为餐前胃；将波特酒、马德拉酒和马萨拉酒作为甜点酒。利口酒、烈性酒及餐后鸡尾酒在餐后饮用。将清淡的葡萄酒配以清淡的菜肴；将浓味葡萄酒配以浓味菜肴。

在国际宴请和用餐中，饮用不同的酒应使用不同的酒杯。酒杯的类型与菜肴的色香味具有同样的效果。使用不同酒杯可展现酒水不同的特色。同时，在国际礼仪中，酒杯的正确选择是对他人的尊重。几乎每一种酒都有相适合的酒杯。例如，啤酒杯、香槟酒杯、各种葡萄酒杯、白兰地酒杯、威士忌酒杯、甜酒杯、各种鸡尾酒杯等，用错酒杯被认为是轻视饮酒礼仪，从而影响个人或企业形象。最基本的酒杯选择原则是，冷藏的酒应使用高脚杯；长柄三角形酒杯是短饮类鸡尾酒的专用杯。

通常，酒杯应摆放在个人餐台的右上角。根据西餐用餐程序，先用的酒杯应摆放在右上角的最下方，后用酒杯摆在右上角的上方。中餐酒具常摆放在骨盘的正上方。从左至右摆放顺序是，果汁杯、葡萄酒杯、中国白酒杯。

在正式宴会中，持杯方式很重要。平底杯应拿中下部；高脚杯应持杯颈的中上部，手指捏着酒杯柄，不要用手持高脚杯的杯子部分，这样会加热酒的温度。纯饮白兰地酒时，手掌应接触杯子的底部，利用手掌温度将白兰地酒加热，使酒的香味挥发。饮用红葡萄酒时，应用手指轻轻握住杯柄，然后转动杯中的酒液，让酒与空气充分接触。

在国际宴会中，饮用两种以上相同的酒，应从较低级别开始。如果是饮用两种以上的葡萄酒，应由味道清淡的酒开始；饮用相同种类的烈性酒，应由年代较少的酒开始，然后饮用陈年老酒。

酒的道数像菜肴道数一样，正式的宴会饮用的酒常是3～4道酒。根据国际餐饮文化和礼仪，饮酒可根据菜肴的顺序，先饮餐前酒，再饮餐酒；吃点心时，饮用点心酒；餐后可饮用利口酒。一般宴请根据个人爱好和习惯，可选用1～2种酒。根据欧美人的饮酒习惯，餐前喝威士忌酒，常在酒中放些冰块或矿泉水。

在餐厅用餐，应由男士担任品酒工作。主宾若是女士，则应请同席的男士品酒。女士适合喝些清淡的葡萄酒、啤酒和鸡尾酒，对于不喝酒的人，偶尔喝点清淡酒，可以促进食欲。女士拒绝餐前酒不算失礼，但礼貌上应浅尝一点。在餐厅，顾客购买葡萄酒后，服务员会请主宾当面检验葡萄酒标签。服务员开酒瓶，先斟倒约1/5杯的酒，请主宾品尝。作为主宾应评价酒的清澈度和香气，然后饮一口，留在口中，感觉其味道，如果满意，应点头并明确其优点。

为他人斟酒时应谨慎。高质量的葡萄酒有沉淀物，尤其是红葡萄酒。通常红葡萄酒瓶底部都有凹下的部分，使葡萄酒沉淀物沉于其间。通常斟酒时，饮酒人不必端起酒杯，根据国际惯例将杯子凑近对方是不礼貌的。

根据国际惯例，饮酒应控制在自己酒量的1/3，国际宴会礼仪和原则是不让酒。按照国际惯例，饮酒时可以只敬不干，不拼酒、不斗酒。敬酒时首先从自己身旁的人开始，女士优先，然后由近至远，直至敬完全桌人为止。喝酒时只以唇部碰酒杯，然后饮下少量的酒，不要大口喝酒。女士或有其他原因不饮酒时，可用非酒精饮料代替。女士除女主人外，不要主动敬酒。为了感谢主人的邀请，大家可一起举杯敬酒并说一些祝贺语。敬酒时，如果距离较远，可以点头，用举杯方式敬酒，不要隔桌敬酒。宴会时不要大声喧哗，划拳和猜拳为不礼貌行为。

第10章

发 酵 酒

本章导读

发酵酒是以水果或谷物为原料，通过发酵方法制成的酒。葡萄酒、啤酒和米酒等都属于发酵酒的范畴。葡萄酒是以葡萄为原料，经发酵制成的发酵酒。此外，以葡萄酒为原料，加入少量白兰地酒或食用酒精的配制酒也常称为葡萄酒。啤酒是以大麦、啤酒花、酵母和水等为原料，通过发酵制成的酒。通过本章的学习，读者可了解葡萄酒和啤酒的含义及其发展、葡萄酒种类与特点、啤酒种类与特点、葡萄酒与啤酒的生产工艺等。

10.1 葡萄酒概述

10.1.1 葡萄酒含义和特点

葡萄酒是以葡萄为原料，经发酵方法制成的发酵酒。此外，以葡萄酒为原料，加入少量白兰地酒或食用酒精的配制酒也常称为葡萄酒。但是，由于这类酒加入了少量蒸馏酒，它们不是纯发酵酒。目前，世界上许多国家都生产葡萄酒。最著名的生产国有法国、意大利、德国、美国、西班牙、葡萄牙和澳大利亚等。葡萄酒是人们日常饮用的低酒精饮品，酒中的乙醇含量低，含有一定量的维生素 B 和 C、矿物质和铁质，具有消化功能。医学界认为葡萄酒中含有治疗心血管疾病的有效物质，常饮少量红葡萄酒可减少脂肪在动脉血管上的沉积。此外，葡萄酒对防止风湿病、糖尿病、骨质疏松症等都有一定效果。因此，葡萄酒越来越受到各国人民的青睐，用途也愈加广泛。在欧洲和北美各国，葡萄酒主要用于佐餐，因此称为餐酒。目前，葡萄酒不仅作为餐酒，有些品种还作为开胃酒和甜点酒。

10.1.2 葡萄酒起源与发展

根据考古，波斯可能是世界最早酿造葡萄酒的国家。从埃及金字塔壁画的采摘葡萄和酿酒图案推测，公元前3000年古埃及人已开始饮用葡萄酒。希腊是欧洲最早种植葡萄并酿造葡萄酒的国家。古代，葡萄酒的制作非常简单和粗糙，酒液在敞开的瓦罐中发酵和存放，为了增加味道，葡萄酒中常加入草药，这段时间持续了约100年。公元前1000年，希腊的葡萄种植面积不断扩大，他们不仅在本国土地种植葡萄，还扩大到殖民地——西西里岛和意大利半岛南部。公元前6世纪希腊人把小亚细亚的葡萄通过马赛港传入高卢（法国）并将葡萄栽培技术和葡萄酒酿造技术传给高卢人。古罗马人从希腊人学会了葡萄栽培和葡萄酒酿造技术，很快在意大利半岛全面推广。随着罗马帝国的扩张，葡萄栽培和葡萄酒酿造技术迅速传遍西班牙、北非及德国莱茵河流域。公元400年法国的波尔多、罗讷、卢瓦尔、勃艮第和香槟等及德国莱茵河和摩泽尔地区都大量种植葡萄并生产葡萄酒。

中世纪英国南部普遍酿造葡萄酒，但是由于修道院的分解，影响了葡萄酒的生产。12世纪英国从法国进口大量葡萄酒，约持续了400年，使法国克莱瑞特红葡萄酒（Claret）成为英国人的名酒。16世纪初葡萄栽培和葡萄酒酿造技术传入南非、澳大利亚、新西兰、日本、朝鲜和美洲。16世纪中叶，西班牙人将欧洲葡萄品种带入墨西哥、美国加州和亚利桑那州等地。1861年美国从欧洲引入葡萄苗木20万株，在加州建立了葡萄园。

10.1.3 葡萄酒原料

1. 葡萄

葡萄是人们喜爱的水果，可以生食，可以加工成葡萄干、葡萄汁、果酱和罐头等。然而，葡萄最主要的用途是酿造葡萄酒。根据统计，世界葡萄总产量的80%用于酿酒，并且葡萄的质量与葡萄酒的质量有着紧密的联系。目前世界著名的葡萄共计约有110种，其中我国约有35个品种。葡萄的分布主要在北纬53°到南纬43°的广大区域。按地理分布和生态特点可分为：东亚种群、欧亚种群和北美种群，其中欧亚种群具有较高的经济价值。

葡萄由果梗与果实两个部分构成，果梗占葡萄重量的4%～6%，果实占94%～96%。不同的葡萄品种，果梗和果实比例不同，收获季节多雨或干燥也影响两者的比例。果梗是果实的支持体，含大量水分、木质素、树脂、无机盐、单宁、少量糖和有机酸。果梗起着营养素的流通作用，将糖输送到果实。由于果梗含有较多的单宁和苦味树脂及鞣酐等物，如果酒中含有果梗成分，酒会产生过多的涩味，因此，葡萄酒不能带果梗发酵，应在破碎葡萄时将它们除去。葡萄果实包括果皮、果核和葡萄浆。果皮占果实重量的6%～12%，果核占2%～5%，葡萄浆包括果汁和果肉，占83%～92%。果皮含有单宁和色素，这两种成分对红葡萄酒质量很重要。大多数葡萄的色素只存在于果皮中。因此，葡萄品种不同，其颜色不同。白葡萄有青色、黄色、金黄色、淡黄色或接近无色。红葡萄有淡红色、鲜红色和宝石红色。紫葡萄有淡紫色、紫红色和紫黑色。葡萄皮含有芳香的物质，它赋予葡萄酒特有的果香味。不同品种的葡萄，其香味不同。果核含有脂肪、树脂和挥发酸等，这些物质不能带入葡萄液中，否则会严重影响葡萄酒的品质，在破碎葡萄时，尽量避免压碎葡萄核。

2. 酵母

葡萄酒是通过酵母的发酵作用将葡萄液制成酒，酵母在葡萄酒生产中占有重要的地位。优良葡萄酒除本身的香气外，还包括酵母产生的果香与酒香。酵母的作用是将酒液中的糖分几乎全部发酵，使酒液的残糖保持在4克/升以下。此外，葡萄酒酵母具有较高的二氧化硫，具有抵抗细菌能力，也有较高的发酵能力，可使酒液的乙醇含量达到16%。高质量的酵母能在低于 15 ℃或适宜的温度下发酵，以保持葡萄酒的新鲜果香味。

3. 添加剂和二氧化硫

添加剂是指添加在葡萄发酵液中的浓缩葡萄液或白糖。通常优良的葡萄品种在适合的生长条件下可产出制作葡萄酒需要的并合格的葡萄液。然而，由于自然天气和环境等因素影响，葡萄含糖量会达不到制酒的理想标准。这时，需要调整葡萄液的糖度，加入添加剂以保证葡萄酒的酒精度。二氧化硫是一种杀菌剂，它能抑制各种微生物的活动。许多细菌对二氧化硫敏感，高质量的葡萄酒酵母抗二氧化硫能力强，在葡萄发酵液中加入适量的二氧化硫可使葡萄的发酵顺利进行。

10.1.4 葡萄酒生产工艺

葡萄酒是以葡萄为原料，经过破碎、发酵、熟化、添桶、澄清等程序制成的发酵酒。由于葡萄酒种类不同，其生产工艺也不尽相同。

1. 红葡萄酒生产工艺

（1）破碎与发酵

红葡萄酒选用皮红、果肉浅的葡萄或选用果皮和果肉都是红颜色的葡萄为原料。发酵前，将整串葡萄轻轻破碎，去掉葡萄梗，经少量二氧化硫处理，放入葡萄酒酵母进行主发酵。二氧化硫的作用是杀菌，保证葡萄液发酵顺利进行。红葡萄酒的主发酵时间在 4～6 天。主发酵的作用是得到乙醇，提取色素和芳香物质，主发酵决定葡萄酒的质量。当酒液残糖量降至 5 克/升，液面只有少量二氧化碳气泡，液体温度接近室温并且有明显的酒香味时，主发酵程序基本结束。然后，分离葡萄液与皮渣，进行后发酵。后发酵是将酒液的残留糖分继续发酵，使残留的酵母逐渐沉降，使酒液缓慢氧化，使酒味柔和并趋于完善。后发酵需要 3～5 天，也可以持续 1 个月。

（2）熟化与添桶

发酵后的原酒必须放入橡木桶熟化，才能称为优质的葡萄酒。从发酵桶取出的酒液，放入木桶，贮存一段时间，这个程序称为葡萄酒的熟化。熟化对酒的风味产生很大影响。熟化桶的尺寸很重要，由于桶中的酒液与空气接触面积不同而酒液的氧化程度不同，从而形成了不同的风味。传统的意大利葡萄酒（Barolo）使用大木桶熟化。贮存在大木桶酒液比小木桶接触空气少，减少了葡萄酒氧化机会，保持了自己的特色和风味。此外，在葡萄酒熟化期间，要定期向木桶补充酒液，这个程序称为添桶。添桶程序可以防止酒液氧化，弥补熟化过程中被蒸发的酒液（见图 10-1）。

（3）换桶、澄清与装瓶

熟化的葡萄液必须经过换桶的过程。这一过程是将葡萄酒与原桶中的酒液与皮渣分离，使酒液澄清，最后进入装瓶阶段。葡萄酒装瓶常由生产线进行，酒瓶的标签写有生产年限。许多专家认为，一瓶优秀葡萄酒在装瓶后也有氧化过程，酒液透过木质瓶塞与空气慢慢进行氧化，这一过程对葡萄酒的熟化也起到一定作用。因此，目前还没有任何替代物能替代葡萄酒软木塞的重要作用。

2. 白葡萄酒生产工艺

白葡萄酒选用白葡萄或浅色果肉的葡萄。葡萄经破碎，分离皮渣，经少量二氧化硫处理后，放入酵母，进行主发酵。白葡萄酒发酵工艺与红葡萄酒不同，葡萄破碎后，先分离皮渣，后发酵。此外，白葡萄酒发酵温度比红葡萄酒低，目的是得到理想的新鲜水果味道。装备精良的葡萄酒厂都有足够的设备控制葡萄酒的发酵温度。通常，白葡萄酒在发酵前，应对葡萄含糖量进行测量，对含糖量低的葡萄，发酵时要加入少量糖或葡萄浓液以保证葡萄酒含有理想的酒精度。酒液发酵时间和程度是形成酒风味的关键阶段。一些酒液没有完全发酵就终止，有些酒液必须完全发酵，发酵工艺通常由酒厂工程师严格掌握。普通白葡萄酒发酵多采用人工培育的优质酵母进行低温发酵。白葡萄酒发酵温度在 16～22 ℃，发酵期约 15 天，以密闭夹套冷却钢罐为发酵设备（见图 10-2）。主发酵后的葡萄液残留糖分应降至 5 克/升以下，转入后发酵。后发酵温度控制在 15 ℃以下，在缓慢的后发酵中，形成白葡萄酒的香气和味道。

图 10-1　熟化中的葡萄酒

图 10-2　葡萄酒发酵罐

3. 香槟酒生产工艺

传统的法国香槟酒的乙醇含量在 11%～15%，有不同的甜度，经两次发酵而成。其工艺程序如下。

（1）榨取与选择葡萄液

制作香槟酒，首先是榨取葡萄液，应快速压榨，减少红葡萄皮对葡萄液的染色机会。将 4 000 千克葡萄放入木质压榨器中进行压榨，第一次压榨会得到约 10 桶葡萄液，共计 2 000 多升，称为头道葡萄液（Vin de Cuvée），是最高级别的香槟酒原料；在第二次压榨会得到两桶葡萄液，共计 444 升，称为二道葡萄液（Première Taille），是制作优质香槟酒的原料；第三次压榨会得到 1 桶葡萄液，约 222 升，称为三道葡萄液（Deuxieme Taille），是制作普通香槟酒的原料；在第四次压榨通常会得到 1 桶葡萄液，称为葡萄渣液（rebeche），作为葡萄蒸馏酒的原料。

（2）发酵与熟化

将榨好的葡萄液于在 8 小时内放入木桶，进行第一次发酵。发酵后得到干白葡萄酒。然后，贮存在木桶中熟化。5 个月后，经换桶和净化，再进行勾兑。在勾兑中，将不同村庄生产的葡萄酒混合，加入适量的酵母和糖，装瓶，进行第二次发酵。这种发酵程序称为堆放式发酵。堆放式发酵指葡萄酒在瓶中发酵，堆放式发酵约持续 6 周。

（3）转瓶与后熟

将堆放式发酵方法，经 6 周发酵后的瓶装葡萄酒垂直并倒放在酒窖的木架孔上。每天，通过人工转动或机械转动酒瓶。这种操作程序可持续一年至数年，每天转动的次数由多变少，由快至慢，由木架的下层转到木架的上层，直至酒液的杂质及失去效用的酵母沉淀在酒瓶的瓶颈中，使香槟酒产生理想的芳香和细致的酒液为止（见图 10-3）。

（4）消除杂质与补充葡萄液

将酒瓶颈倒立在-24～-22 ℃盐水中冷冻，酒瓶浸渍的深度将根据酒瓶内的聚集物高度。当瓶颈内的酒液结冰后，握住酒瓶，倾斜约成 45°，打开瓶塞，瓶中的气压会自动排出带有沉淀物的冰块。这时，通过填料机迅速地为每瓶酒补充约 30 毫升同级别的葡萄液。然后，装上木塞，用铁丝捆好，铁丝外边，用箔纸包装整齐。

图 10-3　工人转动香槟酒瓶

（5）香槟酒甜度表示法

Brut 或 Nature 表示非常干的香槟酒；Sec 表示半干香槟酒；Demi Sec 表示略带甜味的香槟酒；Demi Doux 表示甜香槟酒；Rich 或 Doux 表示很甜的香槟酒。

（6）包装与容量

主要有 2 瓶装（magnum）；4 瓶装（jeroboam）；8 瓶装（methuselah）；12 瓶装（salmanazar）；16 瓶装（balthazar）；20 瓶装（nebuchadnezzar），只在盛大的节日和庆祝会时销售。

10.1.5　葡萄酒年份

葡萄酒的质量与葡萄的收获年份存在着一定联系。一些葡萄酒的标签上印有生产年份，这表示该瓶酒的原料是注明年限收获的葡萄。气候的变化对每年出产的葡萄质量和产量有一定影响。由于丰收年份的葡萄含糖量高、味道香醇，能酿制出优质葡萄酒。因此，葡萄酒的质量不仅受生产工艺影响，还与葡萄的收获年份有一定联系。然而，由于现代葡萄酒酿造技术的提高，葡萄酒质量不仅片面地依赖葡萄收获情况，也采用不同年份酒液勾兑技术及其他处理方法弥补大自然的因素。

10.1.6　葡萄酒质量鉴别

1. 颜色

优质葡萄酒颜色纯正，澄清并带有光泽。新鲜的白葡萄酒为无色或浅金黄色液体。优质的陈酿白葡萄酒是浅麦秆黄色或金黄色液体；玫瑰红葡萄酒呈桃红色；新酿制的红葡萄酒为红色、紫红色和石榴红色，陈酿酒为宝石红色。

2. 流动性

葡萄酒应当具有良好的流动性，如果酒的流动性差说明它含有过多的网状胶体，这是受灰腐病的葡萄或乳酸菌引起的质量问题。

3. 香气

优质的葡萄酒带有酒香或果香味，这种香味的构成极为复杂。香味是由酒中的各种物质累加、协同、分离或抑制而形成，使酒香千变万化，多种多样。葡萄酒的香气原因可归纳为葡萄的果香味，这种香气与葡萄的品种、种植土壤、种植年份、种植地区的气候紧密相关；果香味还来自于葡萄发酵中的香气，酒香在葡萄酒陈酿中生成，不同的生产工艺会产生不同的酒香味。此外，当葡萄酒在木桶成熟时，橡木桶溶解于葡萄酒中的物质会使葡萄酒产生芳香。

4. 味道

葡萄酒味道以酸味和甜味为主，也存在着某些咸味和涩味。酒中的甜味物质构成了酒中的柔和与肥硕。酒中的酸味物质为葡萄酒带来了清爽和醇厚；而少量的咸味同样地增加葡萄酒的清爽感。涩味来自葡萄皮中的单宁，它对葡萄酒的质量及其成长方面发挥了重要作用，使葡萄酒具有红润的颜色。

10.1.7 葡萄酒贮存

葡萄酒是发酵酒，不经过蒸馏过程，酒液装瓶后仍然会不断熟化。因此，葡萄酒应存放在阴暗清凉的地方或有空调设备的地方，避免阳光或强烈灯光直接照射，使其在避光和凉爽的空间中慢慢成长或熟化。存放葡萄酒时应使酒瓶平放，瓶塞接触酒液，保持木塞湿润而膨胀，避免空气进入瓶内，避免葡萄酒氧化而变质。此外，由于瓶塞湿润，开瓶时可以省力。红葡萄酒贮存时间可长一些，其酒质更香醇；白葡萄酒贮存时间过长会失去其应有的果香味。

10.2 葡萄酒生产国

10.2.1 法国葡萄酒概况

法国是世界上著名的葡萄酒生产国，法国被称为葡萄酒的故乡。由于法国有得天独厚的自然和地理环境，在土质、阳光、温度和气候等方面都适合葡萄生长。因此，法国培育了许多优秀的葡萄品种。从而，为酿造葡萄酒奠定了良好的基础。许多法国葡萄酒以原产地名命名。目前，法国葡萄的种植面积、葡萄酒的产量以及葡萄酒的质量都居世界前列。法国有“葡萄酒王国”之誉。法国葡萄酒生产有着悠久的历史，自古罗马时代法国葡萄酒就位于世界领先水平。13世纪，法国已向英国出口葡萄酒。1725年法国波尔多商人为了便于交易将本地区的红葡萄酒进行了分类，1855年葡萄酒分级方法获得了政府的认可。自1855年的葡萄酒分级法不断细化并持续到现在。

1. 著名葡萄酒生产地

法国有许多著名的葡萄酒生产区。这些产区历史悠久，葡萄酒有自己的独特风味并享有国际声誉。法国最著名的葡萄酒生产地区有波尔多、勃艮第、卢瓦尔、罗讷、阿尔萨斯和香槟等。

(1) 波尔多

波尔多（Bordeaux）酒区是以其中心城市——波尔多市命名，波尔多市位于法国西南部，是港口城市。由于该城市周围的村庄生产著名的波尔多红葡萄酒和白葡萄酒。因此，以该城市为中心的整个区域成了法国著名的葡萄酒生产区。该酒区的核心地块有麦多克

(Médoc)、格拉沃(Grave)、秀顿(Sauterne)、波尔隆(Pomerol)、圣亚美龙(St. Emillion)、两海之间(Entre-Deux-Mers)、巴萨克(Barsac)、波丽克(Pauillac)和马高(Margaux)(见图10-4)等。目前该地区约有2 000余个独立的葡萄园(Château)(见图10-5)、60多个合作酒厂及3 000多家葡萄酒批发商。该地区每年生产的葡萄酒约1/2是法国优质的葡萄酒。由于波尔多的气候和环境适合葡萄成长，使得当地出产的葡萄在含糖量和味道方面都具有特色。其酒味温和、干爽并带有果香味。法国葡萄酒专家认为，波尔多生产着世界最有特色的红葡萄酒。这种酒的特点主要来自3个方面：严格选择的葡萄种植地、葡萄按时种植和采摘葡萄、葡萄酒熟化过程的细致处理。目前，许多说英语的国家将波尔多红葡萄酒称为克莱瑞特酒(Claret)，波尔多人为此感到骄傲。实际上，波尔多红葡萄酒从历史上就很有名，早在公元1154年，该地区已向英国出口葡萄酒并以克莱瑞特命名。现在这种红葡萄酒已被世界各国人民青睐，特别是英国人和荷兰人。波尔多大约每年还生产1/3总量的各种干味、半甜和甜味的优质白葡萄酒。按当地习惯，将干白葡萄酒装入绿色酒瓶中，而甜白葡萄酒装入无色的酒瓶中。此外，每年还出产少量的，以著名的拉维尔-侯伯王葡萄园(Château Laville-Haut Brion)和格拉沃(Grave)命名的白葡萄酒。同时，也生产少量的玫瑰红葡萄酒。波尔多每年生产大量的AC级别葡萄酒，约占法国AC酒生产量的1/3，并以波尔多(Bordeaux)品牌或以各著名葡萄庄园名称命名。

图10-4 法国马高葡萄酒

图10-5 波尔多的葡萄园

(2) 勃艮第

勃艮第(Bourgogne)位于法国的东部，是著名的葡萄酒生产地。该酒区主要包括北部的莎白丽(Chablis)、科多尔(Côte d' Ôr)、马高内斯(Maconnais)和宝祖利(Beaujolais)等地区，形成了包括4个酒区的200多千米长带。根据历史记载，勃艮第的白葡萄酒和红葡萄酒从中世纪就受到法国贵族的青睐。该地区生产的奶酪(Cheese)和烹饪技术在法国和国际上都有着很高的声誉。勃艮第地区的菜肴之所以著名是因为它的少司(调味汁)中放入了勃艮第生产的红葡萄酒。许多当地人都为勃艮第葡萄酒而自豪。他们认为，勃艮第酒在质量上可以与波尔多葡萄酒相媲美。该地区由于生产的葡萄酒的酒体醇厚、颜色纯正、味道浓郁而闻名于世界。

(3) 卢瓦尔

卢瓦尔(Loire)是法国古老的葡萄酒区，由卢瓦尔河两岸山谷的众多葡萄庄园组成。

该地区主要生产各种优秀的红葡萄酒、白葡萄酒、玫瑰红葡萄酒和葡萄汽酒。许多美丽的葡萄园就在卢瓦尔河边两旁山上的古人类穴洞附近。该地区还被人们称为“法国花园”(The Garden of France)。在这美丽的大花园中种植着葡萄、苹果、甜菜和玉米。该酒区从法国中部延伸到西海岸，形成一个长带，全长约1 000千米，是法国排名第三大葡萄酒生产区。卢瓦尔酒区主要包括4个葡萄酒生产分区。每个分区都有数个能生产AC级葡萄酒的葡萄园。这4个著名的葡萄酒区从卢瓦尔河的西部至东部分别是南特(Nantes)、安茹-桑摩尔(Anjou-Saumur)、图瑞讷(Tourraine)和山舍(Sancerre)。早在公元380年，卢瓦尔河谷就开始种植葡萄。根据记载，沃富瑞镇(Vouvray)半山坡的圣马丁葡萄庄园(Saint Martin)是最早的葡萄生产地之一。至公元582年，山舍镇(Sancerre)的葡萄园已经相当发达。12世纪由于卢瓦尔中部修道院的建立，该地区葡萄园发展很快。16世纪和17世纪荷兰人对卢瓦尔葡萄酒业发展起着很大推动作用，荷兰人开凿了卢瓦尔河的支流，将白葡萄品种引进卢瓦尔地区。中世纪卢瓦尔的葡萄酒已经成为法国和英国王室的饮品。

(4) 罗讷

罗讷(Rhône)也称龙谷酒区，由罗讷河两岸的葡萄园组成。罗讷河位于法国东南部，是法国著名的河流。它从瑞士流入法国，经里昂市，穿过阿维尼翁市(Avignon)，流向地中海。罗讷有着悠久的葡萄酒生产历史并以生产浓郁的红葡萄酒而闻名世界。该酒区还出产少量的白葡萄酒、玫瑰红葡萄酒和葡萄汽酒。根据记载，两千多年来，腓尼基人、希腊人和罗马人都是通过罗讷进入法国。他们将葡萄栽培和葡萄酒酿造技术带到罗讷。在拿破仑时期，罗讷各个村庄已经生产葡萄酒。因此，该地区被人们认为是法国最佳葡萄酒生产地。历史上，该区域的赫米内奇镇(Hermitage)出产的葡萄酒曾获得法国质量奖。罗讷葡萄酒产区可以分为两部分：北罗讷区和南罗讷区。

(5) 阿尔萨斯

阿尔萨斯(Alsace)位于法国东北部，与德国只有一条莱茵河之隔，是法国著名的白干葡萄酒生产区。阿尔萨斯有悠久的葡萄酒酿造史。大约两千年以前，该地区已经种植了葡萄，至中世纪阿尔萨斯酿制的白葡萄酒受到欧洲各国宫廷的青睐。由于阿尔萨斯位于德国和法国的边界，历史上德国和法国在该地区都进行过管辖。所以，其产品具有德国葡萄酒的风格。该地区的白葡萄酒以干爽并有浓郁的果香味而著名。阿尔萨斯人认为，他们的酒区综合了德国与法国的葡萄种植技术和酿酒技术，制成了独特的阿尔萨斯风味葡萄酒。阿尔萨斯酒区从北至南长为115千米，分为两个酒区：下莱茵区(Lower Rhine)和上莱茵区(Upper Rhine)。这两个地区的葡萄都种植在孚日山脉(Vosges)的东边山坡上，享受着温暖的阳光和湿润的空气。

(6) 香槟

香槟(Champagne)位于法国北部，是世界闻名的葡萄汽酒生产区。由于该地区生产优质和有特色的葡萄汽酒，因此该地区的葡萄汽酒受法国原产地管制法保护，从而以地名命名。该地区中最著名的香槟酒生产区是兰斯市(Rheims)和伊班讷市(Epernay)。香槟地区生产葡萄汽酒有着悠久的历史，可追溯到罗马时代。罗马人最早在香槟地区建立了葡萄园，后来由香槟中部的兰斯(Rheims)和查伦斯(Chlons)的神职人员和僧侣的细心照料才保存至今。中世纪香槟地区生产的葡萄酒称为法国葡萄酒(Vins de France)。然而，当时人们只喜爱兰斯(Rheims)和伊班讷市(Epernay)生产的葡萄酒。

2. 法国葡萄酒级别

（1）原产地命名的葡萄酒（Appellation d'origine Contrôlée）

法国原产地命名的葡萄酒的标签上都印有 Appellation Contrôlée。这些产地具有悠久的葡萄酒生产历史及世界的知名度。这种酒简称 AOC 酒或 AC 葡萄酒。AC 葡萄酒是法国最优秀的葡萄酒，酒的质量必须经国家评酒委员会每年的严格评价，合格后才能冠以原产地名称。法国政府对 AC 葡萄酒的质量标准中规定：必须使用当地葡萄为原料，使用规定的葡萄品种，乙醇含量不低于 11%。同时，对每亩地葡萄的生产量加以限制，遇到气候不好，葡萄减产或葡萄糖分不足的年份，只能减少产量，不可用其他地区的葡萄作代替品。该条文还对达到 AC 葡萄酒的葡萄栽培方法、葡萄酒酿造方法、贮藏标准等做了严格规定。当酒的标签上写有 Appellation Bordeaux Contrôlée 时，说明该瓶葡萄酒由原产地"波尔多"生产。appellation 和 contrôlée 两字中间的 Bordeaux 是葡萄酒的产地。通常原产地愈是核心地区，该葡萄酒的级别和质量就愈高。例如，波力富希（Pauillac）是世界著名的葡萄酒庄园，它位于法国著名葡萄酒生产区——美铎（Médoc）区的核心地块，而美铎（Médoc）又是波尔多（Bordeaux）葡萄酒区核心地块，所以 Appellation Pauillac Contrôlée 葡萄酒级别高于 Appellation Médoc Contrôlée 葡萄酒，而 Appellation Médoc Contrôlée 葡萄酒的级别又高于 Appellation Bordeaux Contrôlée 葡萄酒。此外，酒标签的波力富希庄园（AC Pauillac）还说明该酒从葡萄栽培、酿制至装瓶全部工作都在该葡萄庄园完成。

（2）地区优质葡萄酒（VDQS）

当葡萄酒标签上印有 VDQS 时，说明该酒是法国优质葡萄生产区生产的葡萄酒，VDQS 是 Vin Délimité de Qualité Supérieure 的缩写形式。法国优质葡萄酒区通常具有悠久的葡萄栽培和酿造历史，其葡萄酒生产工艺保持了传统的酿造方法。然而，酒液中可能勾兑了部分其他地区的葡萄液。获得 VDQS 级别的葡萄酒必须得到法国原产地名称监制协会的审定。该级别的葡萄酒在原料品种、生产地区、葡萄单位面积的产量、葡萄酒酿造方法及酒中的最低酒精含量等方面都有严格的规定。地区优质葡萄酒在法国的生产量很少，2005 年，其产量仅占全年葡萄酒生产量的 0.9%，预计在 2011 年将取消这一级别。

（3）风味葡萄酒（Vin de Pays）

当葡萄酒的标签上印有 Vin de Pays 说明该酒生产于新开发的优质葡萄酒产区。这些产区尽管不是传统的葡萄酒生产地，但是都是后起之秀，并且酒的质量很好，具有本地区的特色。获得该级别葡萄酒必须经过地区评酒委员会的质量分析和味觉鉴定。这种葡萄酒所使用的葡萄品种必须是当地种植的优秀葡萄品种并在标签上注明产地名称，酒精含量在地中海地区不低于 10 度［指国际标准酒精度，%（V/V）］，在其他地区不低于 9 度。

（4）普通葡萄酒（Vin de Table）

当葡萄酒标签上印有 Vin de Table，其含义是普通葡萄酒。普通葡萄酒是法国人日常饮用的佐餐酒，该酒不记原产地名称，常以商标名出售。因此，这类葡萄酒原料常来自不同地区或不同的葡萄品种。但是，按照法国酒法规定，至少含有 14% 的法国葡萄酒。这类葡萄酒的酒精含量不得低于 8.5 度，不得高于 15 度。

10.2.2 意大利葡萄酒概况

意大利是世界上最大的葡萄酒生产国和消费国之一，其葡萄酒生产遍及全国各地，不像法国葡萄酒生产区那样集中。意大利生产的葡萄酒种类繁多，风格各异。根据记载，意大利葡萄酒生产具有悠久的历史，两千多年前古罗马人已经饮用葡萄酒。意大利葡萄酒的名称常采用葡萄名称、地名、历史典故或历史传说等。葡萄酒对古罗马人非常重要，部落的繁荣随着葡萄酒的发展而壮大，因此葡萄酒成为意大利最有价值的商品。由于地中海的明媚阳光及温和的气流使意大利葡萄生长茂盛，因此人们将意大利称为葡萄酒之乡（Oenotria）。历史上，定居在意大利南部、中部和西西里岛（Sicily）的希腊人和伊特鲁里亚人（Etruscans），给意大利带来了种植葡萄的新技术。几个世纪以来，罗马人不断总结和改进希腊人和伊特鲁里亚人的葡萄种植技术，并且发明了为葡萄树剪枝技术。公元前2世纪意大利的葡萄不论在数量上还是质量上都发展很快，达到最佳效果。中世纪随着罗马帝国的衰退，意大利葡萄酒的生产量不断下滑。后来，天主教堂的出现对意大利的葡萄种植业的发展产生了很大动力。当时，葡萄酒作为意大利人集会的饮用酒，质量不断得到改善。天主教的僧侣们在意大利种植葡萄并带着葡萄在各地传道。葡萄的种植方法通过僧侣传道在意大利进一步发展，葡萄种植区也不断扩大。后来，由于各地的气候和土壤不同，培育的葡萄品种不断增加。因此，出现了越来越多的意大利著名葡萄酒生产区和葡萄酒。18世纪意大利北部的葡萄园被霜冻破坏，种植葡萄的人们不得不寻找更有抵抗低温天气的新葡萄品种，建立新的葡萄园。当时，欧洲人已经意识到葡萄酒的制作应当依靠科学。19世纪由于使用新的方法种植葡萄，新的葡萄酒制作工艺及软木塞的发明，使得意大利的葡萄酒的酿造技术和质量不断提高。当时著名的马萨拉（Marsala）、巴鲁罗（Barolo）和希安蒂（Chianti）地区生产的葡萄酒已进入欧洲的优秀葡萄酒行列。19世纪末，葡萄的瘤蚜病几乎毁坏了意大利所有葡萄园。20世纪初意大利葡萄园开始种植新品种，当时由于人们只顾大量种植和生产，再加上战争和经济萧条，忽视了对葡萄和葡萄酒的质量管理，使意大利葡萄酒成为低级葡萄酒的代名词，损害了意大利的形象。20世纪60年代意大利政府通过DOC葡萄酒质量管制法使意大利葡萄酒质量不断地提高。1980年意大利政府又通过DOCG法，促使意大利生产更高级别的葡萄酒。目前意大利种植的葡萄品种比世界任何国家都多，被官方承认的品种就有100多种。意大利生产的著名葡萄酒的种类在世界也名列前茅。由于意大利种植的葡萄饱受阳光照射，所以意大利红葡萄酒的酒精含量比欧洲其他各国都高，而且原酒在橡木桶成熟期至少2年。以意大利东南方的半热带地区种植的葡萄为原料酿制的红葡萄酒以圆润、浓烈，略带甜味而著名。例如，洛卡罗唐都红葡萄酒（Locorotondo）。意大利北部多雪的阿尔卑斯山脚下出产的葡萄酒常带有葡萄酒的豪爽风味。

1. 著名葡萄酒生产地

（1）皮埃蒙特

人们公认意大利最佳葡萄酒来自皮埃蒙特（Piedmont）。皮埃蒙特位于意大利西北部，面积25 402平方千米，其中山区占43%、丘陵占30%、平原占27%。该区可生产意大利DOCG级葡萄酒，并生产大量的DOC级葡萄酒。该区内的巴鲁乐（Barolo）、巴巴里斯科（Barbaresco）、尼伯奥罗（Nebbiolo）、巴巴拉爱斯提（Barbera D'Asti）和爱斯提斯波曼特（Asti Spumante）等地区都是著名的葡萄酒生产区。这里的冬天气温常在-4 ℃左右，夏季干燥无雨，天气炎热，气温高达35～38 ℃，春秋两季昼夜温差大。在皮埃蒙特地区有着连绵起伏的丘陵，小山村、农场和古堡。这里树木成林，果树和葡萄园到处可见。近年来，该地区葡萄酒年平均产量约为25万吨，质量名列全国前列。根据统计，该地区生产的DOC级和

DOCG级葡萄酒约占意大利全国的15.3%，仅次于威尼托17.5%。著名的都灵市（Turin）是该地区首府，是意大利味美思葡萄酒（Vermouth）的生产中心。

（2）托斯卡纳

托斯卡纳（Tuscany）位于意大利中部，面积22 994平方千米，著名的城市——佛罗伦萨是托斯卡纳首府，是著名的红葡萄酒和白葡萄酒生产区。该地区拥有5个著名的红葡萄酒和1个白葡萄酒生产区。托斯卡纳地区气候温和，尤其是沿海地带。该地区常受非洲撒哈拉沙漠大风的影响，降雨频繁。由于该地区有许多山脉，所以阻止了来自东北方的冷气流进入。该地区均匀地分布着山地、平原和丘陵。托斯卡纳是生产凯安提红葡萄酒（Chianti）的著名地区。这种酒的特点是红宝石色，酒液清澈明亮，酒质优秀，酒味浓烈、爽朗，是世界上著名的红葡萄酒。该地区生产的DOCG级葡萄酒，在数量和质量上位居意大利第二位。

（3）威尼托

威尼托（Veneto）位于意大利东北部，波河（Piave）的下游及入海处，宽广肥沃的波河平原给该区葡萄种植业提供了得天独厚的自然条件。该地区总面积18 399平方千米，人口约460万，著名的水城——威尼斯是该地区首府。威尼托有着悠久的历史，是拥有数百个艺术价值高的建筑物的城市。该地区气候宜人，温度适中，夏天平均最高温度29.9℃，平均最低温16.8℃，冬天平均最高温度9.3℃，最低温度-3.2℃。因此，该地区的旅游业非常发达。该地区生产的葡萄酒质量世界闻名，在意大利位居前三位。其中，苏华菲（Soave）、威尔波西亚（Valpolicella）和巴多利诺（Bardolino）三个地区是最著名的葡萄酒生产区域。

（4）伦巴第

伦巴第（Lombardia）位于波河（Piave）之畔、四周环绕阿尔卑斯山，南部处在波河平原中心地带，西边与皮埃蒙特交界，东邻特伦蒂诺-上阿迪杰（Trentino-Alto Adige）并与威尼托（Veneto）接壤。著名的城市——米兰（Milan）是该地区首府。该地区地势由南向北逐步升高。伦巴第山脉属于阿尔卑斯山脉和阿尔卑斯山的延伸。在较高的山峰顶部，有许多长年不化的冰川，位于瑞士边界，海拔4 049米，有大片的草原和森林，几条小河缓慢地穿过此地，注入大海。该地区土壤适合葡萄生长。伦巴第是著名的葡萄生产区，该区内各地生产的红葡萄酒为深红色，味干而醇厚；白葡萄酒为麦秆黄色，酒体丰满、干爽。该地区生产的葡萄汽酒（Franciacorta）限定在布雷西亚区（Brescia）和波哥莫（Bergamo）。这种葡萄汽酒要经过瓶中发酵而成，以霞多丽葡萄（Chardonnay）为主要原料，在瓶中至少发酵18个月，酒精含量为11.5度。

（5）坎帕尼亚

坎帕尼亚（Campania）位于意大利南部。这里的坡地被火山灰所覆盖，土质肥沃，阳光普照。该地区是意大利少数几个能保持地方葡萄酒风味的地区。近十年来，该地区葡萄酒质量大幅度提高。坎帕尼亚的葡萄在山上的种植面积达71%，坡地占15%以上。目前，坎帕尼亚正对当地葡萄品种进行改良，特别是对土壤进行精确的检测，以确定最适合的葡萄品种。该地的托拉茨地区（Taurasi）生产的葡萄酒获得了DOCG级别的认证。此外，坎帕尼亚还有19个能生产DOC级别的葡萄酒区。

（6）其他地区

除了以上最著名的葡萄酒产区外，阿布鲁佐（Abruzzo）、巴西利卡塔（Basilicata）、卡拉布里亚（Calabria）、马尔凯（Marche）、普利亚（Puglia）、罗马（Roma）、西西里

(Sicilia) 和撒丁 (Sardinia) 等地区也都是意大利重要的葡萄酒生产区。

2. 意大利葡萄酒级别

意大利政府从 20 世纪 50 年代，根据葡萄酒产地、气候与自然条件、历史文化和质量标准，对整个国家生产的葡萄酒授予不同的等级。

(1) 著名原产地珍品酒 (Denominazione di Origine Controllata e Garantita)

著名原产地珍品酒简称 DOCG 酒。该酒在意大利著名葡萄酒生产区生产，有悠久历史并在世界范围有知名度。意大利政府对这种葡萄酒有严格质量标准，其中对葡萄的品种、产地、成熟期、香气、风味、每亩地葡萄的产量、葡萄酒酒精度、酒液与葡萄百分比、酿酒工艺等都做出了具体规定。在意大利只有少数葡萄酒符合 DOCG 级，约占 DOC 级葡萄酒的 25%。

(2) 原产地优质酒 (Denominazione di Origine Controllata)

该酒为意大利著名酒区生产的优质葡萄酒，简称 DOC 葡萄酒。该酒常由著名葡萄酒产区生产，其质量标准近似 DOCG 葡萄酒。

(3) 优质葡萄酒 (Indicazione Geografica Tipica)

优质葡萄酒简称 IGT 酒，是意大利著名酒区以外的葡萄酒产地生产。它以优质葡萄为原料，并以传统工艺生产的葡萄酒，是意大利很有特色及带有乡土风味的葡萄酒。

(4) 普通餐酒 (Vino Da Tavola)

在意大利任何地方生产的葡萄酒。

10.2.3 德国葡萄酒概况

德国是世界著名的葡萄酒生产国，其白葡萄酒生产量占全国葡萄酒的 2/3，红葡萄酒生产占全国总产量的小部分。德国以迟摘葡萄为原料生产的葡萄酒在世界上享有很高声誉。由于德国白葡萄酒味道干爽，甜酸适宜，因此德国白葡萄酒的品质受到世界各国的认可。近年来，德国葡萄酒在市场上加强了营销活动，一些厂商将德语商标变为英语，将烦琐的德文简化。1992 年德国葡萄酒协会通过了约 30 项的新守则，加强对葡萄酒质量的管理。新守则严格地限制葡萄酒的原料——葡萄的品种，防止滥用新培育的杂交葡萄，减少使用化学肥料和杀虫剂。根据考证，德国从公元 1 世纪，由罗马人开始种植葡萄，最早的葡萄园从莱茵河西部开始，至 3 世纪扩大到摩泽尔河地区 (Mosel)。中世纪，德国葡萄园依靠教堂和僧侣的细心管理得到扩展。15 世纪，德国葡萄的种植面积达到历史最高点，是现在种植面积的 4 倍。当时，德国种植的葡萄品种有希尔瓦那葡萄 (Silvaner)、马斯凯特葡萄 (Muskat) 和凯米尔葡萄 (Traminer) 等。1435 年，雷司令葡萄 (Riesling) 首先在莱茵高地区种植，然后扩大到摩泽尔河附近，葡萄园采用混合种植方法，一个葡萄园同时种植不同的葡萄品种。17 世纪由于过多的生产葡萄酒，造成德国葡萄酒的价格大衰。1648 年，德国将不适宜种植葡萄的土地改作他用，使德国葡萄酒的质量不断得到改进。17 世纪初，教堂的牧师颁布法令规定必须以雷司令葡萄代替原来的葡萄品种。1720 年，雷司令葡萄首先在约翰内斯堡葡萄园 (Schloss Johannisberg) 单独种植。1753 年一次偶然机会，德国人发现了贵腐葡萄。所谓贵腐葡萄，实际是由于时间的耽搁，晚收葡萄原因而收获了大量的由贵腐霉菌侵袭过的葡萄，造成葡萄脱水，从而使葡萄提高了糖分和酸度，产生了浓郁的香气。1755 年，德国首次生产了以贵腐葡萄为原料制成的葡萄酒。19 世纪，德国葡萄酒的发展进入了黄金时代，莱茵兰-

普法尔茨（Rheinland－Pfalz）、摩泽尔－萨尔－鲁瓦尔（Mosel－Saar－Ruwer）和莱茵高（Rheingau）等地区已经成为德国著名的葡萄酒生产区。当时，莱茵河地区的葡萄酒价格已超过法国波尔多生产的葡萄酒。1921年，摩泽尔河地区萨尼希村（Thanisch）的波卡斯泰勒葡萄园（Bernkasteler）开发了德国最早的特级半干葡萄酒（Trockenbeerenauslese）。20世纪80年代，德国的干白葡萄酒的生产量不断上升。

1. 葡萄酒生产地

莱茵河（Rhein）和摩泽尔河（Mosel）的河岸及其周围地区是德国主要葡萄酒产地。两河流域的丘陵地带生长着茂密的葡萄。

（1）莱茵

莱茵（Rhein）包括莱茵高（Rheingau）（见图10-6）、莱茵黑森（Rheinhessen）和普法尔茨（Pfalz）是世界闻名的3个葡萄酒生产地。莱茵地区生产的白葡萄酒是世界著名的白葡萄酒，该地区平均年销售量为1.5亿瓶，其中大部分销往国外。该酒以干爽、新鲜、有果香味为而著称。莱茵高地区葡萄园的面积共计3 288公顷，出产了世界最高级别的白葡萄酒。该酒区内的核心区域——波瑞赫（Bereich）是雷司令葡萄（Riesling）的发源地。莱茵高分为10个著名的酒村和119个葡萄庄园。雷司令的种植面积占该地区葡萄种植面积的81%。莱茵高生产的白葡萄酒不论是颜色、香气、口感还是酒体都非常出色。

图10-6 莱茵高葡萄酒区

（2）摩泽尔

摩泽尔（Mosel）是指摩泽尔河流域一带，其中较著名的地区是摩泽尔－萨尔－鲁瓦尔。摩泽尔河地区气候温和，阳光充足，土地肥沃。该地区土地由板岩风化而成，非常适合雷司令葡萄生长。该地区生产的白葡萄酒色泽金黄、味道柔和、干爽、气味清新、芬芳，酒精度低。区域内的摩泽尔河发源地在法国境内的孚日山脉，通过德国西部边境蜿蜒245千米，最后与莱茵河汇流，是莱茵河的支流。萨尔河（Saar）与鲁瓦尔河（Ruwer）是摩泽尔河的两大支流。这些水源对于寒冷的德国北部地区非常重要，它在寒冷的冬季起着调节温度的作用，同时水面的反光对葡萄的成长也十分有利。摩泽尔－萨尔－鲁瓦尔地区，简称为摩泽尔河地区，被世界公认是德国最优秀的白葡萄酒产区之一。整个地区一共有12 809公顷葡萄园，其中54%的面积种植雷司令葡萄，22%种植米勒-特高葡萄（Muller-Thurgau）。该酒区内有6个著名的产区：泽尔/摩泽尔（Zell/Mosel）、波卡斯泰尔（Bernkastel）、奥波尔摩泽尔（Obermosel）、萨尔（Saar）、卢瓦泰尔（Ruwertal）和摩泽尔托（Moseltor）。

（3）阿尔

阿尔（Ahr）仅有632公顷葡萄园。其中，红葡萄——斯波贡德（Spatburgunder）的种植面积占总该地区面积的52%，琼州牧葡萄（Portugieser）占总面积18%，另有米勒-特高和雷司令白葡萄。该地区生产的葡萄酒主要在本地消费，该地区有1个著名产区：瓦尔波黑姆/阿特尔（Walporzheim/Ahrtal），1个著名的酒村和43个葡萄园。该地区生产的红葡萄酒酒精度较高，而雷司令葡萄酒酒味新鲜，具有良好的酸度。

(4) 米特尔莱茵

米特尔莱茵(Mittelrhein)是个风景宜人的地方。该地区有662公顷葡萄园,其中75%的面积种植雷司令葡萄,8%种植米勒·特高葡萄。米特尔莱茵地区包括2个著名酒区:罗尔莱(Loreley)和希本伯格(Siebengbirge),11个著名村庄和112个葡萄园。由于该地区地理位置偏北,气候寒冷,白葡萄酒的酸度较高。

(5) 内尔

内尔(Neel)位于莱茵黑森与摩泽尔酒区之间,出产的葡萄酒兼有这两区的特色。内尔土壤结构比较复杂。全区共有4 665公顷葡萄园。其中,26%的面积种植雷司令葡萄,23%种植米勒·特高葡萄,11%种植希尔文纳葡萄。该地区有1个著名小葡萄酒区:纳黑泰尔(Nahetal),7个著名的葡萄种植村庄,323个葡萄园。内尔葡萄酒具有高酸度,水果味,还带有香草味。

(6) 符腾堡

符腾堡(Wurttemburg)是德国最大的红葡萄酒产区。该地区共有11 204公顷葡萄园。其中,24%的面积种植雷司令葡萄,22%种植特岭高葡萄(Trollinger),16%种植斯凯沃雷司令葡萄(Schwarzriesling),其余种植科纳葡萄(Kerner)、米勒葡萄(Muller)、特高葡萄(Thurgau)、兰姆波格葡萄(Lemberger)。该地区有6个著名酒区:兰斯泰尔-斯塔格特(Remstal-Stuttgart)、沃特波兹安特兰德(Wurttembergisch Unterland)、科赫-佳斯特-塔伯(Kocher-Jagst-Tauber)、贝莱斯-波登希(Bayrischer-Bodensee)和沃特波兹波登希(Wurttembergischer Bodensee)、奥波尔尼克(Oberer Neckar),16个著名葡萄种植村庄,205个葡萄园。这里靠近德国南部,气候温暖,出产白葡萄酒和红葡萄酒。

(7) 巴登

巴登(Baden)是德国著名的葡萄产区之一,共有16 371公顷葡萄园,其中大约有1/3面积种植红葡萄。该地区有8个著名酒区:巴德希波斯塔希克莱高(Badische Bergstrasse Kraichgau)、塔伯弗兰克(Tauberfranken)、波登希(Bodensee)、马克格拉夫兰德(Markgraflerland)、凯塞图尔(Kaiserstuhl)、图尼伯格(Tuniberg)、布莱高(Breisgau)和奥凡诺(Orfenau),16个著名葡萄种植村庄,351个葡萄园。巴登地区是德国最南部的葡萄酒产区,位于上莱茵河谷(Upper Rhein Valley)和布莱克森林(Black Forest)之间,气候温暖,该地区主要生产干红葡萄酒。巴登地区居民有饮用葡萄酒的习惯,平均每人每年的葡萄酒消费量比普通德国人消费量高50%。

(8) 弗兰肯

弗兰肯(Franken)位于法兰克福东部,以生产白葡萄酒为主。该地区共有6 078公顷葡萄园。其中,46%的面积种植米勒·特高葡萄,20%面积种植希尔文纳葡萄,11%种植巴克哈斯葡萄(Bacchus)。该地区有3个生产葡萄酒的核心地区:梅沃莱克(Mainviereck)、梅德莱克(Maindreieck)和斯坦格瓦尔德(Steigerwald),23个著名葡萄种植村,212个葡萄园。该地区以生产干白葡萄酒为主,酒味较重,带有泥土的香味。其中,质量高的葡萄酒装在独特的扁圆形酒瓶。

2. 德国葡萄酒级别

(1) 著名产地优质葡萄酒(Qualitätswein mit Prädikat)

著名产地优质葡萄酒简称QMP葡萄酒,产于德国著名酒区。这些酒区都有悠久的葡萄种植和葡萄酒酿造历史。因此，这些地区生产的葡萄酒都是德国最高级别的葡萄酒。其特点是有浓郁的果香和适宜的酸度。QMP 葡萄酒以好的收成年和熟透葡萄为原料，葡萄品种及生产地必须符合国家规定。酒标签上注明检验合格号。著名产地优质葡萄酒根据葡萄酒的含糖量分为下列几种。

① 普通葡萄酒（Kabinet）。以成熟初期葡萄酿制的葡萄酒，酒味清盈干爽。

② 迟摘葡萄酒（Spätlese）。以迟摘葡萄酿制的葡萄酒，酒味芳香而甜蜜。

③ 成熟葡萄酒（Auslese）。以非常成熟葡萄酿制的葡萄酒，酒味浓郁香甜。

④ 精选颗粒葡萄酒（Beerenauslese）。以精选颗粒葡萄酿制的酒，颜色深、味道香醇、甜味浓、产量少、价格高。

⑤ 精选干颗粒葡萄酒（Trockenbeerenauslese）。以一粒粒精选的干葡萄（失去一部分水分的葡萄）为原料酿制的酒。金黄色，甜似蜂蜜，醇香，价格高。

⑥ 冰葡萄酒（Eiswein）。以寒冷的早冬摘取的葡萄为原料，该酒味浓香甜。

（2）优良地区葡萄酒（Qualitatswein）

德国指定的优良葡萄酒区生产的葡萄酒，以当地栽培的优质葡萄为原料。该酒经过官方质量部门鉴定，干爽且有果香味。

（3）指定地区优质葡萄酒（Landwein）

指定地区生产的优质葡萄酒是指使用指定葡萄园种植的品种葡萄为原料，每年要经过地区品酒小组评定。

（4）普通葡萄酒（Tafelwein）

普通葡萄酒可在德国各地生产，酒精度不低于 8.5 度，可用德国各地同类品质葡萄酒勾兑而成。

（5）德国葡萄酒质量检定号（A. P. Nr）

德国葡萄酒在出厂前必须经过官方评酒小组评价和鉴定。葡萄酒在原料方面，包括葡萄园地点和葡萄品种等必须符合国家和地区的规定。酒的标签上印有 Amti. Prufungs-Nr 或缩写 A. P. Nr 和一些数字。这些数字代表一些检验数据，它的排列顺序是检验管理局号、葡萄酒装瓶地区号、装瓶注册号、装瓶批号、装瓶年份。

10. 2. 4 美国葡萄酒概况

美国已成为世界上葡萄酒生产大国。目前美国的葡萄栽培技术和酿酒技术都名列世界前列。多年来，美国加州的葡萄种植业、酿酒业与加州大学紧密合作，以科学方法改进葡萄种植和酿酒技术，使葡萄栽培技术与葡萄酒生产工艺不断提高，从而吸引了世界各地酒厂的技术人员和学者到加州参观和学习。美国葡萄酒常以葡萄名、生产地名及商标名命名。美国葡萄酒管理机构规定，葡萄酒标签上的地名必须表明 75% 以上的葡萄来自该地区。标签上的年份表明该酒所用的葡萄必须是 95% 以上的成分为该年收获。标签上印有 Estate Bottled 字样，说明该酒从葡萄栽培，生产至装瓶全部工作在 1 个葡萄庄园完成。以葡萄名称命名的葡萄酒，其原料含量的 75% 以上的葡萄来应源于标签注明的葡萄。以地区命名的葡萄酒。例如，加州勃艮第酒（California Bourgogne），必须保证与法国同风味和同级别。以商标命名的葡萄酒可以用不同地区葡萄酒勾兑。商标上印有美国生产（American）说明这种酒是美国各地葡萄酒配制而成。美国葡萄酒多以葡萄名命名。例如，夏维安白葡萄酒（Sauvignon Blanc）、赤霞珠红葡萄酒（Cabernet Sauvigon）、霞多丽白葡萄酒（Chardonnay）、千里白白葡萄酒（Chenin Blanc）、法国科龙伯白葡萄酒（French Colombard）等。

美国葡萄酒生产有悠久历史，从1769年，由修道院修士们开始从加州南部到北部建立葡萄园。那时，美国使用本地种植的葡萄，葡萄酒质量较差。1830年美国开始引进优质的葡萄品种。19世纪后期，葡萄的根瘤病和20世纪初期美国的禁酒令严重影响了当时美国的葡萄酒生产业。1946年，乔义·赫兹（Joe Heitz）建立了赫兹葡萄酒厂（Heitz Wine Cellars），而迪科·克拉夫（Dick Graf）在1965年建立了霞龙葡萄园（Chalone Vineyard）。罗伯特·曼德维（Robert Mandovi）在1966年离开家族酒厂，自己开办了葡萄酒厂。当时，加州不论在葡萄的种植面积，还是种植的品种方面都比以前取得了发展。目前，加州主要种植赤霞珠葡萄和霞多丽葡萄。著名的葡萄酒生产地包括加州和纽约州。

1. 加州

加州（California）全称加利福尼亚州，位于美国西部，临太平洋。加州原是西班牙殖民地，1848年归属美国，1850年成为美国第31个州，人口约3 700万。加州是美国著名的葡萄酒生产地。该地区广泛种植了霞多丽葡萄，约23 000公顷，法国科白葡萄，种植的面积略少于霞多丽葡萄。其次还有千里白、夏维安、雷司令、占美娜（Gewrztraminer）、白比诺（Pinot Blanc）和马斯凯特（Muscat）等品种。加州种植的红葡萄约有14 000公顷，主要品种有增芳德（Zinfandel）和赤霞珠（Cabernet Sauvignon）。此外，还种植了少量的格丽娜齐（Grenache）、巴巴拉（Barbera）、佳丽德娜（Carignane）、黑比诺（Pinot Noir）、美露（Merlot）、宝石红（Ruby Cabernet）、小赛乐（Petite Syrah）、甘美（Gamay）、甘美保祖利（Gamay Beaujolais）和赛乐（Syrah）葡萄。这些优秀的葡萄品种为加州葡萄酒酿造业奠定了坚实的基础。目前，加州出产的葡萄酒占美国高级葡萄酒生产量的95%，其中，75%由加州山谷地区葡萄酒厂生产（见图10-7）。

图10-7 美国加州纳帕山谷

2. 纽约州

纽约州（New York）位于美国东北部，人口近2 000万。纽约州的葡萄酒生产地主要分布在4个地区：埃尔湖和查德瓜地区（Lake Erie & Chautauqua）、芬格湖地区（Finger Lakes）、长岛（Long Island）和哈得孙山谷（Hudson Valley）。其中，每一个地区都有各自的土质和天气特色。由于纽约州气候凉爽，适合葡萄生长。因此，该地区生产的葡萄酒香气浓、味清淡。该地区种植的葡萄主要有霞多丽、黑比诺和雷司令。纽约州目前葡萄种植面积和葡萄酒生产量在美国排名第二。长岛是纽约州开发较晚的酒区，尽管该区在1973年只有1个葡萄园，至今已有50多个葡萄园，26个葡萄酒厂。长岛东部葡萄种植面积已超过1 200公顷，每年生产约300万瓶葡萄酒。美国人认为，纽约州葡萄酒不像加州酒那样细腻和豪爽。相反，与相邻的俄亥俄州（Ohio）和加拿大的安大略湖地区（Ontario）生产的葡萄酒味道相似。

10.2.5 澳大利亚葡萄酒概况

澳大利亚葡萄酒生产已有 200 余年历史。第一批葡萄树自 1788 年由英国人带入，并种植在悉尼附近的农场。1791 年菲利普总督种植了 3 亩葡萄园。后来，许多人开始种植葡萄并开设葡萄酒作坊。其中，比较有名的是约翰·麦克阿瑟船长（John McArthur）。当时，他在悉尼附近种植了 30 亩葡萄并命名为康顿花园。1822 年格丽格瑞·伯莱克兰德（Gregory Blaxland）首次将 136 升葡萄酒通过水路运到伦敦，赢得英国皇家艺术和制造业的二等奖。5 年后他又通过水运向伦敦送去 1 800 升葡萄酒，并获得女神金奖。20 世纪开始，澳大利亚葡萄酒出口量稳步增长，平均每年出口约 4 500 万升。第二次世界大战后，澳大利亚每年葡萄酒产量约 11 700 万升。由于澳大利亚葡萄产区多位于赤道以南 31°～38°，葡萄收成好的年份多。又由于澳大利亚葡萄产区的气候与欧洲许多著名地区基本相似，所以澳大利亚的葡萄风味和质量都是优秀的。后来，欧洲移民不断增加，并带来葡萄种植技术和葡萄酒酿造技术，使澳大利亚葡萄酒业飞速发展。从 1994 年开始，澳大利亚平均每年生产 5 027 亿升葡萄酒，其中 36% 向 77 个国家出口。

澳大利亚人认为一瓶葡萄酒是“一瓶阳光”（A Bottle of Sunshine）。这说明澳大利亚人民的日常生活离不开葡萄酒。澳大利亚的葡萄酒生产不仅保持了欧洲传统工艺，近年来还采用了先进的酿造方法和现代化酿酒设备，生产大众化的优质葡萄酒。一些葡萄酒从葡萄发酵到成品酒只需 8 个星期，不经过橡木桶熟化。酒的口味柔和，果香丰富，口感清新，极易入口。许多欧洲人评价澳大利亚的葡萄酒厂实际上是精炼厂，那些由不锈钢组成的先进设备向传统的橡木桶提出了挑战。澳大利亚最大的葡萄酒厂每年生产7 000万升葡萄酒，相当于英国葡萄酒年产量的 3 倍。澳大利亚 2002 年葡萄酒的出口比上一年增加 15%，收入创历史最高纪录，达 24 亿澳元。出口国家主要是美国和欧洲各国，特别对美国的出口幅度的增加明显。2002 年对美国出口总量为 1.736 亿升，同期对英国和其他欧洲国家出口总量是 2.897 亿升。澳大利亚是葡萄酒生产和消费大国，其产量超过了德国。因此，成为世界第六大葡萄酒生产国。澳大利亚著名的葡萄酒生产地有西澳大利亚州、南澳大利亚州、新南威尔士州和维多利亚州等。

1. 西澳大利亚

西澳大利亚（Western Austrilia）是澳大利亚面积最大的州，占澳大利亚总面积近 1/3。巴克山脉（Barker）位于澳大利亚西部，山脉附近的广阔无垠土地是澳大利亚最大葡萄酒区之一。这里景色宜人，一块块葡萄园偎依在美丽的国家公园和南部海港之间。这里不仅出产高质量的葡萄酒，还是旅游胜地。珀斯市长 90 千米、宽 60 千米，分为奥尔巴尼（Albany）、巴克山区（Mount Barker）、弗兰克兰德河流域（Frankland River）和派姆布顿（Pemberton）酒区。巴克镇（Barker town）在珀斯市（Perth）以南 400 千米，距南部海岸线 50 千米。著名的宏德瑞（Goundrey）葡萄酒厂就在姆尔斯镇（Muirs）西部的 10 千米处。巴克山脉共有葡萄园 40 余个，每年生产的葡萄酒占澳大利亚相当大的比例。该地区主要种植雷司令葡萄、霞多丽葡萄和芝华士葡萄。该地区的土质含有大量的有机物和碎石块，很适合葡萄生长。其中宏德瑞镇的葡萄园位于黑河山谷的山坡上，葡萄在潮湿和肥沃的土壤中茁壮生长。该地区气候凉爽、夏季温度平均 23 ℃，冬季平均温度 17 ℃。平均年降雨量 725 毫米。葡萄在凉爽的温度下逐渐成熟，使得该地区葡萄酒味道特别香醇。

2. 南澳大利亚

南澳大利亚（South Australia）葡萄酒生产区主要包括阿德莱德山脉（Adelaide）、巴罗萨山谷（Barossa Valley）、克莱尔山谷（Clare Valley）、兰宏克力科地区（Langhorne Creek）和麦克莱瑞山谷（McLaren）。阿德莱德山脉的数个葡萄园平均海拔400米，距海边城市——阿德莱德（Adelaide）仅30分钟的开车路程。这里的葡萄园基本是陡峭的，葡萄享受着充足的阳光照射。该地区天气凉爽，是种植葡萄和建立葡萄酒厂理想的地方。该地区生产优质的葡萄酒并以葡萄名命名，著名的葡萄酒品牌有：霞多丽、黑比诺和优质的葡萄汽酒。巴罗萨山谷是澳大利亚南部地区的著名葡萄酒生产区。它位于阿德莱德北部，开车只有1小时车程。该酒区不仅包括巴罗萨山谷，还有爱登山谷（Eden Valley）。该地区曾由德国政府管理。因此，生产的葡萄酒具有德国的干爽特点。这里至今还保留着当年德国人的路德教会（Lutheran）的30多个以石头为材料建立的教堂，这些教堂的玻璃尽管已经褪色，但是它的华丽装饰和精制的管风琴依然可见。该地区共计有48个葡萄园，每个葡萄园平均每年收获约6万吨葡萄，占澳大利亚葡萄酒总原料的25%。该地区主要种植芝华士、格丽娜齐和赤霞珠等葡萄品种。这里的白葡萄酒也很著名，包括赛米龙（Semillon）、雷司令和霞多丽。南澳大利亚出产不同级别葡萄酒，包括普通餐酒和高级葡萄酒。其中，包括白葡萄酒、红葡萄酒和葡萄汽酒。

3. 新南威尔士

新南威尔士（New South Wales）设立于1788年，位于澳大利亚的东南部，是最受人们青睐的州。在新南威尔士中部偏北的海岸线上，有著名的海斯庭河流域（Hastings）、汉特山谷（Hunter）和坦巴瑞波地区（Tumbarumba）。海斯庭河流域位于悉尼以南400千米处，形成了著名的葡萄园。该区享受着太平洋的温和气候，每年2月该地区最热的气温也只有26℃。该地区雨量充沛，适合葡萄成长。这一地区种植的葡萄品种有霞多丽、赛米龙、夏维安、赤霞珠与黑比诺等多种优质葡萄，生产的葡萄酒包括干爽芳香的玫瑰红葡萄酒、味道醇厚的红葡萄酒。海斯庭酒区（Hastings）有着悠久的葡萄种植历史。1837年，当时任移民助理官员的亨利·凡科特·怀特（Henry Fancourt White）首先在该地区建立了葡萄园。1890年，该地区已扩展至33个葡萄园并建立了葡萄酒厂。1980年约翰·凯斯格林（John Cassegrain）在该地建立了大型葡萄园和葡萄酒厂，从而对该地区葡萄酒生产起着很大的推动作用。目前，该地区有200多公顷土地种植了葡萄。

4. 维多利亚

维多利亚（Victoria）州位于新南威尔士州的南部，其中的大河区（Big Rivers）是近年发展速度较快的葡萄酒生产区。这里的许多酒厂位于墨累河岸及其支流地区。尽管这里的土质贫瘠，但是经过澳大利亚最长的河流——墨累河的灌溉变得肥沃。墨累河像密西西比河一样有着悠久的历史，长达3 000多千米。每年，新南威尔士山脉的融化雪水灌满了古老的墨累河，然后穿过平原不断徘徊，将新南威尔士与维多利亚地区分开，流向南部海洋。墨累河及其支流灌溉了该地区的325万公顷土地，占该州土地总面积的1/7。这里种植着大片的葡萄园，生产的葡萄酒有多个种类。

10.2.6 西班牙葡萄酒概况

西班牙是历史悠久的葡萄酒生产和出口大国，其生产量在欧洲仅次于法国和意大利。早在14世纪，西班牙已经向英国出售葡萄酒。西班牙是多山的国家，位于中部地区的首都马德里周围高原平均海拔668米。这些地方冬季寒冷，夏季炎热。西班牙是世界葡萄种类最多的国家之一，至目前该国种植的葡萄品种超过100种。许多酒区一方面种植和改进本国优质的葡萄品种，另一方面试种法国和其他国家的优质葡萄，通过勾兑工艺开发和创作了许多优质的风味葡萄酒。近年来，西班牙葡萄酒出口量不断增加并在国际市场上占有重要位置。西班牙生产的雪利酒（Sherry）享誉全球。西班牙葡萄栽培面积占全国耕地的1/3。1970年西班牙政府确定了优质葡萄酒产区及制定了葡萄酒质量标准以加强质量管理。根据历史考证，安达卢西亚地区（Andalucía）于公元前100年已开始栽培葡萄，品质很好，举世公认。西班牙葡萄种植面积仅次于谷物和橄榄的种植面积。西班牙现有葡萄园1 646 950公顷，占欧洲葡萄栽培总面积的22%。1868年法国葡萄园遭受根瘤蚜虫病，一些法国波尔多地区酿酒师来到了西班牙的拉里奥哈地区（La Rioja），带来了法国的葡萄酒酿造技术与经验。由于当时法国葡萄园大面积地被铲除，葡萄酒紧缺并从西班牙进口了相当数量的葡萄酒，为西班牙葡萄酒生产提供了机遇。20世纪60年代特拉斯葡萄酒厂（Torres）酿酒师米吉尔·托纳斯（Miguel Torres）从法国留学回国，带来优质的葡萄品种，引进了不锈钢控温发酵技术，使西班牙酿酒水平进入了新的阶段。1972年西班牙农业部借鉴法国和意大利的成功经验，成立了原产地葡萄酒管理协会（Instito de Denominaciones de Origen），简称INDO。同时，建立了西班牙的原产地名监控制度。至目前西班牙共有55个原产地名优质酒区（DO），其中，1994年后批准的有20个。1986年，在原有葡萄酒等级制度基础上又加入了原产地优质保证酒（Denominaciones de Origen Calificada），简称DOC，这个级别略高于DO级。目前，西班牙只有拉里奥哈地区（La Rioja）授予了原产地优质保证酒的称号。

1. 著名葡萄酒生产地

1986年欧洲共同体（EEC）注册的西班牙原产地葡萄酒控制区分布在六大地区的29个原产地，1994年后又批准了20个。六大地区包括加利西亚（Galicia）、拉里奥哈（La Rioja）、加泰罗尼亚（Cataluna）、中部地区（Central Spain）、拉曼特（Lamante）和安达卢西亚（Andalucía）。其中，拉里奥哈地区（La Rioja）被授予西班牙最优质的葡萄酒生产地。

（1）加利西亚

加利西亚（Galicia）位于西班牙西北部，是有着悠久的历史的地区，其南部与葡萄牙接壤，东部与阿斯图里亚斯（Asturías）相邻，西部面临大西洋。由于该地区具有无数的小河流，因此称作具有千河的土地。受大西洋的影响，该地区气候平和。该地区著名的葡萄酒生产区主要包括两个，这两个地区都是原产地优质葡萄酒控制区。它们是瑞贝罗（Ribeiro）和瓦尔多纳斯（Valdeorras）酒区。加利西亚靠近葡萄牙，因此生产的葡萄酒与葡萄牙葡萄酒风味很相似，清爽并带有水果的香气。亚斯巴塞斯镇（Ras Baixas）是该地区著名的葡萄酒生产区域。尤其这个镇生产的白葡萄酒在西班牙名列前茅。由于该地区的凉爽和潮湿的空气，因此，适合葡萄的生长。亚斯巴塞斯镇出产的白葡萄酒酒味新鲜、干爽、酸味适中，带有鲜花的香气和杏仁味。人们认为，该地区比葡萄牙名豪地区（Minho）生产的白葡萄酒更加细腻。加利西亚主要种植阿尔巴瑞娜葡萄（Albario）、千里白葡萄（Caia Blanca）、泰萨多拉葡萄（Treixadura）和卢瑞罗葡萄（Loureiro）。这些品种都是西班牙多年研究的优质白葡萄品种。

（2）拉里奥哈

拉里奥哈（La Rioja）位于西班牙东北部，坎塔布连山脉以南，与埃布罗河（Ebro）平

图 10-8 拉里奥哈地区的葡萄园

行，距西班牙首都马德里约 4 小时的行车路程。该地区为大陆性气候，主要的地形为海拔 760 米的高原。该地区经济繁荣，周围的广域土地是西班牙最著名的葡萄酒产区（见图 10-8）。传统上，人们称该地区为旧卡斯蒂利亚地区（Old Castilla）。19 世纪末，法国波尔多地区葡萄园发生了根瘤病，许多优秀葡萄种植人和制酒专家穿过西班牙边界来到拉里奥哈地区，将优质的葡萄品种和制酒技术带入该地区。当时，他们已经开始生产法国风味的葡萄酒以满足法国市场的需要。目前，该地区还保留着传统法国式的小旅馆和当年使用的葡萄酒桶等纪念品。拉里奥哈葡萄酒生产区共计有 48 444 公顷土地，分为 3 个小酒区：阿尔塔（Alta）、阿尔维萨（Alavesa）和巴嘉（Baja）。阿尔塔和阿尔维萨生产芳香的、平和的葡萄酒。它们坐落于埃布罗河的南部和北部，互相面对，气候和土质基本相似。巴嘉酒区在埃布罗河下游，气候比前两个酒区更加温暖。该地区生产的葡萄酒酸度高。在所有西班牙酒区中，拉里奥哈地区受法国葡萄酒风格的影响最深，主要生产红葡萄酒，占葡萄酒总生产量的 80%，最著名品种是熟化的红葡萄酒。同时，也生产不熟化（joven）的红葡萄酒及经过熟化和不熟化的玫瑰红葡萄酒和白葡萄酒。此外，还生产葡萄汽酒。拉里奥哈红葡萄酒主要以泰波尼罗（Tempranillo）和格纳莎（Garnacha）葡萄为主要原料，配少量其他葡萄品种。该地区葡萄园种植的产品向区域内 30 多个合作酒厂销售。因此，高质量的拉里奥哈葡萄酒，实际上是由多种葡萄液勾兑而成。目前，该地区采用不锈钢发酵桶和冷发酵工艺。

（3）加泰罗尼亚

加泰罗尼亚（Cataluna）位于西班牙东北部，具有悠久的历史。该地区包括 6 个原产地优质葡萄酒控制区。它们是佩内德斯（Penedes）、波力奥瑞图（Priorato）、安波登（Ampurdan）、阿尔拉（Alella）、泰拉格纳（Tarragona）和泰拉阿尔塔（Terra Alta）酒区。著名的佩内德斯酒区（Peneds）坐落在加泰罗尼亚的东北部，与地中海接壤。该地区经过多年的努力，使用现代的酿造技术，采用低温发酵和不锈钢酒桶熟化葡萄酒，生产出清爽的，优质的大众化葡萄酒。该酒区也生产少量的价高质优的葡萄酒。此外，该地区还生产带有香槟风格的葡萄汽酒。在佩内德斯（Penedes）附近的桑萨德尼诺亚镇（San Sadurn de Noya）使用现代方法制作传统的香槟风味葡萄汽酒，当地人称这种葡萄酒为科瓦（Cava）。不仅如此，佩内德斯人还为本地区拥有欧洲最佳葡萄酒博物馆而自豪。

（4）中部地区

中部地区（Central Spain）包括 4 个原产地优质葡萄酒控制区。它们是拉曼查（La Mancha）、曼奎达（Mantrida）、曼库拉（Manchuela）和巴伦西亚（Valencia）。拉曼查位于首都马德里（Madrid）以南，是干旱高原，海拔 615 米，面积 17 万公顷。年平均降雨量 400 毫米，目前是欧洲最大的单独原产地酒生产区。过去由于该地区使用的传统生产技术，葡萄酒在成熟前就遭到氧化而被消费者轻视。当今，该地区采用温度控制技术，使用不锈钢容器发酵并采用提前或延时采摘葡萄的方法，使葡萄酒质量得到改进。当地的沃尔德帕斯地区（Valdepeas）海拔 700 米，是西班牙质量控制酒区。该地区生产的红葡萄酒与拉里奥哈风味很相似。酒精度高，约16度，有香草的气味。该地区的白葡萄酒酒精度13～14度，味道圆润。不仅如此，该地区生产的葡萄酒还作为西班牙白兰地酒的原料，以桶为单位销售。其他三个酒区，曼奎达（Mantrida）、曼库拉（Manchuela）和巴伦西亚（Valencia）采用分层熟化法生产具有雪利酒风味的红葡萄酒和白葡萄酒。

（5）拉曼特

拉曼特（Lamante）位于拉曼查（La Mancha）高原的东山坡上，包括6个原产地优质葡萄酒控制区。它们是阿利坎特（Alicante）、乌泰尔-瑞坎纳（Utiel-Requena）、阿尔曼萨（Alimansa）、巴伦西亚（Valencia）、朱密拉（Jumilla）和伊克拉（Yecla）。巴伦西亚（Valencia）和乌泰尔-瑞坎纳（Utiel-Requena）酒区在北部，阿尔曼萨（Alimansa）酒区在中心，其余的阿利坎特（Alicante）、朱密拉（Jumilla）和伊克拉（Yecla）酒区在拉曼特的南部。这6个酒区的葡萄酒分别以酒区名称销售。该地区著名的葡萄酒有清淡型红葡萄酒和玫瑰红葡萄酒及13～17度的红葡萄酒。

（6）安达卢西亚

安达卢西亚（Andalucia）位于西班牙的最南部，几乎接近非洲。该地区包括赫雷斯（Jerez）、马拉加（Malaga）和曼提拉莫瑞莱斯（Montillay Moriles）等原产地优质葡萄酒控制区。赫雷斯市（Jerez）及其周围地区是著名的葡萄酒生产地。它位于西班牙南部，邻近直布罗陀海峡。世界著名的雪利酒（Sherry）的三个著名生产中心：赫雷斯德拉弗龙特拉（Jerez de la Frontera）、桑卢卡尔德巴拉梅达（Sanlcar de Barrameda）和波尔图桑塔马瑞拉（Puerto de Santa Maria）都位于该地区，形成三角形区域。大西洋的微风和地中海温和的气候及当地的优良土质使该地区的帕罗米诺葡萄（Palomino）茁壮生长。当地出产的葡萄酒具有杏仁和橄榄的清香味。目前，该地区种植葡萄面积约32 000英亩。此外，该地区还生产少量佩多希纳斯（Pedro Ximnez）和马斯凯特（Moscatel）葡萄酒，年产量约9 000万升。

2. 西班牙葡萄酒级别

① 原产地单一葡萄园珍品酒（Denominación de Pago）缩写形式DO de Pago，表示由西班牙国内世界著名的单一葡萄园生产的葡萄酒。

② 原产地珍品酒（Denominación de Origen Calificada）缩写形式为DOCa/DOQ，表示在西班牙优良的地区生产的葡萄酒。

③ 原产地优质酒（Denominacin de Origen）缩写形式DO，表示在西班牙良好的地区生产的葡萄酒。

④ 优质地区葡萄酒（Vinos de la Tierra）缩写形式VdlT，表示不在著名的葡萄酒产区，使用西班牙国内种植的葡萄为原料，酿制的优质葡萄酒。

⑤ 普通葡萄酒（Vino de Mesa）。表示普通的餐酒，使用各地的葡萄为原料，酿制而成。

⑥ 熟化5年的葡萄酒（Gran Reserva）。至少在橡木桶中熟化2年，酒瓶中熟化3年。

⑦ 熟化3年的葡萄酒（Reserva）。至少在橡木桶中熟化1年，酒瓶中熟化2年。

⑧ 熟化2年的葡萄酒（Crianza）。至少在橡木桶中熟化1年，酒瓶中熟化1年。

10.2.7 葡萄牙葡萄酒概况

葡萄牙是著名的葡萄酒生产国，种植葡萄的人口占全国农业人口总数的25%。葡萄牙的波特酒已经发展300余年，世界闻名。其白葡萄酒和红葡萄的质量和声誉也不断提高。近年来，葡萄牙不断加大资金投入，采用冷发酵技术，使用不锈钢发酵罐，不断地创新和开发新的葡萄酒品种。目前，葡萄牙的葡萄酒推销组织——G7，由全国7家著名葡萄酒生产企业组成。该组织广泛地代表全国著名的葡萄酒生产厂商。包括名豪（Minho）、杜罗河地区（Douro）、顿河地区（Dao）、百立达（Bairrada）、赛特波尔市（Setubal）、布斯拉兹市（Bucelas）、卡克维罗斯市（Carcavelos）、克拉瑞斯市（Colares）、艾斯瑞姆德尔（Estremadura）、阿尔格沃（Algarve）和马德拉岛（Madeira）等地区。该组织从1993年成立以来，经过多年努力，从引进优良的葡萄品种开始，生产和开发自己独特品牌的产品，取得了很大的成绩。当今，葡萄牙生产的葡萄酒可以与世界各国优质的葡萄酒相媲美。同时，葡萄酒生产管理机构也加大葡萄酒质量管理力度，规定了葡萄酒瓶颈上标志的规范。自1855年至今，葡萄牙葡萄酒已经获得国际上的各种奖章200多枚。

葡萄牙酿酒业的发展可以追溯到公元前700年。从古代伊比利亚半岛的凯尔特人开始，经历了腓尼基人、古希腊人和罗马人4个历史时期。葡萄牙的葡萄酒生产技术在腓尼基人时代就取得了很大的进步。后来，通过古希腊人和罗马人的改进，经葡萄牙人多年的努力，使葡萄牙的葡萄园得到广泛的发展。目前，该国葡萄种植面积已达到400万公顷，平均每年生产10亿升葡萄酒。尽管葡萄牙葡萄种植面积有限。然而，其葡萄酒生产量位于世界前列。根据历史记载，12世纪葡萄牙已经开始向英国出口葡萄酒，1353年英国人与葡萄牙人签订友好条约，鼓励葡萄牙人经商。从那时开始，许多葡萄牙人开始了葡萄酒的贸易。葡萄牙葡萄酒生产地主要包括名豪、杜罗、百立达。

1. 名豪

名豪（Minho）地区位于葡萄牙西北部，在杜罗河以南。该地区出产著名的带有柠檬香气的早摘白葡萄酒（White Vinhao Verde）和干性早摘红葡萄酒（Red Vinhao Verde）。该地区的早摘葡萄酒（Vinho Verde）清爽、酸度高，含有少量二氧化碳。“Verde”一词指早摘葡萄。名豪地区以生产红葡萄酒为主，也生产少量白葡萄酒。这种酒装瓶后，要分别放在阴凉酒窖木架的格子进行熟化，保持酸度，而这种酸度正是该地区早摘葡萄酒的典型特点。一些酒商为了外销其他国家而增加该酒的甜度。

2. 杜罗

杜罗（Douro）地区位于杜罗河畔山上，以河流名称命名。该地区大多数葡萄园位于杜罗河南部，少量葡萄园在杜罗河北部。由于地势险峻，带有大量的板岩，因此葡萄园都是梯田形式。该地区是著名的波特酒（Port）生产地。波特酒味道圆润、酒精度高，通常在橡木桶中熟化。但是，该地区70%的葡萄酒生产量仍是静止葡萄酒。杜罗河地区的红葡萄酒质量优良，红宝石色、味道芳香、柔和、口味好。该地区生产的白葡萄酒味道爽口、轻柔、橙黄色、酒香浓。其风格与西班牙拉里奥哈白葡萄酒很相似。该地区最著名的村庄是瑞格拉（Regua）和维拉瑞尔（Vila Real），它们都生产著名的麦特斯葡萄汽酒（Mateus）。这种酒呈浅玫瑰红颜色，带有少量的二氧化碳。品种分为干味和甜味。近几年，该地区的葡萄酒生产工艺和质量整体发展很快。而且，酒商们争先恐后地生产优质的杜罗葡萄酒并联合经营以增加知名度。

3. 百立达

百立达（Bairrada）地区位于葡萄牙西部，蒙德古河（Mondego）以南。传统上该地区主要生产红葡萄酒，其中80%的产量来自伯格镇（Baga）。由于该地区种植的葡萄皮厚、酸度大，含有较高的单宁，因此，其传统的红葡萄酒涩度高。该地区分散着众多的小型葡萄园，种植人约 4 700 人，而且经常变更。但是，其中 2/3 的葡萄园都有 50 年以上的种植历史。其中，比较著名的葡萄园有恺撒希马（Casa de Saima）、路易斯派特（Luis Pato）、昆塔百索（Quinta do Baixo）等。当今，该地区试种国际优质葡萄品种，不断改进葡萄酒的生产工艺，已成为著名的葡萄汽酒生产区并以香槟方法制成葡萄汽酒。同时，该地区还生产普通的葡萄汽酒、优质红葡萄酒、白葡萄酒和玫瑰红葡萄酒。

4. 顿河

顿河（Dao）葡萄酒区位于顿河和蒙德古河之间。Dao 的发音与英语 Dun 相似。该地区主要的城市是维塞乌（Viseu）。顿河葡萄酒区生产优质白葡萄酒和红葡萄酒。该地区的葡萄酒生产特点是酒液必须经勾兑后，放入橡木桶熟化，然后装瓶。顿河葡萄酒很早就出口英国，该地区传统的红葡萄酒酒质粗糙，单宁含量高，不受市场的欢迎。十几年以来，该地区选种优良的葡萄品种，改进酿酒设施和生产技术，葡萄酒质量不断提高，已经被市场认可。该地区冬季气候潮湿温和，夏季干燥，葡萄成熟度高，含有较高的酸度，适合生产优质的红葡萄酒。

5. 里斯本

里斯本地区（Lisbon）包括赛特波尔市（Setubal）、布斯拉兹市（Bucelas）、卡克维罗斯市（Carcavelos）和克拉瑞斯市（Colares）的周围地区。里斯本是生产甜白葡萄酒的著名产地。著名的马斯凯特赛特波尔甜白葡萄酒（Moscatel de Setubal）就是在这里酿制的。在里斯本市郊的砂土葡萄园中还生产着较有名气的布斯拉兹干白葡萄酒（Bucelas）、卡克维罗斯干白葡萄酒（Carcavelos）和克拉瑞斯红葡萄酒（Colares）。

6. 马德拉岛

马德拉岛（Madeira）位于西非外海的大西洋，夏季炎热雨量少，其他季节气候温和，雨量充沛。该地区是盛产马德拉甜葡萄酒（Madeira）的产地。马德拉不仅作为岛屿的名称，还是著名的葡萄酒名，马德拉葡萄酒就是以岛名命名的著名葡萄酒。由于马德拉葡萄酒采用分层熟化法及长时间的熟化工艺，使酒液成为褐色，而味道变得香醇（见图 10-9）。

图 10-9 熟化中的马德拉葡萄酒

10.2.8 中国葡萄酒概况

根据文献记载，我国葡萄栽培已有 2 000 多年历史。

近年来中国葡萄酒业迅速发展，许多国际著名的葡萄酒商与中国葡萄酒业合作生产具有法国、意大利和德国风味的葡萄酒。目前中国葡萄酒在颜色、透明度、香气、味道、酒精含量、糖含量、酸含量等方面都有严格的规定。

我国引入欧亚葡萄始于汉代。公元前 138 年，汉武帝派遣张骞出使西域，将西域的葡萄及酿造葡萄酒的技术引进中原，促进了中原地区葡萄栽培和葡萄酒酿造技术的发展。唐朝是我国葡萄酒酿造史上辉煌的时期，葡萄酒的酿造已经从宫廷走向民间。13 世纪葡萄酒成为元朝的重要商品，已经有大量的葡萄酒在市场销售。意大利旅行家——马可·波罗在《中国游记》中记载有关山西太原的葡萄园和葡萄酒的销售情况。明朝李时珍在《本草纲目》中，多处谈及葡萄酒的酿造方法和葡萄酒药用价值。1892 年爱国华侨实业家——张弼士从国外引进优良葡萄品种，聘请奥地利酿酒师，在山东烟台建立了中国第一家葡萄酒厂——张裕葡萄酿酒公司。随着人民生活的提高和饮食习惯的变化，我国的葡萄酒的需求量逐年提高。中国葡萄酒产地包括以下多个地方。

1. 渤海湾

渤海湾地区包括华北的北半部的昌黎、蓟县丘陵山地、天津滨海区、山东半岛北部丘陵等。该地区受海洋气候影响，热量丰富，雨量充沛，年降水量 560～670 毫米，土壤类型复杂，有沙壤、海滨盐碱土和棕壤。该地区优越的自然条件使这里成为我国著名的葡萄酒产地。其中，昌黎的赤霞珠，天津滨海区的玫瑰香，山东半岛的霞多丽和品丽珠等葡萄都在国内久负盛名。渤海湾地区是我国较大的葡萄酒生产区。其中有著名的中国长城葡萄酒有限公司、天津王朝葡萄酿酒有限公司、青岛华东葡萄酿酒有限公司、青岛市葡萄酒厂、烟台威龙葡萄酒有限公司和烟台张裕葡萄酒有限公司等。

2. 河北

河北地区包括宣化、涿鹿、怀来。这里地处长城以北，光照充足，热量适中。昼夜温差大，夏季凉爽，气候干燥，雨量偏少，年平均降水量 410 毫米。土壤为褐土，质地偏沙，多丘陵山地，十分适宜葡萄的生长。传统的龙眼葡萄是这里的特产。近年来，该地区推广赤霞珠和甘美等著名葡萄。该地区著名的酿酒公司有北京葡萄酒厂、北京红星酿酒集团和秦皇岛葡萄酿酒有限公司等。

3. 山西

山西包括汾阳、榆次和清徐西北山区。这里气候温凉，光照充足，年平均年降水量 450 毫米，土壤为沙壤土，含砾石。该地区的葡萄栽培在山区，使得葡萄有较深的颜色。国产龙眼葡萄是当地的特产。近年来，赤霞珠和美露葡萄也开始在山西作为葡萄酒原料。该地区著名的酒厂有山西杏花村葡萄酒有限公司和山西太极葡萄酒公司等。

4. 宁夏

宁夏包括沿贺兰山东部的广阔平原，这里天气干旱，昼夜温差大，年平均降水量 180～200 毫米，土壤为沙壤土，含砾石。这里是西北新开发的最大葡萄酒基地，著名的赤霞珠和美露葡萄在该地区普遍种植。该地区有宁夏玉泉葡萄酒厂等。

5. 甘肃

武威、民勤、古浪和张掖是甘肃地区新开发的葡萄酒产地。这里气候凉爽干燥，年平均降水量 110 毫米。由于该地区热量不足，冬季寒冷，适宜早中熟葡萄品种的生长。近年来，该地区种植黑比诺、莎白丽等葡萄使得葡萄酒的生产规模和质量不断提高和扩展。

6. 新疆

新疆吐鲁番盆地周围地区，四面环山，热风频繁，夏季温度极高，达 45 ℃以上，雨量稀少，全年仅有 16 毫米。这里是我国无核白葡萄生产和制干基地。该地区种植的葡萄含糖量高，酸度低，因此，该地区生产的甜葡萄酒具有特色，品质优良。

7. 河南与安徽

该地区包括黄河故道的安徽萧县，河南兰考、民权等县，气候偏热，年降水量 800 毫米并集中在夏季。因此，葡萄生长旺盛。近年来，通过引进赤霞珠等晚熟葡萄，改进栽培技术，葡萄酒品质不断提高。该地区的著名葡萄酒厂有安徽古井双喜葡萄酒公司和河南民权五丰葡萄酒有限公司。

8. 云南

云南地区包括弥勒、东川、永仁及与四川交界处攀枝花，土壤多为红壤和棕壤。光照充足，热量丰富，降水适时，在11月至次年的6月是旱季。云南弥勒降水量为330毫米，四川攀枝花为100毫米，因此适合葡萄生长和成熟。该地区著名的酿酒公司有云南高原葡萄酒公司。

10.3 葡萄酒分类与命名

葡萄酒有不同的分类方法。通常根据葡萄酒的糖分、酒精度、二氧化碳含量、颜色、葡萄品种和出产地将葡萄酒分为不同种类。

10.3.1 国际葡萄酒组织分类

国际葡萄酒组织将葡萄酒分为葡萄酒和特殊葡萄酒两大类。葡萄酒指红葡萄酒、白葡萄酒和玫瑰红葡萄酒（桃红葡萄酒）。特殊葡萄酒指香槟酒、葡萄汽酒、强化葡萄酒和加味葡萄酒。

10.3.2 饭店业与餐饮业分类

饭店业和餐饮业将葡萄酒分为4类：静止葡萄酒、葡萄汽酒、强化葡萄酒和加味葡萄酒。

1. 静止葡萄酒

静止葡萄酒（Still Wine）二氧化碳的含量少，是不含气泡的葡萄酒。包括红葡萄酒、桃红葡萄酒和白葡萄酒。

① 红葡萄酒（Red Wind），是指以红色或紫色葡萄为主要原料，经发酵，酒与皮渣分离，酒液呈红宝石色的葡萄酒。

② 玫瑰红葡萄酒（Rose Wine），与红葡萄酒酿造方法基本相同，由于皮渣在葡萄液中浸泡时间较短，酒的颜色呈淡红色、橘红色或砖红色。当然也可以将红葡萄液与白葡萄液混合发酵获得玫瑰红葡萄酒。

③ 白葡萄酒（White Wine），是指浅金黄色或无色葡萄酒，这种葡萄酒以白葡萄为主要原料，经破碎葡萄，分离葡萄液与皮渣，发酵和熟化而成。

2. 葡萄汽酒

葡萄汽酒（Sparkling Wine）也称为气泡葡萄酒。这种酒开瓶后会发生气泡。该酒在制作中通过自然生成或人工加入二氧化碳。葡萄汽酒又可分为加气葡萄酒（Sparkling Wine）和香槟酒（Champagne）。

① 加气葡萄酒（Sparking Wine），是将二氧化碳以人工方法加入葡萄酒的葡萄汽酒。

② 香槟酒（Champagne），是采用香槟地区（Champagne）种植的葡萄，以自然发酵方法制成的葡萄汽酒。

3. 强化葡萄酒

强化葡萄酒（Fortified Wine）是在葡萄酒发酵期间加入少量白兰地酒或食用酒精以提高酒精度的葡萄酒。加入食用酒精后可抑止葡萄酒的发酵，留下酒液中的少量糖分。这种酒的酒精度常在16～20度。例如，雪利酒（Sherry）和波特酒（Port）。

4. 加味葡萄酒

加味葡萄酒（Aromatized Wine）也被称为加香葡萄酒。它是添加了食用酒精、葡萄汁、糖浆和芳香物质的葡萄酒，酒精度在16～20度。例如，味美思（Vermouth）。

10.3.3 根据葡萄酒功能分类

根据葡萄酒的特点和功能，葡萄酒可分为餐前酒、餐中酒和甜点酒。

1. 餐前酒

餐前酒（Aperitif）也称作开胃酒。主要的品种包括清淡的白葡萄酒、干味美思酒和干味雪利酒，这些酒有开胃的作用，常用于餐前，佐以开胃菜饮用。

2. 餐中酒

餐中酒（Table Wine）简称餐酒，是指在吃主菜时饮用的葡萄酒。主要包括清淡的白葡萄酒、玫瑰红葡萄酒和干红葡萄酒。

3. 甜点酒

甜点酒（Dessert Wine）包括带有甜味的葡萄酒、波特酒、甜雪利酒和马德拉酒等，是在吃甜点时饮用的葡萄酒。

10.3.4 根据葡萄酒含糖量分类

葡萄酒的糖分影响葡萄酒的功能和风味，含糖量低的葡萄酒常作为餐前酒和餐酒，而含糖量高的酒常作为甜点酒。根据葡萄酒的糖分，葡萄酒常分为干葡萄酒、半干葡萄酒、半甜葡萄酒和甜葡萄酒。

1. 干葡萄酒

干葡萄酒（Dry）味道清淡，含糖量小于4克/升，几乎没有甜味，是有干爽果香味的葡萄酒。

2. 半干葡萄酒

半干葡萄酒（Semi-dry）含糖量4～12克/升，是有微弱的甜味和舒顺圆润的果香味的葡萄酒。

3. 半甜葡萄酒

半甜葡萄酒（Semi-sweet）含糖量12～50克/升，是有明显的甜味和果香味的葡萄酒。

4. 甜葡萄酒

甜葡萄酒（Sweet）含糖量50克/升以上，包括50克/升，是具有浓厚的甜味和果香味的葡萄酒。

10.3.5 葡萄酒命名

世界各地葡萄酒的命名依据通常有4个方面：葡萄名、地名、公司名和商标名。许多著名的优质葡萄酒，在葡萄酒标签上既有商标名，又有出产地名和葡萄名以增加知名度。由于许多酿酒公司常用同一种葡萄生产同一类型的葡萄酒或在同一著名地区生产葡萄酒。因此，一些葡萄酒以厂商名作为葡萄酒名或者以商标名作为葡萄酒名，利于顾客识别。

1. 以葡萄名命名

许多葡萄酒以著名的葡萄名称命名，这种命名方法有利于突出和区别葡萄酒的级别和特色（见图10-10）。但是各国对使用葡萄名命名的葡萄酒都有严格的规定。例如，美国规定以葡萄名命名的葡萄酒必须含有75%以上的该葡萄品种的原料。法国规定必须是100%的含有该品种葡萄。常见的葡萄品种如下。

黑比诺葡萄

莎白丽葡萄

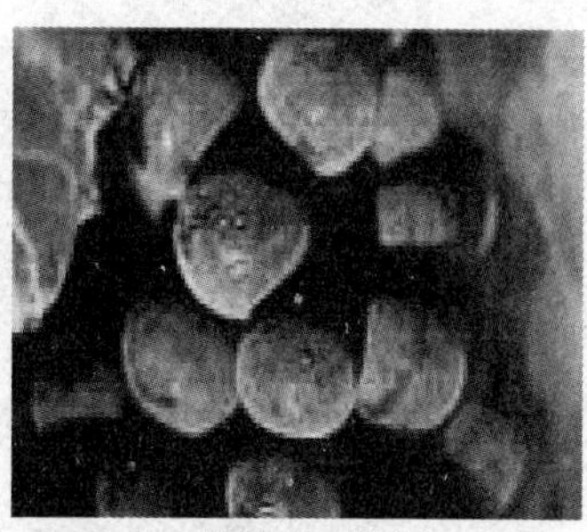
比诺尼尔葡萄

图10-10　著名的葡萄品种

① 赤霞珠（Cabernet Sauvignon）。著名的红葡萄，用以酿造优质红葡萄酒。广泛种植于法国波尔多地区、美国加州和澳大利亚等地。我国已有许多地方种植。

② 甘美（Gamay）。著名的红葡萄，用于酿造优质红葡萄酒和玫瑰红葡萄酒，主要产于法国勃艮第地区和美国加州，我国在一些地方已经种植。

③ 芝华士（Shiraz）。著名的红葡萄，用于酿造优质的红葡萄酒，主要产于法国和澳大利亚。

④ 增芳德（Zinfandel）。著名的红葡萄，用于酿造优质的红葡萄酒，主要产于法国各地和美国加州。

⑤ 美露（Merlot）。著名的红葡萄，用于酿制优质红葡萄酒。主要产于法国波尔多地区、意大利和瑞士。

⑥ 黑比诺（Pinot Noir）。著名的红葡萄，用于酿造优质的红葡萄酒和香槟酒，产于法国勃艮第地区。

⑦ 品丽珠（Cabernet Franc）。也称为布莱顿（Breton），最早种植在法国卢瓦尔地区的南特市（Nantes），后来种植于图瑞讷（Tourraine）地区。用于酿造优质的红葡萄酒。

⑧ 赛乐（Syrah）。葡萄粒大、颜色深，有浓郁的香味，甜润、酸度大，含有较高的单宁。以这种葡萄为原料制成的葡萄酒常与赤霞珠葡萄酒勾兑而达到理想的酒精度、味道和香气。广泛种植于欧洲和北美。

⑨ 格兰娜齐（Grenache）。抗干热，成熟后含有较高的糖分，是芳香的红葡萄。然而，缺乏酸度和明显的个性，适合与优质的红葡萄酒和玫瑰葡萄酒勾兑。种植于欧洲。

⑩ 霞多丽（Chardonnay）。著名的白葡萄，酿制优质的白葡萄酒和香槟酒，主要种植于法国和美国各地。

⑪ 雷司令（Riesling）。著名的白葡萄，用于酿制白葡萄酒，广泛种植于法国、德国、

美国和中国各地。

⑫ 夏维安（Sauvignon Blanc）。著名的白葡萄，主要种植于法国卢瓦尔地区和澳大利亚各地，对气候和土壤非常敏感，味道芳香。

⑬ 千里白（Chenin Blanc）。著名的白葡萄，用于酿制白葡萄酒，主要种植于法国卢瓦尔地区，味酸而浓，适合制作葡萄汽酒，常与其他葡萄酒勾兑。贵腐后，可制作甜白葡萄酒。

⑭ 占美娜（Gewurztraminer）。著名的白葡萄，用于酿制白葡萄酒，主要种植于法国和美国各地。

⑮ 马斯凯特（Muscat）。著名的白葡萄，用于酿制白葡萄酒，各国广泛种植。

⑯ 麦论（Melon，或 Melon de Bourgogne）。在法国南特市东南地区的沙土地生长，适于酿制味道温和的白葡萄酒。

⑰ 白格兰娜齐（Grenache Blanc）。抗干热，生产量高，是酿制高质量的白葡萄酒原料，含糖量高，种植于欧洲各国。

2. 以地名命名

世界许多著名的葡萄酒都以著名的葡萄酒产地名称命名。例如，法国著名的葡萄酒生产区波尔多、莎白丽、勃艮第、美铎和香槟等地区。以产地命名的葡萄酒常是葡萄酒质量的保证。法国葡萄酒原产地名称法规定，使用生产地名的葡萄酒必须使用当地的葡萄为原料，使用规定的葡萄品种，质量指标必须符合该地区有关葡萄酒质量及葡萄酒的酒精含量规定。

3. 以商标和酿酒公司名命名

一些酒商以勾兑的葡萄液为原料酿制葡萄酒或为了迎合顾客口味而创立了一些流行的品牌。例如，芳色丽高（Fonset Lacour）、派特嘉（Partager）、白王子（Prince Blanc）、长城等。这种命名方式使顾客容易辨认品牌和酒的特色，有利于葡萄酒营销。通常，这些品牌来自当地的历史背景、生活习俗、著名的地点或人物等。一些酒商酿酒技术高，酒的质量稳定或酒商有悠久的历史背景并在人们心目中享有信誉等原因，将企业名称作为品牌。这些命名方法的目的是扩大企业知名度，使人们更加了解其产品特色和增加对产品信任度。例如，法国 B&G 葡萄酒、美国保美神（Pall Masson）葡萄酒、中国的王朝和张裕葡萄酒。然而，许多葡萄酒的商标名也是酿酒公司名。

10.4 啤　　酒

10.4.1 啤酒含义与特点

啤酒是英语 beer 的音译和意译的合成词，是以大麦芽为主要原料，经发酵制成的酒。啤酒酒精度低，常在 3%～5%，一些特制的啤酒酒精度可达 7%。啤酒含有一定量的二氧化碳，在 0.35%～0.45%，人工充气啤酒可高达 0.7%，并可以形成洁白细腻的泡沫。由于啤酒使用了啤酒花为原料，使啤酒增加了香气和味道，也增加了啤酒的防腐能力。啤酒含有人体需要的酒精、糖类、蛋白质、氨基酸、多种维生素及无机盐等。其中，酒精、糖类和氨基酸可供给人们能量。一瓶 640 毫升的啤酒可以产生 1.7～2.9 兆焦热量，这些热量相当于 4 个鸡蛋或 450 克牛奶或 180 克面包所发出的热量。啤酒所含的营养成分和酒精度适合人体吸收，其中糖类被人体吸收率可达 90%。因此，在 1972 年的墨西哥世界第 9 次食品会议上，啤酒被选定为营养食品。人们将啤酒誉为“液体面包”。啤酒是酒店业和餐饮业销售的主要饮品之一。

10.4.2 啤酒历史与发展

传说世界上最早的啤酒酿造记录大约在 6 000 年前，由居住在中东的底格里斯河（Tigris）和幼发拉底河（Euphrates）的美索不达米亚（Mesopotamia）平原的古巴比伦与乌尔（Ur）城中的苏美尔人（Sumerians）首先开始。苏美尔人偶然发现了面包的发酵现象，然后他们模仿发酵过程，直至创造了人类最早的啤酒。一枚大约4 000年前苏美尔人的印章，记载了制作啤酒的配方。该配方上面用象形文字写着：将烤过的面包捣碎，放入水中形成糊。然后，制成饮料，饮用这种饮料人们会感到愉快。公元前 2000 年，苏美尔王朝灭亡后，古巴比伦人继承了苏美尔人的文化。他们不断地探索啤酒酿造艺术，研制了 20 余种不同类型的啤酒。由于古代啤酒不经过滤，酒体浑浊。为了避免吸入杂质，饮酒者必须使用草秆作为吸管。大约公元前 1750 年，根据古巴比伦王国的汉谟拉比国王（Hammurabi）颁布的法典规定，按照人的等级，每人每日配给一定量的啤酒，普通劳动者每天配给 2 升、国家官差每天 3 升、管理者及牧师每天配给 5 升。在古代，啤酒只作为交易物，不出售。根据记载，古埃及人使用面团制作啤酒并在酒中添加红枣以提高啤酒口味。当时，埃及医生所开的治胃病和治牙痛的药方都有啤酒。根据考古，金字塔工人的伙食里包含着啤酒，法老的陵墓里也有啤酒作为陪葬物。当时，古埃及人认为，以纯麦酿制的啤酒味道单调，所以在啤酒中添加药草。这种以草药为添加剂酿制啤酒的方法一直延续了很长时间。

公元前 800 年，古日耳曼人已经开始大批量地酿制啤酒。根据公元 1 世纪古罗马历史学家——塔西特斯（Tacitus）所著的“日耳曼史”记载，日耳曼人除了喝蜂蜜酒之外，还常喝以大麦和小麦制成的类似啤酒的酒。近年来，在德国的科姆贝尔城（Kulmbach）附近出土的文物中，发现了公元前 800 年早期铁器时代（Hallstatt）盛装啤酒的双耳细颈瓶（amphora）。这一发现可以说明啤酒的发展历史和早期的酿造年代。根据历史考证，欧洲最早有关使用啤酒花的记录在 8 世纪末，始于一座修道院。14 世纪，啤酒花作为啤酒主要原料之一，被广泛地采用。1516 年，巴伐利亚国王威廉四世发布了啤酒纯化法（the German Beer Purity Law），该法规定了啤酒只能用大麦、啤酒花及水来酿造。从那时，德国啤酒的品质不断提高。同时，也促进了巴伐利亚地区啤酒花的种植业。1837 年在丹麦首都哥本哈根出现了世界第一家工业化的啤酒厂。

1876 年由路易斯·巴斯德（Louis Pasteur）开始了著名的科研项目“关于啤酒的研究”（Etudes sur la Biere）。通过这个项目，巴斯德发现了微生物，进而建立了现代微生物学。此外，他还研究出了低温杀菌法（Pasteurization），将啤酒在 65 ℃的条件下加热 30 分钟的处理可杀死啤酒中的全部病菌，使啤酒的保存期大幅度延长。在啤酒酿造领域中，另一项开创性的研究是丹麦科学家克里斯汀汉森（Christian Hansen）。他从啤酒中分离出了单个酵母细胞并在人造介质上进行了酵母繁殖。通过使用这项成果，人类提高了啤酒发酵过程的纯净度，从而提高了啤酒的质量。1964 年德国首先开始使用金属啤酒桶，金属酒桶比木质酒桶更清洁，更容易操作。长期以来，欧美各国啤酒销量名列世界前列。其中，德国人均年消费啤酒达 130 千克。我国随着人们生活的提高，啤酒消费量在逐年增加，由 20 世纪 80 年代的每人年平均消费量约2千克增至目前的5千克。世界上有许多国家都生产啤酒。其中，最著名的国家是德国、美国、英国、澳大利亚、荷兰和丹麦等。

10.4.3 啤酒的原料

啤酒主要由大麦、啤酒花、酵母和水等构成。一些国家和地区加入淀粉物质作为啤酒添加剂以增加啤酒味道和减少成本。

1. 大麦

大麦是制作啤酒的主要原料。大麦含有大量的营养素，蛋白质、脂肪、磷酸盐、无机盐、维生素。由于大麦的酶系统完全，便于发芽，在水中浸泡2～3天后，就可增加50%的体重。然后，送至一定温度和湿度的发芽床上，经温度和湿度控制便可生长出浅绿色的麦芽和白色的根，经烘干处理，形成了干麦芽，干麦芽含有大量的淀粉酶，可使麦粒中的淀粉溶解和糖化，形成大量的麦芽糖，而麦芽糖正是酿制啤酒不可缺少的原料。科学家们认为，大麦比小麦和其他谷物更适宜作为啤酒的原料。

2. 啤酒花

图10-11　啤酒花

啤酒花是制作啤酒的四大原料之一，是制作麦汁不可缺少的添加物，它给麦汁增添了特殊的苦味和香味（见图10-11）。啤酒花能析出蛋白质，使麦汁澄清并增加麦汁和啤酒的防腐力。此外，还有改善啤酒泡沫，使啤酒泡沫细腻而持久的功能。啤酒花是多年蔓生攀援的草本植物，其名称很多，包括忽布花、蛇麻花等。啤酒花为雌雄异株的植物，只有雌株才能结出花体。因此，用于酿造啤酒的是雌花。每年6月底至7月初，当啤酒花植株达到棚架高度，啤酒花就含苞待放。当浅绿色花蕾缀满枝头时发出阵阵的清香，并在花体表面布满了粉状的香脂腺，香脂腺中含有苦味质、单宁、芳香油及矿物质等。苦味质的含量大约是4%，啤酒中清爽的苦味就由此而来。啤酒花中的单宁含量约13%，它的作用能使麦汁中的蛋白质沉淀，加速啤酒净化。酒花中的芳香物质虽然仅有0.3%～1%的含量，但足以使啤酒清香四溢。啤酒花是一种高成本原料，为了提高啤酒花的利用效果，国际市场已生产出多种啤酒花制品。例如，啤酒花浸膏、啤酒花粉和啤酒花油等。各国啤酒厂商根据所酿造啤酒的类型及啤酒花的品种和质量为啤酒添加不同的啤酒花制品。

3. 酵母

酵母是制作啤酒不可缺少的原料，它用于冷麦汁发酵，产生酒精和二氧化碳，使啤酒在风味、泡沫和色泽等方面具备独特性。啤酒酵母是一种不能运动的单细胞低级真菌，其细胞只能借助显微镜才能识别，人的眼睛看到乳白色湿润的酵母泥是无数酵母细胞的集合体。自然界存在多种酵母，但不是所有的酵母品种都可以酿造啤酒。科学家们把适用于啤酒发酵的酵母称为啤酒酵母。啤酒酵母营养丰富，含有大量的蛋白质、人体必需的氨基酸、多种维生素和矿物质。

4. 水

水对啤酒酿造起着关键作用。通常，啤酒约有90%的水分。酿造啤酒应当使用优质水，即无色、无味、透明、无悬浮物和无大肠杆菌、无沉淀，总溶解盐类在 150～200 毫升/升，pH 为中性，有机物小于 0.3 毫升/升，水的硬度为 1 毫摩尔/升。在 37 ℃，每毫升水中经过 24 小时培养，细菌总数不超过日常饮用水标准。为了保证啤酒质量，各啤酒厂商建立自己的水质处理系统。常用的方法有活性炭处理法、电渗析法、离子交换法、酸类中和法及定量添加饱和石灰法。

5. 辅助原料

谷物在制作啤酒中起着辅助作用，因为大麦中的淀粉在生芽中常被消耗一部分，而啤酒的糖化工序则需要尽可能多的淀粉变成糖。为了弥补大麦生芽过程中淀粉损失，在糖化时加入部分含淀粉丰富的谷类，通过酶的作用，把淀粉变成糖，这样可以代替部分麦芽，从而降低成本。辅助原料主要包括大米、玉米和蔗糖等。然而，有些国家规定了酿造啤酒的原料只有大麦、啤酒花、酵母和水，不允许加入淀粉类原料。

10.4.4 啤酒生产工艺

啤酒有不同的风格，而不同的风格由不同的生产工艺形成。通常啤酒生产程序主要由选麦、浸麦、发芽、干燥、制汁、发酵和熟化等过程组成。

1. 选麦

酿造啤酒首先对啤酒的主要原料——大麦进行筛选和分级。原粒大麦中常含有破损粒、杂谷、秸秆和土石等。这些杂质会妨碍大麦发芽，降低麦芽质量。因此，在大麦进入浸渍前必须去除杂质，并根据麦粒腹部直径的大小分级，使大麦发芽均匀。被分级的大麦，整齐度应达到 93% 以上，这一过程称为选麦。

2. 浸麦

经过筛选和分级的大麦用水浸，使大麦达到适当的含水量，从而使大麦发芽，这一过程称为浸麦。浸麦的目的是供给大麦发芽时所需的水分，给予充足的氧气，使大麦开始发芽。同时也是充分清洗大麦的过程。浸渍在水中的大麦，常在 12～15 ℃时开始吸收水分，6～10 小时后大麦吸收水分的速度加快，含水量可达 35%。15 个小时后，速度缓慢下来。经过 20 个小时浸泡，大麦含水量可达到 48%。浸渍后的大麦应具有新鲜的麦秆味道，外表清洁，无黏附物，无酸味和异味，麦粒具有弹性，发芽率在 70% 以上。浸麦程序常在 60 个小时内完成。

3. 发芽

发芽是将浸渍后的大麦控制在适当的条件，使其发芽的过程。发芽的目的使麦粒形成大量的酶并将麦粒中的淀粉、蛋白质和半纤维素等高分子物质得到分解以满足啤酒酿造的糖化需求。目前，不同的企业习惯使用不同特点的发芽箱。发芽温度通常在 12 ～18 ℃，湿度在 85% 左右，经 5～6 天的时间，就可以得到叶芽（绿麦芽）。这种麦芽有弹力，具有黄瓜的清新味道，长度是麦粒长度的 3/4。

4. 干燥

干燥是指使用热空气将麦芽干燥和烘烤的过程。干燥的目的是终止麦芽生长和酶的分解，除去麦芽的水分，易于麦芽贮存。麦芽通过烘烤后可以产生特定的香气、颜色和味道。麦芽干燥和烘焙要经过 3 个阶段：首先是麦芽凋萎阶段，麦温在 40 ℃，经 12 个小时以上的干燥，麦芽水分降至 20%。然后，是麦芽干燥阶段，经过 8～10 小时的干燥，麦温约 50 ℃，麦芽含水量降至12%，再经过8个小时，在75 ℃条件下的烘烤，麦芽含水量降至约1.5%。最后阶段，在80 ℃麦温的前提下，烘烤2～3小时，麦芽成为淡黄色并生成麦芽香味物质。然后，迅速冷却，降至45 ℃，即可出炉。出炉后的干麦芽应立即除根，降低温度，至室温为止。

5. 麦汁制作

麦汁制作是将固态的麦芽、非发芽谷物和啤酒花用水调制成澄清透明的麦芽汁过程。这一过程俗称糖化。这一过程包括原料粉碎、原料糖化、麦汁过滤，煮沸与添加啤酒花，冷却和通氧等过程，并将麦汁泵入发酵设施中。

① 粉碎麦芽。用湿式粉碎机粉碎麦芽，用粉碎机粉碎干谷物，加水调浆，泵入糖化锅。

② 麦汁糖化。糖化指在60～70 ℃条件下，利用麦芽本身的酶使麦芽及其辅助原料（淀粉）逐渐分解为可溶性物质，制成符合要求的麦汁。糖化工序结束后意味着麦汁已经形成。

③ 麦汁过滤。过滤是将麦汁与麦糟分离的过程。经过糖化的麦汁必须迅速过滤。

④ 煮沸与添加啤酒花。过滤后麦汁需煮沸70～90分钟。煮沸的目的是蒸发水分，浓缩麦汁。当麦汁煮沸中，啤酒花分为3次向麦汁添加。这样可保证成品啤酒的光泽、味道和稳定性。

图10-12　啤酒发酵罐

⑤ 冷却与通氧。麦汁煮沸定型后应分离啤酒花，将麦汁冷却到规定的温度，冲入一定量氧气后进入发酵阶段。

⑥ 发酵。将煮好的麦汁冷却至5 ℃，泵入发酵罐，添加啤酒酵母进行发酵。大约1周的时间，麦芽汁中的糖转化为酒精（见图10-12）。

⑦ 熟化。将发酵好的酒液送入熟化罐进行熟化，大约2个月的熟化，啤酒中的二氧化碳溶解成啤酒的芳香物质，酒渣沉淀，酒液澄清。经过离心器除去杂质，注入二氧化碳后装瓶成为生啤酒，经过巴氏低温灭菌后成为熟啤酒。

10.4.5　啤酒种类与特点

啤酒有多种分类方法，可以根据啤酒颜色、生产工艺、发酵工艺及啤酒特点等分类。

1. 根据原料分类

① 大麦啤酒。以大麦芽为主要原料，经发酵制成的酒。目前，大麦啤酒的生产和消费占啤酒总生产量的90%以上。而且世界著名的大麦啤酒产品很多。大麦啤酒有不同的颜色和酒精度。同时，由于采用不同种类的大麦、不同的烘烤方法，因此，大麦啤酒有各种不同的味道。

② 小麦啤酒。以小麦芽为主要原料（含量至少达35%），经发酵制成的酒。这种啤酒由英国首先推出，成为一类新型啤酒以满足欧洲、日本和东南亚等国家一些消费者的需求。一些小麦啤酒加入了适量的大麦使其味道更加柔顺。例如，德国小麦啤酒（Hefeweizen）。

③ 综合原料啤酒。以大麦、小麦或玉米等，参与水果、蔬菜或带有保健功能的其他植

物等原料制成的啤酒。

2. 根据颜色分类

由于啤酒采用不同的原料，使用不同的烘烤麦芽方法。因此，啤酒颜色各不相同。其颜色的描述也有不同的形式。

① 淡色啤酒。外观呈淡黄色、金黄色或麦秆黄色。例如，传统的捷克比尔森啤酒（Pilsner）、德国的多特蒙德啤酒（Dortmunder）都是淡色啤酒的代表。我国绝大部分啤酒属于此类颜色。

② 深色啤酒。呈红棕色、红褐色、深褐色和黑褐色（简称黑色），麦汁浓度较高，麦芽香味突出，口味醇厚，泡沫细腻，口味浓，略有苦味。部分原料采用深色麦芽。其外观呈琥珀色、古铜色、褐色、红褐色和黑色等。例如，德国生产的伯克啤酒（Bock）和慕尼黑黑啤酒（Mumich Dark）等。

3. 根据保存时间分类

① 鲜啤酒。包装后不经过巴氏灭菌的啤酒，不能长期保存，保质期在 7 天以内。

② 熟啤酒。包装后经过巴氏灭菌的啤酒，保质期在 3 个月以上。

4. 根据发酵工艺分类

① 底部发酵啤酒。也称为拉戈啤酒（Lager），是指传统的德国式啤酒。使用溶解度稍差的麦芽，采用糖化煮沸法、底部酵母、低温，需用较长时间发酵。酒液可分为浅色或深色，中等啤酒花香味，酒精度低。根据产品的不同特色，可以为比尔森啤酒（Pilsner）、伯克啤酒（Bock）和多特蒙德啤酒（Dortmunder）等。

② 上部发酵啤酒。称为爱尔啤酒（Ale），是传统的英国式啤酒，以易于溶解的麦芽为原料，采用上部发酵工艺，高温和快速的发酵方法。其种类包括浅色爱尔啤酒和深色爱尔啤酒。浅色爱尔啤酒有不同的麦芽含量，酒花味浓，二氧化碳含量高，酒精度高。深色爱尔啤酒，麦芽香味浓，味甜，有水果香气。著名的品种有比利时爱尔啤酒（Belgian Strong Ale）、比利时浅色爱尔啤酒（Pale Ale Belgian）、比利时红啤酒（Belgian Red Ale）、英国棕色爱尔啤酒（Brown Ale）、爱尔浓啤酒（Cream Ale）、爱尔兰红啤酒（Irish Red Ale）、老牌爱尔啤酒（Old Ale）、浅色爱尔啤酒（Pale Ale）、苏格兰爱尔啤酒（Scotch Ale）和淡味爱尔啤酒（Mild Ale）等。淡味爱尔啤酒的酒精度，含量在 3%～3.5%，酒味清淡，略带甜味，颜色从浅褐色至深褐色。

5. 根据麦汁分类

① 低浓度啤酒。麦汁浓度为 2.5～8 度，乙醇含量 0.8%～2.2%。10 余年以来产量日增以满足低酒精饮料的市场需求。麦汁浓度由啤酒体积百分比表示，即 100 毫升啤酒液含有的麦汁体积。

② 中浓度啤酒。麦汁浓度 9～12 度，乙醇含量 2.5%～3.5%，淡色啤酒均属于这个类型，我国啤酒多为此类型。

③ 高浓度啤酒。麦汁浓度 13～22 度，乙醇含量 3.6%～8%，为深色啤酒。

6. 根据啤酒特色分类

① 苦啤酒（Bitter）。投入较多啤酒花，其特点是干爽，浅色，酒精度高。这种啤酒采用桶中后熟工艺，具有代表性的产品是伦敦富勒史密斯特纳啤酒厂（Fuller's Smith & Turner）生产的克斯维克啤酒（Chiswick Bitter）和伦敦优质啤酒（London Pride）（见图 10-13）。

图 10-13　伦敦优质啤酒

② 果味啤酒。在麦汁发酵前或发酵后放入水果原料制成。有时，将果汁与冷麦汁混合发酵而成。一些果味啤酒以啤酒为酒基（主要原料）勾兑一定量的果汁。果味啤酒于20世纪80年代中期在我国生产。首先在上海、广州、武汉和天津，以后普及全国各地，受到特定的消费群体青睐，尤其是南方消费者。果味啤酒的特点是营养比普通啤酒丰富，口味适合儿童、女士和老人。国际上的代表性产品有比利时山莓啤酒（Framboise），这种啤酒含有山莓味，多泡沫、酸味、酒液浑浊、酒花味清淡。比利时堪迪伦啤酒厂（Cantillon）生产的樱桃啤酒（Kriek）等。

③ 兰比克啤酒（Lambic）。以大麦芽为主要原料，加入30%的未发芽小麦和少量水果（桃子、樱桃或山莓），采用野生酵母和乳酸菌发酵而成。其特点是酒液浑浊、红褐色、味清淡、多泡沫，带有柠檬酸味，有桃红香槟酒之称。著名的比利时法罗啤酒（Faro）是兰比克啤酒的代表性产品。这种啤酒可分为古铜色和棕色，口味略甜，口感柔滑，有葡萄酒味道。

④ 印度淡色啤酒（India Pale Ale）。英语缩写成“IPA”，是增加了大量啤酒花的拉戈型啤酒。根据传统，这种啤酒是高消费的英式爱尔啤酒的标志，酒花味浓，酒精度高。由于这种啤酒曾在历史上驻印的英国部队中流行，因此得名。代表性产品为美国布鲁克林啤酒厂（Brooklyn Brewery）生产的印度淡色爱尔啤酒。

⑤ 爱尔特啤酒（Altbier）。德国传统的爱尔啤酒，其特点是在室温下发酵，长时间在低温酒窖中贮存，采用上部发酵工艺。这种啤酒深褐色，啤酒花含量高，有明显的苦味和酒花味。代表性产品为德国迪贝尔斯私人啤酒厂生产的爱尔特啤酒（Diebels Alt）。

⑥ 春天啤酒（Biere de Mars）。颜色较淡，是一种采用夏季大麦和秋季啤酒花酿造的季节性的爱尔啤酒，在冬季发酵。这种啤酒来源于14世纪的法国，用于庆祝春天到来而饮用。其特点是口味浓，味圆润。代表性产品为比利时卢湾（Louvain）啤酒厂生产的三月啤酒（Mars）。

⑦ 假日啤酒（Fest Bier）。用于假日饮用的拉戈型啤酒，常作为德国圣诞节、复活节等节假日专用啤酒。酒液呈红棕色，麦芽含量高，味浓郁。代表性产品为德国维尔茨堡-霍夫啤酒厂（Wurzburger-Hofbrau）生产的巴伐利亚假日啤酒（Bavarian Holiday）。

⑧ 庆典啤酒（Grand Cru）。用于庆祝活动饮用，麦汁浓度达17.5度，酒精含量高，约5%，酒液中加入了橘皮和其他增香的草药。代表性产品为比利时塞利斯啤酒厂（Celis Brewery）生产的塞利斯优质啤酒（Celis Grand cru）。

⑨ 盖兹啤酒（Gueuze）。将陈年啤酒和新鲜的兰比克啤酒勾兑，在瓶中发酵一年的啤酒。代表性产品为比利时凯迪伦啤酒厂（Brasserie Cantillon）生产的盖兹啤酒（Cantillon Gueuze）。

⑩ 修道院啤酒。通常由修道院酿酒厂生产，麦芽含量高，红棕色、味甜、有坚果味，采用瓶中后熟方法。此外，修道院啤酒常根据用餐功能制成不同的品种。包括开胃啤酒、餐中啤酒和甜点啤酒。著名的产品有德国生产的艾塔尔登克尔出口型啤酒（Ettal's Dunkel Exert）、比利时阿弗吉姆浓啤酒（Affiigem Dubbel）和奇梅啤酒（Chimay）等。

⑪ 科尔施啤酒（Kolsch）。德国科隆地区传统型的啤酒，浅色、酒液较浑浊，味清淡、干爽、略带乳酸味，酒精度高。代表性产品为德国长尾科隆啤酒（Long Trail Kolsch）。

10.4.6 啤酒质量鉴别

啤酒质量可以通过感官指标、物理化学指标及保存期指标鉴别。在室温 20 ℃时，啤酒应清亮透明，不含悬浮物或沉淀物。啤酒盖打开后，瓶内泡沫应升起，泡沫白而细腻，持久挂杯，泡沫高度常占杯子的 1/4 以上并持续 4～5 分钟。啤酒应有明显的酒花香味，纯净的麦芽香和酯香。入口后，留下凉爽、鲜美、清香、醇厚、圆满、柔和等特点。啤酒应没有明显的甜味和苦味（不包括特别酿制的苦啤酒和特色啤酒），无明显涩味。通常，麦汁浓度误差在 0.4% 内，应有适量的二氧化碳，通常的含量不低于 0.32%。鲜啤酒贮存期应在 7 天以上，熟啤酒的贮存期应在 3 个月以上。

10.4.7 啤酒杯的选择

啤酒常用的酒杯包括平底杯（tumbler）、比尔森杯（pilsner）和高脚杯。生啤酒常以生啤杯（mug）盛装。啤酒杯的容量选择应在 240～450 毫升。目前，啤酒杯的造型和名称不断发展。酒杯必须清洁，不得有油迹，否则会影响啤酒泡沫的产生（见图 10-14）。

图 10-14　不同形式的啤酒杯和各种颜色的啤酒

（从左至右 1. 4. 5 高脚啤酒杯　2. 比尔森啤酒杯　3. 生啤杯　6. 平底杯）

（从左至右 1. 麦秆黄色　2. 深褐色　3. 黑褐色　4. 红褐色　5. 古铜色　6. 浅黄色）

本章小结

葡萄酒是以葡萄为原料，经过破碎、发酵、熟化、添桶、澄清等程序制成的发酵酒。由于葡萄酒种类不同，其生产工艺也不尽相同。根据考古，波斯可能是世界最早酿造葡萄酒的国家。在欧洲和北美各国，葡萄酒主要用于佐餐。因此，葡萄酒称为餐酒。有些葡萄酒还作为开胃酒和甜点酒。法国是世界上著名的葡萄酒生产国，法国被称为“葡萄酒王国”。啤酒是英语 beer 的音译和意译的合成词。通常以大麦芽为主要原料，经发酵制成。啤酒有不同的风格，而不同的风格由不同的生产工艺形成。啤酒生产程序主要由选麦、浸麦、发芽、干燥、制汁、发酵和熟化等过程组成。啤酒应有明显的酒花香味、纯净的麦芽香和酯香。入口后，留下凉爽、鲜美、清香、醇厚、圆满、柔和等特点。啤酒有多种分类方法，可以根据啤酒颜色、生产工艺、发酵工艺及啤酒特点等分类。

一、单项选择题

1. 葡萄酒是以葡萄为原料，由（　　）方法制成。

(1) 发酵
(2) 蒸馏
(3) 勾兑
(4) 以上三种方法

2. 香槟酒是著名的（　　）葡萄汽酒。

(1) 意大利
(2) 美国
(3) 法国
(4) 德国

3. 莎白丽葡萄酒（Chablis）是以（　　）命名。

(1) 地名
(2) 商标名
(3) 企业名
(4) 葡萄名

二、判断题

1. 添加剂指添加在葡萄发酵液中的浓缩葡萄液或白糖。（　　）

2. 当葡萄酒标签上印有 Vin de Pay，其含义是普通葡萄酒。（　　）

3. 有些国家规定酿造啤酒的原料只有大麦、啤酒花、酵母和水，不允许加入淀粉类原料。（　　）

三、名词解释

葡萄酒　香槟酒　啤酒　勃艮第　拉戈啤酒

四、思考题

1. 简述发酵酒含义与特点。
2. 简述法国葡萄酒级别。
3. 简述葡萄酒命名方法。
4. 简述啤酒的组成。
5. 简述香槟酒生产工艺。

阅读材料

葡萄酒销售与服务

葡萄酒服务时，首先要选择适当的酒杯。销售和服务白葡萄酒应使用白葡萄酒杯，白葡萄酒杯的形状为高脚杯，杯身细而长，用于白葡萄酒、玫瑰红葡萄酒和白葡萄酒服务，常用的容量约 6 盎司，约 180 毫升。销售和服务红葡萄酒应使用红葡萄酒杯，红葡萄酒杯为高脚杯，杯身比白葡萄酒杯宽而浅，用于红葡萄酒服务，常用的容量为 6 盎司，约 180 毫升。销售和服务香槟酒和葡萄汽酒时，应选用香槟酒杯，其中有三种形状：碟形杯、笛形杯和郁金香形杯。香槟酒杯常用的容量为 4～6 盎司，为 120～180 毫升。

葡萄酒通常为整瓶销售。其中，白葡萄酒应冷藏后销售，最佳饮用温度是 10～12 ℃。当顾客购买整瓶白葡萄酒时，应按照以下程序和方法为顾客服务，将白葡萄酒放在冰桶内，冰桶内放入 30% 冰块和少量水，将一块干净餐巾盖在冰桶上（叠成三折，盖在冰桶上面，露出瓶子颈），将冰桶送到餐桌，靠近主人右侧方便的地方，示瓶、开瓶，斟倒葡萄酒，然后将酒放回冰桶内，将干净餐巾盖在冰桶上，感谢顾客，说“谢谢”离开现场。当顾客杯中的酒液少于 1/4 时，应为顾客重新斟酒，直至将瓶中酒全部斟完或顾客表示不需要时为止。玫瑰红葡萄酒斟倒服务与白葡萄酒服务方法相同。玫瑰红葡萄酒最佳饮用温度同白葡萄酒。

红葡萄酒最佳饮用温度在 16～20 ℃。因此，红葡萄酒不需要冷藏。服务员在示瓶和开瓶后，将酒放在酒架或酒篮内，使酒瓶倾斜，稍等片刻再斟酒。斟倒时，右手持酒篮或酒架为顾客斟酒，斟酒后将酒架与酒放在主人的右边，感谢顾客后，离开餐桌。待酒杯中的酒不足 1/3 时，再为顾客斟酒。一些餐厅将开瓶后的红葡萄酒滤入另一容器内，放在主人的右边。这种方法的优点是酒味更香醇，容器占面积小，酒中沉淀物已被滤净，方便斟倒。其程序是先将葡萄酒瓶擦干净，再将干净的餐巾包住酒瓶，商标朝外，拿到顾客面前。请顾客检查酒的标签，品牌、出产地、葡萄品种及级别，无误后，在顾客面前打开葡萄酒，先用小刀将酒瓶口封口切开，然后用干净餐巾把瓶口擦干净，用酒钻从木塞的中间钻入，转动酒钻的把手，随着酒钻深入木塞，酒钻两边的杠杆会仰起，待酒钻刚钻透木塞时，两手各持一个杠杆同时往下压，木塞会慢慢地从瓶中升出来，取出木塞，递给顾客，请顾客通过嗅觉鉴定（该服务程序用于较高级别葡萄酒），用餐巾把瓶口擦干净，待顾客点头示意后，斟倒少量酒给顾客品尝，待顾客点头示意后，从女士开始斟酒。

香槟酒与葡萄汽酒服务时，首先将酒瓶擦干净，然后放入冰桶中，冰桶放入少量冰块，连冰桶一起送至顾客餐桌，将香槟酒从桶内取出，用餐巾将瓶子擦干，用餐巾包住酒瓶，商标朝上，请顾客鉴定标签。顾客同意后，将酒瓶放在餐桌上，准备好香槟酒杯，左手持瓶，右手撕掉瓶口上的锡纸。然后，用左手食指按住瓶塞，右手拧开瓶盖上的铁丝，去掉瓶盖，将瓶口倾斜，瓶口不要对着顾客，用右手持干净的口布包住瓶口。这时由于酒瓶倾斜，瓶中产生压力，酒瓶木塞开始向上移动。然后，用右手轻轻地将木塞拔出，用干净餐巾将瓶口擦干净，先为主人斟倒少量酒，请主人品尝，得到认可，从女士开始斟酒。饭店业和餐饮业整瓶销售香槟酒和葡萄汽酒，香槟酒的最佳饮酒温度在 7～12 ℃。

第11章

蒸 馏 酒

本章导读

蒸馏酒是指通过蒸馏方法制成的烈性酒，某些国家把超过20度的酒称为蒸馏酒。通过本章的学习，读者可全面了解蒸馏酒的含义、蒸馏酒的起源与发展、蒸馏酒的种类及其特点。同时，可掌握白兰地酒、威士忌酒、金酒、伏特加酒、特吉拉酒和中国白酒等的生产工艺。

11.1 蒸馏酒概述

11.1.1 蒸馏酒含义与特点

蒸馏酒是指通过蒸馏方法制成的烈性酒。蒸馏酒的酒精度常在38度以上，最高可达66度。世界上大多数蒸馏酒的酒精度在40～46度。某些国家把超过20度的酒称为蒸馏酒。蒸馏酒的特点基本是乙醇的特点，乙醇是蒸馏酒的关键原料。蒸馏酒酒味十足，气味香醇，可以长期贮存，可以纯饮，也可以与冰块、果汁或碳酸饮料等混合饮用。蒸馏酒还是配制鸡尾酒不可缺少的原料。

11.1.2 蒸馏酒起源与发展

“蒸馏”一词可追溯到阿拉伯历史和文化，该词原意为精炼，是指将鲜花精炼成香水或将粮食、水果精炼成酒。因此，蒸馏技术在烈性酒制作中扮演着重要的角色。历史上，许多国家把蒸馏酒称为生命之水。实际上，蒸馏技术很早就被人们广泛使用。蒸馏的理念是根据乙醇和水的不同沸点，将水与乙醇分离的原理。人们可以推测古代人尽管没有温度计，但是经蒸馏方法，也能将发酵酒制成高酒精度的烈性酒。

我国学术界认为，我国蒸馏酒起源于东汉。日本学者住江金认为，印度在公元前800年已经有了蒸馏酒——阿拉克（Arrack）。欧洲学者认为，公元1100年法国第一次从含酒精的液体中将酒分离。尽管蒸馏技术在欧洲早已使用，然而该技术用于商业目的距现在仅有500多年历史。实际上，人们经过漫长的历史才逐渐地意识到烈性酒的社会作用和经济价值。

11.1.3 蒸馏酒生产工艺

蒸馏酒生产是根据乙醇的物理性质，通过蒸馏酒水混合体取得乙醇含量较高的液体。由于乙醇在正常大气压下的沸点约为78.3℃，而水的沸点约为100℃。因此，只要将酒水混合物或发酵酒加温至78.3～100℃，就可将乙醇汽化，从而使乙醇与水分离，再通过冷却的方法获得乙醇，经过熟化和勾兑，制成各种风味的烈性酒。

11.2 白兰地酒

11.2.1 白兰地酒含义与特点

英语Brandy的含义是烈性葡萄酒（Burnt Wine），白兰地酒是英语Brandy的音译。白兰地酒是以葡萄为原料，经发酵、蒸馏制成的烈性酒。其特点为褐色，酒精度在40～48度。此外，以其他水果为原料制成的蒸馏酒也称为白兰地酒。但是通常在白兰地酒前加上原料的名称。例如，以樱桃为原料制成的蒸馏酒，称为樱桃白兰地酒（Cherry Brandy）。但是，以苹果制成的白兰地酒，中文名称为“苹果白兰地酒”而欧美人习惯称为“Apple Jack”。

11.2.2 白兰地酒的发展

白兰地酒的发展可以追溯到公元7—8世纪。那时，阿拉伯炼金术人在地中海国家利用发酵和蒸馏技术，将葡萄和水果制成医用的白兰地酒。8世纪末，爱尔兰人和西班牙人已经生产出白兰地酒。16世纪，意大利、西班牙、法国和荷兰等国家普遍使用两次蒸馏程序，经橡木桶熟化等方法，制成了优质的白兰地酒。白兰地酒不仅改变了葡萄酒味道过酸的缺点，而且成为具有独特风味、味道醇厚的烈性酒。18世纪，白兰地酒已占法国酒类出口量的第一位。目前，白兰地酒受各国人们的喜爱并且它的用途也愈加广泛。著名的白兰地酒生产国家有法国、德国、意大利、西班牙和美国。

11.2.3 白兰地酒生产工艺

白兰地酒是以葡萄为原料，经榨汁、发酵、蒸馏得到酒精度较高的烈性酒，制作白兰地酒要经过两次蒸馏。第一次蒸馏得到含有23%～32%乙醇的无色液体，第二次蒸馏得到含有70%乙醇的无色白兰地酒。白兰地酒不像其他蒸馏酒那样要求很高的酒精纯度。其主要目的是保持适当量的挥发性混合物，保持白兰地酒原有的芳香味道。虽然近代蒸馏技术发展迅速，但是，传统的白兰地酒蒸馏方法仍停留在壶式蒸馏器的蒸馏方法（见图11-1）。壶式蒸馏器称为夏朗德蒸馏锅，由蒸馏器、鹅颈管、预热器、冷凝器等部件组成。近年来，壶式蒸馏器有了不少改进，但其功能仍是大同小异。使用壶式蒸馏器蒸馏白兰地酒必须通过两次蒸馏，才能达到理想的酒精度、质量和特色。当然，在制作白兰地酒时，经过蒸馏后的原酒还必须放在橡木桶中，经过熟化程序才能得到理想的颜色和味道。通常，在新橡木桶熟化1年的酒，颜色呈金黄色，倒入老桶，再熟化数年（见图11-2），经勾兑才能达到最理想的颜色、气味和味道。白兰地酒的最后生产环节是过滤、净化和装瓶。

图11-1 壶式蒸馏器

图11-2 熟化中的白兰地酒

11.2.4 法国白兰地酒

1. 法国白兰地酒概况

法国是生产白兰地酒最著名的国家。它生产的白兰地酒在质量和数量方面都名列世界之冠。目前，法国每年销往美国、英国、德国、日本和中国近两亿瓶白兰地酒，占其生产总量的95%。根据历史记载，公元初期，法国夏朗德地区已经开始了葡萄酒酿造。12世纪由夏朗德地区（Charente）生产的一种白色干葡萄酒在英国和斯堪的纳维亚地区（Scandinavia）流行。但是这种酒不易保存，一旦带到温暖地方就变质了。当时，法国政府对酒类的税收很高，一些制酒者为了避免酒税，开始蒸馏葡萄酒，使饮酒者在蒸馏酒中加些水就可以得到葡萄酒。但是，人们却逐渐喜欢上了这种葡萄蒸馏酒。后来，人们发现这种酒在橡木桶熟化后，其口味更香醇，使原酒的浓烈酒精变得圆润，而且获得了理想的颜色。目前，法国有多个著名的白兰地酒品牌。其中，比较常见的有奥吉尔（Augier）、百事吉（Bisquit）、金花（Camus）、轩尼诗（hennessy）、海因（hine）、马爹利（Martell）、人头马（Remy Martin）等。

2. 著名的生产地

法国有多个地方生产白兰地酒。但是，最著名的产地是干邑镇和亚玛涅克地区。

（1）干邑镇

干邑镇（Cognac）也称作科涅克，是一座古镇，位于法国西南部，在著名葡萄酒生产区——波尔多北部的夏朗德（Charente）地区内（见图11-3），面积约20万公顷。该地区气候宜人，土质好，栽培的葡萄格外茂盛。16世纪干邑镇已开始制作白兰地酒。18世纪该地区出口白兰地酒，出口量在法国各类酒中排名第一。由于该地区生产的白兰地酒工艺严谨，酒质优良并有独特的风格。因此，干邑镇越来越有名气，已经成为世界上最著名的白兰地酒生产区。至今，干邑已成为优秀白兰地酒的代名词。干邑白兰地酒的特点是以夏朗德地区的葡萄园生产的干葡萄酒为原料，经两次蒸馏，在橡木桶中经过较长期的熟化，通过勾兑而成，口味和谐，褐色。目前“干邑”一词已被世界广泛熟知。根据记载，公元18世纪，干邑白兰地酒已经销售到俄罗斯、斯堪的纳维亚（Scandinavia）和美国路易斯安那州（Louisiana）、几内亚（Guinea）及亚洲各国。目前，法国政府根据干邑地区的土质、气候和雨量等葡萄生长条件及其生产的白兰地酒质量，将干邑地区划分为6个生产区。

① 大香槟区（Grande Champagne）。是干邑地区中最优秀的白兰地酒生产区域，位于夏朗德河的河岸。这里生产着世界最高级别的白兰地酒（见图11-4）。

图11-3 夏朗德地区

图11-4 大香槟区内的葡萄园

② 小香槟区（Petite Champagne）。在大香槟区的外围区域，这里生产的白兰地酒的质量和知名度仅次于大香槟区。

③ 香槟边缘区（Borderies）。在小香槟区北部，紧挨小香槟区域，是干邑地区排名第三的白兰地酒生产区。

④ 优质葡萄园区（Fins Bois）。在大香槟区、小香槟区和香槟边缘区的外围，包括一片较大的区域及干邑西南部的小块区域，是干邑地区排名第四的优质白兰地酒生产区。

⑤ 外围葡萄园区（Bons Bois）。是指优质葡萄园区的外围区域。该地区的葡萄酒生产条件仅次于以上4块区域，酒质优良。

⑥ 边缘葡萄园区（Bois Ordinaires）。位于外围葡萄园区的西北部及西南部的数块葡萄园。不论其葡萄的生长状况还是该地区生产的白兰地酒都很优良。

（2）亚玛涅克

亚玛涅克（Armagnac）位于波尔多地区的东南部。根据记载，从17世纪，该地区的白兰地酒就很有名气。当时，该地区生产的白兰地酒通过海路向北欧国家出口。亚玛涅克生产的白兰地酒酒质优良，酒味浓烈，具有田园风味。同时，亚玛涅克还已成为世界公认的优质白兰地酒的代名词。法国政府根据该地区土质、自然条件和白兰地酒质量将该地区分为3个酒区：巴士-亚马涅克（Bas-Armagnac）、豪特-亚马涅克（Haut-Armagnac）和泰纳莱斯（Tenareze）。其中，巴士亚马涅克生产的白兰地酒最优秀，豪特亚马涅克次之，泰纳莱斯生产的白兰地酒清淡，熟化期较短。

3. 法国白兰地酒年限表示法

法国白兰地酒重视熟化年限，通常入桶3年，酒还带有辛辣味，色泽不深。入桶50年的酒，味醇和，颜色太深。入桶100年陈酒，不仅颜色太深且酒味很差。适当贮存年限和勾兑才能使白兰地酒味道甘纯。目前，许多酿酒专业人士认为，白兰地酒的标签印有贮存期几十年的文字，不等于该瓶酒中的所有酒液都是标签注明的年限。其中，酒液中很可能有贮存年限较长的酒液。各公司有不同的含量标准。

图 11-5　人头马 X.O

① ☆☆☆或 V.S（Very Superior 的缩写）表示熟化 3 年的优质白兰地酒。

② V.O（Very Old 的缩写）表示不少于 4 年熟化的佳酿酒。

③ V.S.O.P（英语 Very Superior Old Pale 的缩写）表示不少于 4 年熟化的优质酒。

④ X.O（Extra Old 的缩写）表示熟化期不少于 5 年的优质陈酿白兰地酒（见图 11-5）。

⑤ Reserve 表示贮存期不少于 5 年的优质陈酿白兰地酒。

⑥ Napoleon（拿破仑）表示贮存期不少于 5 年的优质陈酿白兰地酒。

⑦ Paradise（伊甸园）表示贮存 6 年以上的优质陈酿白兰地酒。

⑧ Louis XIII（路易十三）表示贮存期 6 年以上的优质陈酿白兰地酒。

⑨ Fine Champagne 表示酒中至少含有 50% 的大香槟地区生产的葡萄液并仅使用大香槟和小香槟地区生长的葡萄为原料。

11.2.5　其他国家白兰地酒

1. 西班牙白兰地酒

西班牙制作白兰地酒有悠久的历史，他们制作的白兰地酒有着独特的味道与芳香。近年来，西班牙白兰地酒在国际市场的销售量不断增长。由于西班牙白兰地酒生产地都是在赫雷斯市（Jerez），用雪利酒桶熟化而成。从而使这种酒有着明显的特点，口味圆润、香味独特。著名的西班牙白兰地酒品牌有亚鲁米兰特（Acmirante）。该品牌含义是提督，由伊比利亚半岛著名的公司生产。这个制酒公司还是生产雪利酒的著名公司。亚鲁米兰特白兰地酒的最大特点是散发糖果的香气。此外，康德欧士朋白兰地酒（Conde De Osborne）以酿酒公司名命名，该公司创建于 1772 年，是西班牙著名的雪利酒和白兰地酒酿造公司。该酒无任何添加剂，是优质的白兰地酒。

2. 意大利白兰地酒

意大利生产白兰地酒有着悠久的历史。根据记载，意大利的沙鲁族人从 12 世纪就开始蒸馏葡萄酒。目前，意大利许多地方都生产白兰地酒。这些白兰地酒以本国消费为主，少量优质的白兰地酒出口他国。意大利白兰地酒至少在橡木桶熟化 1～2 年。著名的意大利白兰地酒品牌有欧培拉（Opera），该酒采用意大利北部地区的葡萄酒蒸馏而成，口感柔和、甘醇。其中欧培拉 12 酒（Opera 12）在橡木桶中熟化 12 年。斯托克（Stock）牌白兰地酒以酿酒公司名命名。该公司创建于 1884 年，是意大利大型白兰地酒酿制公司，该公司的产品斯托克 84（Stock 84）及 X.O 特别陈酿等产品在众多白兰地酒中销量第一。该酒与冰或饮料混合后仍能保持原来的风味。维基亚罗马尼阿（Vecchia Romagna）牌白兰地酒由意大利罗马尼阿市琼旁尼普顿酿酒公司生产，采用意大利陈年葡萄酒为原料，以传统蒸馏技术制作。该酒销量在全世界各种白兰地酒销量排行榜前 100 名。

3. 德国白兰地酒

从14世纪，德国已经制作白兰地酒。德国有许多著名酿酒公司生产白兰地酒。由于德国的白兰地酒酒质饱满、味道醇香，因此深受各国人民的好评。著名的德国白兰地酒品牌有阿斯巴哈（Asbach）。该酒以创始人名而命名，由莱茵河畔的卢地斯哈姆村酒厂生产。该酒在国内评比中获德国金奖。葛罗特（Goethe）牌白兰地酒以酿酒公司名命名，该酒由汉堡市葛罗特酿酒公司生产。它的最大特点是具有甘甜醇厚的味道，其中X. O特别陈酿以贮存6年以上的陈酒混合而成。玛丽亚克朗（Mariacorn）白兰地酒，其品牌的含义是“圣母的皇冠”。该酒起源于玛丽亚克朗修道院，后来在莱茵河畔酒厂生产。它的最大特点是口感柔和并具有德国白兰地酒的品质保证书。

11.3 威士忌酒

11.3.1 威士忌酒含义与特点

威士忌酒是英语Whisky的音译，古代苏格兰人和爱尔兰人的盖尔语（Gaelic）将威士忌酒称为“uisge beatha”。威士忌酒是以谷物为原料，经蒸馏制成的烈性酒，褐色，酒精度在38～48度。威士忌酒的英语拼写方法不同，苏格兰和加拿大生产的威士忌酒拼写方式是Whisky，而爱尔兰和美国的威士忌酒拼写是Whiskey。威士忌酒可以纯饮，放冰块饮用，也可以与果汁或碳酸饮料混合饮用，主要作为西餐的餐后酒或餐酒饮用。

11.3.2 威士忌酒的发展

威士忌酒生产有着悠久的历史。根据记载，爱尔兰人首次蒸馏威士忌酒是在1172年。后来，随着爱尔兰人迁移，将威士忌酒生产技术传到苏格兰。苏格兰人为逃避国家对威士忌酒生产和销售的税收，躲进苏格兰高地继续酿造威士忌酒。在那里，他们发现了优质的水源和制酒原料。因此，威士忌酒酿造技术在苏格兰得到了发扬和光大。15世纪威士忌酒的配方与工艺得到了定型，19世纪威士忌酒对苏格兰和爱尔兰的社会和经济的发展起着重要的作用。苏格兰是世界上生产威士忌酒最著名的地区。

11.3.3 威士忌酒生产工艺

威士忌酒以大麦、玉米、稞麦和小麦为原料，经发芽、烘烤、制浆、发酵、蒸馏、熟化和勾兑等程序制成。不同品种或不同风味的威士忌酒生产工艺不同，主要表现在原料品种与数量比例、麦芽熏烤方法、蒸馏方法、酒精度、熟化方法和熟化时间等。制作威士忌酒首先将发芽的大麦送入窑炉中，用泥炭烘烤，使纯麦威士忌酒带有明显泥煤味。传统上许多苏格兰酒厂的窑炉采用宝塔形建筑。后来，人们将这个形状作为了威士忌酒厂的标志。麦芽在60℃泥煤中干燥、烘烤约48小时，碾碎后制成麦芽糊。然后发酵制成麦汁。麦汁冷却后，进行蒸馏。传统的生产工艺是使用壶式蒸馏器进行蒸馏，至少要蒸馏两次，然后在橡木桶至少熟化3年。但是，许多优质的威士忌酒要熟化8～25年。威士忌酒在熟化期间都是基于凉爽的空间，严格的密封，采用土壤地面，保持理想的温度和湿度。威士忌酒在熟化期间，每年约有2%的乙醇流失。此外，木桶的质量和特色对威士忌酒的口味影响很大，木桶会使威士忌酒有着特殊的香味。酒厂使用两种不同风格的木桶熟化威士忌酒：一种是西班牙雪利酒木桶，另一种是美洲波旁橡木桶。有些酒厂仅以一种木材制成木桶，有的制酒厂使用多种木材制成木桶以使酒液产生不同的特色和风格，木桶在使用前必须烘烤以释放香兰素。

11.3.4 威士忌酒种类

威士忌酒有多种分类方法。按照使用原料分类，威士忌酒可分为纯麦威士忌酒、谷物威士忌酒。按照威士忌酒在橡木桶贮存的时间分类，可分为数年至数十年不同年限的威士忌酒。按照威士忌酒生产地，威士忌酒可分为苏格兰威士忌酒、爱尔兰威士忌酒、美国威士忌酒和加拿大威士忌酒等。根据威士忌酒麦芽生长的程序、烤麦芽方法、蒸馏方式、橡木桶风格、勾兑技巧等，威士忌酒可分为多个种类。

1. 纯麦威士忌酒（Malt Whisky）

仅以大麦为原料，经制浆和发酵后，在壶式蒸馏器制成的威士忌酒。

2. 混合威士忌酒（Blended Whisky）

以纯麦威士忌酒和粮食威士忌酒勾兑制成。通常，纯麦威士忌酒占40%，粮食威士忌酒占60%。此外，混合威士忌酒包含有各种比例的麦芽威士忌酒和其他粮食威士忌酒。价格便宜的混合威士忌酒中纯麦威士忌酒含量低。

3. 利口威士忌酒（Liqueur Whisky）

以威士忌酒为基本原料，勾兑香料、鲜花、水果或植物根茎或种子制成。

4. 谷物威士忌酒（Grain Whisky）

以不发芽大麦、玉米或小麦制成的威士忌酒，使用圆柱形蒸馏器，采用连续蒸馏法制成。

11.3.5 苏格兰威士忌酒

苏格兰威士忌酒（Scotch Whisky）已有500年的生产历史。其产品有独特的风格，色泽棕黄带红，清澈透明，气味焦香，带有烟熏味，给人以浓厚的苏格兰乡土气息，特别是纯麦威士忌酒。苏格兰纯麦威士忌酒仅以大麦为原料，至少熟化3年才能销售。由于使用泥煤熏烤麦芽。因此，酒中有独特的熏烤芳香。目前，随着市场需求，传统的纯麦威士忌酒除满足一部分顾客需求外，主要作为勾兑威士忌酒的重要原料以保持苏格兰威士忌酒的风味。著名的苏格兰威士忌酒有百龄（Ballantine's）、金铃（Bell's）、格兰菲迪（Glenfiddich）、强尼沃克（Johnnie）、珍宝（J & B）、詹姆士马丁（James Martin's）、老牌（Old Parr）等。著名的苏格兰威士忌酒产地包括以下4个地区。

1. 高地

自苏格兰东北部的邓迪市（Dunee）至西南的格里诺克市（Greenock），把这两个城市连成一条线，在该线的西北称为苏格兰高地（Highland）。苏格兰高地约有近百家纯麦威士忌酒生产厂，占全苏格兰酒厂总数的70%以上。这一地区是苏格兰最著名的威士忌酒生产区，也是最大的地区，该地区生产不同风味的威士忌酒。高地的西部有几个分散的制酒厂，他们生产的威士忌酒圆润、干爽，带有泥煤的香气且各有特色；北部生产的威士忌酒带有当地的泥土香气；中部和东部生产的威士忌酒带有水果香气。目前，高地政府没有把各区生产的威士忌酒划分成不同的级别。但是，人们习惯地把高地的中北部——斯波塞德地区

(Speysides) 认定为最优秀的生产区域。这片区域包括因弗内斯市（Inverness）与阿伯丁(Aberdeen) 市之间的花岗岩构成的高山、峡谷和土地肥沃的广阔乡村。斯波塞德纯麦威士忌酒以其优雅复杂的风味而闻名，这种威士忌酒分为浓的雪利酒味和清淡的精细味。在斯波塞德地区，利维特河（livet）非常著名，一些靠近利维特河流域的酒厂借用利维特的地区名作为威士忌酒的品牌。然而，人们认为，只有名为格伦利维特（Glenlivet）的威士忌酒和另三种在利维特河山谷附近地区生产的威士忌酒才有权利使用利维特品牌。因为，这些威士忌酒均使用当地种植的大麦芽为原料，而其他山谷种植的麦芽是否具有利维特（livet）威士忌酒的特色还在争论中。

2. 低地

苏格兰低地（Lowland）在高地的南方，约有10家纯麦威士忌酒厂，是苏格兰第二著名的威士忌酒生产区。该地区除了生产纯麦威士忌酒外，还生产混合的威士忌酒。该地区生产的威士忌酒不像高地威士忌酒那样受泥煤、海岸盐水和海草的混合作用。相反，这种酒突出了本地的轻柔风格。

3. 康贝尔镇

康贝尔镇（Campbel Town）位于苏格兰的最南部，位于泰尔半岛（Mull of Kintyre)。该地区是苏格兰传统的威士忌酒生产地。这种酒不仅带有清淡的泥煤熏烤的风味，还带有少量的海盐风味。从前，该地区共有30余个酒厂，目前只剩下3个。尽管如此，它们生产的威士忌酒都有独特的风味。其中斯波兰邦克酒厂（Springbank）生产两种不同风味的纯麦威士忌酒。

4. 艾莱岛

艾莱岛（Islay）位于苏格兰西南部的大西洋中，风景秀丽，全长25千米。该地区经常受到来自赫伯里兹地区（Hebrides）的风雨及内海气候的影响，土地深处还存有大量的泥煤。由于该地区种植的原材料受海草和石炭酸的影响。因此，艾莱岛生产的威士忌酒有着独特的味道和香气。该岛最著名的产品是混合威士忌酒。

11.3.6 爱尔兰威士忌酒

爱尔兰威士忌酒（Irish Whiskey）已有800余年的酿造历史。爱尔兰主要生产纯麦威士忌酒、谷类威士忌酒和混合威士忌酒等品种。其纯麦威士忌酒以大麦芽、大麦、稞麦和小麦为原料。其中，麦芽的比例不像苏格兰威士忌酒中那么高，也没有传统的泥煤熏烤味。因此，易于被人们接受，酒质轻柔、甜美。爱尔兰谷类威士忌酒别具一格，享有一定的声誉。爱尔兰勾兑威士忌酒，使用熟化过雪利酒的橡木桶，酒的味道别有风格。著名的爱尔兰威士忌酒品牌有布什米尔（Bushmills)、詹姆斯（Jameson)、米德尔敦（Midleton）和达拉摩尔都(Tullamore Dew) 等。

11.3.7 加拿大威士忌酒

加拿大生产威士忌酒（Canadian Whisky）已有200余年。其著名的产品是稞麦威士忌酒和混合威士忌酒。稞麦威士忌酒以稞麦为主要原料，占51%以上，配以麦芽及其他谷类组成。该酒有稞麦的清香味。混合型威士忌酒口味清淡、圆润。该酒采用传统工艺，由黑麦威士忌酒和其他威士忌酒勾兑而成。著名的加拿大威士忌酒有亚伯达（Alberte)、加拿大

O. F. C（Canadian O. F. C）、皇冠（Crown Roral）和施格兰 V. O（Seagram's V. O）等。

11.3.8 美国威士忌酒

美国是生产威士忌酒的著名国家。虽然美国威士忌酒的历史仅 200 余年，但是其产品紧跟市场需求，产品类型不断翻新。因此，美国威士忌酒很受市场欢迎。美国威士忌酒以带有焦黑橡木桶的香味而著名，尤其是美国的波旁威士忌酒享誉世界。著名的美国威士忌酒有古年代（Ancient Age）、波旁豪华（Bourbon Deluxe）、四玫瑰（Four Roses）、乔治华盛顿（George Washington）和怀德塔基（Wild Turkey）等。美国威士忌酒的主要种类及其特点如下。

1. 波旁威士忌酒（Bourbon Whiskey）

该酒以玉米为主要原料（占 51% 以上 80% 以下），配以大麦芽和稞麦，经蒸馏，在焦黑橡木桶中熟化 2 年以上。该酒褐色，有明显的木桶香味。传统上，波旁威士忌必须在肯塔基州（Kentucky）生产。目前，美国的伊利诺伊州（Illinois）、印第安纳州（Indiana）、密苏里州（Missouri）、俄亥俄州（Ohio）、宾夕法尼亚州（Pennsyluania）、田纳西州（Tennessee）都生产波旁威士忌酒。

2. 玉米威士忌酒（Corn Whiskey）

以玉米为主要原料（占 80% 以上）配以少量的大麦芽和稞麦，蒸馏后存入橡木桶，熟化期可根据需要。

3. 纯麦威士忌（Malt Whiskey）

以大麦芽为主要原料制成的威士忌酒（大麦芽占原料的 51% 以上），配以其他谷物，蒸馏后，在焦黑橡木桶里熟化 2 年以上。

4. 黑麦威士忌（Rey Whiskey）

以黑麦为主要原料（占 51% 以上），配以大麦芽和玉米，经蒸馏，在焦黑橡木桶中熟化 2 年以上。

5. 混合威士忌（Blended Whiskey）

以不同的比例，混合玉米威士忌酒和纯麦威士忌而成。

11.4 其他烈性酒

11.4.1 金酒

金酒（Gin）也称为琴酒，是英语 Gin 的音译。有时人们也称它为杜松子酒。Gin 由荷兰语"Genever"缩写而成。Genever 的含义是杜松树（juniper）。金酒为无色液体，酒精度约 40 度。杜松子是金酒的主要增香物质，这种物质由杜松的深绿色的果实构成，产于意大利北部、克罗地亚、美国及加拿大等地区。

1. 金酒的发展

金酒起源于 16 世纪。根据记载，荷兰莱顿（Leiden）大学医学院西尔维亚斯（Sylvius）教授发现杜松子有治疗作用，于是他将杜松子浸泡在酒中，使用蒸馏方法制成了医用酒。由于这种酒气味芳香并具有健胃、解热功能，逐渐发展成饮用酒。这种酒当时称作

Genever，至今荷兰人仍沿用该词。1660年，一位名叫塞木尔·派波斯（Samuel Pepys）的人曾记载用杜松子制成的强力药水治愈了一位腹痛病人。18世纪英国特色的干金酒随着英国的扩张遍布世界。19世纪中叶，在维多利亚女王时代，金酒的声誉不断提高，传统风格的汤姆酒（Old Tom）逐渐成为清爽风格的干金酒并且伦敦干金酒已成为金酒的代名词。实际上，金酒尽管起源于荷兰，但是发展于英国。目前，金酒的主要消费国是美国、英国和西班牙。伦敦干金酒的生产始于1930年，直至1960年，基于金酒与可乐混合成的饮料流行的原因，金酒的生产量和销售量才不断提高。著名金酒品牌有英王卫兵（Beefeater）、巴内特（Burnett's）、哥顿（Gordon's）、海文希尔（Heaven Hill）、老汤姆（Old Tom）和伊丽莎白女王（Queen Elizabeth）等。

2. 金酒生产工艺

金酒以玉米、稞麦和大麦芽为主要原料，经发酵，蒸馏至含酒精90%以上液体，加水淡化至51度。然后加入杜松子、香菜籽、香草、橘皮、桂皮、大茴香等香料，再蒸馏成约80度的酒液，加水勾兑而成。金酒不需要放入橡木桶熟化，蒸馏后的酒液，经过勾兑即可装瓶。当然，市场上也有经过熟化的金酒。金酒有不同的风味，主要原因是生产工艺不同。主要表现在不同的原料比例和蒸馏方式。例如，传统的荷兰金酒以大麦为主要原料，使用传统式蒸馏方法，成本高，香气浓。目前，许多酒商降低麦芽在酒中的比例，加入适当的玉米等原料。此外，改变传统的蒸馏工艺，采用连续式蒸馏方法。伦敦干金酒就是以玉米为主要原料，通过连续蒸馏方法得到的干金酒。世界上许多国家都生产金酒，最著名的国家是英国、荷兰、加拿大、美国、巴西、日本和印度。金酒可以纯饮，加入冰块或与非酒精饮料混合饮用。

3. 金酒种类与特点

（1）荷兰金酒（Genever），以大麦芽为主要原料，加入适当数量的其他谷物、杜松子、香菜籽和橘皮等，制成无色透明的烈性酒。这种酒酒味清香，辣中带甜，酒精度36～40度，主要适于直接饮用或冷藏后饮用。多年来，荷兰金酒使用圆形瓷坛当容器以区别于其他类型。荷兰金酒标签上注明的Jonge为新型酒，Oude为陈酿。陈酿是金酒的古老风格，具有麦秆黄色泽、味甜、芳香。新型金酒是口味干爽、淡雅。一些金酒要在橡木桶熟化1～3年。荷兰、比利时和德国是生产荷兰金酒的主要国家。

（2）伦敦干金酒（London Dry Gin），以玉米为主要原料（约占75%），配以大麦芽和其他谷物、杜松子、橘皮等，通过连续蒸馏方式制成。其特点是口味干爽，酒精度45度，易于被人们接受。这种金酒广泛用于鸡尾酒的基酒。世界上有许多国家都生产这种酒。例如，美国、印度等。但是，英国生产的伦敦干金酒最著名。

（3）普利茅斯金酒（Plymouth Gin），纯厚、浓烈，酒体清澈，且带水果味，气味芳香的金酒。传统的英吉利海峡港口城市——普利茅斯生产的金酒与今天的普利茅斯金酒都是由当地唯一的著名酒厂——克泰斯酿酒公司（Coates & Co）酿制。现在，该厂仍然使用普利茅斯这一著名品牌。

（4）香甜型金酒（Flavored Gin），也称为老汤姆金酒（Old Tom Gin）。这种金酒加入了糖浆、橘子或薄荷以丰富甜味和香味。老汤姆金酒在18世纪很流行，它的名字老汤姆（Old Tom）起源于世界上最早的自动售货机。18世纪，英格兰的酒吧都有一种形状像黑猫的木板挂在酒吧外墙上，口渴的过路人会向猫嘴投入1便士。然后，把嘴放在猫爪子下的小管子口。服务员收到酒钱，在酒吧内向管中倒入金酒，然后流入顾客的口中。现在只有少量的老汤姆金酒还在生产。

(5) 美国干金酒（American Dry Gin），酒精度为40度，香味比英国干金酒低，蒸馏后的酒液需要在内部烧焦的橡木桶中熟化3个月，酒液为浅麦秆黄色。

11.4.2 朗姆酒

英语朗姆酒（Rum）来自拉丁语 saccharum，含义是糖。因此 Rum 是拉丁语——糖的缩写形式。朗姆酒以甘蔗或糖蜜为原料，经发酵、蒸馏制成。朗姆酒是 Rum 的音译。一些地方将朗姆酒称为兰姆酒。朗姆酒通常酒精度为40度，有深褐色、金黄色和无色三个品种，味道也有芳香型和清淡型之分，用途广泛，除了直接饮用外还常作为面点的调味酒。目前，有许多国家和地区生产朗姆酒。例如，古巴、多米尼加、海地、夏威夷、墨西哥、菲律宾、波多黎各、维尔京群岛、委内瑞拉等。这些地方通常生产清淡型朗姆酒；而巴巴多斯、圭亚那、牙买加、新英格兰、特立尼达岛、马提尼克岛等是生产浓烈型朗姆酒的国家和地区。朗姆酒常作为餐后酒饮用，也可以加冰块、矿泉水、冰水、汽水或果汁混合。

1. 朗姆酒发展

17世纪初，在巴巴多斯岛有一位精通蒸馏技术的英国移民成功地以甘蔗为原料，蒸馏出朗姆酒，这种酒当时称为 Rumbullion。那时，人们以浓烈、辛辣、可怕来形容朗姆酒的口味，这种酒主要给种植园的奴隶饮用以缓解他们的疲劳。有时由于某些原因，欧洲或美洲的白兰地酒或威士忌酒不能及时运至美洲，种植园主也偶尔品尝一下。18世纪，朗姆酒开始在英国和它的北美殖民地流行。当时，新英格兰用进口的糖浆制作朗姆酒。早期的朗姆酒口味偏甜、辛辣。当今，随着人们口味的变化，朗姆酒的口味和风格发生了很大变化。目前，朗姆酒的交易中心在西印度群岛、加勒比海和南美等沿岸地区。朗姆酒在美洲的历史和世界经济中扮演着重要角色。著名的朗姆酒品牌有百加地（Bacardi）、摩根船长（Captain Morgan）、克雷曼特（Clement）、美雅士波兰特宾治（Myer's "Planter" Punch）等。

2. 朗姆酒生产工艺

朗姆酒以甘蔗为原料，经榨汁、煮汁得到浓缩的糖，澄清后得到稠的糖蜜，经除糖，得到约含糖5%的糖蜜，发酵、蒸馏后得到65～75度的无色烈性酒，放橡木桶熟化，形成香气和风格，排除辛辣，经勾兑成不同颜色和酒精度的朗姆酒。

3. 朗姆酒种类与特点

(1) 清淡型朗姆酒（Light and Silver Rum），味道清淡，常作鸡尾酒的原料。

(2) 芳香型朗姆酒（Flavored and Golden Rum），口味柔和、微甜，经短时间的橡木桶熟化，有蜜糖和橡木桶的香味。一些芳香型朗姆酒由清淡型朗姆酒和浓烈型朗姆酒勾兑而成。

(3) 浓烈型朗姆酒（Heavy and Dark Rum），深褐色，味浓郁、芳香。在焦黑橡木桶熟化数年，是最有风味的朗姆酒，该酒只在牙买加生产。

11.4.3 伏特加酒

英语伏特加酒（Vodka）来自俄语 voda。其含义是“水”，是英语 Vodka 音译而成。波兰人称为“woda”。它以玉米、小麦、稞麦、大麦及马铃薯等为原料，经发酵、蒸馏、过滤制成纯度高的烈性酒。该酒酒精度35～50度，以40度的伏特加酒销量最高。伏特加酒以无色、无杂味、无臭、不甜、不酸、不涩而著名。此外，一些伏特加酒配以药草或浆果以增加味道和颜色。著名的伏特加酒生产国有俄罗斯、波兰、美国、德国、芬兰、乌克兰和英国等。伏特加酒主要作为餐酒和餐后酒饮用，可以纯饮，加冰块饮用，还可以与汽水或果汁混合饮用。

1. 伏特加酒的发展

根据1174年弗嘉卡（Vyatka）记载，世界首家制作伏特加酒的磨坊出现于11世纪，在俄罗斯的科尔娜乌思科地区（Khylnovsk）。然而，波兰人认为，他们在8世纪就开始蒸馏伏特加酒。根据考证，波兰人当时蒸馏的不是伏特加酒，而是葡萄酒，是比较粗糙的白兰地酒，当时称为哥兹尔卡（Gorzalka），作为医学用酒。14世纪，英国外交大臣访问莫斯科时发现伏特加酒已成为俄罗斯人民的饮用酒。15世纪中叶，俄罗斯运用了罐式蒸馏法制作伏特加酒，而且还采用了调味、熟化和冷藏技术，并使用牛奶或鸡蛋作为澄清酒的物质，使伏特加酒更加清澈透明。1450年俄罗斯开始大量生产伏特加酒，至1505年开始向瑞典出口。一年以后，波兰的波兹南市（Poznan）和克拉科夫市（Krakow）生产的伏特加酒也开始外销。16世纪中期，俄罗斯伏特加酒已经发展到了3个品种：普通伏特加酒、优质伏特加酒和高级伏特加酒。此外，还开发了带有水果和香料的伏特加酒。那时，伏特加酒要经过2次蒸馏，酒精度非常高。18世纪初伏特加酒的品种不断增加，市场上出现了加香型的伏特加酒，将不同的香料：苦艾、橡树果、茴香、白桦树、菖蒲根、金盏草、樱桃、菊苣、莳萝、生姜、山葵、杜松子、柠檬、薄荷、橡木、胡椒、麦芽汁、西瓜等添加到伏特加酒中以增加它的味道和香气。当时，伏特加酒成了俄罗斯王室的专用宴会酒，并且像面包一样重要，出现在所有人的正餐中。不仅如此，在所有宗教庆典活动中，伏特加酒成了必备酒。如果某人在庆典活动中拒绝饮用伏特加酒会被认为不虔诚。18世纪中期俄罗斯圣彼得堡（St. Petersburg）的一位教授发明了使用木炭净化伏特加酒的方法。1818年，彼得·斯米诺夫（Peter Smirnoff）在莫斯科市建立了伏特加酒厂。从那以后，伏特加酒从一个普通的商品发展到俄国的知名产品。1912年该厂每天生产100万瓶伏特加酒。1917年，夫莱帝莫·斯米诺夫（Vladimir Smirnoff）在法国巴黎建立了一个生产伏特加酒的酒厂，主要销售给在法国的俄罗斯人。19世纪末，伏特加酒在俄罗斯采用了标准配方和统一的生产工艺。1917年十月革命后，俄罗斯人把制作伏特加酒的技术带到世界各地。1934年乌克兰后裔的鲁道尔夫·库涅特（Rudolph Kunett）将斯米诺夫厂的伏特加酒配方带到美国，在美国开设了第一家伏特加酒厂，从而使美国人广泛认识和饮用伏特加酒。20世纪60年代，伏特加酒的声誉和销售量不断增加。著名的伏特加酒品牌有斯托丽那亚（Stolichnaya）、莫斯科伏斯卡亚（Moskovskaya）（见图11-6）、克莱波克亚（Krepkaya）、乌波洛亚（Vyborova）、奇博罗加（Zubrowka）、比森牌（Bison）、维尼奥科（Wisniowka）、斯米诺夫（Smirnoff）、绝对（Absolut）和芬兰迪亚（Finlandia）等。

2. 伏特加酒生产工艺

伏特加酒以玉米、小麦、稞麦、大麦等为主要原料，经粉碎、蒸煮、发酵、蒸馏和精馏，获得90%高纯度烈酒，再经过滤，用桦木炭层的滤清和吸附净化酒质，使酒成为无色和无杂味的中性酒，放入不锈钢或玻璃容器，经一段时间的熟化，勾兑成理想酒精度的伏特加酒。加香伏特加酒在最后的蒸馏中加入樱桃、柠檬、橙子、薄荷或香草精。

图 11-6 莫斯科伏斯卡亚

3. 伏特加酒种类与特点

① 中性伏特加酒（Neutral Vodka）。是指无色液体，除了酒精气味外无其他气味和味道，是伏特加酒中最主要的产品。

② 加香伏特加酒（Herbal Vodka）。在橡木桶中贮藏并浸泡花卉、药草、水果和果实等以增加芳香和颜色的伏特加酒。

③ 餐前伏特加酒（Aperitif Vodka）。在中型伏特加酒中增加了开胃物质。

④ 水果伏特加酒（Fruit Vodka）。加入水果芳香物质的伏特加酒。

⑤ 甜点伏特加酒（Dessert Vodka）。增加甜度的伏特加酒。

⑥ 提神伏特加酒（Pick-me-up Vodka）。带有辣椒和胡椒成分的伏特加酒。

11.4.4 特吉拉酒

特吉拉酒（Tequila）以墨西哥著名植物——龙舌兰（Agave）的根茎为原料，经发酵、蒸馏制成。特吉拉酒的酒精度 38～44 度，带有龙舌兰的芳香。该酒以生产地——墨西哥第二大城市瓜达拉哈拉附近的小镇——特吉拉（Tequila）命名。墨西哥是生产特吉拉酒最著名的国家。欧美人饮用特吉拉酒的习惯有纯饮、加冰块饮用，与碳酸饮料或果汁一起饮用。纯饮时，将切好的两小块柠檬放在小盘中，在另一个小盘中放少量盐，用柠檬蘸上盐，用手挤几滴酸咸汁在口中，然后再饮用特吉拉酒。特吉拉酒还常作为鸡尾酒的原料。著名的拉·罗伊娜·罗斯·库瓦酒厂（La Rojena Jose Cuervo）坐落在墨西哥哈利斯科州。该厂有着悠久历史。在世界特吉拉酒的生产量中排名第一。该厂建于 1795 年，由罗斯·安托尼亚·德库瓦（Jose Antonia de Cuervo）创建。当时，由于业绩突出，被西班牙国王授予“特吉拉酒之父”称号。目前，该厂每年向世界各国出口 4 500 万箱特吉拉酒。该公司经过两个多世纪的经营，目前仍由豪斯·库瓦家族（Hose Cuervo）管理。著名的特吉拉酒有库瓦（Cuervo）、卡米诺（Camino）、奥而麦佳（Olmaca）、爱莉（Ile）、马利亚吉（Maruachi）和奥美加（Olmeca）等。

1. 特吉拉酒原料——龙舌兰

龙舌兰像芦荟一样，体积较大，含糖量高。这种植物叶子宽，多刺。早期的印第安人将龙舌兰叶子的刺作为缝纫用的针使用。后来，将树叶造纸，果实的汁作为医疗使用。像法国香槟酒和干邑白兰地酒代表法国的特色产品一样，特吉拉酒也被人们认为是墨西哥的文化和传统的代表作。龙舌兰根茎含有很高的淀粉成分，从种植至成熟需要 8～12 年，平均每个龙舌兰果实（根茎）的重量为 150 磅。龙舌兰有许多种类，不是所有的龙舌兰品种都适合于作为特吉拉酒的原料，只有称为蓝色龙舌兰的这一品种才适用于特吉拉酒的原料。当前，世界上只有墨西哥生长这一品种，因为当地的自然气候，温度、土质、阳光及降雨量适合其生长（见图 11-7）。

2. 特吉拉酒生产工艺

图 11-7 龙舌兰

制作特吉拉酒，首先要将龙舌兰放入石头蒸笼中，在80～95 ℃中，蒸 24～36 小时。通过加热，浅色的龙舌兰呈浅褐色并带有甜味和糖果香味。然后榨汁，加酵母，放桶中发酵，凉爽天气需要 12 天，炎热天气需要 5 天。发酵后的龙舌兰酒液必须通过两次蒸馏以保证其味道和香气。根据墨西哥法律，无色特吉拉酒（Bianco）需要在橡木桶熟化14～21天；金黄色特吉拉酒（Oro）需要熟化 2 个月；特吉拉陈酿酒（Reposado）需要熟化 1 年；特吉拉珍品酒需要熟化 6～10 年；龙舌兰必须产于墨西哥境内哈利斯科州（Jalisco）、瓜纳华托州（Guanajuato）、米却肯州（Michoacan）、纳亚里特州（Nayarit）和塔毛利帕斯州（Tamaulipas）；特吉拉酒必须以 51% 以上的蓝龙舌兰为原料，经发酵和两次蒸馏，写有墨西哥生产（hecho en Mexico）并经墨西哥政府批准（NOM）。

3. 特吉拉酒种类与特点

① 无色特吉拉酒（Silver）。经过橡木桶熟化 14～21 天的特吉拉酒。

② 金黄色特吉拉酒（Gold）。经过橡木桶熟化 2 个月以上的特吉拉酒。

③ 特吉拉陈酿酒（Anejo，Aged）。指经橡木桶熟化 1 年的特吉拉酒。

11.4.5 中国白酒

中国白酒是以高粱、玉米、大麦和小麦等为原料，经发酵、制曲、多次蒸馏、长期熟化制成的烈性酒。由于中国白酒的生产工艺中，制曲的方法不同、发酵和蒸馏的次数不同及不同的勾兑技术，形成了不同特色。中国白酒是无色液体，酒精度在 38～60 度，有不同的香型。近年来，中国酿酒技术不断提高，白酒品种也日益增多并且向低酒精度方向发展。著名的中国白酒产地有北京、山西、江苏、安徽、陕西、四川和贵州等省市。中国白酒常作为世界华人的餐中酒。

1. 中国白酒的发展

中国白酒生产有着悠久历史。我国学术界对中国蒸馏酒起源有 3 种不同的观点。一种认为蒸馏酒起源于元代。明代李时珍著《本草纲目》的二十五卷中提及“烧酒非古法也，自元时始创”。另一种观点认为蒸馏酒起源于金代。1975 年邢润川论文“从考古看我国的酿酒技术”。其观点基于河北省青龙县出土的金代铜制的古蒸馏器（公元 1161—1180 年）。最后一种观点认为，蒸馏酒起源于东汉（公元 25—220 年）。上海博物馆马承原在 1983 年论文中根据上海博物馆收藏的东汉前期出土的蒸馏器实物。目前，我国学者达成共识，我国蒸馏酒起源于东汉。著名的中国白酒有茅台酒、五粮液和泸州老窖特曲等。

2. 酒曲与生产工艺

中国白酒的制成首先从制作酒曲开始。酒曲是一种糖化的发酵剂，是中国白酒发酵的原料。制曲本质上就是扩大培养酿酒微生物的过程，也是用破碎的谷物为原料富集微生物制成酒曲的过程。用酒曲的目的是促使更多的谷物糖化和发酵。被酒曲糖化和发酵的淀粉原料经过蒸馏，熟化和勾兑成为各种风格的白酒。富集的含义是培养和集中。曲的质量直接影响着酒的质量和产量。我国常用大曲和小曲酿制白酒。

① 大曲。以小麦、大麦和豌豆等为原料，经破碎、加水搅拌、压成砖块状的曲坯，在人工控制温度和湿度下培养而成。大曲含有霉菌、酵母、细菌等多种微生物及它们生产的各种酶类。大曲形状似砖块，每块重量在 2 000～3 000 克，含水率在 16%以下。目前，我国绝大部分名酒、优质白酒都使用传统的大曲法酿制。例如，茅台酒、五粮液和泸州老窖特曲等。

② 小曲。也称酒药，是用米粉或米糠为原料，加入曲母经温度控制，培养而成。由于小曲呈颗粒状或饼状，因此习惯称它为小曲。小曲中主要含有根霉菌和酵母菌等微生物，其中根霉菌的糖化能力很强，常作为小曲白酒的糖化发酵剂。用小曲酿造的白酒，酒味纯净、香气幽雅、风格独特。例如，桂林三花酒、广西湘山酒都是以小曲作为糖化和发酵剂制成的酒。

3. 中国白酒种类

中国白酒通常按香型分类。它们分为清香型、浓香型、酱香型、米香型和复香型等。

① 清香型。以山西杏花村汾酒为代表，具有清香芬芳、醇厚绵软、甘润爽口、酒味纯净等特点的中国白酒。

② 浓香型。以四川泸州老窖特曲和宜宾五粮液为代表，具有芳香浓郁、甘绵适口、回味悠长等特点的中国白酒。

③ 酱香型。以贵州茅台为代表，具有香而不艳、低而不淡、香气幽雅、回味绵长等特点的中国白酒。

④ 米香型。以桂林三花酒等为代表，具有清柔、纯净、入口绵甜等特点的中国白酒。

⑤ 复香型。以湖南长沙的白沙液为代表的兼有清香型和酱香型的白酒。

4. 中国白酒命名

① 以地点命名。例如，茅台、津酒等。

② 以原料命名。例如，五粮液、高粱酒等。

③ 以生产工艺命名。例如，老窖酒、二锅头等。

④ 以酒曲种类命名。例如，洋河大曲、泸州老窖特曲等。

⑤ 以寓意命名。例如，剑南春、刘伶醉等。

⑥ 以历史人物或地点命名。例如，孔府家酒、昭君特曲等。

本章小结

蒸馏酒是根据乙醇的物理性质，通过蒸馏方法取得乙醇含量较高的酒。由于乙醇在正常大气压下的沸点约为 78.3 ℃，而水的沸点约为 100 ℃。因此，只要将酒水混合物或发酵酒加温至 78.3～100 ℃，就可将乙醇汽化，从而使乙醇与水分离，再通过冷却方法获得乙醇，经过熟化和勾兑后，制成各种风味的烈性酒。白兰地酒是以葡萄为原料，经发酵、蒸馏制成的烈性酒。其特点为褐色，酒精度 40～48 度。威士忌酒是以谷物为原料，经过蒸馏制成的烈性酒，褐色，酒精度 38～48 度。金酒以玉米、稞麦和大麦芽为原料，经发酵、蒸馏至 90 度以上，加水淡化至 51 度，添加杜松子、香菜籽、香草、橘皮、桂皮、大茴香等香料后，再经蒸馏至约80度的酒液，加水勾兑而成。朗姆酒以甘蔗或糖蜜为原料，经发酵、蒸馏制成。伏特加酒以玉米、小麦、稞麦或大麦等为原料，经发酵、蒸馏、过滤，制成纯度高的烈性酒，酒精度35～50度。其特点为无色、无杂味，以不甜、不酸、不涩而著名。特吉拉酒以龙舌兰的根茎为原料，经发酵、蒸馏而成，酒精度38～44度，带有龙舌兰的芳香。中国白酒是以高粱、玉米、大麦和小麦等为原料，经发酵、制曲、多次蒸馏、长期熟化而成。

一、单项选择题

1. 白兰地酒是（　　）。
(1) 烈性葡萄酒
(2) 发酵葡萄酒
(3) 蒸馏的粮食酒
(4) 蒸馏的啤酒

2. 特吉拉酒是以（　　）为原料。
(1) 龙舌兰
(2) 大麦
(3) 葡萄
(4) 玉米

3. 世界最早生产伏特加酒的国家是（　　）。
(1) 波兰
(2) 俄罗斯
(3) 加拿大
(4) 英国

二、判断题

1. 优秀的白兰地酒不需要蒸馏，而是通过发酵。（　　）
2. 大香槟区是干邑地区中最优秀的白兰地酒生产区。（　　）
3. 伦敦干金酒是通过连续蒸馏方式制成的烈性酒。（　　）

三、名词解释

蒸馏酒　白兰地酒　威士忌酒　金酒　朗姆酒　干邑

四、思考题

1. 简述蒸馏酒的含义与特点。
2. 简述蒸馏酒的生产工艺。
3. 论述白兰地酒的特点与生产工艺。
4. 简述威士忌酒的特点与生产工艺。
5. 简述金酒的特点与生产工艺。

阅读材料

烈性酒的饮用习俗

白兰地酒常作为开胃酒和餐后酒饮用。通常欧美人习惯把科涅克白兰地酒作为开胃酒或餐后酒；而把亚玛涅克酒作为餐后酒。现代人对白兰地酒的饮用时间和方法更加灵活，突出个性。一些人将白兰地酒作为餐酒饮用，饭店业和餐饮业常以零杯销售白兰地酒，每杯容量是1盎司（oz）（约30毫升），常用6oz容量的白兰地酒杯盛装。纯饮白兰地酒时，用量杯量出1oz，倒入白兰地酒杯。饮用带有冰块的白兰地酒时，将2～3块冰块放在白兰地酒杯内，然后根据个人喜爱的品种，放1oz酒，倒入装有冰块的白兰地酒杯中。饮用带有碳酸饮料或果汁的白兰地酒时，先将4块冰块放入高杯或海波杯中，然后倒入1oz白兰地酒，再倒入冷藏的苏打水或果汁，至八成满，用吧匙轻轻地搅拌。

威士忌酒常作为餐后酒饮用。人们饮用威士忌酒的习惯方法有纯饮、加冰块饮用和与矿泉水、冰水或汽水一起饮用。在酒吧或餐厅中，威士忌酒常以零杯销售，每杯容量为1oz。纯饮威士忌酒时，用量杯量出1oz，倒入威士忌酒杯。饮用混合威士忌酒时，将4块冰块（或根据需要）放入古典杯，量出1oz酒，倒入杯中。饮用带有碳酸饮料或冰水混合的威士忌酒时，选用口味温和的威士忌酒。例如，美国波旁威士忌酒。然后，将4块冰块放入高杯，倒入1oz威士忌酒，倒入碳酸饮料或冰水混合，斟倒八成满，用吧匙轻轻搅拌。

金酒常作为餐前酒或餐后酒。根据人们饮用习惯，金酒可纯饮、与冰块饮用或与碳酸饮料混合饮用。在酒吧或餐厅，金酒常以零杯销售，每杯容量为1oz。纯饮金酒时，将3～4块冰块放入调酒杯，然后用量杯量出1oz金酒，倒入调酒杯，用吧匙轻轻搅拌，滤入三角形鸡尾酒杯中，放1片柠檬。饮用带有冰块的金酒时，将4块冰块放入古典杯，用量杯量出1oz金酒，倒入古典杯，放1片柠檬。饮用带有碳酸饮料或果汁混合的金酒时，将4块冰块放入高杯，用量杯量出1oz金酒，倒入高杯，再倒入碳酸饮料或果汁，用吧匙搅拌。

朗姆酒常作为餐后酒饮用，餐饮业常以零杯销售，每杯容量为1oz。朗姆酒纯饮时，用量杯量出1oz朗姆酒，倒入三角形鸡尾酒杯中，杯中放1片柠檬。饮用带有冰块的朗姆酒，先将4块冰块放入古典杯，再用量杯量出1oz朗姆酒，倒入古典杯，杯中放1片柠檬，冰块的数量也可根据需要。饮用带有碳酸饮料或果汁的朗姆酒时，将4块冰块放入高杯或海波杯中，用量杯量出1oz朗姆酒，倒入高杯或海波杯，再倒入汽水或果汁。

伏特加酒（Vodka）常作为餐酒和餐后酒饮用。在酒吧或餐厅，伏特加酒常以零杯销售，每杯容量为1oz。饮用纯伏特加酒，将3～4块冰块放入调酒杯中，用量杯量出1oz伏特加酒，倒入调酒杯中，轻轻搅拌，过滤，倒入三角形鸡尾酒杯中，杯中放1片柠檬。当顾客需要在酒中加冰块，将4块冰块或根据需求数量放入古典杯中，用量杯量出1oz伏特加酒，倒入古典杯，放1片柠檬送至客人右手处。饮用与汽水或果汁混合的伏特加酒，将4块冰块放入高杯或海波杯，倒入1oz伏特加酒，然后倒入碳酸饮料或果汁至八成满，用吧匙轻轻地搅拌。

特吉拉酒（Tequila）常作为配制鸡尾酒的基酒（主要原料）。一些南美人喜爱纯饮或与碳酸饮料混合饮用。纯饮特吉拉酒时，将 1oz 特吉拉酒倒入三角形鸡尾酒杯中。同时，将 2 片切好的柠檬角和少许盐分别放在 2 个小碟内。特吉拉酒加冰块服务时，在古典杯中放 4 块冰块，倒入 1oz 酒，加柠檬 1 片。饮用带有碳酸饮料或果汁的特吉拉酒时，将 1oz 特吉拉酒倒入装有 4 块冰块的高杯中，然后倒入七喜或雪碧汽水至八成满，用吧匙轻轻搅拌。

饮用中国白酒，倒入中国白酒杯内，斟倒八成满。

第12章

配 制 酒

本章导读

配制酒是指再加工酒，通常以葡萄酒或烈性酒为基本原料，配以增香物质、增味物质、营养物质及增甜物质制成。此外，鸡尾酒也属于配制酒的范围。然而，鸡尾酒不是在制酒公司生产的，而是在饭店、餐厅、酒吧或家庭中自己配制的。通过本章的学习，读者可了解配制酒和鸡尾酒的含义和特点，掌握世界著名的开胃酒、甜点酒和利口酒的历史与发展、生产工艺等。同时，掌握鸡尾酒的配制原理和配制方法。

12.1 配制酒概述

12.1.1 配制酒含义与特点

配制酒（Integrated Alcoholic Beverages）是以烈性酒或葡萄酒为基本原料，配以糖蜜、蜂蜜、香草、水果或花卉等制成的混合酒。配制酒有不同的颜色、味道、香气和甜度，酒精度16～60度。法国、意大利和荷兰是著名的配制酒生产国。此外，鸡尾酒也属于配制酒的范畴。但是，鸡尾酒是在饭店、餐厅或酒吧配制，不在酒厂批量生产，其配方灵活。因此，鸡尾酒作为配制酒中的一个独立的种类。

12.1.2 配制酒种类

配制酒也称为再加工酒。因为所有的配制酒都是以发酵酒或烈性酒为原料，再配以增香物质、增味物质、营养物质及增甜物质而成。因此，配制酒是经过第二次加工制成的酒。配制酒可分为3个种类：开胃酒、甜点酒和利口酒。

1. 开胃酒

开胃酒是指人们习惯在餐前饮用的酒，这种酒具有开胃作用。开胃酒常以葡萄酒为原料，添加适量的白兰地酒或食用酒精、自然药草和香料制成，酒精度16～20度。一些开胃酒以烈性酒为原料配以草药或茴香油制成。例如，苦酒或茴香酒，酒精度20～40度。除此之外，白葡萄酒和香槟酒也都具有开胃作用，欧美人在宴会或用餐中作为开胃酒。但是，它们不属于配制酒，本书将它们列入葡萄酒中。

开胃酒一词最早来源于拉丁语“Apertitiuvum”，该词含义是打开人们的胃口（Opener）。现在的英语开胃酒（Aperitif）来自法语。开胃酒多用于正式宴请或宴会，也是欧美人多年的餐饮习惯。目前，一些欧洲和北美的饭店和餐厅有专营开胃酒的时间（Aperitif Hour）。但是，销售开胃酒的种类不尽相同，这主要根据不同的国家和地区的餐饮习惯而定。开胃酒的特点是气味芳香，有开胃作用。在欧洲，特别是法国，如果被邀请到家里用餐，主人会拿出各种开胃酒给客人品尝，同时准备薯片、花生、腰果等小吃作开胃菜。根据欧美人的餐饮礼节，喝开胃酒要在客厅进行，而不在餐厅饮用，大家一边饮酒，一边聊天，饮用开胃酒的时间常在餐前半小时。在商务宴请或正式宴请中，开餐前必须吃些开胃菜和饮用开胃酒。根据历史考证，开胃酒发源于古埃及。16世纪，欧洲已经使用草药和香料制作带有各种味道的烈性酒，主要用于医疗。早期的开胃酒普遍带有苦味，那时酒商已经意识到草药放入葡萄酒中必须稀释，从而减轻苦味，使人们能够接受，产生治疗作用。后来，人们将这种酒用于非医疗目的。由于开胃酒的特色和开胃功能，人们习惯地将其作为餐前酒。开胃酒已成为欧洲各国不可缺少的饮品。19世纪意大利都灵和米兰制酒商看到开胃酒销量稳步增长，他们开始整合自己的品牌和商标。19世纪40年代，许多意大利开胃酒商主要使用盖斯帕尔干巴丽（Gaspare Campari）和新加诺两个品牌（Cinzano）销售开胃酒。后来，世界各国很多新的品牌不断上市。

2. 甜点酒

甜点酒是指以葡萄酒为主要原料，酒中勾兑了白兰地酒或食用酒精的配制酒。甜点酒的主要功能是与甜点一起食用或代替甜点。甜点酒的口味有甜味和半甜味等，酒精度16～20度。此外，由晚摘葡萄制成的甜葡萄酒，尽管人们将它作为甜点酒。但是，它属于葡萄酒，不是配制酒。根据记载，甜点酒的出现可以追溯到15世纪。15世纪中叶，葡萄酒开始从葡萄牙北部运往英国，为了保持运送期间的葡萄酒质量，酒商在葡萄酒中加入了适量的白兰地酒，结果发现葡萄酒的酒味更加饱满和香甜。从而，当时开发了著名的波特酒（Port）。1703年英国与葡萄牙签订了《麦修恩条约》（*Methuen Treaty*）。该条约规定，以英国羊毛货物换取葡萄牙的葡萄酒。通过该条约英国商人作为承运人，通过海运将波特酒运往他国。从那时起，甜点酒的知名度、生产量和销售量不断提高。

3. 利口酒

利口酒由英语Liqueur音译而成，是指人们在餐后饮用的香甜酒。它也被人们称作利久酒、香甜酒或餐后酒。英语“Liqueur”是“liqueur de dessert”的简写形式。Liqueur尽管被国际认可，但是，美国人习惯将利口酒称为Cordial。利口酒以烈性酒为基本原料，加入糖浆或蜂蜜并根据配方勾兑水果、花卉、香料等增加甜味和香味的配料。利口酒的最大特点是颜色诱人，味道香甜，帮助消化，酒精度20～60度。利口酒可以纯饮，也可以与果汁或软饮料勾兑后饮用。此外，市场上有一些高级别的利口酒。它们具有独特的工艺、味道和气味，不适合稀释，应直接饮用。例如，苏格兰利口酒（Scotch Liqueur）或干邑利口酒（Liqueur Cognac）。利口酒的配方经常是严格保密的。配方种类就像利口酒颜色与口味一样变化无穷。

利口酒起源于古埃及和古希腊。古代人采用浸泡水果或草药的方法制作利口酒，他们将新鲜水果或草药直接浸渍在酒液中获得天然颜色和香味。15 世纪意大利人改进了利口酒的工艺和配方并将利口酒传入法国、荷兰和英国。18 世纪利口酒被人们逐渐认识并受到欢迎，尤其受到女士们青睐。当今，许多国家都能生产优质的利口酒。例如，法国、意大利、荷兰、德国、比利时、匈牙利、英国、美国、丹麦、俄罗斯和日本等。

4. 鸡尾酒

鸡尾酒由英语 Cocktail 翻译而成，是饭店、餐厅和酒吧中配制的混合酒。鸡尾酒常以各种蒸馏酒、利口酒或葡萄酒为基本原料，配以柠檬汁、苏打水、汽水、奎宁水、矿泉水、糖浆、香料、牛奶、鸡蛋或咖啡等原料制成。鸡尾酒原料的组成可以分为两部分：第一部分是基酒，它组成了鸡尾酒的主要原料；第二部分是辅助原料，不同种类的鸡尾酒使用的基酒和辅助原料不同，甚至同一名称的鸡尾酒，各企业使用的原料也不同，主要表现在酒的种类、级别、品牌、数量和产地等。鸡尾酒实际上是酒水混合饮料。

鸡尾酒的起源至今传说不同，没有准确的资料。目前，它的传说至少有十几种。这些传说通常与斗鸡或鸡尾有关。其中，一种传说是来自墨西哥的海港。英国水手们在酒吧购买当地的混合酒时，服务员用漂亮的鸡尾形状的树枝搅拌酒。后来，人们将这种混合酒称为鸡尾酒。另一种传说是，鸡尾酒首先出现在美国，最初作为体育活动和户外聚餐的一种混合饮料。然而，世界上第一本有关鸡尾酒的书籍在 17 世纪由英国伦敦酒厂协会（Distillers Company of London）编写。其中，部分内容谈及有关医疗作用的混合酒。1802 年美国的一本杂志将鸡尾酒定义为烈性酒、糖和果汁等混合成的饮料。1962 年，吉利 · 托马斯（Jerry Thomas）编写了《如何调制混合酒》（How to Mix Drinks）。20 年后，由哈里 · 约翰逊（Hally Johnson）编写了《调酒师手册》（Bartender's Manual）。1953 年，英国调酒师协会出版了权威的鸡尾酒指导书——《国际混合酒指导手册》。当然，鸡尾酒不论首先在哪个地区或国家出现，它都给世界人们带来了愉快和享受。

一杯优质的鸡尾酒首先应有适宜的温度。温度对鸡尾酒的味道有着重要的影响。因此，大部分鸡尾酒都保持凉爽，所用饮料和果汁都要冷藏。同时，在鸡尾酒的配制中常需要冰块降温。通常，鸡尾酒的标准温度在 6～8 ℃。然而，一些热的鸡尾酒也受到人们的青睐，其饮用温度常在 80 ℃以上。作为一种鸡尾酒，它必须有独特的口味，这种口味通常要超过各种酒的原有的单一味道。此外，不同种类的鸡尾酒应当有其独特的功能。例如，开胃功能、佐餐功能、消除疲劳等。当然，某一种鸡尾酒应有自己独特的味道、外观、颜色、酒杯和装饰物等。鸡尾酒主要的功能是增进食欲，帮助消化，使人精神饱满，创造热烈气氛。由于鸡尾酒有独特的口味、颜色和造型，因此受到顾客的普遍欢迎并有着无限的市场潜力。

12.2 开 胃 酒

开胃酒有多种并配以开胃菜食用。根据销售量统计，味美思酒、雪利酒和苦酒是人们在宴会和日常的餐饮中常饮用的开胃酒。

12.2.1 雪利酒

雪利酒（Sherry）又称为些厘酒、雪梨酒。该酒名称是根据英语 Sherry 音译而成。雪利酒以葡萄为原料，经发酵，勾兑白兰地酒或葡萄蒸馏酒制成的加强葡萄酒。雪利酒为麦秆黄色、褐色或棕红色，酒精度 16~20 度，有的品种可达到 25 度。雪利酒不仅有特殊的芳香，用途还很广泛。干味的雪利酒常作为开胃酒，甜味的雪利酒还可作为甜点酒。雪利酒产于西班牙的赫雷斯德拉弗龙特拉地区（Jerez de la Frontera），是以地名命名的酒。根据罗马历史学家——爱维纳斯（Avienus）的记载及从近年出土文物——古罗马双耳瓶、瓶上的封条和瓶中的雪利酒和橄榄油证实，赫雷斯市生产雪利酒有着悠久的历史。公元前 1000 年，腓尼基人把葡萄树从伽南（Canaan）引进赫雷斯（Jerez）。公元前 5 世纪，赫雷斯（Jerez）已经种植葡萄。公元前 138 年赫雷斯被罗马人征服后，每年平均向罗马出口葡萄酒 800 万升，持续约 500 年。首批阿拉伯人在公元 711 年到西班牙赫雷斯定居，他们把赫雷斯（Jerez）称为" Sherish"。英国人从 11 世纪开始购买西班牙生产的雪利酒。由于"Sherish"与英语"Sherry"发音相似，所以英国人称雪利酒为"Sherry"。公元 1264 年，阿方索国王在赫雷斯建立了自己的葡萄园，从而对西班牙雪利酒起了很大推动作用。17 世纪末，第一批外国人在赫雷斯投资，建立酒厂，树立葡萄酒的品牌。

由于赫雷斯地区的优秀自然条件，种植的葡萄很适合制酒。赫雷斯在西班牙南部加的斯省（Cádiz）的葡萄种植园位于该地区一块较高的三角形地域，在赫雷斯德拉弗龙特拉（Jerez de la Frontera）、爱尔波尔图德桑塔马瑞拉（El Puerto de Santa María）和桑卢卡尔德巴拉梅达（Sanlúcar de Barrameda）三个地区的中间，当地人将这块地称为埃尔马可葡萄园（El Marco）。该葡萄园位于瓜达莱特河（Guadalete）南部，大西洋东岸，占地约 11 250 公顷。该地气候冬天暖和，夏天炎热，年平均温度为 17.5 ℃。该地区夏季炎热，葡萄树要忍受 40 ℃以上的高温。然而，来自大西洋的西南风经常给该地区带来适量的潮湿，特别是夏季的早晨。该地区每年平均降雨量约 600 毫米，土质结构由渐新世的内海沉降而成，充满白色有机泥灰。由于土壤长期积存大量有机物，如鱼类和贝壳等。因此，土壤肥沃，特别适合葡萄的生长。此外，该地的土壤结构还存有大量缝隙，能保持水分和湿度，使冬季的雨水维持到旱季，满足葡萄生长的需要。赫雷斯的葡萄园几乎全部在一个大山脉的西南部，该地区 95% 面积种植帕洛米诺葡萄（Palomino）和它的变种。根据记载，这种葡萄最先由扬纳斯·帕洛米诺（Yañez Palomino）爵士带入该地区。同时，该地区还种植派特希曼纳斯葡萄（Pedro Ximénez）和马斯凯特葡萄（Moscatel）。派特希曼纳斯葡萄由一位名叫彼得·西曼斯（Pieter Siemens）的德国士兵在 1680 年引进。这种葡萄是德国优秀品种，而马斯凯特很早就是西班牙著名的品种。

1. 雪利酒生产工艺

雪利酒的生产工艺很特殊。该酒采用分层熟化法（solera）形成了醛类化合物为主体的特殊芳香，是典型的氧化型陈酒。雪利酒是以当地优秀的白葡萄——帕洛米诺为原料，经过 2~3 天暴晒后榨汁，把葡萄汁放入长有菌膜的木桶中发酵，这种菌膜不是一般的有害菌膜，是由天然酵母和帕洛米诺葡萄发酵产生的。葡萄汁的数量为木桶容量的 5/6，经过数天发酵，泡沫从桶口溢出，然后平静，分离沉淀物后，再熟化 2~3 个月，使空气与酒液接触而终止。这种发酵方法使葡萄酒有特别的香气和味道。雪利酒在熟化期间，酒液分为上、中、下三层存放。最下面木酒桶盛装熟化好的酒液。这种酒液经处理后就可以装瓶。第二层木桶盛装半熟化酒液，这层酒液不断流向最下层，属于继续熟化的酒液。最上层木桶盛装新发酵的酒液，根据熟化程序，酒液不断地向第二层木桶流动。工人们将葡萄液倒入最上层木桶，意味着酒液熟化的开始。熟化后的雪利酒要经专家和技师们的评价，目的是将酒液分出不同等级

图 12-1　分层熟化中的雪利酒

和类型。当酒液在发酵过程，长出一层白色泡沫物时，这种酒液将作为菲诺型雪利酒（Fino）原料，没有泡沫物的酒液作为奥乐路索型雪利酒（Oloroso）原料。经鉴定后，无论是哪一种酒液的原料都要加入适当数量的白兰地酒，再经过一段时间的熟化，杀菌、澄清、勾兑后就成了最终的产品（见图 12-1）。

2. 雪利酒种类与特点

① 菲诺雪利酒（Fino）。浅褐色，干型、味道清淡，酒精度 16～17 度，有新鲜苹果或苦杏仁的香气，不宜久存。购买时应选择新装瓶的酒，冷藏后饮用。

② 奥乐路索雪利酒（Oloroso）。芳香、甜味，颜色较深，半干型。尤其是出口型的奥乐路索酒的甜味大，具有核桃仁香味，酒精度 18～21 度，最高可达 25 度。

③ 山地文酿酒公司（Sandeman）按照雪利酒的风格，将雪利酒分为 3 类。

- 干雪利酒（Fino Apitivo）。清淡、干味、芳香。
- 半干雪利酒（Dry Don）。坚果味，略带甜味。
- 甜雪利酒（Armada Cream）。色泽金黄，酒体丰满，味甜。

12.2.2　味美思酒

味美思酒（Vermouth）是加入芳香物质的葡萄酒，由英语 Vermouth 音译而成，也称作苦艾酒。这种酒以葡萄酒为原料，加入少量的白兰地酒或食用酒精、苦艾和奎宁等数十种有苦味和芳香味的草药而成。不同风味的味美思酒使用香料的品种和数量各不相同。主要的草药和香料有苦艾、奎宁、芫荽、丁香、牛至、橘子皮、豆蔻、生姜、香草等。某些味美思酒放入了 30 余种草药和香料。世界上最著名的味美思酒生产国是意大利和法国。味美思酒主要的品种有干味美思酒、甜味味美思酒、白味美思酒和红味美思酒。著名的品牌有仙山露（Cinzano）和马蒂尼（Martini）。它们都产于意大利的都灵市。根据传说，味美思酒由古希腊神医——希伯克莱提斯（Hippocrates）制作的葡萄药酒演变而来，当时该酒治疗风湿、贫血和疼痛病。16 世纪末，一位居住在意大利皮埃蒙特地区，名为西诺·艾利希奥（Signor d'Alessio）的男士揭开了苦艾酒的制作秘密并开始将这种酒作为饮用酒。同时，还将其配方和制作技术带到了法国。当时，苦艾酒只被法国王室和贵族等少数人饮用，经过数年后才被人们接受并作为非医疗目的。根据记载，1678 年意大利人莱奥纳德·费奥兰提（Leonardo Fiorranti）对味美思酒的评价。他认为，味美思酒可帮助消化，净化血液，促进血液循环，帮助睡眠。此外，从一位英国人在 1663 年 1 月 26 日的日记中发现，英国人在 17 世纪已经饮用带有苦味的酒并且通过这篇日记说明了味美思酒已传入英国。后来，英国人把这种酒称为味美思酒（Vermouth）。1976 年夫莱特洛（Fratello）和蒂奥·卡莫新加诺（Giacomo Cinzano）家族开始了味美思酒的商业经营。

目前，马蒂尼牌（Martini）味美思酒由世界上最大的味美思酒厂生产，“马蒂尼”已成为味美思酒的代名词。意大利人提起味美思酒时，总是与马蒂尼和罗希两人联系在一起。当时，他们在希埃里地区波希奥纳镇（Pessione）制作味美思酒。现在这个小镇被划到都灵地区，该地区已经建立了马蒂尼葡萄酒博物馆。根据马蒂尼和罗希（Martini & Rossi）酿酒公司的记载，1847 年意大利波希奥纳地区（Pessione）的 4 位商人创立了一家酿酒公司。开业不久，一位精明强干的销售代理商——阿莱森德·马蒂尼（Alessandro Martini）加入了该公司。当时，该公司的主要产品是加香葡萄酒，经过多年的研究和试验，该公司的香料学家兼酿酒工程师——路吉·罗希（Luigi Rossi）研制成了马蒂尼和罗希品牌的味美思酒（Martini & Rossi Vermouth）的秘方。今天，马蒂尼和罗希酿酒公司——这个意大利家族企业正致力于进入全球一流品牌行列。经过 100 多年的艰苦奋斗，该公司已成为世界最大的酿酒出口公司之一，每年向世界各国销售大量的味美思酒。近 50 年来，该公司克服了许多困难，整合资源，经营业绩不断上升。

味美思酒种类与特点如下。

① 意大利味美思酒（Italian Vermouth）。以甜味和独特的清香及苦味而著称。

② 法国味美思酒（French Vermouth）。干味带有坚果香味。

③ 干味美思酒（dry 或 secco）。糖含量在 5% 以内，酒精度约 18 度，浅金黄色或无色。

④ 甜味美思酒（rosso 或 bianco）。有红色和白色两种，含糖量约 15%，味甜，酒精度 15～16 度，色泽金黄，香气柔美。

⑤ 半甜味美思（half-sweet）。有少量的甜味。

12.2.3 苦酒

苦酒（Bitters）是以烈性酒或葡萄酒为原料，加入带苦味的药材配制而成。该酒的酒精度 16～45 度。配制苦酒常用的植物或药材有奎宁、龙胆皮、苦橘皮和柠檬皮等。苦味酒有多种风格，有清香型和浓香型，有淡色苦味和浓色苦味。苦味酒可以纯饮，也可作为鸡尾酒的原料及与苏打水勾兑后饮用，其功能主要是提神和帮助消化。苦味酒也称作比特酒或必达士，是英语 Bitters 的音译。这种酒的主要生产国有意大利、法国、荷兰、英国、德国、美国和匈牙利等（见图 12-2）。苦酒种类与特点如下。

图 12-2 各种著名的苦酒

1. 安哥斯特拉酒（Angostura）

著名的苦酒，产于加勒比海的特立尼达岛。这种苦酒常以朗姆酒（Rum）为主要原料，配以龙胆草等药草调味，褐红色，酒香悦人，口味微苦，酒精度约 40 度。根据历史考证，该酒配方由一名高级军医——约翰·希格马特（Johann Siegert）经过 4 年的努力，在 1824

年配制成功。当时，约翰·希格马特在南美北部委内瑞拉的希达伯利华市（Ciudad Bolivar）附近的安哥斯特拉港工作。该酒最开始用于部队保健，后来名声大振，使停靠在安哥斯特拉港口的船员们纷纷购买并带回各自国家。从此，安哥斯特拉苦酒闻名于世界。目前，世界各地的餐厅和酒吧都销售这种苦酒。多年来约翰·希格马特家族从未透露过该酒的配方，除了他们说出其中的一些药材和香料名称外，其他原料一直对外保密。

2. 干巴丽酒（Campari）

产于19世纪60年代的意大利米兰市。该酒以葡萄酒为原料，配以奎宁、橘皮和草药，棕红色，药味浓郁，酒精度24度，含糖量19%，是著名的苦味酒。凡是饮用过干巴丽苦酒的人都熟悉它的苦味，这种味道给人留下了深刻的印象。目前，干巴丽酒已成为欧美人习惯饮用的餐前酒，并且是鸡尾酒中不可缺少的原料。根据人们的经验，饮用干巴丽酒最好伴随一些咸味的开胃菜。例如，烤薯片等。这样可以更突出酒的特色。目前，意大利人有多种饮用干巴丽酒苦酒的方法。干巴丽酒是以干巴丽家族命名的，这个家族多年致力于研究和开发开胃酒并研制出带有玫瑰颜色的浓香味干巴丽酒。近年来，每年干巴丽酒平均销售量超过3 300万瓶。该酒创始人盖斯帕尔·干巴丽（Gaspare Campari）生于1828年，出生在意大利伦巴第的卡斯泰尔娜瓦（Castelnuovo）镇。14岁在都灵市（Turin）的巴思酒吧任领班。当时，都灵市是意大利开胃酒的主要消费地之一，他在配制开胃酒时不断使用各种草药和香料做试验，最后研制出了干巴丽酒的配方。该酒使用60多种自然草药、香料、树皮和水果皮配制而成。目前，干巴丽制酒公司还保存着这个古老的秘方。19世纪40年代，盖斯帕尔在意大利各地销售他的苦酒。1860年，盖斯帕尔在米兰创建了干巴丽作坊。1862年，他定居米兰并在米兰著名的大教堂前开设干巴丽咖啡厅。后来，他的儿子——大卫·干巴丽（Davide Campari）一直经营这个咖啡厅。1932年，大卫开发了干巴丽苏打水（Campari Soda），并装在由抽象派艺术家——弗塔娜图·戴普罗（Fortunato Depero）设计的圆锥形酒瓶中。大卫还提出了全新的销售理念，这一理念被认为是意大利酿酒业最初的标准广告和营销策略。当时大卫提出，允许竞争对手在展示干巴丽苦酒标志的前提下，购买干巴丽酒并在他们自己的酒吧销售。大卫还聘用艺术家设计带有颜色的广告和海报，并且向艺术家提出设计标准：广告必须带有商标，颜色不要过于复杂，广告画面应当自然。后来，大卫遇到了歌剧演员琳娜·卡沃丽尔莉（Lina Cavalieri）。当他获悉琳娜要去法国尼斯（Nice）进行演出时，他决定跟随琳娜一起外出从事出口业务。大卫于1936年去世，他的销售技术和创新的营销策略使干巴丽酒闻名于世界。

3. 杜本那酒（Dubonnet）

产于法国巴黎，酒精度15度。它以葡萄酒为原料，配以奎宁和多种草药，酒味独特，苦中带甜，药香突出。该酒有深红色、金黄色和白色三个品种，是世界著名的苦味酒。1846年法国葡萄酒商人约瑟夫·杜本那（Joseph Dubonnet）创造了杜本那苦酒的原始配方，由于这种酒的味道不是很甜，也不很干并有提神作用，所以受到社会广泛的青睐。目前，杜本那苦酒配方经过了150年的锤炼和市场考验，变得愈加完善。

4. 菲那特伯兰卡酒（Fernet Branca）

薄荷味道，酒精度40度。该酒以葡萄蒸馏酒为主要原料，配以大黄、柑橘、小豆蔻、藏红花等40多种草药和植物香料，味苦香浓，有“苦酒之王”的称号。该配方1845年由意大利米兰一位青年女士——玛利亚·思凯拉（Maria Scala）研究发明。她结婚后，改名为玛利亚·伯兰卡（Maria Branca）。因此，该酒名称来源于她的姓名。目前，在伯兰卡（Branca）家族的管理下，菲那特伯兰卡酒的生产地仍在意大利米兰市，由夫莱泰利·伯兰卡公司（Fratelli Branca）生产。该酒已成为欧美人习惯的开胃酒。

5. 安德伯格酒（Underberg）

从1846年开始问世，已有160余年历史，以白兰地酒为酒基（基本原料），酒精度44度，糖度1.3%，配以43个国家的自然草药和香料，采用浸泡方法配制而成，以家族名命名。此外，人们还经常把这种酒作为餐后酒，它有开胃和帮助消化的双重作用。按照德国的传统，饮用这种酒必须使用高脚杯。

6. 爱马必康酒（Amer Picon）

法国生产的著名橘子苦味酒，1837年问世，以法国人名佳顿·必康（Gaetan Picon）命名。该酒常作为欧美人习惯的开胃酒，以食用酒精为基酒，加入金鸡纳树皮、橘子和龙胆根等草药和香料制成，酒精度21度，糖度10.8%。

7. 莉莱特酒（Lillet）

以精选法国波尔多葡萄酒为基酒，在橡木桶存放1年以上，加入水果与自然植物香料制成，具有甜橙和薄荷香气。莉莱特酒起源于19世纪末，法国的乡村——伯登赛克（Podensac）。目前，莉莱特酒有白莉莱特酒和红莉莱特酒两类。白莉莱特酒金黄色，红莉莱特酒红宝石色。法国人习惯将冰块放入莉莱特酒中，酒中放一片橙子。

8. 邦特莓斯酒（Punt è Mes）

以红味美思酒加草药制成的苦酒。

12.2.4 茴香酒

茴香酒（Anis）是以蒸馏酒或食用酒精配以大茴香油等香料制成，无色或浅黄色，酒精度25～40度，糖度约29%，香气浓、味重，加水稀释后成为乳白色。将这种酒作为开胃酒的国家主要是法国和西班牙。茴香酒的传统工艺是将大茴香子、白芷根、苦扁桃、柠檬皮和胡荽等香料和物质放在蒸馏酒中浸泡。然后，加水精馏，在瓶装前加糖和丁香等。茴香酒的种类与特点如下。

1. 巴斯蒂斯酒（Pastis）

法国制作，带有茴香味的开胃酒。这种酒最大的特点是勾兑了少量的椰子烈酒。

2. 潘诺45（Pernod 45）

以食用酒精、茴香和15种香草配制而成，酒精度40度，糖度10%。

3. 里卡德（Ricard）

法国生产，以食用酒精、茴香、甘草和其他香草配制而成，酒精度45度，糖度2%。

12.3 甜点酒

甜点酒是以葡萄酒为主要原料，加入少量的白兰地酒或食用酒精制成的配制酒。著名的生产国有意大利、葡萄牙和西班牙。著名的甜点酒种类有波特酒（Port）、雪利酒（Sherry）、马德拉酒（Madeira）、马拉加酒（Málaga）和马尔萨拉酒（Marsala）。

12.3.1　波特酒

波特酒又称为钵酒，由英语“Port”音译而成。它以葡萄酒为基本原料，在发酵中添加了白兰地酒以终止发酵并将酒精度提高至16～20度，是保留了酒中的部分糖分的甜葡萄酒。波特酒原产于葡萄牙的波尔图地区（Porto）并通过杜罗河的河口运往世界各地。因此，波特酒是根据生产地命名的配制酒。1756年，在葡萄牙首相马克斯·伯尔（Marquês de Pombal）号召下，葡萄牙人将杜罗河谷（Douro Valley）建成了波特酒的生产地。目前，波特酒只用葡萄牙北部杜罗河地区生长的葡萄为原料。其中，最优秀的地方是品豪（Pinhão）周围的葡萄园。杜罗河全长895千米，下游穿过葡萄牙，灌溉着杜罗河畔的梯田。根据波特酒的历史资料，每10年中约有3年是年份酒。一些波特酒珍品要经过20年漫长的熟化。著名波特酒的品牌有很多，其中人们熟悉的是德斯（Dow's）、克拉夫特（Croft）、泰勒（Taylor's）、格拉哈姆（Graham's）和德莱弗（Delafore）等。

1. 波特酒生产工艺

波特酒酿造工艺很严谨，必须使用杜罗河谷种植的葡萄为原料，当葡萄酒发酵至6%的乙醇含量时，分离皮渣，加白兰地酒，使酒液中断发酵，然后熟化。秋季的9月至10月初是每年葡萄的收获季节，整个村庄热闹非凡，到处是音乐声和歌舞声，榨汁工作昼夜不断。紧接着开始发酵工作，转年春天各葡萄园将发酵好的酒液运往波尔图市附近的桂瓦镇（Guia）的维拉诺娃村（Vila Nova）——波特酒的收集地，经熟化，勾兑就成了成品的波特酒。

2. 波特酒种类与特点

① 红宝石波特酒（Ruby Port）。属于勾兑型波特酒，使用不同年限的葡萄液勾兑而成。在木桶中经1～3年的熟化，有果香味，颜色近似红宝石。配制中用陈酒与新酒混合，价格不高。

② 优质老红宝石波特酒（Fine Old Ruby）。由不同年限的葡萄酒勾兑而成，熟化期至少4年，有水果的香味。被当地人认为是茶色波特酒的二级品。

③ 白色波特酒（White Port）。由白葡萄液和去皮的红葡萄液混合作为原料，经发酵，熟化和勾兑而成，有甜味和干味两个类型。这种酒不仅作为甜点酒，还可作为开胃酒饮用。

④ 茶色波特酒（Tawny Port）。以不同年份的红葡萄酒与白葡萄酒勾兑而成，采用快速氧化法，熟化期短，茶色。该酒富有浓郁的香气，口味醇厚，有甜味型和微甜型，属于波特酒的优秀产品。

⑤ 优质老茶色波特酒（Fine Old Tawny）。浅褐色，由不同年限葡萄酒勾兑而成，熟化期有10年、20年或更多年限。酒体细腻，有芳香的干果味。酒瓶标签上注有装瓶年份和熟化年限。

⑥ 好年份茶色波特陈酿（Vintage-dated Tawny）。以优质老茶色波特酒为原料。这种酒是好年份酒，以丰收年收获的葡萄为原料，在橡木桶中熟化20～50年。

⑦ 好年份波特酒（Vintage Port）。以杜罗河地区丰收年的优秀葡萄品种为原料制成的酒。经过15年橡木桶和瓶中的熟化。好年份波特酒是波特酒中较高级别的品种。通常，在酒的标签上标明了生产年份。这种酒是各种波特酒中酒液最稠的酒（见图12-3）。

⑧ 陈酿波特酒（Crusted Port）。由若干年不同葡萄酒配制而成，经约4年木桶的熟化，

装瓶，3年瓶中的熟化才能销售，瓶中常出现沉淀物。该酒深红色，酒味芳香，但是与好年份酒毫无关系。

⑨ 单一葡萄园波特酒（Single Quinta Port）。以单一的葡萄园，好的年份葡萄酒为原料制成的优质波特酒。

⑩ 晚装波特酒（LBV）。由英语“Late Bottled Vintage”的缩写形式而来，是由单一年份波特酒，在木桶中至少熟化4年，然后装瓶。标签上注有装瓶年和丰收年。

⑪ 好年份特色波特酒（Vintage Character Port）。与好年份波特酒风味相似。实际上它只是一般的红宝石波特酒，与好年份酒毫无关系。

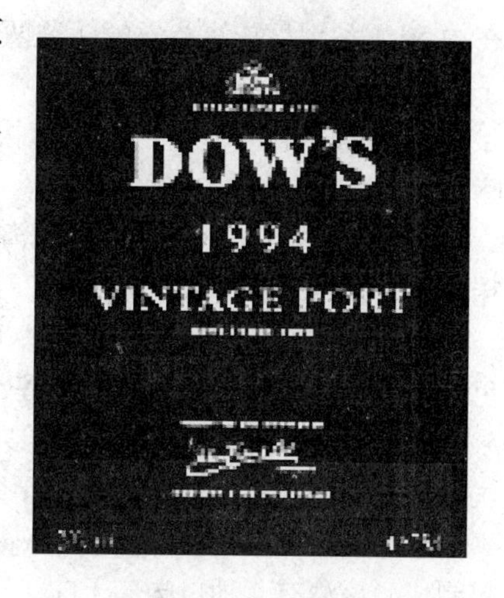

图12-3　好年份波特酒

12.3.2　马德拉酒

马德拉酒（Madeira）产于马德拉群岛（Madeira），以地名命名。该酒是著名的强化葡萄酒，以葡萄酒为原料，加入适量的白兰地酒和糖蜜，经40℃保温及熟化三个月而成。酒精度约20度，酒色淡黄或棕黄，有独特的芳香味。根据历史记载，1419年葡萄牙水手吉奥·康克午·扎考（João Gonçalves Zarco）发现了马德拉岛。15世纪马德拉岛广泛种植甘蔗和葡萄。17世纪马德拉酒开始销往国外。1913年，马德拉葡萄酒公司成立，由威尔士与宋华公司（Welsh & Cunha）和亨利克斯与凯马拉公司（Henriques & Camara）组建，经数年的发展，又有数家酿酒公司参加。后来，规模不断扩大，成为马德拉酒酿酒协会。28年后，该协会更名为马德拉酿酒公司。1989年，该公司采取了控股联营的经营策略，投入大量资金，改进了葡萄酒包装和扩大销售网络，使马德拉葡萄酒成为著名的品牌。马德拉公司多年来进行了大量的投资，提高了葡萄酒的质量标准，并在2000年完成了制酒设施的革新战略，从而为优质马德拉酒的生产和熟化提供了先进的设施。

图12-4　葡萄酒博物馆

在马德拉岛中心城市——丰沙尔（Funchal），每年10月举行葡萄收获节。那时，整个岛屿梯田到处是一串串准备运到加工厂榨汁和发酵的葡萄。著名的马德拉岛葡萄酒博物馆与马德拉酿酒学院（Instituto do Vinho da Madeira）就坐落在该岛上，博物馆作为马德拉葡萄酒学院的一部分（见图12-4）。该学院是葡萄牙专业研究与教授马德拉葡萄酒酿造工艺和经营管理的学院。该博物馆作为教学设施，使学生回顾马德拉岛葡萄酒酿造历史，制桶业历史和酒的贸易历史。展览馆中展示古老的木桶、传统的葡萄压榨方法、羊皮及古老的牛车等。

1. 马德拉酒生产工艺

马德拉葡萄酒可通过两种不同的发酵方法制成。一种方法是热管发酵法（Estufagem），另一种是暖窖发酵法（Canteiro）。在热管发酵法中，发酵罐中有不锈钢管，里面装有45℃温水。酒液在发酵罐中保持3个月，然后冷却，勾兑后装瓶。暖窖通常在发酵塔上，葡萄酒在约 50 ℃的温度中进行发酵。这两种发酵工艺的主要目的是使酒液充分氧化。

2. 马德拉酒种类与特点

① 舍希尔酒（Sercial），以海拔 800 米葡萄园葡萄为原料，熟化期较短。干型、淡黄色、味芳香，是口味醇厚的葡萄酒。

② 弗德罗酒（Verdelho）。以海拔 400～600 米的葡萄园葡萄为原料，浅黄色、芳香、口味醇厚，是半干、有微甜味的酒。

③ 伯亚尔酒（Bual 或 Boal）。以海拔 400 米以下的葡萄园种植的白葡萄为原料，棕黄色、半干型、气味芳香、口味浓醇，是吃甜点时饮用的理想甜点酒。

④ 玛尔姆塞酒（Malmsey）。以玛尔维西亚葡萄为原料（Malvasia），棕黄色、甜型，香气悦人、口味醇厚，被认为是世界最佳的葡萄酒之一。

⑤ 新尼格拉莫尔酒（Tinta Negra Mole）。以新尼格拉莫尔葡萄（Tinta Negra Mole）为原料制成。该酒有 4 种口味：干味、半干味、半甜味、甜味。按熟化年限有 3 年、5 年和 10 年之分。

12.3.3 马拉加酒

马拉加酒（Málaga）产于西班牙的马拉加市（Málaga）以东的葡萄园区。该酒以地名命名。这种酒酿制工艺与波特酒很相似，以派度希米娜兹葡萄和马斯凯特葡萄为原料，颜色有浅白色、金黄色和深褐色，口味有干型和甜型。一些马拉加酒还配有草药，使它具有特殊的芳香味。由于该地区天气炎热，葡萄成熟早，含糖量高，使得马拉加酒在不参配烈性酒的情况下，比普通的葡萄酒含酒精度高。传说马拉加酒是公元前 600 年，由罗马人发明。最初马拉加酒称为马拉加果浆（Xarabal Málaga），味道非常甜。公元 1500 年，人们在长途的海洋旅行中，为了不使葡萄酒变质，在马拉加葡萄酒中加入白兰地酒。因此，马拉加酒成为加强葡萄酒。目前，西班牙每年约产马拉加酒 580 万加仑。

1. 马拉加地区概况

马拉加市（Málaga）位于西班牙南部安达卢西亚自治区的科士达索尔地区（Costa del Sol），是安达卢西亚自治区第二大海港城市（见图 12-5）。安达卢西亚自治区（Andalucía）约 740 万人口。马加拉市阳光充足，一年有 320 天晴朗的天气。不论该城市的美丽景色还是它的历史和传统文化都给旅游者留下深刻的印象。根据历史考证，马拉加地区有史前古人类活动的遗迹，马拉加地区首先被腓尼基人发现，后来迦太基人和罗马人先后到达该地区。通过罗马古遗迹可以追溯在公元 1 世纪，古罗马人已经到达这个地区。公元 3 世纪，基督教徒和西哥特人曾到过该地区。公元 711 年，由阿拉伯人管理并建立了马拉加市。1057 年该地区建设和发展速度相当快，促使马拉加地区向城市化发展。11 世纪莫尔人在当地建立了皇宫和埃尔塞巴（Alcazaba）要塞。根据记载，马拉加市经过多次磨难，包括 1580 年、1621 年和 1661 年的三次洪水，1680 年的地震几乎毁坏了所有建筑物，只留下了天主教大教堂。18 世纪，由于马拉加与美洲的贸易不断扩大，

图 12-5 马拉加的葡萄园

该城市开始向商业化发展。20世纪50年代，随着旅游者不断增加，马拉加市的经济不断发展。目前，马拉加市已经成为欧洲重要的旅游城市之一。

2. 马拉加酒种类与特点

① 拉格瑞马酒（Lagrima）。非常甜的马拉加葡萄酒。

② 马斯凯特酒（Moscatel）。只用马斯凯特葡萄为原料制成的马拉加酒，味甜、香味浓。

③ 派度希米娜兹酒（Pedro Ximinez）。只用派度希米娜兹葡萄为原料酿制的马拉加酒，味甜、香气浓。

④ 分层熟化的葡萄酒（Solera）。通过分层发酵法逐渐发酵成熟的甜马拉加酒。

12.3.4 马尔萨拉酒

马尔萨拉酒（Marsala）是以地名命名的加强葡萄酒。马尔萨拉市位于意大利西西里岛（Sicilia）西部，是意大利第三大葡萄酒生产地区（见图12-6）。目前马尔萨拉葡萄酒每年向世界各国出口6 000万瓶。著名的马尔萨拉酒常以格丽罗（Grillo）、凯塔瑞特（Catarratto）、银度利亚（Inzolia）和德马士其诺（Damaschino）等白葡萄为原料制成金黄色和浅棕色的马尔萨拉酒。并以皮纳特洛（Pignatello）、凯拉波丽斯（Calabrese）、尼尔罗马斯凯丽斯（Nerello Mascalese）等红葡萄制成宝石红色的马尔萨拉酒。传统上马尔萨拉地区生产的红葡萄酒酒味平淡，而生产的白葡萄酒酸度过高。1798年，该地区的水手用参配了白兰地酒的葡萄酒代替了朗姆酒长时间在航海中饮用，以避免葡萄酒的变质。后来，英国人品尝了马尔萨拉葡萄酒后，觉得味道非常好，于是马尔萨拉酒的名气和销售量不断增长（见图12-7）。

图12-6 马尔萨拉市

图12-7 优质马尔萨拉酒

1. 马尔萨拉酒生产工艺

马尔萨拉酒的制作方法与雪利酒很相似，采用叠桶分层发酵与熟化法。马尔萨拉酒的酒体浓，带有甜味，酒精度17～20度。级别较高的马尔萨拉酒颜色为棕红色，带有明显的焦糖香气。

2. 马尔萨拉酒种类与特点

① 优质马尔萨拉酒（Fine）。酒精度17度，至少在橡木桶熟化1年（见图12-7）。

② 高级马尔萨拉酒（Superiore）。酒精度 18 度，至少在橡木桶熟化 2 年。

③ 高级马尔萨拉陈酿酒（Superiore Riserva）。酒精度 18 度，至少在橡木桶熟化 4 年。

④ 纯的叠桶熟化马尔萨拉酒（Vergine Soleras）。酒精度 15 度，至少在橡木桶熟化 5 年。

⑤ 特色马尔萨拉酒（Speciali）。含有鸡蛋、草莓、樱桃及咖啡味道的马尔萨拉酒。

12.4 利　口　酒

利口酒是人们在餐后饮用的香甜酒。利口酒有多个种类，主要包括水果利口酒、植物利口酒、鸡蛋利口酒、奶油利口酒和薄荷利口酒（见图 12-8）。许多利口酒含有多种增香的物质。其中，既有水果又有香草。

可士酒

金万利酒

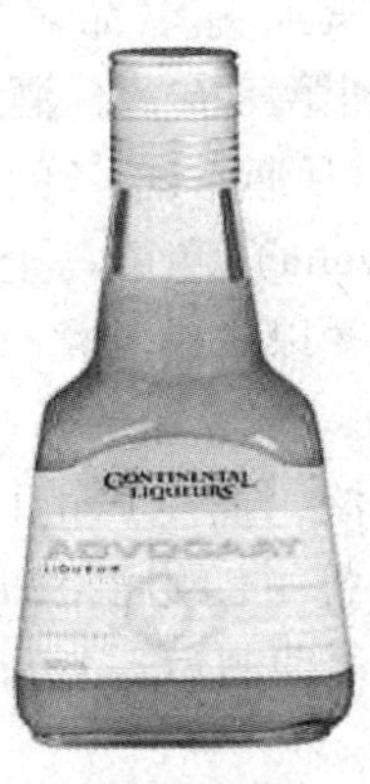

爱德维克酒

班尼迪克丁酒

图 12-8　各种利口酒

12.4.1　利口酒生产工艺

利口酒的配方经常是保密的，其种类也不断地发展和更新。在欧洲各地几乎每个村子都有它们自己独特的利口酒配方。但是，任何风味的利口酒，其制作方法基本都包括以下 4 种。

1. 浸泡法

将植物香料、水果或草药等直接投入酒液中，浸泡一段时间，取出浸泡物，将酒液过滤，装瓶或将酒液加水稀释，调整酒度，加糖和色素等，经过一定时间熟化，过滤后装瓶。

2. 煮出法

将加香的原料加水后蒸煮、去渣、取出原液，再加酒和水，调整到需要的酒精度，加糖和色素，搅拌均匀，熟化 2～3 个月，过滤后装瓶。

3. 蒸馏法

将鲜花或新鲜水果投入酒中，密闭浸泡一段时期，取出鲜花或水果，加入适量的烈性酒和水进行蒸馏，将蒸馏出的酒液加水调制成需要的酒精度，加糖和色素，搅拌均匀，熟化一段时间，过滤装瓶。

4. 配制法

将中性酒或食用酒精按一定比例加糖、水、柠檬酸、香精和色素等，搅拌均匀，熟化一段时间，过滤后装瓶。使用这种配制法的利口酒不是优质的利口酒。

12.4.2 水果利口酒

水果利口酒是把水果肉和水果皮的味道和香气作为利口酒主要特色制成的香甜酒。这种酒多采用浸泡法，将新鲜水果整只或破碎后浸泡在烈性酒中，经分离和勾兑制成。水果利口酒主要包括柑橘利口酒和樱桃利口酒，柑橘利口酒是以橙子或橘子为主要气味和味道，加入其他植物香味制成，樱桃利口酒以樱桃为主要香气，加入丁香、肉桂和糖浆制成。此外，许多水果都可以制成利口酒。例如，椰子、桃、梨、香蕉、苹果和杏子等。

① 亨利樱桃酒（Cherry Heering）。丹麦生产，酒精度 24 度，糖度 38%，采用哥本哈根生产的樱桃为原料，有独特的香味。

② 君度酒（Cointreau）。以库拉索岛（Curacao）的橙子为原料，酒精度 40 度，无色，糖度 27%，以厂商名命名（见图 12-9）。

③ 库拉索酒（Curacao）。产于美洲荷兰属地库拉索岛，以地名命名，以库拉索岛橙子为主要原料，配以朗姆酒、砂糖等制成。有无色透明、粉红色、绿色、蓝色和褐色等，酒精度约 30 度。其特点是橙香悦人，略有苦味，由著名的荷兰波士酒厂（Bols）生产。该厂成立于 1575 年，是荷兰最古老的利口酒厂。目前，该品牌属于普通橙子利口酒，可以使用各地生产的橙子，但是必须使用库拉索岛的橙子皮。这种利口酒常称作泰伯赛克（Triple sec）。

图 12-9 君度酒

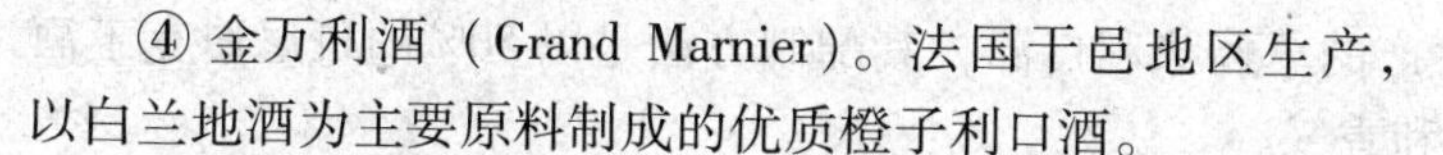

④ 金万利酒（Grand Marnier）。法国干邑地区生产，以白兰地酒为主要原料制成的优质橙子利口酒。

⑤ 曼达利酒（Mandarine）。法国生产的普通橙味利口酒，酒精度 36%，糖度 35.4%，具有清爽的橙香味。

⑥ 马士坚奴酒（Maraschino）。无色樱桃利口酒，酒精度约 32 度，糖度约 35 度，有浓郁的樱桃味和花朵香气，口味甘甜。

⑦ 洛亚莱酒（Royalé）。以朗姆酒为主要原料，是柑橘类利口酒，带有少量的咖啡味道。

⑧ 南康弗酒（Southern Comfort）。酒精度 40 度，糖度 12%，味道芳香。

⑨ 塞波莱酒（Sabra）。以色列生产的橙味利口酒，带有巧克力味道。

⑩ 斯罗金酒（Sloe Gin）。由英国哥顿公司（Gondon's）生产的黑刺李子利口酒，以金酒为主要原料、加入黑刺李子和白糖制成，酒精度 26 度，糖度 21%。

⑪ 可士酒（Kirsch）。德国生产的樱桃利口酒，无色、甜味，酒精度 21 度，糖度 23%。

⑫ 马利宝酒（Malibu）。产于美国加州马利宝海滩，以地名命名，以新鲜的椰子和牙买加清淡的朗姆酒为主要原料，酒精度 24 度，糖度 20%。

⑬ 乐露桃子酒（Leroux Peach Basket Schnapps）。产于比利时布鲁塞尔，以新鲜白桃汁配以优质的烈性酒制成，酒精度 24 度，糖度 21%。

⑭ 凯伯瑞科尼亚酒（Capricornia）。澳大利亚生产的多种水果味的利口酒。

⑮ 苏娜利酒（Suomuurain）。芬兰生产，以当地野生黄梅为配料，有特殊的香味。

12.4.3 植物利口酒

植物利口酒是提取植物的花卉、茎、皮、根及其种子的香气和味道为主要香气和味道制成的利口酒。这种酒常有强身治病的功能，加香植物被粉碎后通过浸泡、蒸馏或勾兑配制。植物利口酒主要包括香草利口酒、咖啡利口酒、可可利口酒和香茶利口酒。香草利口酒是以烈性酒为原料调以香草或草药原料制成的酒。咖啡酒主要产地是南美洲，以咖啡作调香物质，将咖啡豆焙烘、粉碎，然后浸泡在酒液中，经蒸馏和勾兑制成。酒精度约 30 度，褐色，有明显的咖啡芳香味。可可利口酒主要产于南美洲国家，以可可为主要调香物质，经过粉碎，浸泡在酒液中，经蒸馏和勾兑制成。这种酒有白色和褐色两种，有浓郁的可可香味，味道香甜。香茶利口酒以茶叶为主要香气，并在酒液中加入调香原料和糖蜜制成。常见的品种有下列几种。

① 阿姆瑞托酒（Amaretto）。具有浓杏仁味，酒精度 28 度，糖度 26%。

② 茴香利口酒（Anisette）。带有茴香和橙子味道的巴斯蒂型利口酒（Pastis）。意大利生产，以白兰地酒为主要原料，酒精度 25 度，糖度 43%。

③ 加里昂诺酒（Galliano）。以白兰地酒为原料配以约 40 种香草和草药制作的香甜酒，酒精度 35 度，金黄色，糖度 30%，带有明显的茴香和香草味。

④ 班尼迪克丁酒（Benedictine Dom）。也称为当姆酒、泵酒、丹酒或班尼狄克汀酒，由法国诺曼底地区（Normandy）费康镇（Fecamp）生产。以干邑白兰地酒为原料，配以柠檬皮、小豆蔻、苦艾、薄荷、百里香、肉桂等草药制成。酒精度约 40 度，黄褐色，具有浓烈的芳香味和甜味。该酒由法国天主教班尼迪克丁修道院（Benedictine）修士——伯那得·文西里（Bernado Vincelli）在 1510 年研制。

⑤ B 和 B（B & B）。法国生产的草药味利口酒，其配制方法是以 50% 的班尼迪克丁酒与 50% 白兰地酒混合，减少甜度和香气。

⑥ 沙特勒兹酒（Chartreuse）。产于法国，是世界著名的利口酒，它以修道院名称而命名。该酒以白兰地酒为主要原料，配以 130 余种植物香料，有浅黄色和绿色两种，黄色酒味甜，酒精度 40 度；绿色酒酒精度高，酒精度 50 度以上，味干、辛辣，芳香。

⑦ 杜林标酒（Drambuie）。也称为确姆必酒、特莱姆必酒和蜜糖甜酒。产于英国，以优质的苏格兰威士忌酒为原料，配以蜂蜜和草药制成。酒色金黄，香甜味美。它不仅是著名的利口酒，还广泛用于鸡尾酒和烹调。

12.4.4 鸡蛋与奶油利口酒

鸡蛋类利口酒是以白兰地酒为原料，以鸡蛋黄为调香物质配制成的利口酒，酒精度 30 度。奶油利口酒是将奶油、烈性酒和香料勾兑制成的利口酒。主要品种有下列几种。

① 爱德维克酒（Advocaat）。荷兰生产的鸡蛋利口酒，以白兰地酒为原料，加入鸡蛋黄、糖蜜和加香物质制成，酒精度 20 度，糖度 30%。

② 康迪奇诺酒（Contichinno）。澳大利亚生产，以无色朗姆酒为基酒，加入咖啡和鲜奶油制成的利口酒。

③ 康迪克力姆酒（Conticream）。澳大利亚生产，以澳大利亚威士忌酒为原料，与巧克力和鲜奶油配制。

④ 巴利爱尔兰奶油酒（Bailey's Irish Cream）。以爱尔兰威士忌酒为酒基，加入咖啡、巧克力、椰子、鲜奶油和糖蜜制成。

12.4.5 薄荷利口酒

一种带有甜味、薄荷清凉感和其他香味的利口酒。以金酒为主要原料，加入薄荷叶、柠檬及其他香料。酒精度30～40度，最高可达50度，酒体稠，有白色、绿色和红色三种。饮用时加冰块或加水稀释。

① 皇家薄荷巧克力酒（Royal Mint Chocolate Liqueur）。英国生产的薄荷、巧克力味的利口酒。该酒配方经英国酿酒业多年研究而成。

② 吉特酒（Get）。该酒配方于1797年由简吉特（Jean Get）创作，是薄荷味的利口酒。

12.5 鸡 尾 酒

鸡尾酒有着深厚和广泛的文化内涵，其分类方法很多，主要是根据其功能、特点、原料、知名度、容量、配制方法和其中的文化内涵等。由于不同的国家和地区的习俗及文化差异，鸡尾酒的分类方法不同。然而，人们对任何分类方法都能理解并享受着鸡尾酒带给人们的快乐（见图12-10）。

图12-10 不同类型的鸡尾酒（从左至右：亚历山大、薄荷朱丽波、玛格丽特、老式、汤姆哥连士、曼哈顿、斯汀格、马蒂尼、个人用及多人用的红玛丽）

12.5.1 鸡尾酒含义

1. 狭义鸡尾酒

狭义鸡尾酒常被称作短饮类鸡尾酒，是指容量从60毫升至90毫升的鸡尾酒，酒精度高，盛装在三角形酒杯。

2. 广义鸡尾酒

广义鸡尾酒是酒与较多数量的饮料混合成的酒水混合物。一些有特色的咖啡、可可和茶内含有部分酒的成分也属于鸡尾酒的范畴。例如，爱尔兰咖啡（含有威士忌酒）、樱桃白兰地茶（含有樱桃白兰地酒）。

图 12-11　现代鸡尾酒

3. 传统鸡尾酒

传统鸡尾酒是以烈性酒为主要原料，加入利口酒、苦酒、柠檬汁及糖蜜或糖粉等混合而成。例如，旁车（Side-car）、马蒂尼（Martini）和曼哈顿（Manhattan）等。

4. 现代鸡尾酒

随着鸡尾酒的发展和人们口味的变化，现代鸡尾酒不仅使用烈性酒为主要原料，也常以葡萄酒、香槟酒、开胃酒、甜点酒、利口酒和啤酒等为主要原料，加入碳酸饮料和其他调味原料而成。例如，圣代格弗（Shandy Gaff）以1/2 啤酒和 1/2 姜汁啤酒勾兑而成（见图 12-11）。

5. 不含酒精的鸡尾酒

当今许多饭店或餐饮企业开发了不含酒精的鸡尾酒。当然，这个产品的内涵与名称很不相称。然而，这是市场上已经存在的酒水产品。这种鸡尾酒的酒精含量非常低，几乎不存在，主要的原料是各种果汁和碳酸饮料勾兑而成。

12.5.2　鸡尾酒分类

1. 根据鸡尾酒功能分类

① 餐前鸡尾酒（Appetizer Cocktail）。以增加食欲为目的，酒的原料配中含有开胃酒或鲜果汁等。饮用时间在主菜上桌前。例如，马蒂尼（Martini）、曼哈顿（Manhattan）和红玛丽（Blood Mary）都是著名的开胃鸡尾酒。

② 俱乐部鸡尾酒（Club Cocktail）。主要用于正餐，其功能既是开胃酒，还代替开胃菜或开胃汤。实际上，它是集开胃菜和开胃酒于一体的鸡尾酒。酒的原料中常勾兑新鲜的鸡蛋清或鸡蛋黄，色泽美观、酒精度较高。例如，三叶草俱乐部（Clover Club）、皇室俱乐部（Royal Clover Club）都是著名的俱乐部开胃酒。

③ 餐后鸡尾酒（After Dinner Cocktail）。正餐后或主菜后饮用的带有香甜味的鸡尾酒。酒中常配有口口利口酒、咖啡利口酒或带有消化功能的草药利口酒。例如，亚历山大（Alexander）、B 和 B、黑俄罗斯（Black Russian）都是著名的餐后鸡尾酒。

④ 夜餐鸡尾酒（Supper Cocktail）。用于夜餐饮用的鸡尾酒，人们的夜餐通常在晚上 10 点钟以后进行。夜餐饮用的鸡尾酒含酒精度高。例如，旁车（Side-car）、睡前鸡尾酒（Night Cup Cocktail）。

⑤ 节事鸡尾酒（Champagne Cocktail）。在喜庆活动中习惯饮用的鸡尾酒。这种鸡尾酒以香槟酒为主要原料，勾兑少量的烈性酒或利口酒。例如，香槟曼哈顿（Champagne Manhattan）、阿玛丽佳那（Americana）。

2. 根据容量和酒精度分类

① 短饮类鸡尾酒（Short Drinks），是指容量在 60～90 毫升，酒精含量高，烈性酒占总容量的 1/3～1/2，酒精度约 28 度以上的鸡尾酒。这种鸡尾酒香料味浓重，以三角形鸡尾酒杯盛装，有时用酸酒杯或古典杯盛装。这种酒不适合持续较长的时间饮用，时间过长会影响酒的温度和味道。例如，旁车（Side-car）。

② 长饮类鸡尾酒（Long Drinks），是指容量常在180毫升以上的鸡尾酒。这种鸡尾酒酒精度低，约占总容量的8%以下，用海波杯或高杯盛装。通常加入较多的苏打水（奎宁水或汽水）或果汁并使用冰块降温。长饮类鸡尾酒持续的饮用时间可以长一些，因为，其容量较多，温度上升的速度比短饮类鸡尾酒慢得多。例如，金汤尼克（Gin Tonic）。

3. 根据鸡尾酒温度分类

① 热鸡尾酒（Hot Cocktails）。是指以烈性酒为主要原料，使用沸水、热咖啡或热牛奶调制的鸡尾酒。热鸡尾酒的温度常在80 ℃左右。温度太高，酒精易于挥发，影响质量。例如，爱尔兰咖啡（Irish Coffee）。

② 冷鸡尾酒（Cold Cocktails）是指在配制时就放有冰块，不论这些冰块是否被调酒师过滤掉，目的是使鸡尾酒凉爽。配制冷鸡尾酒时，汽水、果汁和啤酒都需要提前冷藏。根据鸡尾酒销售量统计，冷鸡尾酒的销售量占鸡尾酒销售量的90%以上，冷鸡尾酒的最佳温度应保持在6～8 ℃。例如，自由古巴（Cuba Libre）。

4. 根据配制原料分类

① 白兰地酒鸡尾酒（Brandy Cocktails）。例如，白兰地考林斯（Brandy Collins）。

② 威士忌酒鸡尾酒（Whisky Cocktails）。例如，曼哈顿（Manhattan）。

③ 金酒鸡尾酒（Gin Cocktails）。例如，粉红佳人（Pink Lady）。

④ 朗姆酒鸡尾酒（Rum Cocktails）。例如，百加地（Bacardi）。

⑤ 伏特加酒鸡尾酒（Vodka Cocktails）。例如，红玛丽（Blood Mary）。

⑥ 特吉拉酒鸡尾酒（Tequila Cocktails）。例如，玛格丽特（Margarita）。

⑦ 香槟鸡尾酒（Champagne Cocktails）。例如，阿玛丽佳那（Americano）。

⑧ 配制酒鸡尾酒（Compounded Beverage Cocktails）。例如，可可费斯（Cacao Fizz）。

⑨ 葡萄酒鸡尾酒（Wine Cocktails）。例如，莎白丽杯（Chablis Cup）。

⑩ 啤酒鸡尾酒（Beer Cocktails）。例如，啤酒珊格瑞（Beer Sangaree）。

5. 根据知名度分类

① 定型鸡尾酒。是指某些鸡尾酒的原料、配方、口味、形状、温度、装饰、造型和盛装酒杯已经被顾客认可，企业不可随意更改，这种鸡尾酒称为定型鸡尾酒。

② 不定型鸡尾酒。是指根据市场需求，企业自己开发的，带有本企业特色的鸡尾酒。这种鸡尾酒的原料、配方、口味、形状、温度、装饰、造型和盛装酒杯都是企业自己设计的。

6. 根据工艺特点分类

① 亚历山大类（Alexander）。以鲜奶油、咖啡利口酒或可可利口酒加烈性酒配制的短饮类鸡尾酒。这类鸡尾酒必须以摇酒器混合并装在三角形鸡尾酒杯内。

② 霸克类（Buck）。以烈性酒为主要原料，加苏打水或姜汁汽水、冰块，直接倒入海波杯内，在杯中用调酒棒搅拌而成，加冰块。

③ 考布勒类（Cobbler）。以烈性酒或葡萄酒为主要原料，加糖粉、碳酸饮料，柠檬汁，盛装在有碎冰块的海波杯中。考布勒类鸡尾酒常用水果片装饰，带有香槟酒的考布勒以香槟酒杯盛装，杯中加60%的碎冰块。

④ 柯林斯类（Collins）。以烈性酒为主要原料，加柠檬汁、苏打水和糖粉制成，用高平底杯盛装。

⑤ 库勒类（Cooler）。由蒸馏酒加上柠檬汁或青柠檬汁再加入姜汁汽水或苏打水制成，以海波杯或高平底杯盛装。

⑥ 考地亚类（Cordial）。以利口酒为主要原料，加碎冰块调制的鸡尾酒，具有提神功能，装入葡萄酒杯或三角形鸡尾酒杯。

⑦ 科拉斯泰类（Crusta）。以白兰地酒、威士忌酒或金酒为主要原料，以橙子利口酒为调味酒，配柠檬汁。这种鸡尾酒必须使用摇酒器混合，用红葡萄酒杯或较大容量的三脚形鸡尾酒杯盛装，并将糖粉沾在杯边上，成白色环形。

⑧ 杯类（Cup）。是大容量配制的鸡尾酒，不是单杯配制成的。以葡萄酒为主要原料，加入少量的调味酒和冰块而成。

⑨ 戴可丽类（Daiquiri）。由朗姆酒、柠檬汁或酸橙汁、糖粉配制而成，以三角形鸡尾酒杯或香槟酒杯盛装。

⑩ 戴兹类（Daisy）。烈性酒配柠檬汁、糖粉，经摇酒器摇匀、过滤，倒在盛有碎冰块的古典杯或海波杯中，用水果或薄荷叶装饰，加入适量苏打水。

⑪ 蛋诺类（Egg Nog）。由烈性酒加鸡蛋、牛奶、糖粉和豆蔻粉调配而成，可用葡萄酒杯或海波杯盛装。

⑫ 费克斯类（Fix）。以烈性酒为主要原料、加入柠檬汁、糖粉和碎冰块调制而成的长饮鸡尾酒，以海波杯或高杯盛装，放入适量苏打水和汽水。

⑬ 费斯类（Fizz）。以金酒或利口酒加柠檬汁和苏打水混合而成，用海波杯或高杯盛装。这种鸡尾酒属于长饮类鸡尾酒。有时，在费斯中加入生蛋清或生蛋黄，与烈性酒或利口酒、柠檬汁一起，用摇酒器混合，使酒液起泡，再加入苏打水而成。例如，金色费斯（Golden Fizz）（见图 12-12）。

图 12-12 金色费斯

⑭ 菲丽波类（Flip）。以鲜生鸡蛋或蛋黄或蛋清，调以烈性酒或葡萄酒，或以上两种酒，加糖粉混合而成。盛装在三角形鸡尾酒杯或葡萄酒杯。

⑮ 漂漂类（Float）。漂漂类鸡尾酒也称作多色鸡尾酒。根据酒的密度，以密度较大的酒放在杯中的下面，密度较小的酒放在密度大的酒上面，制成颜色分明的鸡尾酒。

⑯ 弗莱佩类（Frappe）。利口酒、开胃酒或葡萄酒与碎冰块混合制成的鸡尾酒。这种酒常用三角形鸡尾酒杯或香槟杯盛装。

⑰ 螺丝锥类（Gimlet）。以金酒或伏特加酒为主要原料，加入青柠檬汁，在调酒杯中，用调酒棒搅拌而成，用鸡尾酒杯盛装，也可装在有冰块的古典杯中。

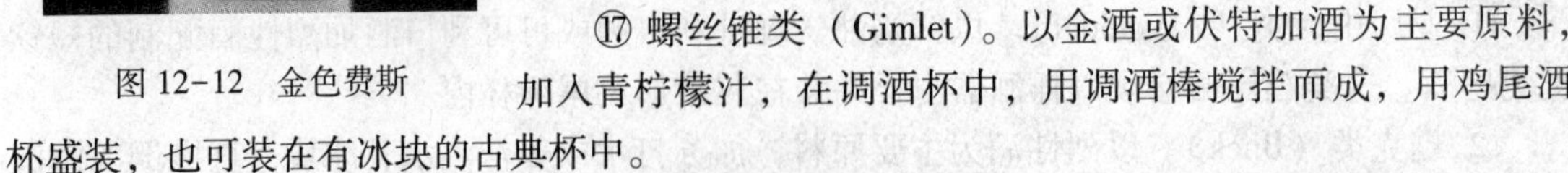

⑱ 海波类（Highball）。也称作高球类鸡尾酒，前者是英语的音译，后者是英语的意译。以白兰地酒、威士忌酒或葡萄酒为基本原料，加入苏打水或姜汁汽水，在杯中直接用调酒棒搅拌而成，装在加冰块的海波杯（见图 12-13）。

⑲ 朱丽波类（Julep）。以威士忌酒或白兰地酒为基本原料，加糖粉，捣碎的薄荷叶，在调酒杯中用调酒棒搅拌，倒入放有冰块的古典杯或海波杯中，用一片薄荷叶装饰。

⑳ 马蒂尼类（Martini）。以金酒为基本原料，加入少许味美思酒或苦酒及冰块，直接在

酒杯或调酒杯中搅拌，用鸡尾酒杯盛装，在酒杯内放一个橄榄或柠檬皮作装饰。

㉑ 提神类（Pick me up）。以烈性酒为基本原料，加入橙味利口酒或茴香酒、苦味酒、味美思酒、薄荷酒等提神和开胃酒，加入果汁或香槟酒、苏打水等，用三角形鸡尾酒杯或海波杯盛装。

㉒ 帕弗类（Puff）。在装有少量冰块的海波杯中，加相等的烈性酒和牛奶，加冷藏的苏打水至八成满，用调酒棒搅拌而成。

㉓ 宾治类鸡尾酒以烈性酒或葡萄酒为基本原料，加入柠檬汁、糖粉和苏打水或汽水混合而成。宾治类鸡尾酒常以数杯、数十杯或数百杯一起配制，用于酒会、宴会和聚会等。配制后的宾治酒用新鲜的水果片漂在酒上作装饰以增加美观和味道。以海波杯盛装。

图 12-13　海波类：金汤尼克

㉔ 利奇类（Rickey）。利奇也常常称为瑞奎。这类鸡尾酒是以金酒、白兰地酒或威士忌酒为主要原料，加入青柠檬汁和苏打水混合而成。利奇类属于长饮类鸡尾酒，直接将烈性酒和青柠檬汁倒在装有冰块的海波杯或古典杯中，再倒入苏打水，用调酒棒搅拌均匀。

㉕ 珊格瑞类（Sangaree）。以葡萄酒为主要原料，加入少量糖粉和豆蔻粉调制而成，放在有冰块的古典杯或平底海波杯。

㉖ 席拉布类（Shrub），以白兰地酒或朗姆酒为主要原料，加入糖粉、水果汁混合而成。通常，这种鸡尾酒的一次配制量大，将以上原料按配方比例配制，放入陶器中，冷藏贮存三天后饮用，用加冰块的古典杯盛装。

㉗ 司令类（Sling）。以烈性酒加柠檬汁、糖粉和矿泉水或苏打水制成，有时加入一些调味的利口酒。先用摇酒器将烈性酒、柠檬汁、糖粉摇匀，再倒入加有冰块的海波杯中。然后，加苏打水或矿泉水，以高平底杯或海波杯盛装，也可在饮用杯内直接调配。

㉘ 酸酒类（Sour）。以烈性酒为基本原料，加入冷藏的柠檬汁或橙子汁，经摇酒器混合而成。酸酒类鸡尾酒属于短饮类鸡尾酒，以酸酒杯或海波杯盛装。

㉙ 四维索类（Swizzle）。以烈性酒为主要原料，加入柠檬汁、糖粉和碎冰块，放在平底高杯或海波杯中，加上适量苏打水，放1根调酒棒。

㉚ 托第类（Toddy）。以烈性酒为基本原料，加入糖和水（冷水或热水）混合而成。托第有冷和热两个种类。有些托第类鸡尾酒用果汁代替冷水；热托第常以豆蔻粉或丁香、柠檬片作装饰，冷托第以柠檬片作装饰；冷托第以古典杯盛装；热托第以带柄的热饮杯盛装。

㉛ 攒明类（Zoom）。以烈性酒为主要原料、加入鲜奶油和蜂蜜混合而成，用摇酒器摇匀，用三角形鸡尾酒杯盛装。

12.5.3　鸡尾酒命名

鸡尾酒有多种命名方法。常用的命名方法有：以原料名称命名、以基酒（鸡尾酒中的主要原料）名称和鸡尾酒种类名命名、以鸡尾酒种类名称和口味特点命名、以著名人物或职务名称命名、以著名地点或单位名称命名、以美丽风景或景象命名、以动作名称命名、以酒的形象命名及含有寓意的名称等。

① 以原料名称命名。例如，金汤尼克（Gin Tonic）。金表示金酒，汤尼克表示奎宁水。

② 以基酒名称和鸡尾酒种类名命名。例如，白兰地帕弗（Brandy Puff）。白兰地表示白兰地酒，帕弗表示帕弗类鸡尾酒。

③ 以鸡尾酒种类和口味特点命名。通常用“甜”表示甜味的。根据鸡尾酒的制作工艺，马蒂尼是鸡尾酒的种类。例如，甜马蒂尼（Sweet Martini）。

④ 以著名人物或职务名称命名。例如，斗牛士（Matador）。

⑤ 以著名地点或单位名称命名。例如，哈得孙湾（Hudson Bay）。哈得孙河在纽约州的东部，其风景非常秀丽。

⑥ 以美丽风景或景象命名。例如，加州阳光（California Sunshine）。

⑦ 以动作名称命名。例如，微笑（Smile）。

⑧ 以物品名称命名。例如，樱花（Cherry Blossom）。

⑨ 以酒的形象命名。例如，马颈（Horse Neck）。

12.5.4 鸡尾酒配制方法

鸡尾酒常以1种酒为基酒，配以调色和调味物质，经过摇酒器摇动或调酒棒搅拌而成。不同的鸡尾酒应配有不同的装饰品和酒杯。

1. 摇酒器摇动法

调制含有柠檬汁、鸡蛋或牛奶的鸡尾酒，必须用摇酒器摇动以保证酒中的原料充分混合。摇酒器摇动法主要是用于短饮类鸡尾酒，少量长饮类鸡尾酒也使用这种方法。这种方法必须使用新鲜的整块冰块，不要使用碎冰块或开始融化的冰块，防止冰块在摇酒器过快地融化。首先在摇酒器中装入4块冰块或调酒器容量的50%。用量酒杯量出的各种基酒、调味酒和果汁与糖粉，依次尽快地倒入摇酒器中，将滤冰网装入摇酒器上，盖上盖子摇动。摇动时，在肩与胸部之间，应有规律地上下摇动6～7圈，摇动带有鸡蛋或牛奶的鸡尾酒应更用力，增加1倍的摇动次数，使鸡尾酒混合均匀。然后，取下盖子，用食指按住滤冰网，将鸡尾酒通过滤冰网，迅速小心地倒入凉爽的酒杯中。配制有苏打水或汽水的长饮鸡尾酒时，应先将基酒和果汁放入摇酒器，摇匀后倒入饮用杯，再加苏打水。目前，这种鸡尾酒多用调酒杯搅拌法。使用摇酒器摇动时，不能将苏打水或汽水放入摇酒器中。最常用的摇酒方法是用右手，单手摇动，右手食指压住调酒器的盖子，其他四指和手掌握住调酒器。通过右前臂的上下移动，手腕晃动，将调酒器中的鸡尾酒充分混合。

2. 调酒杯搅拌法

配制不含柠檬汁、牛奶或鸡蛋，但需要过滤程序的鸡尾酒，使用调酒杯搅拌法。在调酒杯放4块冰块。用量杯量出各种基酒、调味酒和果汁，放入调酒杯中，将吧匙放入调酒杯，用左手握住杯子底部，右手拿吧匙，以拇指和食指为中心，以中指与无名指控制吧匙，转动吧匙2～3圈，吧匙应接触杯底。搅拌后轻轻地拿出吧匙，把滤冰器放在调酒杯口，用右手食指按住滤冰器，其他手指握住调酒杯，左手按住饮用杯，将酒通过滤冰器倒入酒杯中。

3. 饮用杯搅拌法

配制不需要过滤，不含柠檬汁、牛奶和鸡蛋的鸡尾酒时，可在饮用杯直接配制。在高平底杯、海波杯或古典杯中放2～4块冰块，倒入各种酒、冷藏果汁或冷藏苏打水，用吧匙或调酒棒轻轻地搅拌2～3次。

4. 搅拌机搅拌法

配制带有雪泥状（冰块搅拌成泥）的鸡尾酒或带有草莓、香蕉等水果的鸡尾酒时，使用电动搅拌法。先将水果切成薄片，放搅拌机内，放碎冰块，量出各种基酒、调味酒，依次放入搅拌机内，盖上盖子，开动搅拌机，将所有的原料搅拌均匀，搅拌成雪泥状，斟倒在酒杯内。目前，带有鲜鸡蛋或牛奶原料的鸡尾酒也使用这种方法。这种方法可以使原料充分混合，提高工作效率。

5. 酒杯漂流法

在配制层次分明的鸡尾酒时，用漂流方法。按照酒水的密度的不同原理，先将密度较大的酒水倒在最下面，这样轻轻地依次倒入各种酒水，用吧匙贴紧杯壁，将酒沿着吧匙慢慢地倒入，以分层次。例如，彩虹鸡尾酒等。

12.5.5 鸡尾酒计量单位

在国际酒水经营中，酒的容量常以盎司（oz）为销售单位，以量杯测量酒。1 盎司约等于 7 茶匙，1 杯（cup）表示 1 普通杯的容量。一些鸡尾酒容量以毫升计算，这种表示方法明确；某些鸡尾酒的容量以 1 份为 1 个单位。1 份表示 1 个短饮鸡尾酒的全部容量，约 60 毫升。而 1/2 表示短饮类鸡尾酒容量的一半，约 30 毫升，即 1 盎司。1/3 表示 20 毫升、1/4 表示 15 毫升。许多三角形鸡尾酒杯的容量是 75 毫升，杯中酒水在八成满时，约是 60 毫升；一些长饮类鸡尾酒，使用海波杯或高平底杯，配方中的 6/10、3/10 表示该酒杯中八成满容量的 6/10 和 3/10。因此，在配制鸡尾酒时应明确其容量的各种表示方法。鸡尾酒容量换算如下。

少许（dash）= 4～5 滴（drops）；1 波尼杯（pony）= 1 盎司（oz）

1 基格（jigger）= 1/2 盎司（oz）；1 普通杯（cup）= 8 盎司（oz）

1 盎司（oz）≈28.4 毫升（英制）≈29.6 毫升（美制）≈30 毫升

1 茶匙（teaspoon）缩写形式 tsp≈1/7 盎司≈4 毫升

1 汤匙（tablespoon）缩写形式 tbs = 3 茶匙≈3/7 盎司≈12 毫升

12.5.6 鸡尾酒常用的酒杯

销售鸡尾酒，应选用适合的鸡尾酒杯，不同的鸡尾酒杯对酒的温度和质量有一定的影响（见图 12-14）。

图 12-14 各种常用的鸡尾酒杯

（从左至右：三角形杯、玛格丽特杯、老式杯、海波杯、柯林斯杯）

1. 三角形杯

三角形杯是高脚杯，杯身为圆锥形或三角形，是盛装短饮类鸡尾酒的杯子。容量常是3～4.5盎司，90～135毫升。

2. 玛格丽特杯

玛格丽特（Margarita）是一种鸡尾酒的名称，是以特吉拉酒为主要原料，加柠檬汁混合而成。玛格丽特杯就是以这种鸡尾酒命名。这种酒杯是一种带有宽边或平台式的高脚杯，这个平台利于玛格丽特酒的装饰（盐粉）。玛格丽特杯容量5～6盎司，150～180毫升。

3. 老式杯

老式杯也称作洛克杯（rock）和古典杯（classic）。这种杯子的杯身宽而短，杯口大，是盛装带有冰块的烈性酒和古典鸡尾酒的杯子。老式杯容量5～8盎司，150～240毫升。老式杯是根据它盛装的鸡尾酒老式（Old-Fashioned）命名。洛克杯是根据英语rock音译而成。英语“rock”的含义是任何不加水，只加冰块的烈性酒。此外双倍容量的老式杯容量可达390毫升。

4. 海波杯

海波杯是盛装长饮类鸡尾酒海波（Highball）的平底杯。目前，已经有带脚的海波杯。海波是英语Highball的音译。海波杯常被人们称作高球杯，这是因为英语Highball的含义是高球。海波杯的容量6～10盎司，180～300毫升，海波杯有多种用途。

5. 柯林斯杯

柯林斯杯也常称为高杯，它是盛装长饮类鸡尾酒柯林斯（Collins）的平底杯。由于杯子形状高而窄，因此称为高杯。柯林斯杯容量10～12盎司，300～360毫升。

本章小结

配制酒也称为再加工酒，是以葡萄酒或烈性酒为原料，配以增香物质、增味物质、营养物质及增甜物质制成的，其中主要包括开胃酒、甜点酒、利口酒和鸡尾酒。开胃酒是指人们习惯在餐前饮用的，具有开胃作用的各种酒。一些开胃酒以葡萄酒为原料，加适量的白兰地酒或食用酒精、自然药草和香料制成，酒精度16～20度。甜点酒是指以葡萄酒为主要原料，酒中勾兑了白兰地酒或食用酒精，是欧美人与甜点一起食用的酒。利口酒是指人们在餐后饮用的香甜酒。它还被称作利久酒、香甜酒或餐后酒。利口酒常以烈性酒为基本原料，加入糖浆或蜂蜜并根据配方勾兑不同的水果、花卉、香料等增加甜味和香味。利口酒的颜色诱人，味道香甜，可以帮助消化，酒精度20～60度。鸡尾酒由英语“Cocktail”翻译而成，是饭店、餐厅和酒吧在营业中配制的混合酒。鸡尾酒有多种命名方法。常用的命名方法：以原料名称命名、以基酒名称和鸡尾酒种类名命名、以鸡尾酒种类名称和口味特点命名、以著名人物或职务名称命名、以著名地点或单位名称命名、以美丽风景或景象命名、以动作名称命名、以酒的形象命名及含有寓意的名称等。

一、单项选择题

1. 配制酒是（　）。

(1) 再加工酒

(2) 发酵酒

(3) 蒸馏酒

(4) 葡萄酒

2. 甜点酒是以（　　）为基本原料。

(1) 蒸馏酒

(2) 白兰地酒

(3) 威士忌酒

(4) 葡萄酒

3. 味美思酒是配制酒，也属于（　　）。

(1) 加味的葡萄酒

(2) 白兰地酒

(3) 威士忌酒

(4) 金酒

二、判断题

1. 调制含有柠檬汁、鸡蛋或牛奶的鸡尾酒，用调酒杯搅拌法配制。（　　）

2. 马尔萨拉酒是以地名命名的加强葡萄酒。（　　）

3. 广义的鸡尾酒是酒与非酒精饮料混合而成的饮料。（　　）

三、名词解释

配制酒　开胃酒　甜点酒　利口酒　鸡尾酒

四、思考题

1. 简述鸡尾酒含义与特点

2. 简述配制酒含义与特点。

3. 简述鸡尾酒命名方法。

4. 简述苦酒种类与特点。

5. 简述利口酒种类与特点。

阅读材料

配制酒的销售与服务

雪利酒（Sherry）常作为开胃酒，以整瓶销售。欧美人习惯在餐前饮用或在吃开胃菜时饮用，干味雪利酒最佳饮用温度是10～12 ℃。雪利酒服务时，应使用雪利酒杯，经冷藏后，再斟倒在杯中。

苦味酒（Bitters）和茴香酒（Anisette）是餐前酒。酒吧和餐厅常以零杯销售。每杯开胃酒的容量为1.5盎司（约45毫升），有些酒吧每杯开胃酒容量为1盎司（约30毫升）。当纯饮开胃酒时，将3～4块冰块放入调酒杯中，根据顾客购买的种类和商标，将酒倒入调酒杯中，用吧匙轻轻地搅拌，将开胃酒过滤，倒入三角形鸡尾酒杯，放1片柠檬。以托盘方法送至餐桌或直接放在吧台，放至顾客右手边，先放一个杯垫，然后将酒杯放在杯垫上。当顾客购买加冰块的苦味酒或茴香酒，先在古典杯中加4块冰块，再将酒倒入该杯中，放1片柠檬，用托盘方法送至餐桌上，放在客人右手边，先放杯垫，再放酒杯。当顾客购买带有碳酸饮料或果汁的苦味酒或茴香酒，先将4块冰块放入海波杯或高杯中，然后量出所需数量的开胃酒，倒入酒杯中，再倒入果汁或碳酸饮料至八成满，用吧匙轻轻地搅拌，根据需要，在酒杯边上放装饰品，用托盘送至客人面前。销售开胃酒时，常配上1小碟开胃小食品（免费），一起送到餐桌上。味美思酒（Vermouth）是著名加味葡萄酒。这种酒常作为餐前酒或开胃酒销售。饮用方法有纯饮、加冰块饮用、与碳酸饮料或果汁混合饮用。销售方法与苦味酒和茴香酒相同。

甜点酒包括波特酒（Port）、马德拉酒（Madeira）、马拉加酒（Málaga）和马尔萨拉酒（Marsala）。最佳销售温度16～20℃。甜点酒既可零杯销售，也可整瓶销售。零杯销售常以2盎司（约60毫升）为1杯，用托盘将酒送至餐桌。整瓶销售应通过示瓶和开瓶服务程序，再为顾客斟酒，斟倒在波特酒杯中，斟倒七成满。

利口酒（Liqueur）是芳香的甜酒，也是欧美人习惯的餐后酒。在酒吧和餐厅经营中，利口酒常以零杯销售，每杯容量常为1盎司（约30毫升），倒入利口酒杯中。当顾客需要纯饮利口酒时，服务员根据顾客选用的种类，询问顾客是否以降温或室温饮用。通常水果类利口酒和香草类利口酒采用降温服务，先将2～3个冰块放入利口酒杯中，旋转几圈，扔掉，作降温处理。然后，将利口酒倒入杯内。咖啡利口酒和可可利口酒常以室温服务，将利口酒送至吧台，顾客右手处，先放杯垫，再放杯子或用托盘送至餐桌上。许多顾客习惯饮用加冰块的利口酒。这时，用古典杯或香槟杯加入4块冰块，再倒入利口酒。一些顾客需要在利口酒中加碳酸饮料或果汁，将4块冰块放入海波杯或高杯中，倒入顾客选用的利口酒，再倒入汽水或果汁，至八成满，用吧匙轻轻地搅拌。然后，送至吧台，客人右手处或用托盘送至餐桌上。

参考文献

[1] 方元超．赵晋府．茶饮料生产技术．北京：中国轻工业出版社，2001.
[2] 马佩选．葡萄酒质量与检验．北京：中国计量出版社出版，2002.
[3] 顾国贤．酿造酒工艺学．北京：中国轻工业出版社，1996.
[4] 唐明官．配制酒生产问答．北京：中国轻工业出版社，2002.
[5] 张克昌．酒精与蒸馏酒工艺学．北京：中国轻工业出版社，1995.
[6] 丁立孝．酿造酒技术．北京：化学工业出版社，2008.
[7] 程殿林．啤酒生产技术．北京：化学工业出版社，2010.
[8] 李记明．橡木桶葡萄酒的摇篮．北京：中国轻工业出版社，2010.
[9] 王子辉．隋唐五代烹饪史．西安：陕西科技出版社，1991.
[10] 赵荣光．中国饮食文化史论．哈尔滨：黑龙江科技出版社，1991.
[11] 王子辉．中国饮食文化研究．西安：陕西人民出版社，1997.
[12] 黎虎．汉唐饮食文化史．北京：北京师范大学出版社，1997.
[13] 姜习．中国烹饪百科全书．北京：中国大百科全书出版社，1992.
[14] 王天佑．西餐概论. 4 版．北京：旅游教育出版社，2014.
[15] 王天佑．酒水经营与管理. 5 版．北京：旅游教育出版社，2015.
[16] 胡自山．北京：中国饮食文化．时事出版社，2006.
[17] 邱庞同．中国菜肴史．青岛：青岛出版社，2001.
[18] 王觉非．近代英国史．南京：南京大学出版社，1997.
[19] 王锦瑭．美国社会文化．武汉：武汉大学出版社，1996.
[20] 阿撒·勃利格斯．英国社会史．北京：中国人民出版社，1996.
[21] 刘祖熙．斯拉夫文化．杭州：浙江人民出版社，1997.
[22] 张泽乾．法国文化史．武汉：长江人民出版社，1987.
[23] 黄绍湘．美国史纲．重庆：重庆出版社，1987.
[24] 王天佑．饭店管理概论. 3 版．北京：北京交通大学出版社，2015.
[25] 李建华等．现代企业文化伦理与实务．北京：机械工业出版社，2012.
[26] 杨劲松．酒店战略管理．北京：机械工业出版社，2013.
[27] 龙建新．企业管理理论与实践．北京：北京师范大学出版社，2009.
[28] 温卫娟．采购管理．北京：清华大学出版社，2013.
[29] 陆力斌．生产与运营管理．北京：高等教育出版社，2013.
[30] 赖利．管理者的核心技能．徐中，译．北京：机械工业出版社，2014.

[31] 赖朝安. 新产品开发. 北京：清华大学出版社，2014.

[32] 克劳福德. 新产品管理. 王彬，等译. 9 版. 大连：东北财经大学出版社，2012.

[33] 刘佳程. 食品质地学. 北京：中国轻工业出版社，2013.

[34] 汤高奇. 食品安全与质量控制. 北京：北京农业大学出版社，2013.

[35] 艾启俊. 食品原料安全与控制. 北京：中国轻工业出版社，2006.

[36] 曹小红. 食品安全与卫生. 北京：科学出版社，2013.

[37] 李聪. 冷盘与雕刻制作技艺. 上海：上海财经大学出版社，2014.

[38] 杨柳. 虾蟹菜典. 青岛：青岛出版社，2013.

[39] SPLAVER B. Successful catering. New York：Van Nostrand Rinhold, 1991.

[40] BOCUSE P. The new professional chef. New York：Van Nostrand Reinhold, 1991.

[41] PAUL E. Classical cooking the modern way. New York：Van Nostrand Reinhold, 1989.

[42] RUBASH J. Master dictionary of food and wine. New York：Van Nostrand Reinhold, 1990.

[43] MONTAGNE P. The encyclopedia of food, wine & cookery. New York：Crown Publishers, 1961.

[44] CLARKE J T. A guide to alcoholic beverage sales and service. Great Britain London：Edward Arnold Ltd, 1992.

[45] BURROUGHS D, BEZANT N. wine regions of the world. Great Britain London：Heinemann Professional Publishing Ltd, 1989.

[46] MEETHAN K. Tasting tourism：travelling for food and drink. England：Ashgate Publishing Limited, 2003.

[47] KHAN M A. Concepts of foodservice operations and management, 2nd. New York：Van Nostrand Reinhold, 1991.

[48] FULLER J. The professional guide to kitchen management. New York：Van Nostrand Reinhold Company, 1985.

[49] DITTMER P R. Dimensions of the hospitality industry. John Wiley & Sons, Inc. , 2002.

[50] HAYES D K. Bar and beverage management and operation. New York：Chain Store Publishing Corporation, 1987.

[51] JOHNSON H. Exploring wines & spirits. Wine & Spirit Education Trust, 1998.

[52] COOPER R G. Winning at new products：creating value through innovation, 4th. New York：The Perseus Books Group, 2011.

[53] HAMLYN P. Larousse gastronomique. London：Hamlyn Publishing Group Limited. 1989.

[54] BOCUSE P. The new professional chef. New York：Van Nostrand Reinhold, 1991.

[55] DOPSON L R. Food & beverage cost control, 4th. New Jersey：John Wiley & Sons, Inc. , 2008.

[56] DAVIS B, LOCKWOOD A. Food and beverage management, 5th. New York：Routledge Taylor & Francis Groups, 2013.

[57] WALKER J R. Introduction of hospitality management, 4th. NJ: Pearson Education Inc., 2013.

[58] WALKEN G R. The restaurant from concept to operation, 5th. New Jersey: John Wiley & Sons, Inc., 2008.